全国高等职业教育规划教材

Maya 影视特效制作

主　编　李　平　张　帆

副主编　陈　晨

参　编　陈　力　徐　铭　孙伯阳

机 械 工 业 出 版 社

本书是一本以案例制作为主的影视特效制作教材，以快速提高实际操作能力为目的，帮助读者提高影视特效制作技能与水平，为日后的影视特效制作工作奠定扎实的基础。

本书针对 Maya 特效制作的各模块知识进行讲解，并详细讲解了粒子系统、场、刚体和柔体、火焰烟雾等特效和解算器方面的知识点。书中涉及了 10 个案例，其制作效果精美，知识点明确，讲解清晰。

为配合教学，本书提供随书光盘，内容包括本书素材和案例视频。

本书可作为高等职业院校影视动漫、游戏等专业的教学用书，同时适合业余自学或培训机构使用。

图书在版编目（CIP）数据

Maya 影视特效制作／李平，张帆主编．—北京：机械工业出版社，2015.6
全国高等职业教育规划教材
ISBN 978-7-111-50441-2

Ⅰ.①M… Ⅱ.①李… ②张… Ⅲ.①三维动画软件－高等职业教育－教材
Ⅳ.①TP391.41

中国版本图书馆 CIP 数据核字（2015）第 120361 号

机械工业出版社（北京市百万庄大街 22 号 邮政编码 100037）
策划编辑：鹿 征 责任编辑：鹿 征
责任校对：张艳霞 责任印制：李 洋
涿州市京南印刷厂印刷

2015 年 8 月第 1 版・第 1 次
184mm×260mm・16.75 印张・413 千字
0001－3000 册
标准书号：ISBN 978-7-111-50441-2
ISBN 978-7-89405-825-6（光盘）
定价：47.00 元（含 1DVD）

凡购本书，如有缺页、倒页、脱页，由本社发行部调换
电话服务
服务咨询热线：(010)88379833
读者购书热线：(010)88379649

网络服务
机工官网：www.cmpbook.com
机工官博：weibo.com/cmp1952
教育服务网：www.cmpedu.com
金书网：www.golden-book.com

全国高等职业教育规划教材计算机专业
编委会成员名单

出 版 说 明

《国务院关于加快发展现代职业教育的决定》指出：到2020年，形成适应发展需求、产教深度融合、中职高职衔接、职业教育与普通教育相互沟通，体现终身教育理念，具有中国特色、世界水平的现代职业教育体系，推进人才培养模式创新，坚持校企合作、工学结合，强化教学、学习、实训相融合的教育教学活动，推行项目教学、案例教学、工作过程导向教学等教学模式，引导社会力量参与教学过程，共同开发课程和教材等教育资源。机械工业出版社组织全国60余所职业院校（其中大部分是示范性院校和骨干院校）的骨干教师共同策划、编写并出版的“全国高等职业教育规划教材”系列丛书，已历经十余年的积淀和发展，今后将更加紧密结合国家职业教育文件精神，致力于建设符合现代职业教育教学需求的教材体系，打造充分适应现代职业教育教学模式的、体现工学结合特点的新型精品化教材。

“全国高等职业教育规划教材”涵盖计算机、电子和机电三个专业，目前在销教材300余种，其中“十五”“十一五”“十二五”累计获奖教材60余种，更有4种获得国家级精品教材。该系列教材依托于高职高专计算机、电子、机电三个专业编委会，充分体现职业院校教学改革和课程改革的需要，其内容和质量颇受授课教师的认可。

在系列教材策划和编写的过程中，主编院校通过编委会平台充分调研相关院校的专业课程体系，认真讨论课程教学大纲，积极听取相关专家意见，并融合教学中的实践经验，吸收职业教育改革成果，寻求企业合作，针对不同的课程性质采取差异化的编写策略。其中，核心基础课程的教材在保持扎实的理论基础的同时，增加实训和习题以及相关的多媒体配套资源；实践性较强的课程则强调理论与实训紧密结合，采用理实一体的编写模式；涉及实用技术的课程则在教材中引入了最新的知识、技术、工艺和方法，同时重视企业参与，吸纳来自企业的真实案例。此外，根据实际教学的需要对部分课程进行了整合和优化。

归纳起来，本系列教材具有以下特点：

1）围绕培养学生的职业技能这条主线来设计教材的结构、内容和形式。

2）合理安排基础知识和实践知识的比例。基础知识以“必需、够用”为度，强调专业技术应用能力的训练，适当增加实训环节。

3）符合高职学生的学习特点和认知规律。对基本理论和方法的论述容易理解、清晰简洁，多用图表来表达信息；增加相关技术在生产中的应用实例，引导学生主动学习。

4）教材内容紧随技术和经济的发展而更新，及时将新知识、新技术、新工艺和新案例等引入教材。同时注重吸收最新的教学理念，并积极支持新专业的教材建设。

5）注重立体化教材建设。通过主教材、电子教案、配套素材光盘、实训指导和习题及解答等教学资源的有机结合，提高教学服务水平，为高素质技能型人才的培养创造良好的条件。

由于我国高等职业教育改革和发展的速度很快，加之我们的水平和经验有限，因此在教材的编写和出版过程中难免出现问题和疏漏。我们恳请使用这套教材的师生及时向我们反馈质量信息，以利于我们今后不断提高教材的出版质量，为广大师生提供更多、更适用的教材。

机械工业出版社

前 言

随着影视动画制作技术的不断发展，目前影视动画行业在特效制作方面已有了长足的进步。我们看到的《阿凡达》《诸神之战》《蝙蝠侠》《蜘蛛侠》《指环王》等电影都包含了大量的电影特效，使用特效技术可以帮助人们实现实际拍摄达不到或者较危险的镜头。在国内，特效技术也被广泛地应用在电影电视和动画领域，无论是特效大片还是以实拍为主的影视作品，其中无不包含了影视特效技术。比如《士兵突击》中的枪炮和爆炸效果，《太极》中的机械战争场面，《观音山》里边的卧轨镜头等。特效有前期特效和后期特效之分，前期特效主要是制作特效素材和特效动画；后期特效主要是合成和添加一些后处理特效以及校色等。在影视动画领域，Maya 可以算是最为重要的软件之一，早在 2003 年它就获得了奥斯卡科学技术贡献奖，也是目前唯一获得奥斯卡奖的三维制作软件。它集成了模型、材质、动画、渲染、动力学特效、三维摄像机匹配等多个部分。从建立各种场景角色道具模型到建立复杂和真实的特效，形成了一套完整的工作流程，是非常全面和出色的影视制作工具。Maya 特效部分在影视和动漫中经常被使用，它可以与后期合成软件和其他的特效软件相配合，完成整个影片的特效制作。目前，Maya 作为各大院校数字媒体和艺术专业的核心课程，正在被广泛地推广和使用。同时，在影视和动漫企业的项目制作过程当中，Maya 同样是非常重要的特效制作工具。

Maya 软件的各个功能模块分工较为明确，具有清晰和规范的流程制作结构。Dynamics（动力学模块）是 Maya 的特效制作模块，其动力学部分的参数命令较多，操作较为复杂。为了使初步接触 Maya 特效的学生能够更快、更容易地理解这个部分，本书详细讲解了动力学模块各项功能命令的含义和使用方法，并且结合实际案例将所学知识进行实际运用，以便初学者能够更好地理解和掌握动力学的制作方法。

本书设置了 5 个章节，阐述了 Maya 最为常用和最为重要的动力学内容。在编写形式上采用“知识点详解—基本操作方式举例—案例训练”的模式。其中在需要重点讲解特效制作的章节部分，配以完整的案例，同时对案例进行了详细的解释并辅以教学光盘，以保证学生能够更为有效地学会该知识点并能够灵活运用。

本书由李平、张帆任主编，陈晨任副主编，参与本书编写的还有陈力、徐铭、孙伯阳，同时向图书编写过程中给予过热情帮助和支持的各位教师表示诚挚的谢意。由于 Maya 的各个模块内容较为复杂，书中难免存在疏漏和不妥之处，在今后教材的编写当中，会继续对其他特效相关内容进行编写。恳请各位专家和读者指教。

编 者

目　录

绪论　Maya影视特效概述

什么是影视特效？

随着计算机图像技术在电影制作领域应用的越来越多，一个全新的电影世界展现在了人们面前，这也是一次电影的革命。越来越多的由计算机制作的图像和视频被运用到了电影和电视剧作品中，其视觉效果的魅力有时已经超过了电影和电视剧的故事本身，如图0–1所示。

图0–1

如今，已经很难看到没有任何数码元素的电影或电视剧了。数码元素给导演们带来了更加灵活多变的故事讲述方式，但是另一方面，人们仍然对如何恰当地应用该技术存在一定的局限性。不容置疑的是，由计算机所制作的画面具有一定的优势，它可以用来制作那些耗时耗力、震撼人心的精彩镜头，且成本较低，在一些影视的危险场景中，使用计算机特效技术制作也可以使演职人员更加安全，如图0–2所示。

在影视动画制作过程中，三维特效是影视特效的一部分，特效还包括后期特效。通常，在影视特效制作过程中，先使用三维特效软件制作相关镜头的特效，再使用后期特效和合成软件进行后期特效和镜头的制作与合成。所以，在学习特效的过程中主要包含了两部分内容，即三维特效与后期合成特效。

图 0-2

什么是 Maya？

Maya 是美国 Autodesk 公司出品的三维制作软件，被广泛用于电影、电视、广告、电脑游戏和电视游戏等领域，曾获奥斯卡科学技术贡献奖等殊荣。Maya 主要应用在动画片制作、电影制作、电视栏目包装、电视广告和游戏动画制作等方面。

Maya 可在 Windows NT 与 Mac OS X 操作系统上运行，它具有功能完善，工作灵活，制作效率极高，渲染真实感极强等特点，是电影级别的高端制作软件。在市场上，用来进行数字电影和三维 CG 制作的工具中，Maya 是首选的解决方案。由于 Maya 的功能模块在分工上较为明晰，故非常适合团队协同使用。通常，在学习和工作过程中，主要将其分为模型模块、动画模块、渲染模块、动力学特效模块进行学习或分工工作。

- 模型模块的主要作用是实现影视动画或游戏中的场景、道具、角色的模型。
- 动画模块的主要作用是实现影视动画或游戏中所需要的动画效果。
- 渲染模块的主要作用是实现影视动画或游戏中所需要的纹理、颜色、光照等效果。
- 动力学模块的主要作用是实现影视动画或游戏中所需要的一些特殊镜头要求，比如爆炸、瀑布、破碎等效果。动力学部分还引入了更为先进的核动力学，能够更加有效和真实的实现很多动力学特效的模拟。由于 Maya 的功能非常全面，故而可以独立完成影视动画的镜头制作。

在学习过程中需要循序渐进，从模型到动力学特效模块逐一进行学习和了解。虽然在实际工作过程中，往往会根据模块的不同进行工作组的分配，比如模型组、动画组、特效组等，但是在学习过程中还是需要对其他模块进行一定程度的学习和了解，否则在工作当中无法与其他工作人员进行配合。在 Maya 中，特效部分通常是在影视动画场景制作完成之后进行添加和制作的，故而在项目制作当中，其制作阶段也更为偏后，同时作为 Maya 一个较为复杂的模块，通常会在对其他各个模块进行了学习和了解之后再进行学习。

Maya 作为功能强大的三维动画软件，国外绝大多数的视觉设计领域都在使用。当前，该软件在国内的应用也是越来越普及，由于 Maya 功能强大，体系完善，因此国内很多的三维动画制作人员都开始转向 Maya，而且很多公司也都开始利用 Maya 作为其主要的创作工具。

国内特效制作的发展及现状如何？

由于数码特效和影视制作结合的技术在国内起步较晚，故而国内的影视作品当中运用特效的比例和程度相对国外较低。1986 年版的《西游记》可以说是国内最早的有电脑特效的影视作品，它很大程度上影响了我国后来的电影电视剧对特效的使用需求。国内大规模使用计算机制作特效是在 20 世纪 90 年代，随着众多三维软件的诞生和个人计算机（PC）的普及，使特技制作门槛也逐渐降低，以往只能在 SGI 工作站上制作的项目在 PC 上一样能够完成，这使特技公司逐渐多了起来。

由于受到国家政策的扶持，目前我国整个 CG（Computer Graphic，计算机图形学）行业也逐渐朝着好的方向发展，CG 人才缺口一直是讨论的热点。经过十几年的发展，国内已经具备了较为成熟的特技制作实力，电影《画皮》《无极》《西游降魔篇》等，都展现了较为成熟的三维和后期特效技术。当然，目前来说，国内的特效制作和国际特效制作水平还有一定的差距，但国内的制作者从未停止前进的步伐，相信不久的将来也能够创作出属于自己的“阿凡达”。

第1章　粒　　子

“Dynamics”（动力学）模块是Maya的特效制作模块，粒子就包含在Maya动力学当中，并且是动力学的一个主要部分。那么什么是Maya的粒子？在生活中，可以看见很多的粒子形态，如散落的粮食、谷粒、雪花、细雨、烟花、爆炸的碎石等，甚至于地球在宇宙当中也可以算作粒子，如图1-1所示。

图1-1　粒子

由此可见，在Maya中的粒子并不是物理学中的粒子，而是一种可以代替小到尘埃大到星球的替代物，它不具有实际意义，根据不同的镜头要求，可以使用Maya的粒子制作各种具有颗粒或者密集物质的造型，如爆炸、烟、火、水等。

本章要点

* 理解Maya粒子的含义
* 理解粒子的特性和使用方式
* 使用Maya粒子创建常用粒子特效

需要注意的是，在学习动力学模块之前，首先应将“Playback speed”（回放速度）设置为“play every frame”（逐帧播放），并将“Max Playback speed”（最大回放速度）修改为

"Real - time"（真实时间），如图 1-2 所示。否则，较为复杂的动力学解算将无法被正确解算。

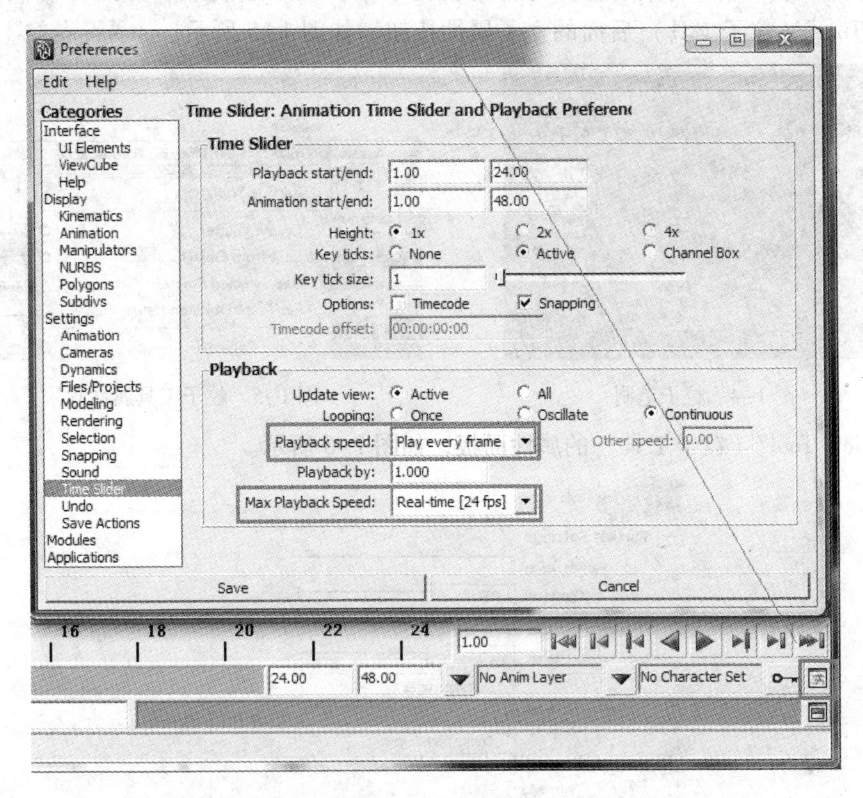

图 1-2　回放速度

由于动力学解算较为复杂，逐帧解算在很多时候是无法达到正常播放速度的，或者由于解算简单导致解算速度超过了真实的播放速度。所以，常常需要在时间滑条上单击鼠标右键，使用"Playblast"（拍屏）播放预览来测试场景。

1.1　粒子与粒子发射器

1.1.1　粒子工具

"Particle Tool"（粒子工具）是用来在 Maya 当中创建和绘制粒子的。粒子工具所在的位置如图 1-3 所示，需要注意的是，应把左边的模块列表选为"Dynamics"（动力学）模块。

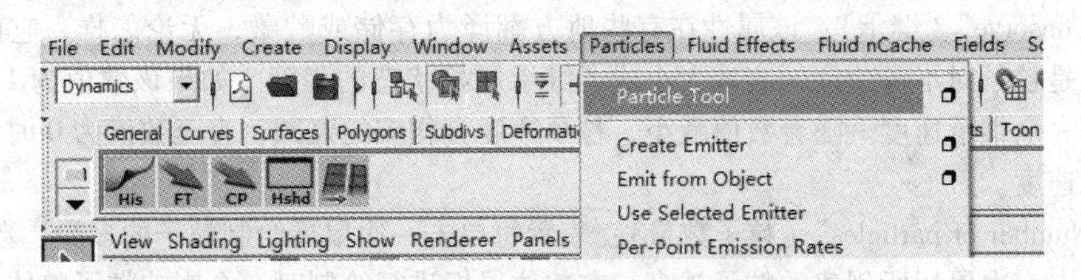

图 1-3　粒子工具

"Particle Tool"（粒子工具）允许使用者手动创建各种形态的粒子群和粒子网格，配合"Fields"（场）可以制作出各种奇特的视觉效果。基本绘制效果如图 1-4 所示。打开"Particle Tool"（粒子工具）后面的盒子属性按钮，如图 1-5 所示。

图 1-4　粒子笔刷

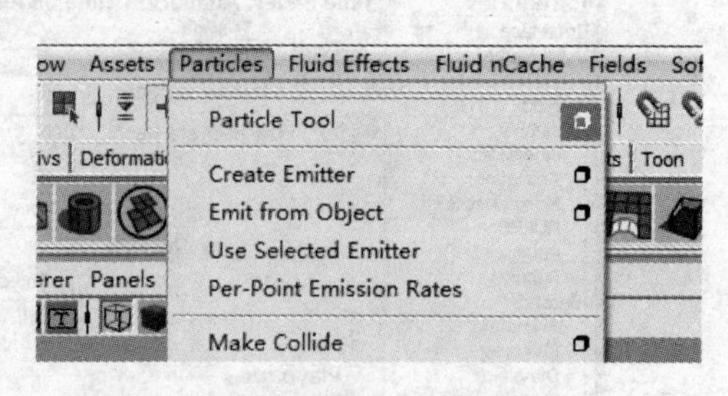

图 1-5　粒子工具属性盒

"Particle Tool"（粒子工具）的属性面板，如图 1-6 所示。

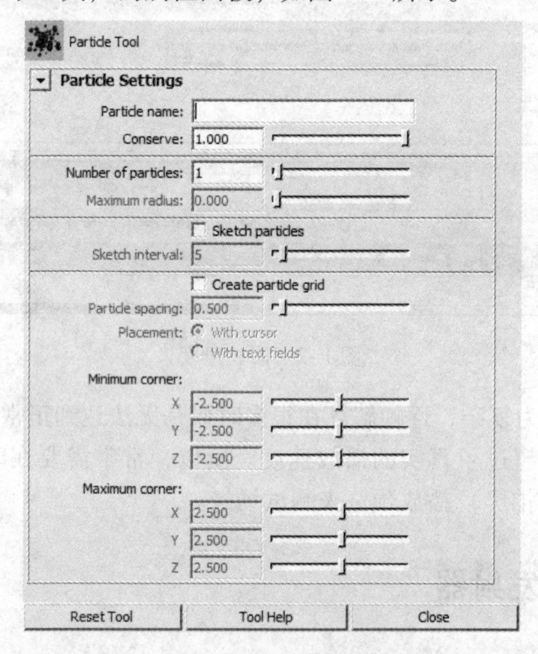

图 1-6　粒子工具属性面板

属性面板中各参数的说明如下。

- "Particle name"（粒子名称）：可以创建出自定义的粒子名称，如果不填写则使用 Maya 默认的名称（如 Particle1、Particle2 …）来命名该套粒子。
- "Conserve"（继承）：该属性在有些地方翻译为存储或贮藏，无论怎样，它的实际意义是粒子对本身速度的衰减大小或者继承原始状态的程度。如果该数值为 1，则粒子会完全继承速度。随着数值减小，粒子速度会相应的衰减，直至数值为 0 时完全不继承速度。
- "Number of particles"（粒子数量）：表示每单击一次鼠标绘制粒子的多少，数值越大，单击一次鼠标所创建的粒子越多。在按住鼠标进行绘制时，会影响粒子整体的密度。
- "Maximum radius"（最大半径）：与"Number of particles"（粒子数量）属性相关，当

粒子数量大于 1 时，该属性将被自动激活。最大半径决定了粒子间的距离，当该数值大于 0 时，系统会在这个数值为半径的球形区域内随机产生粒子。粒子数量和最大半径共同构建了所绘制粒子的密度。

- “Sketch particles”（绘制粒子）：勾选该选项可以允许用户使用鼠标随意绘制连续的粒子。
- “Sketch interval”（绘制间隔）：绘制间隔影响了笔触之间的距离，间隔越大，笔触之间的间隔就越大，反之则间隔越小，如图 1-7 所示。

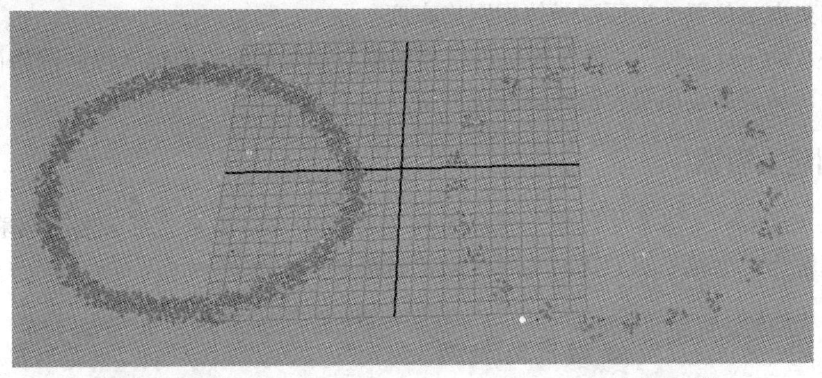

图 1-7　绘制间隔

- “Create particle grid”（创建粒子网格）：该选项与“Sketch particles”（绘制粒子）可以进行切换，勾选“Create particle grid”（创建粒子网格）则自动取消“Sketch particles”（绘制粒子）的选项。实际上“Create particle grid”（创建粒子网格）可以允许用户创建精确的粒子网格，与自由式的绘制粒子可以相互配合。
- “Particle spacing”（粒子间距）：该选项与“Sketch interval”（绘制间隔）有些类似，只不过“Particle spacing”（粒子间距）决定的是创建粒子网格时粒子之间的相对距离，如图 1-8 所示。

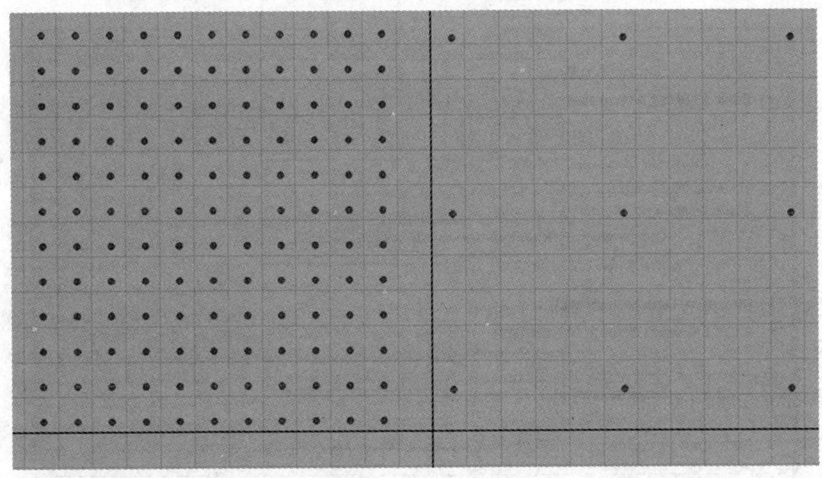

图 1-8　粒子间距

- “Placement”（布置）：在“Placement”（布置）中有两个选项，选中“With cursor”（使用光标）选项可以用鼠标来定位粒子网格的起点和终点，进而创建面积或者体积网格。在创建网格时，在界面中单击鼠标左键，第一次创建网格起点，第二次创建网格终点。

需要注意的是，当创建过程中需要修改起始点或终点时，则可按〈Insert〉键进入编辑状态，之后用鼠标拖动粒子来修改起始或终点位置，修改好之后，再按〈Insert〉键返回创建，创建完成之后按〈Enter〉键结束创建。当需要创建体积网格时，可以切换正侧视图调整起始和结束点的位置，以便赋予体积网格高度。

选中“With text fields”（键入场）可以允许用户输入精确的坐标来控制网格的起始和结束点的位置，从而创建出更为精确的粒子网格。

1.1.2 创建发射器

“Create Emitter”（创建发射器）意味着粒子可以被发射出来，形成各种各样的形态样式。可以理解为产生粒子的工具，其所在位置如图 1-9 所示。

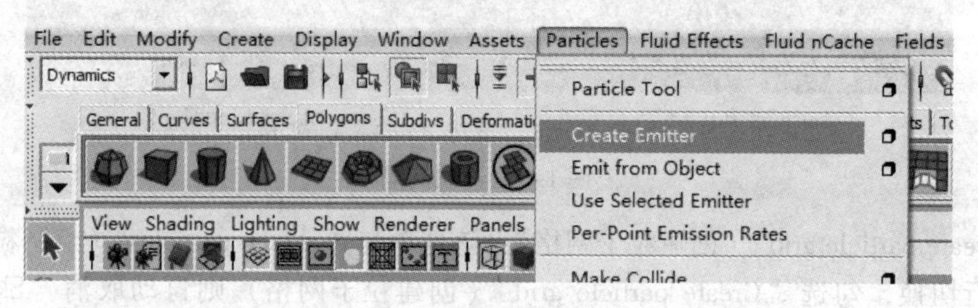

图 1-9　创建发射器

打开“Create Emitter”（创建发射器）的属性面板，如图 1-10 所示，来看一下各个属性的参数说明。

- “Emitter name”（发射器名称）：可以创建出自定义的发射器名称，如果不填写则使用 Maya 默认的名称（如 Emitter1、Emitter2 …）来命名该发射器。

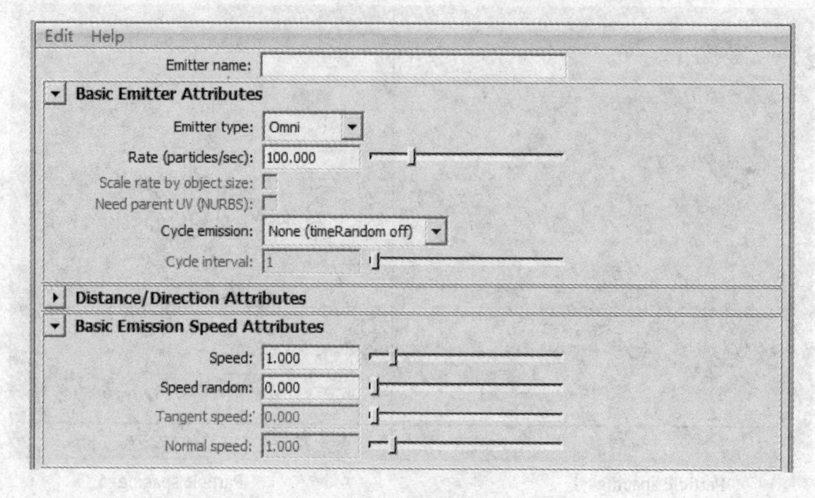

图 1-10　创建发射器的属性面板

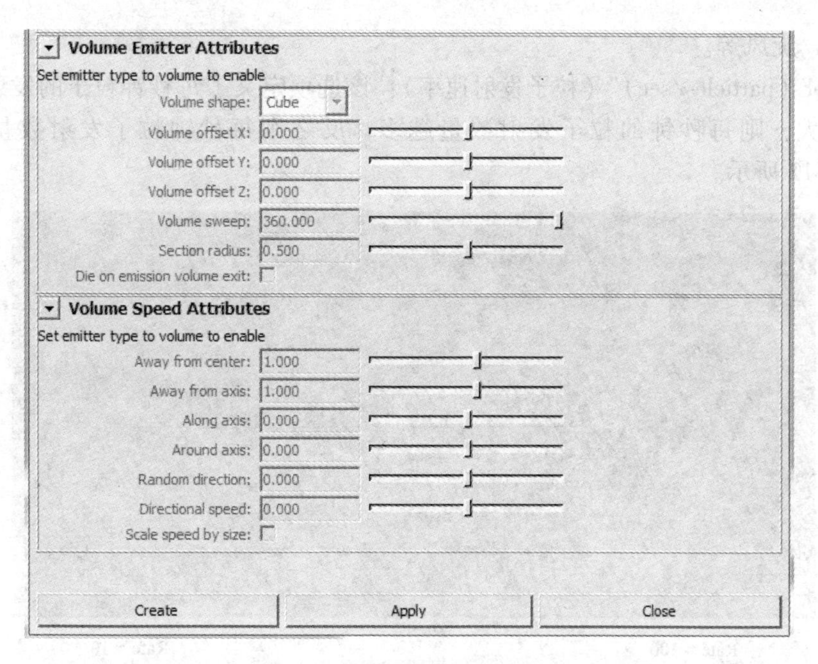

图 1-10　创建发射器的属性面板（续）

- “Emitter type”（发射器类型）：在该选项栏里包含了三种发射器类型，其发射效果如图 1-11 所示。其中选项如下。

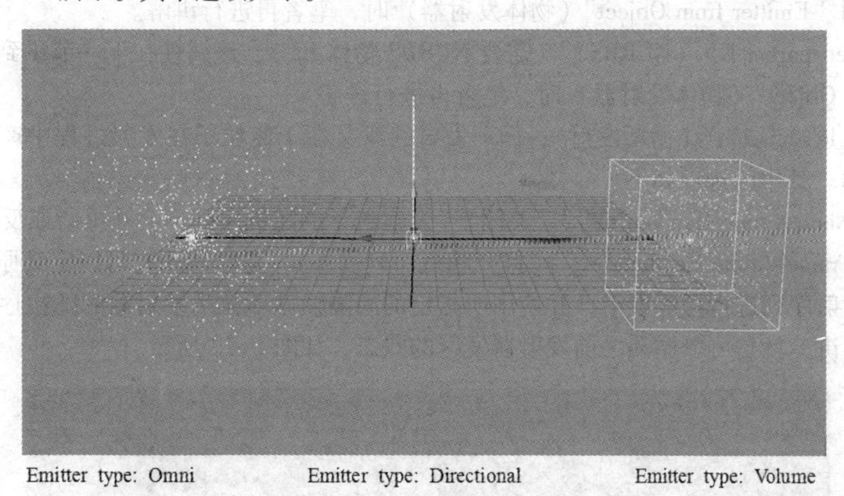

图 1-11　粒子发射器类型

- “Omni”（点发射）：顾名思义，从一个点向外发射粒子，粒子被全方向发射，可以理解为爆炸式发射，通常用该发射器模拟爆炸、扩散和辐射等。
- “Directional”（方向发射）：可以使粒子沿着某个方向或者某个朝向进行发射，通常还会控制它的扩展角度进行发射，比如模拟烟火发射、水流等。
- “Volume”（体积发射）将发射器的类型设置为一个空间，比如立方体，那么粒子会从该立方体中的随机位置产生并向外发射，如果不设置发射速度，则粒子随着时间的推移会充满整个空间。通常使用体积发射模拟一些动力学现象，比如飞絮、旋风等。

- “Rater (particles/sec)”（粒子发射速率）：该选项定义了每秒钟粒子的发射数量，速率越大，则每秒钟的粒子发射数量越多，反之则每秒钟粒子发射数量越少，如图 1-12 所示。

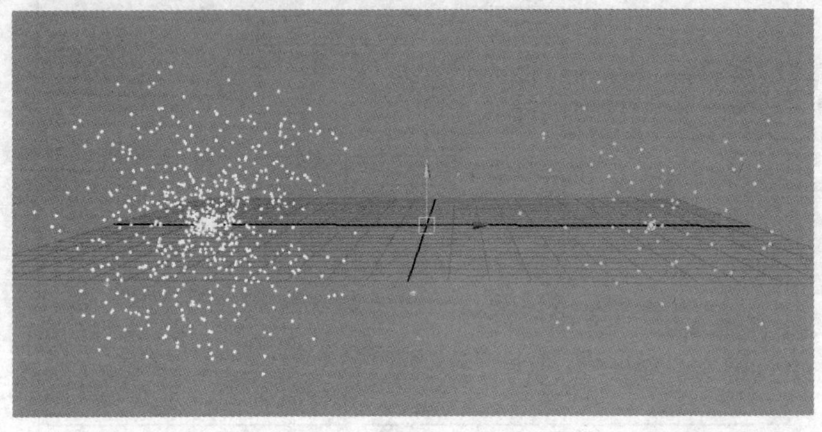

Rate = 100　　Rate = 10

图 1-12　粒子发射速率

- “Scale rate by object size”（物体尺寸控制速率的缩放）：该属性与物体发射器相关，在讲到“Emitter from Object”（物体发射器）时，笔者再进行讲解。
- “Need parent UV (NURBS)”（需要 NURBS 物体 UV）：该属性在下一节讲到“Emitter from Object”（物体发射器）时，笔者再进行详解。
- “Cycle emission”（循环发射）：循环发射的意义在于使粒子在发射过程中产生一定的规律。其中的选项如下。
  - “None (time Random off)”（关闭）：发射粒子的随机序列不会被重新或反复使用。
  - “Frame (time Random on)”（打开随机序列循环）：意味着用户可以定义原来的随机发射序列进行循环发射，并使用所指定的间隔帧循环粒子发射器的随机序列。简单地讲，就是可以循环之前发射器发射的状态，如图 1-13 所示。

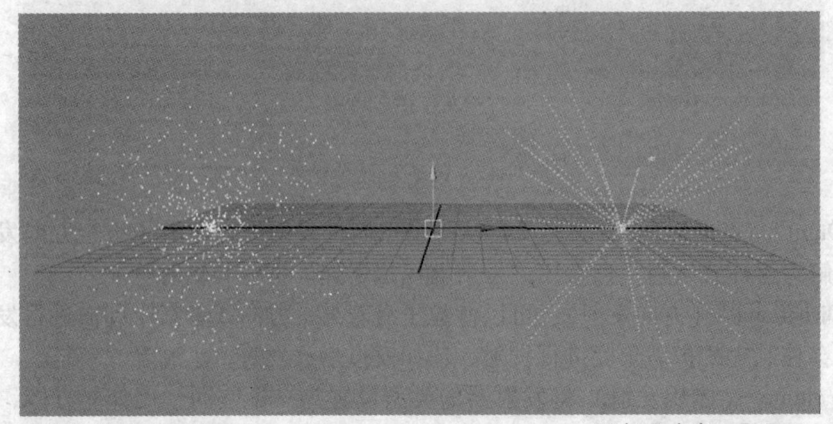

Cycle Emission: None　　Cycle Emission: Frame

图 1-13　循环发射

● “Cycle interval”（循环间距）：只有当“Cycle emission”（循环发射）的选项处于“Frame (time Random on)”（打开随机序列循环）时，该选项才被激活，它定义了重新循环随机序列的间距，如图 1-14 所示。

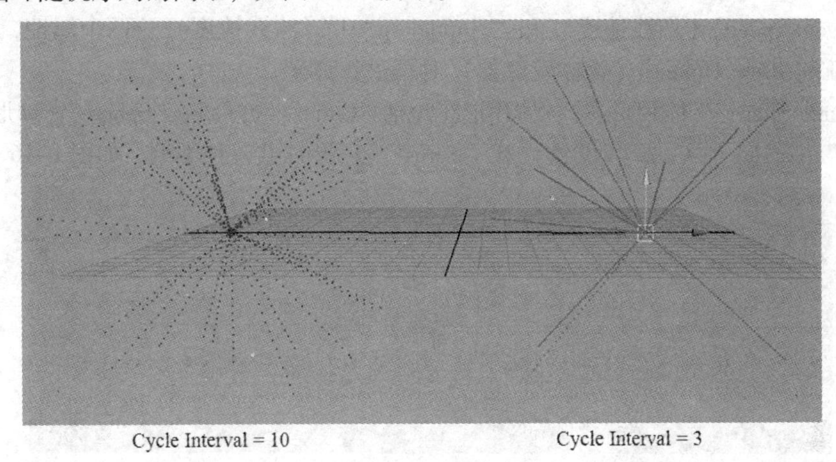

图 1-14　循环间隔

● “Max distance”（最大距离）：粒子被发射器发射时所出现的位置距离发射器的最大距离。该选项的数值不能低于“Min distance”（最小距离）的数值。

● “Min distance”（最小距离）：粒子被发射器发射时所出现的位置距离发射器的最小距离。该选项的数值不能高于“Max distance”（最大距离）的数值。

● “Direction X/Y/Z”（发射方向 X/Y/Z）：控制粒子发射的朝向，通常在发射器类型为“Directional”（方向）或“Volume”（体积）类型时使用。

● “Spread”（扩展角度）：通常在发射器类型为“Directional”（方向）时进行设置，当扩展角度为 0 时，粒子发射状态为一条直线，而当设置了大于 0 的扩展角度时，可以控制粒子在某个角度范围中进行发射。其取值范围为 0 ~ 1 之间，代表 0 ~ 180°的范围，如图 1-15 所示。

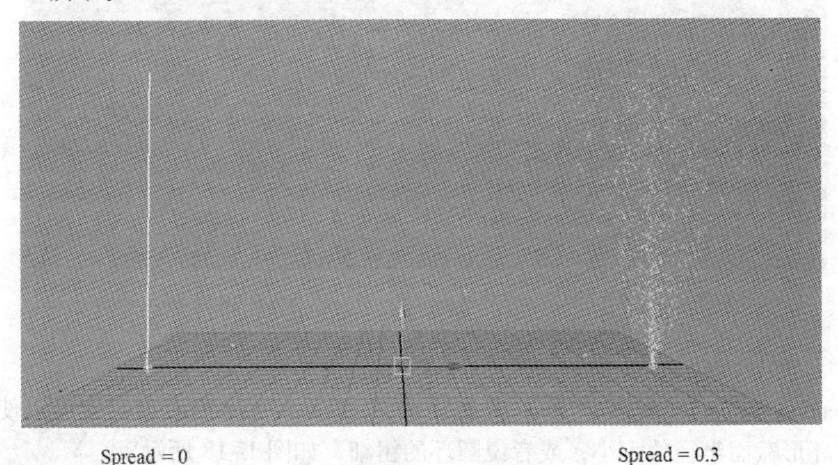

图 1-15　扩展角度

● “Speed”（速度）：粒子在被发射器发射时，具有一定的初始速度，“Speed”（速度）值越高，代表粒子的发射初始速度越快。

● “Speed random”（随机速度）：随机速度影响了粒子的发射速度，其影响的范围在 Speed - Speed random/2 到 Speed + Speed random/2 之间。每个粒子在这个范围之内随意取值，进而产生各不相同的发射速度。

● “Tangent speed”（切线速度）和“Normal speed”（法线速度）这两个属性，笔者在讲解“Emit from Object”（物体发射器）时再进行详解。

◆ “Volume Shape”（体积形态）：体积形态包括“Cube”（方形）、“Sphere”（球形）、“Cylinder”（圆柱）、“Cone”（圆锥）和“Torus”（环形）共五种类型，如图 1-16 所示。

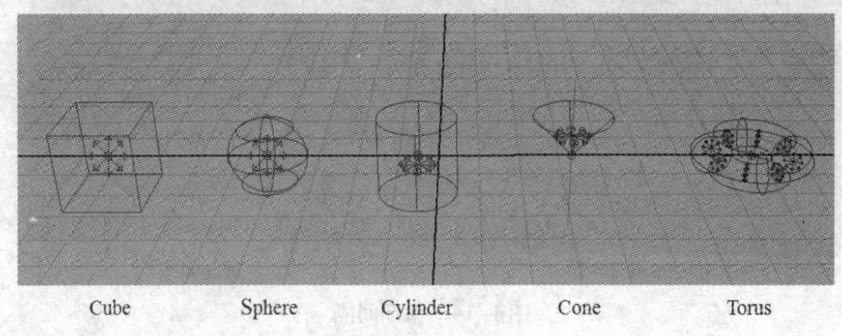

图 1-16　体积形态

● “Volume offset”（体积偏移）：控制体积形态与发射器之间的位置偏移，偏移数值以发射器自身坐标为参考位置。

● “Volume sweep”（体积扫描）：定义了体积发射器的体积形态和体积范围，其中“Cube”发射器不能使用该属性，如图 1-17 所示，笔者使用“Sphere”发射器进行演示。

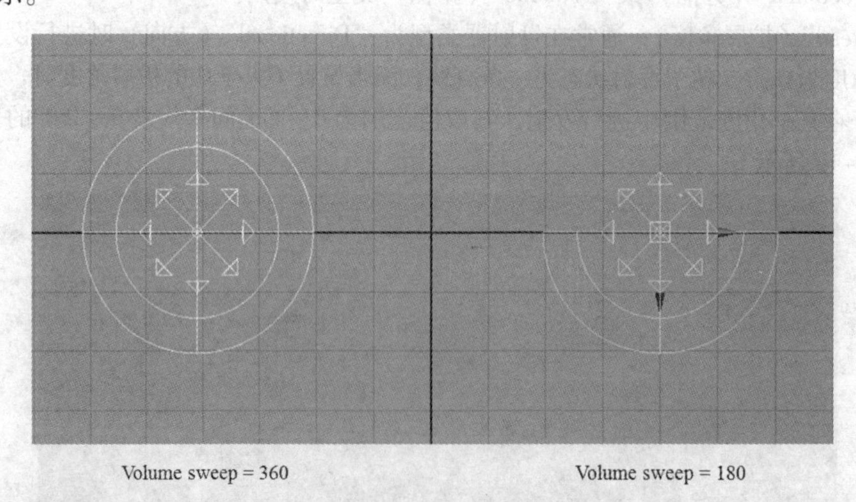

图 1-17　体积扫描

● “Selection radius”（截面半径）：只有在选择“Torus”体积形态时才可以使用，它定义了环形截面半径的大小，或者说圆环的粗细，如图 1-18 所示。

● “Die on emission volume exit”（体积外死亡）：在使用体积发射器进行发射时，经常使用此属性，该属性可以使粒子在超出体积范围时自动死亡。该属性在创建之后亦可以在“Particle Shape”（粒子形态）当中进行关闭或开启。

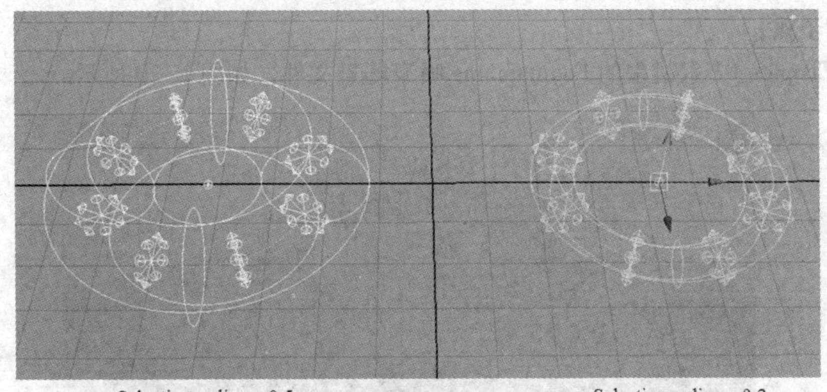

图 1-18　截面半径

- “Away from center”（远离中心）：定义粒子从中心向四周移动的速度，只有在体积发射器为“Cube”或“Sphere”时可以使用。
- “Away from axis”（远离轴）：定义粒子从中心轴切线方向移动的力，只有在体积发射器为“Cylinder”“Cone”“Torus”时才可以使用。
- “Along axis”（沿轴运动）：定义粒子沿中心轴移动的力，1 代表正方向，-1 代表负方向。
- “Around axis”（绕轴运动）：围绕中心轴移动的力，1 代表顺时针运动，-1 代表逆时针运动。
- “Random direction”（随机方向）：可以为粒子增加随机方向的力。
- “Directional speed”（方向速度）：在 X/Y/Z 方向上进行粒子移动速度的增减。
- “Scale speed by Size”（由尺寸决定速度）：勾选此选项，可以允许粒子的发射速度受发射器体积尺寸的影响，发射器越大，则粒子发射速度越快，发射器越小，则粒子发射速度越慢。

1.1.3 ［案例］建立喷泉场景

【案例目的】 通过对粒子、粒子发射器和场的了解，在实战中结合实际效果，学会综合运用这些功能制作出喷泉场景。

【案例效果】 如图 1-19 所示。

图 1-19　喷泉场景效果展示

【案例步骤】

打开 Chapter_01 素材中的 Fountain. ma 喷泉场景文件，如图 1-20 所示。

图 1-20　喷泉场景文件

1）创建方向发射器，单击“Particles”→“Create Emitter”属性盒，在属性面板中将“Emitter type”（发射器类型）修改为“Directional”（方向发射），如图 1-21 所示。

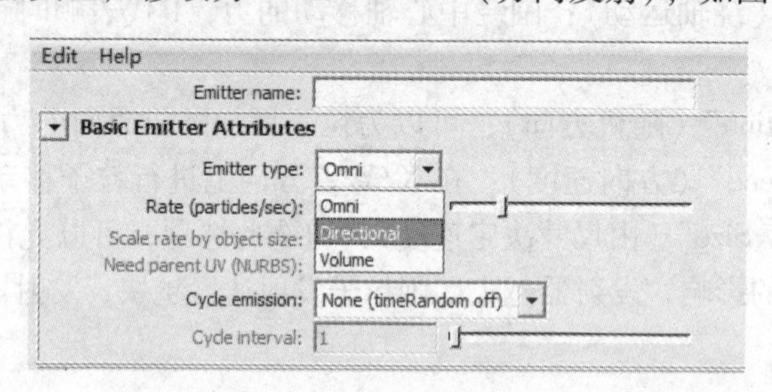

图 1-21　创建发射器属性

将发射器放置在喷泉模型的出水口处，并将时间滑条上的属性修改为如图 1-22 所示。

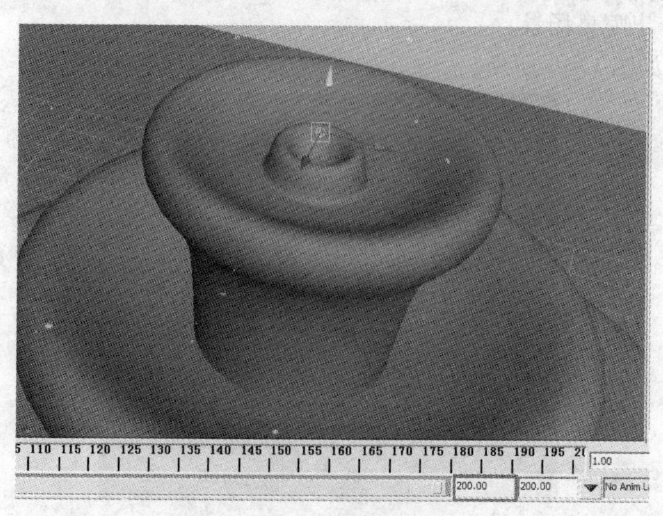

图 1-22　修改时间范围

2）选择发射器，将发射方向和扩展角度修改为如图 1-23 所示。

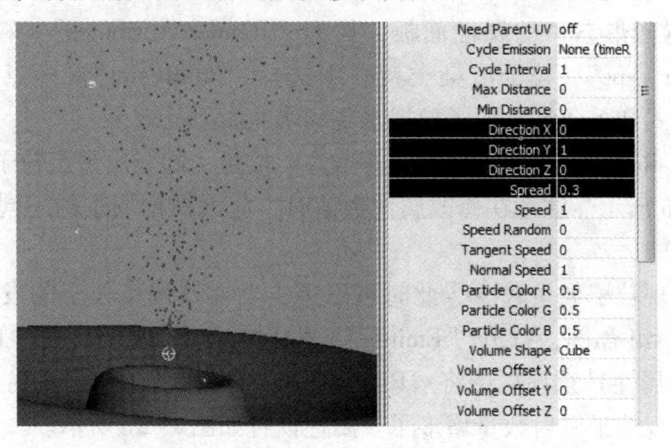

图 1-23　通道栏

3）播放发现，粒子向上发射时，没有产生下落，这是不符合现实的，所以需要让粒子受到重力的影响。可以通过选择“Fields”（场）→“Gravity”（重力），为粒子添加重力来实现，如图 1-24 所示。

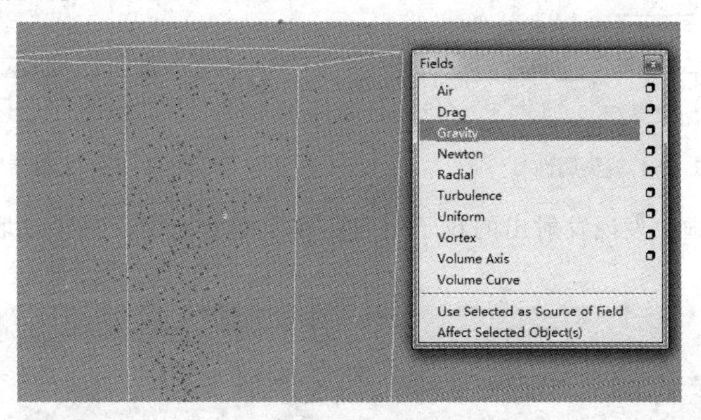

图 1-24　重力场

4）播放动画发现，粒子完全下落，没有水花向上喷射的感觉。这是因为粒子的运动速度不够，导致受重力影响的效果较大，故而需要修改粒子发射器的发射速度。选择粒子发射器，将“Speed”（粒子速度）修改为 8，播放动画发现，粒子具有了上升过程，如图 1-25 所示。

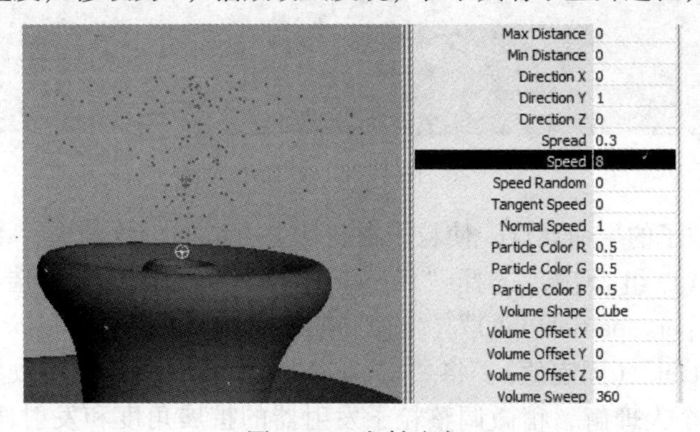

图 1-25　发射速度

5）粒子发射的形态与真实喷泉还有出入，选择粒子，按〈Ctrl + A〉组合键，打开"ParticleShape"（粒子形态）的属性面板，找到"Render Attributes"（粒子属性）选项栏，在"Particle Render Type"（粒子渲染类型）中选择"MultiPoint"（多点式粒子）形态，通常，可以使用多点式和多条纹式粒子模拟水花和水花溅射的效果。

单击"Current Render Type"（当前渲染类型）按钮，刷新出多点粒子的属性，将属性参数设置为如图1-26所示。注意在修改属性数值时，应该根据场景的不同进行设置，该数值不为固定值。

播放动画，发现粒子数量较少，此时可以单击发射器调整粒子的发射速率。选择发射器，按〈Ctrl + A〉组合键，打开"Emitter"（发射器）选项卡，在"Basic Emitter Attributes"（基本发射器属性）选项栏中将"Rate（Particles/Sec）"（粒子发射速率）修改为200，再次播放动画，发现粒子发射数量增多了。属性设置如图1-27所示。

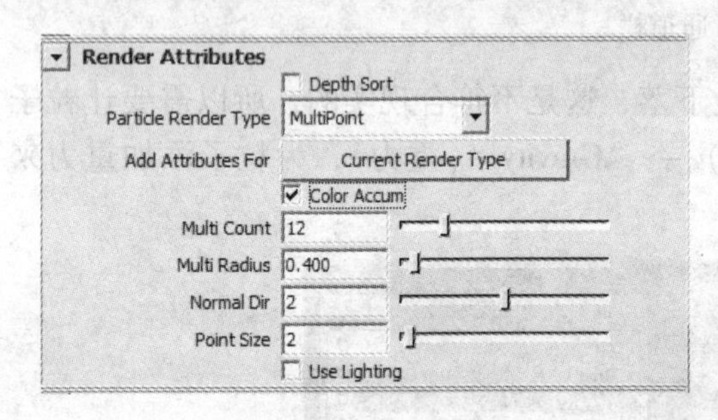

图1-26　渲染属性

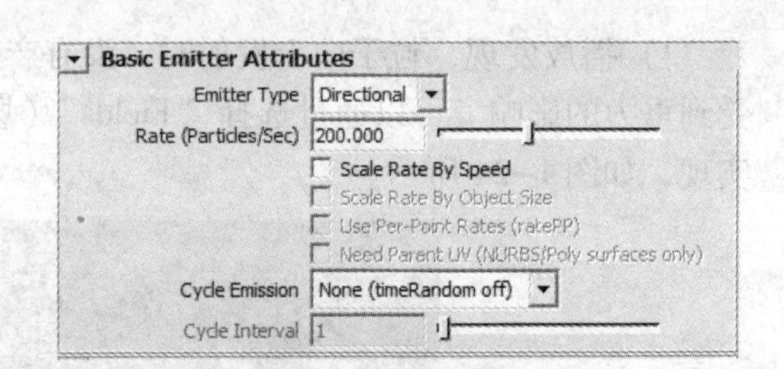

图1-27　发射器属性设置

再次播放动画，发现发射出的粒子始终存在于场景当中，并穿过地面继续下落，如图1-28所示。

图1-28　场景

6）需要修改粒子的生命属性，使粒子在花坛上合适的位置消失，不能穿透地面。选择粒子，按〈Ctrl + A〉组合键，选择"ParticleShape"（粒子形态）选项卡，在"Lifespan Attributes（see also per-particle tab）"（生命周期）选项栏中将"Lifespan Mode"（生命周期模式）改为"Constant"（固定值），将"Lifespan"（生命周期）数值改为1.7 s，如图1-29所示。也可以根据个人理解，稍微调整粒子发射器的扩展角度和发射速度等得到更好的效果，动力学参数不为固定值，根据场景不同和个人理解进行设置，此参数仅供参考。

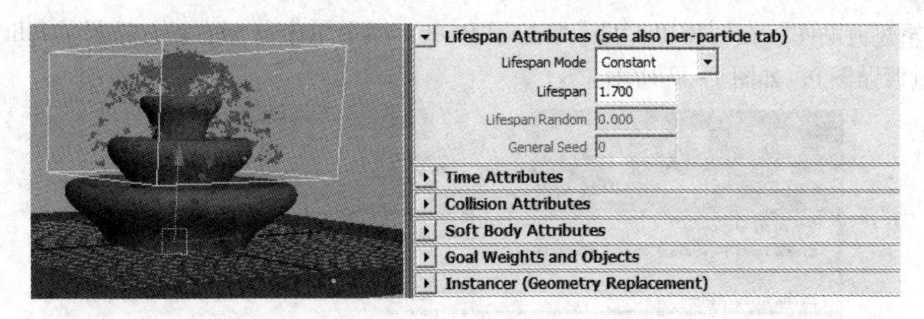

图 1-29　生命周期属性

7）可以调整喷泉的颜色，选择粒子，打开“ParticleShape”（粒子形态）选项卡，找到“Per Particle（Array）Attributes”（单粒子属性）选项栏，发现并没有颜色选项，在“Add Dynamic Attributes”（添加动力学属性）选项栏中单击“Color”（颜色），如图 1-30 所示。在弹出的对话框中选择“Add Per Particle Attribute”（添加单粒子属性），单击“Add Attribute”（添加属性）按钮，将该属性添加到单粒子属性栏中，如图 1-31 所示。

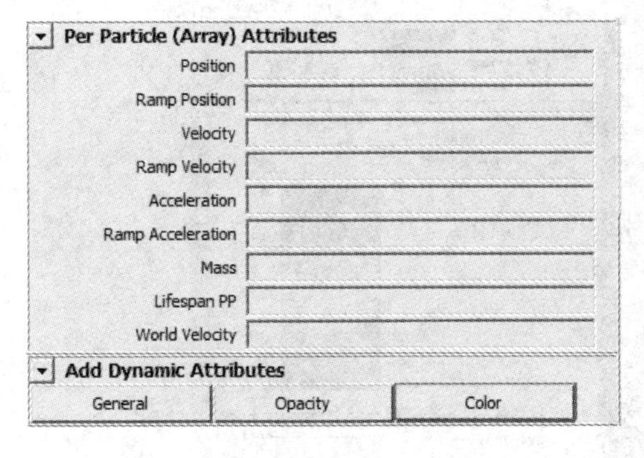

图 1-30　“单粒子属性”选项栏

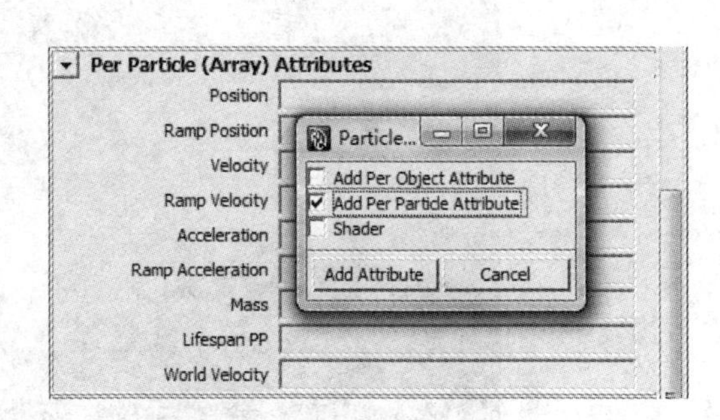

图 1-31　添加单粒子属性

8）为了体现水在刚刚发射和下落时的颜色层次感，需要使粒子在不同位置上具有不同的颜色。故而，在创建的“RGB PP”（单粒子 RGB）属性上，单击鼠标右键，在弹出的菜单中选择“Create Ramp”（创建过渡贴图），如图 1-32 所示。

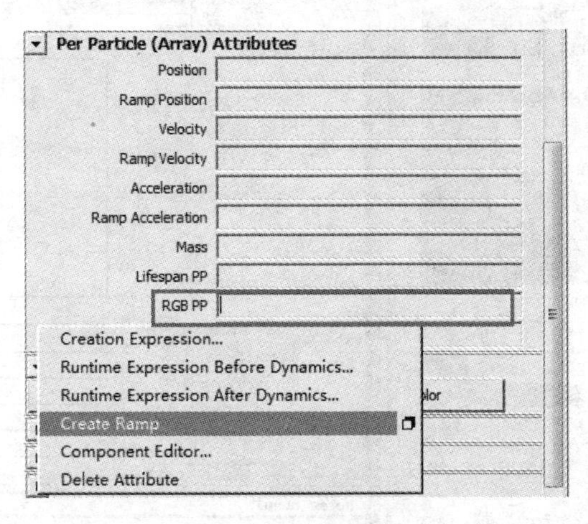

图 1-32　单粒子颜色

编辑过渡贴图，在“RGB PP”（单粒子 RGB）栏中单击鼠标右键，选择“Edit Ramp”（编辑过渡贴图），如图 1-33 所示。

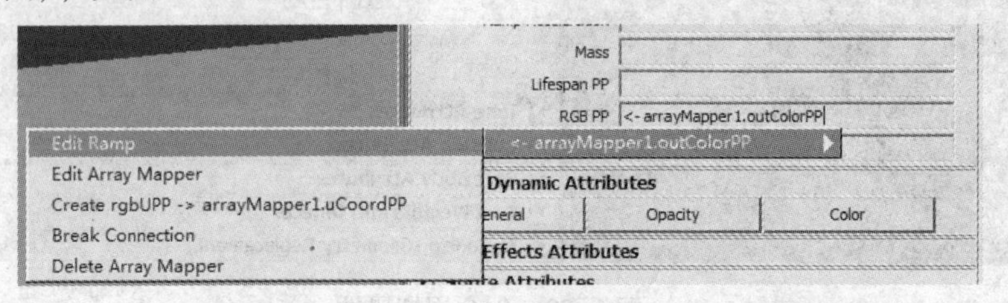

图 1-33　编辑过渡贴图

弹出过渡贴图的属性面板，同时播放动画发现粒子颜色产生了变化，粒子颜色由过渡贴图控制，如图 1-34 所示。将蓝色、绿色、红色 3 种颜色改为从淡蓝色过渡到白色，以模拟水花发射之初的亮白色和水花溅射分散的淡蓝色，如图 1-35 所示。

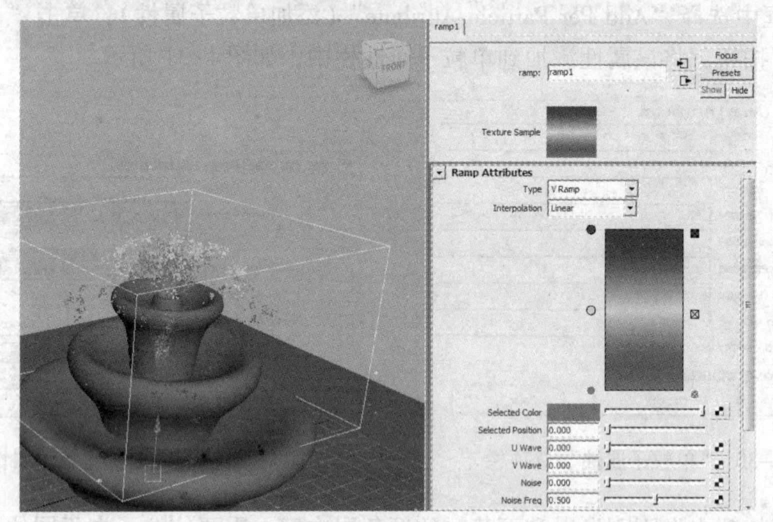

图 1-34　添加过渡贴图

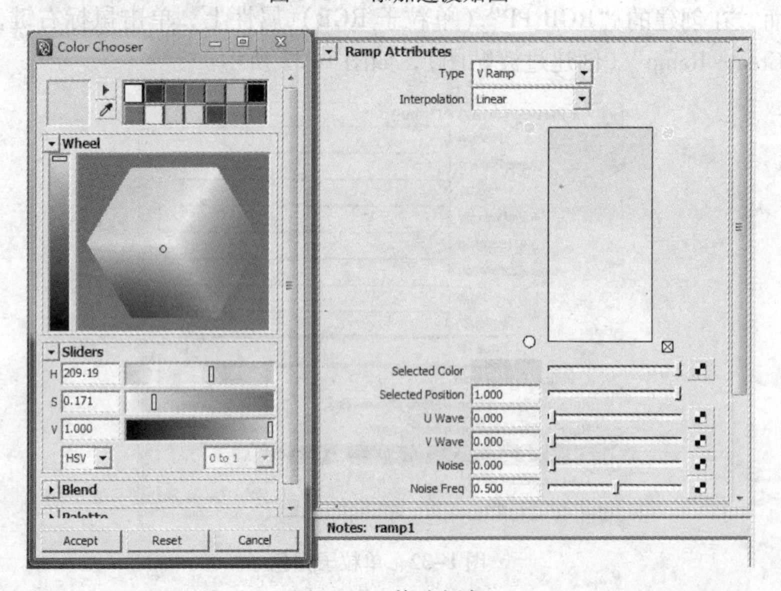

图 1-35　修改颜色

9）播放动画，发现粒子颜色产生了变化，此时可以继续细化该场景，比如，为粒子添加层次感。再创建一套粒子，使用同一个发射器发射，并调整成不同的形状和相对深的颜色。在左下角的“MEL”栏中，输入“particle”（粒子）创建出新的粒子，打开大纲，可以看到已经创建了新的粒子“particle2”，如图 1-36 所示。

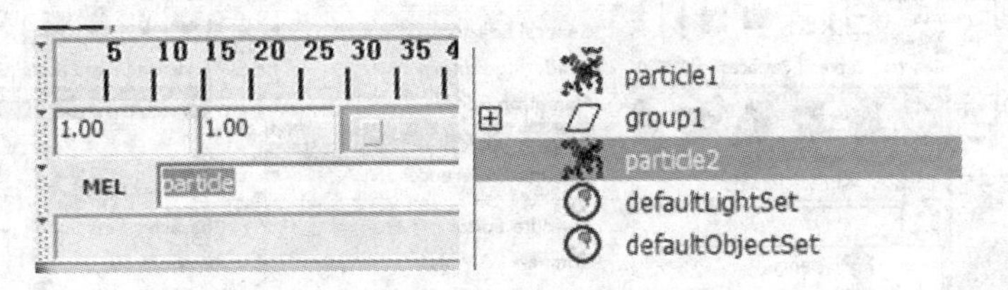

图 1-36　创建新粒子

10）在大纲中选择“particle2”和“emitter1”，单击“Particles”→“Use Selected Emitter”（使用所选择的发射器）发射粒子，如图 1-37 所示。

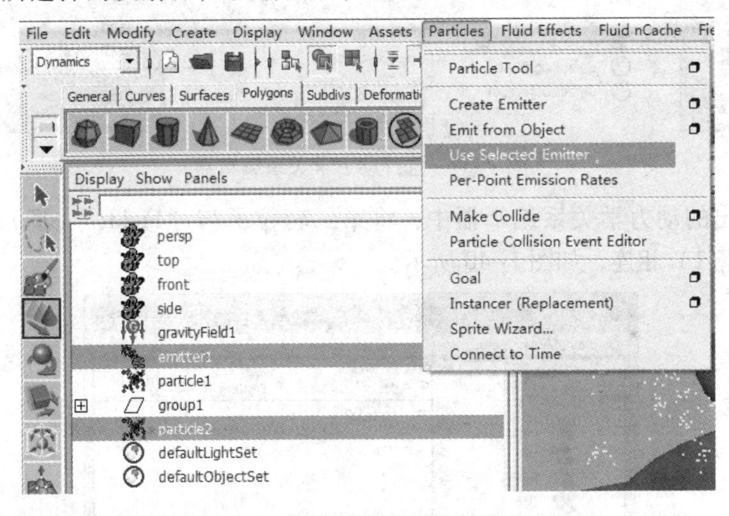

图 1-37　使用发射器发射粒子

播放动画发现第二套粒子被第一套粒子的发射器发射出来，但是并没有受到重力场的影响产生下落，如图 1-38 所示。

图 1-38　发射粒子

11）可以使用同一个重力场影响第二套粒子。在大纲中选择“particle2”，单击“Window”（视图）→“Relationship Editors（关系编辑器）”→“Dynamic Relationships”（动力学关系），如图 1-39 所示。

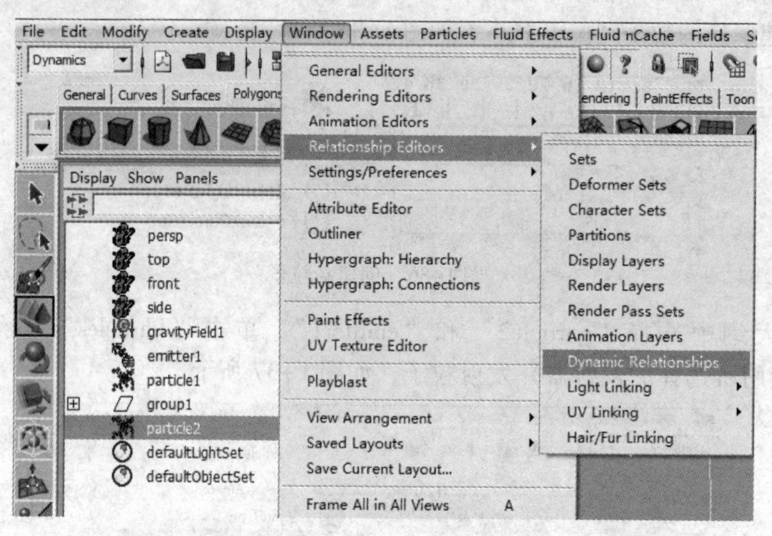

图 1-39 选择动力学关系编辑器

12）在弹出的动力学关系编辑器中，将第二套粒子与“Fields”（场）中的“GravityField1”（重力场 1）相连，如图 1-40 所示。

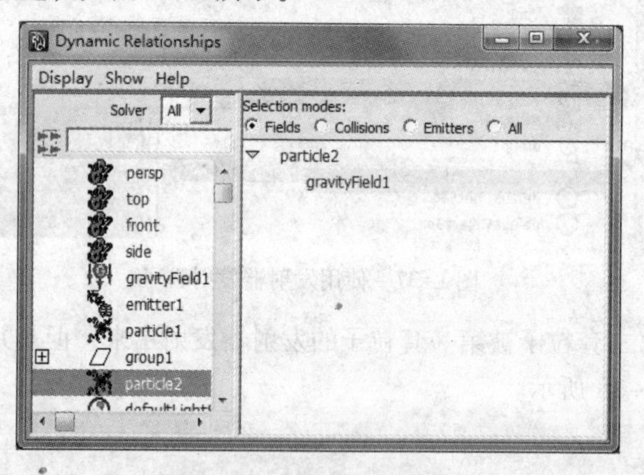

图 1-40 动力学关系编辑器

播放动画，发现两套粒子都被正常发射出来并产生下落，如图 1-41 所示。此时可以参照“particle1”中的属性设置“particle2”，需要注意的是，在设置“particle2”的“Render Attributes”（渲染属性）时，选择“MultiPoint”（多点式粒子），将“Multi Count”（多点数量）和“Multi Radius”（多点半径）调整的与“particle1”不同，否则“particle1”和“particle2”将会重叠。其他属性，比如颜色等，请参照“particle1”，并将颜色设置的较“particle1”稍暗。

13）使用硬件渲染发现粒子透明度不够，尤其是下方。此时可以修改两套粒子的透明属性，操作方式与添加单粒子颜色类似。分别选择两套粒子，在“粒子”选项卡下的单粒子属性中进行设置，如图 1-42 所示。

图 1-41　解算

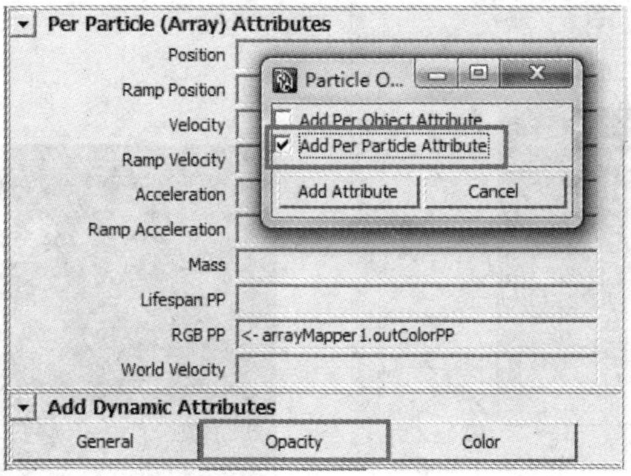

Per Particle (Array) Attributes
Position
Ramp Position
Velocity
Ramp Velocity
Acceleration
Ramp Acceleration
Mass
Lifespan PP
RGB PP　<- arrayMapper1.outColorPP
World Velocity
Particle O...
Add Per Object Attribute
Add Per Particle Attribute
Add Attribute　Cancel
Add Dynamic Attributes
General　Opacity　Color

图 1-42　设置属性

为单粒子透明添加过渡贴图，如图 1-43 所示。

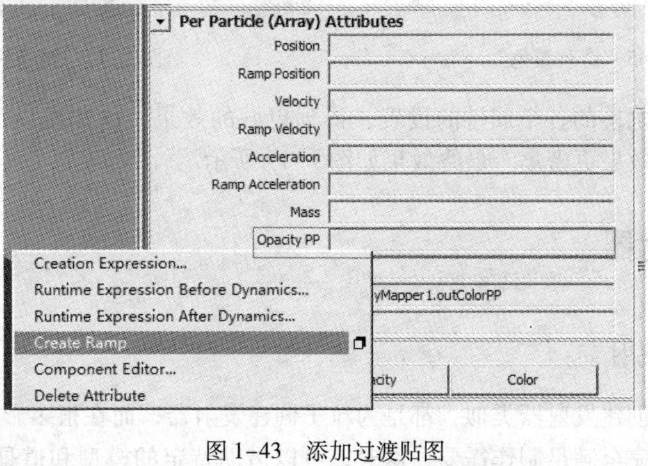

Per Particle (Array) Attributes
Position
Ramp Position
Velocity
Ramp Velocity
Acceleration
Ramp Acceleration
Mass
Opacity PP
Creation Expression...
Runtime Expression Before Dynamics...
Runtime Expression After Dynamics...
Create Ramp
Component Editor...
Delete Attribute
yMapper1.outColorPP
city　Color

图 1-43　添加过渡贴图

14）在“Opacity PP”（单粒子透明）上单击鼠标右键，在弹出的菜单中选择“Edit Ramp”（编辑过渡贴图），如图 1-44 所示。

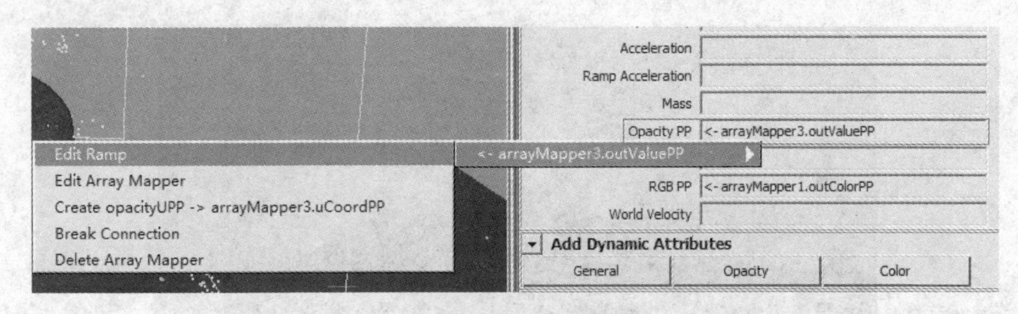

图 1-44　编辑过渡贴图

将过渡贴图修改为黑白过渡，贴图上部为粒子的结束位置，贴图下部为粒子的初始位置，黑色代表透明，白色代表不透明，如图 1-45 所示。

渲染后发现粒子的上下部分产生了透明度的变化，如图 1-46 所示。

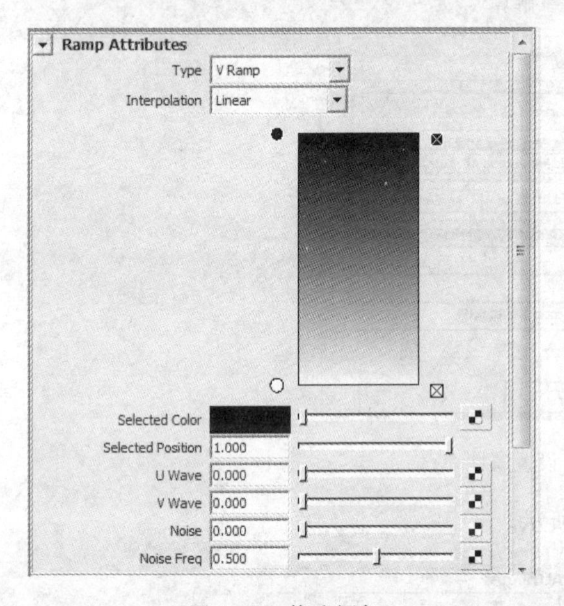

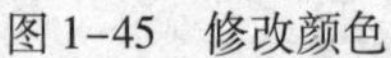
图 1-45　修改颜色

图 1-46　渲染后的效果

15）完善一下之前的各个属性的设置，得到更好的效果，比如可以适当增加发射器的发射速率，使水花效果更密集。最终效果如图 1-19 所示。

1.2　物体发射器

1.2.1　从物体发射

物体发射器与创建发射器类似，都是为粒子创建发射器，而在很多影视作品当中，默认的发射器可能不能完全满足制作需要，这时，可以借助特定的模型和道具进行粒子的发射。在 Maya 当中，这种操作实际上就是借助了物体的形态节点中的某些元素进行粒子的发射，比如物体的面、点、曲线等。

如图 1-47 所示，在这部影片当中，看到的火焰需要通过手枪的造型进行发射，而传统的发射器种类则不能实现这种特殊效果。此时，就需要制作出特殊的枪械模型结构作为发射器进行火焰燃烧的制作，而这也就是物体发射器的意义。

图 1-47　影片中的手枪喷射火焰

物体发射器的命令位置如图 1-48 所示。

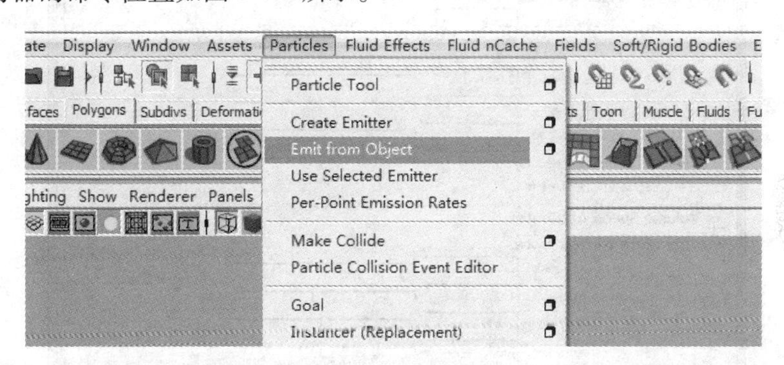

图 1-48　从物体发射

打开“Emit from Object”（从物体发射）的属性盒，各属性的参数说明，如图 1-49 所示。

- “Emitter name”（发射器名称）：可以创建出自定义的物体发射器名称，如果不填写则使用 Maya 默认的名称（如 Emitter1、Emitter2 …）来命名该发射器。
- “Emitter type”（发射器类型）：在该选项栏里包含了四种发射器类型，其发射效果如图 1-50 所示。
  - “Omni”（点发射）：从一个点向外发射粒子，粒子被全方向发射。
  - “Directional”（方向发射）：方向发射可以使粒子沿着某个方向或者某个朝向进行发射，通常还会控制它的扩展角度进行发射。
  - “Surface”（表面发射）：从物体的表面发射粒子，该发射方式较为常见。
  - “Curve”（曲线发射）：沿着曲线发射粒子。
- “Rate (particles/sec)”（粒子发射速率）：该选项定义了每秒钟粒子的发射数量，速率越大，则每秒钟的粒子发射数量越多，反之则每秒钟粒子发射数量越少。

Emitter Options (Emit from Object)

Edit　Help

Emitter name:

Basic Emitter Attributes

Emitter type: Omni
Rate (particles/sec): 100.000
Scale rate by object size:
Need parent UV (NURBS):
Cycle emission: None (timeRandom off)
Cycle interval: 1

Distance/Direction Attributes

Max distance: 0.000
Min distance: 0.000
DirectionX: 1.000
DirectionY: 0.000
DirectionZ: 0.000
Spread: 0.000

Basic Emission Speed Attributes

Speed: 1.000
Speed random: 0.000
Tangent speed: 0.000
Normal speed: 1.000

Volume Emitter Attributes

Set emitter type to volume to enable
Volume shape: Cube
Volume offset X: 0.000
Volume offset Y: 0.000
Volume offset Z: 0.000
Volume sweep: 360.000
Section radius: 0.500
Die on emission volume exit:

Volume Speed Attributes

Set emitter type to volume to enable
Away from center: 1.000
Away from axis: 1.000
Along axis: 0.000
Around axis: 0.000
Random direction: 0.000
Directional speed: 0.000
Scale speed by size:

Create　Apply　Close

图 1-49　从物体发射的属性面板

- “Scale rate by object size”（物体尺寸控制速率的缩放）：粒子发射速率与发射物体的大小相关，当发射物体放大时，粒子的发射速率变大，反之则变小。一般用于“Surface”（表面发射）和“Curve”（曲线发射）类型。
- “Need parent UV（NURBS）”（需要 NURBS 物体 UV）：当物体发射器为“NURBS Surface”（NURBS 表面）时，Maya 会在该发射器的粒子属性中增加两个单粒子属性，“Parent U”和“Parent V”。可以通过链接“RAMP”（渐变贴图）或建立表达式语句来控制粒子在该物体上的发射位置。
- “Cycle emission”（循环发射）：循环发射的意义在于使粒子在发射过程中产生一定的规律。其中的选项如下。

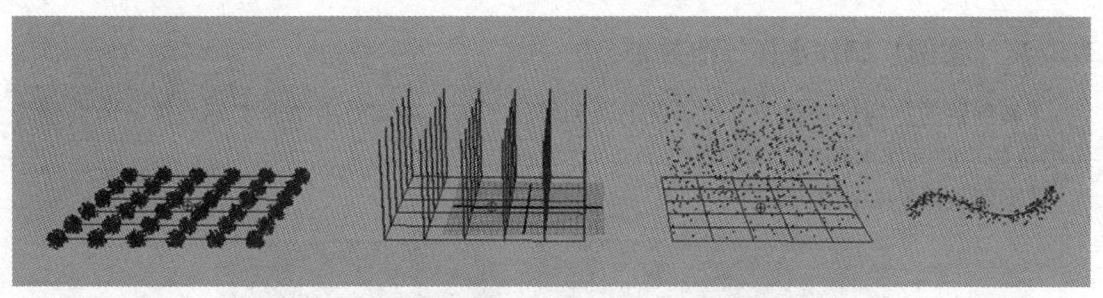

Emitter type: Omni　　Emitter type: Directional　　Emitter type: Surface　　Emitter type: Curve

图 1-50　发射器类型

- ◆“None（timeRandom off）”（关闭）：发射粒子的随机序列不会被重新或反复使用。
- ◆“Frame（timeRandom on）”（打开随机序列循环）：意味着用户可以定义原来的随机发射序列进行循环发射，并使用所指定的间隔帧循环粒子发射器的随机序列。简单地讲，就是可以循环之前发射器发射的状态。
- ◆“Cycle interval”（循环间距）：只有当“Cycle emission”（循环发射）的选项处于“Frame（timeRandom on）”（打开随机序列循）时，该选项才被激活，它定义了重新循环随机序列的间距。

- “Max distance”（最大距离）：粒子被发射器发射时所出现的位置距离发射器的最大距离。该选项的数值不能低于“Min distance”（最小距离）的数值。
- “Min distance”（最小距离）：粒子被发射器发射时所出现的位置距离发射器的最小距离。该选项的数值不能高于“Max distance”（最大距离）的数值。
- “Direction X/Y/Z”（发射方向 X/Y/Z）：控制粒子发射的朝向，通常在发射器类型为“Directional”（方向）或“Volume”（体积）类型时使用。
- “Spread”（扩展角度）：通常在发射器类型为 Directional 时进行设置，当扩展角度为 0 时，粒子发射状态为一条直线，而当设置了大于 0 的扩展角度时，可以控制粒子在某个角度范围中进行发射。其取值范围为 0 ~ 1 之间，代表 0 ~ 180°的范围。
- “Speed”（速度）：粒子在被发射器发射出时，具有一定的初始速度，“Speed”（速度）值越高，代表粒子的发射初始速度越快。
- “Speed random”（随机速度）：随机速度影响了粒子的发射速度，其影响的范围在 Speed - Speed random/2 到 Speed + Speed random/2 之间。每个粒子在这个范围之内随意取值，进而产生了各不相同的发射速度。
- “Tangent speed”（切线速度）：控制了粒子向模型切线方向运动的力，一般用于“Surface”（表面发射）和“Curve”（曲线发射）。
- “Normal speed”（法线速度）：控制了粒子向模型法线方向运动的力，一般用于“Surface”（表面发射）和“Curve”（曲线发射）。

通过上面这些属性的介绍，可以看出，从物体发射与创建发射器的属性类似，参数基本相同。在动力学后面的课程当中许多参数都是可以相互参照的。

1.2.2 ［案例］制作水杯气泡效果

【案例目的】 通过对粒子、粒子发射器和场的了解，在实战中结合实际效果，学会综合运用这些功能制作水杯冒气泡的场景。

【案例效果】 如图 1-51 所示。

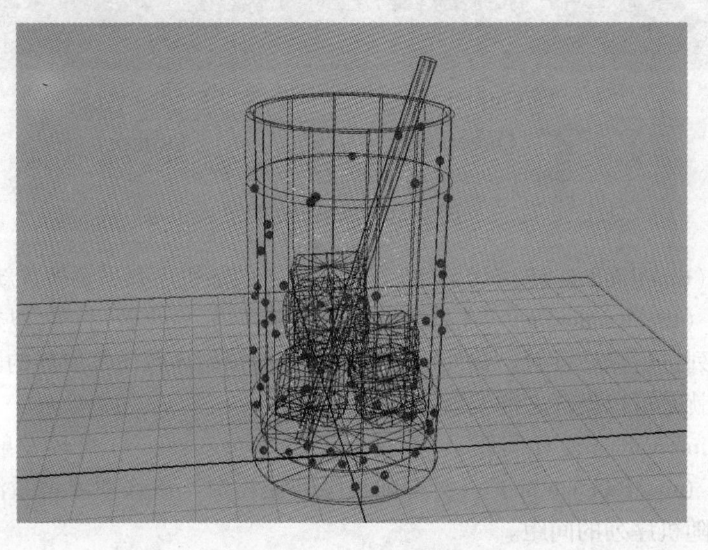

图 1-51　水杯气泡效果展示

【案例步骤】

打开 Chapter_01 素材中的 cup. ma 杯子模型文件，如图 1-52 所示。

图 1-52　水杯场景

1）选择杯子模型，单击“Particles” → “Emit from Object”的属性盒，在属性面板中将“Basic Emitter Attributes”（基本发射器属性）选项栏中的“Emitter type”（发射器类型）修改为“Surface”（表面发射），使粒子能够沿杯子表面被发射。将“Rate（particles/sec）”（速率）修改为 20，由于沿杯子下落的水滴数量不应过多，而软件默认的速率为 100，数值过大，故将其修改为较小数值方便测试，如图 1-53 所示。

将时间滑条中的数值修改为如图 1-54 所示。

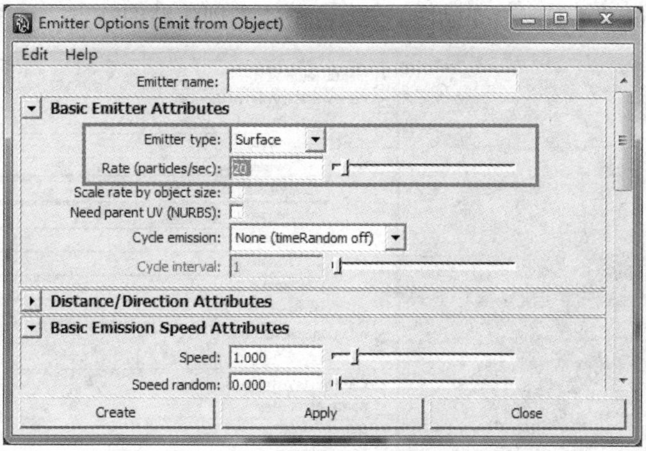

图 1-53　设置参数

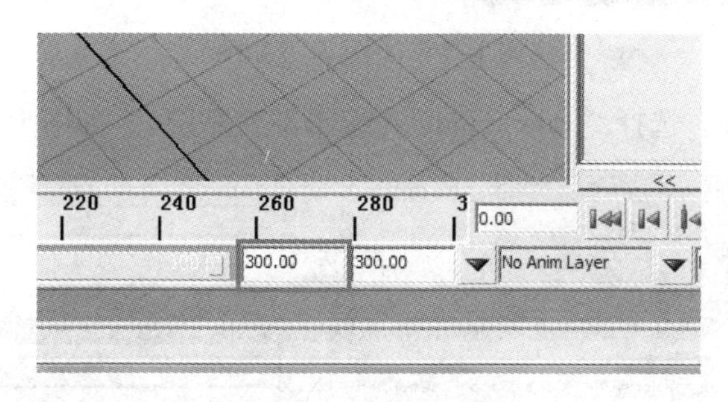

图 1-54　修改时间范围

2）播放动画，发现粒子沿着杯子表面发射出来，选择粒子，按〈Ctrl + A〉组合键，打开粒子属性选项卡，找到“Render Attributes”（渲染属性）选项栏，将“Particle Render Type”（粒子渲染类型）修改为“Spheres”（球体），单击“Current Render Type”（当前渲染类型）按钮，刷新出球体类型的属性。将“Radius”（半径）修改为 0.1，如图 1-55 所示。

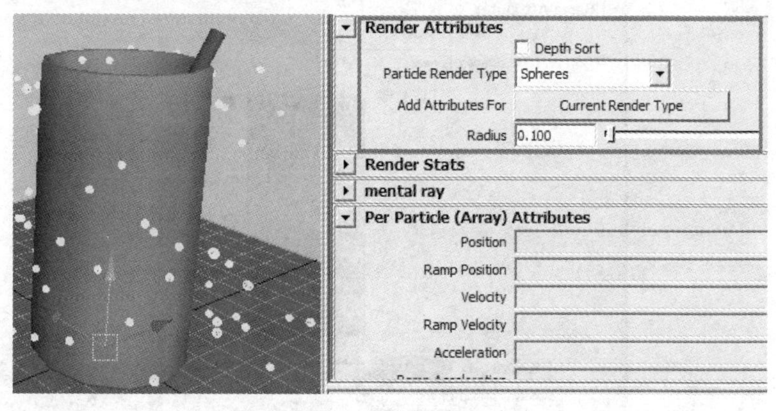

图 1-55　渲染属性

3）播放动画，发现粒子不能够沿杯子下落，此时需要控制粒子的速度方向，选择粒子，按〈Ctrl + A〉组合键，打开粒子属性选项卡，找到“Per Particle（Array）Attributes”（单粒子属性）选项栏，在“Ramp Velocity”（渐变速度）上单击鼠标右键，在弹出的菜单中选择“Create Ramp”（创建渐变贴图），为粒子速度创建贴图节点，如图 1-56 所示。

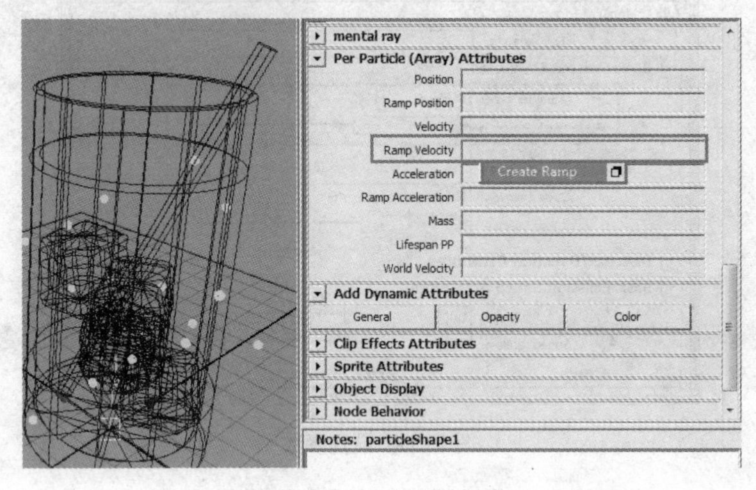

图 1-56　创建渐变贴图

继续单击鼠标右键，选择“Edit Ramp”（编辑渐变贴图），如图 1-57 所示。

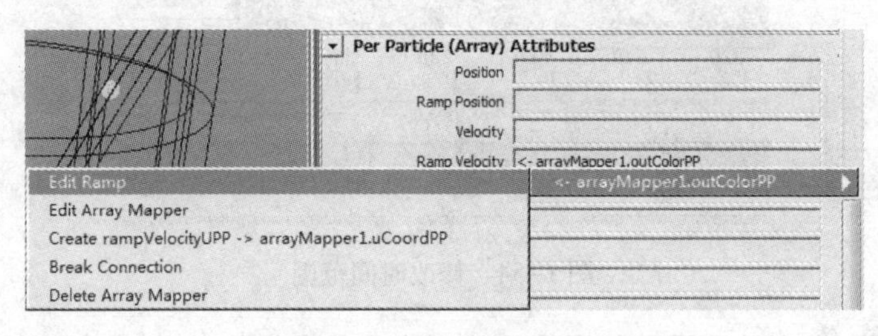

图 1-57　编辑渐变贴图

4）渐变贴图的颜色信息定义了粒子的速度方向，红（R）、绿（G）、蓝（B）三色分别代表 X、Y、Z 三个方向，如图 1-58 所示。

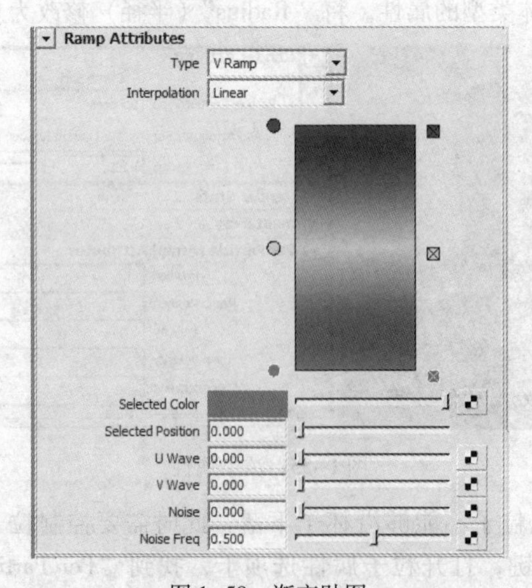

图 1-58　渐变贴图

将红色和蓝色删除，留下绿色，播放动画，发现粒子沿杯子向上运动，如图 1-59 所示。

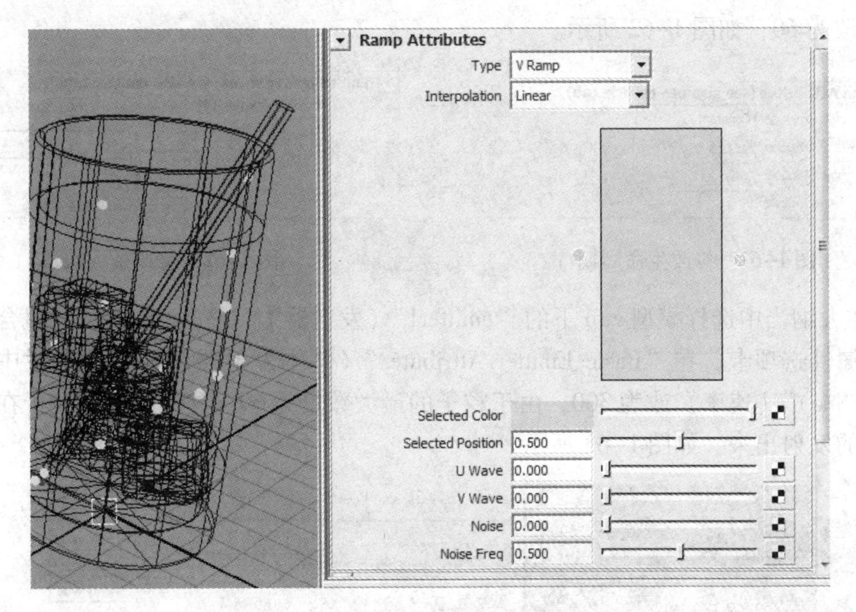

图 1-59　修改颜色

5）选择绿色拾色器，打开“Color Chooser”（颜色选取）面板，使用 RGB 色彩模式的方式查看颜色，并将 G 修改为 -0.2，如图 1-60 所示。

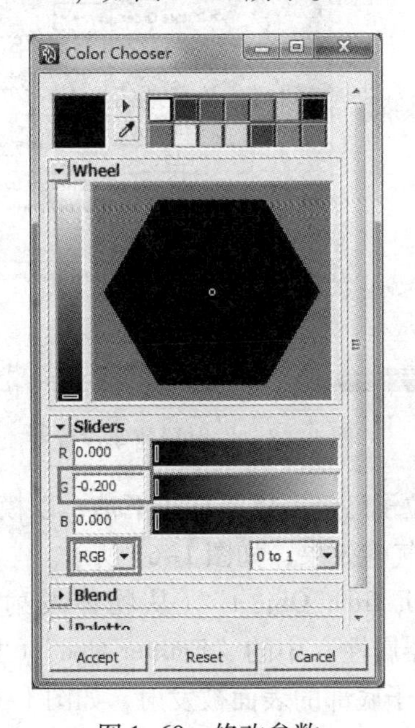

图 1-60　修改参数

6）播放动画后发现粒子的生命周期过短，打开粒子属性选项卡，在“Lifespan Attributes（see also per-particle tab）”（生命周期属性）选项栏中，将“Lifespan”（生命周期）修改为 10 s，使粒子在动画过程中有足够的存活时间，如图 1-61 所示。

7）继续播放观察，发现粒子随着时间变化而产生的数量过多，打开粒子属性选项卡，在“Emission Attributes（see also emitter tabs）”（发射属性）选项栏中将“Max Count”（最大数量）修改为60，如图1-62所示。

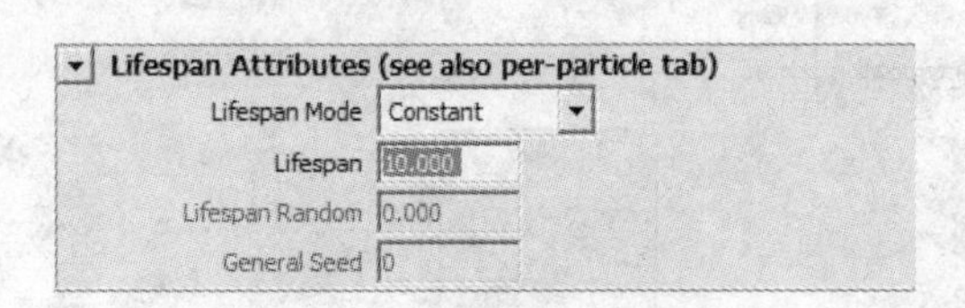

图1-61　修改生命周期

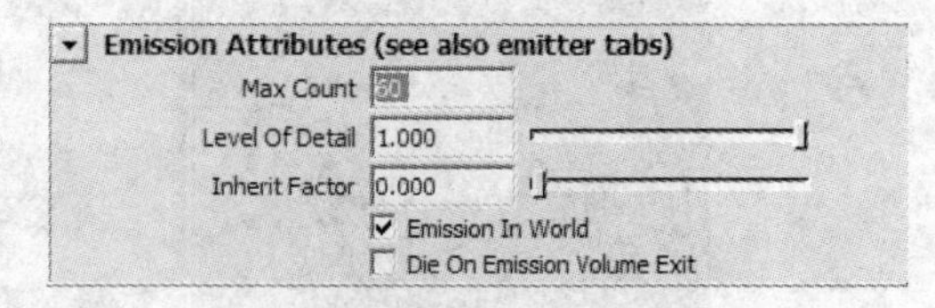

图1-62　修改最大数量

8）在大纲当中选择模型cup下的“emitter1”（发射器1），按〈Ctrl + A〉组合键，打开发射器的属性选项卡，在“Basic Emitter Attributes”（基本发射器属性）选项栏中将“Rate（Particles/Sec）”（速率）改为300，由于粒子的最大数量为60，这样可以使粒子在第一时间就被完全的发射出来，如图1-63所示。

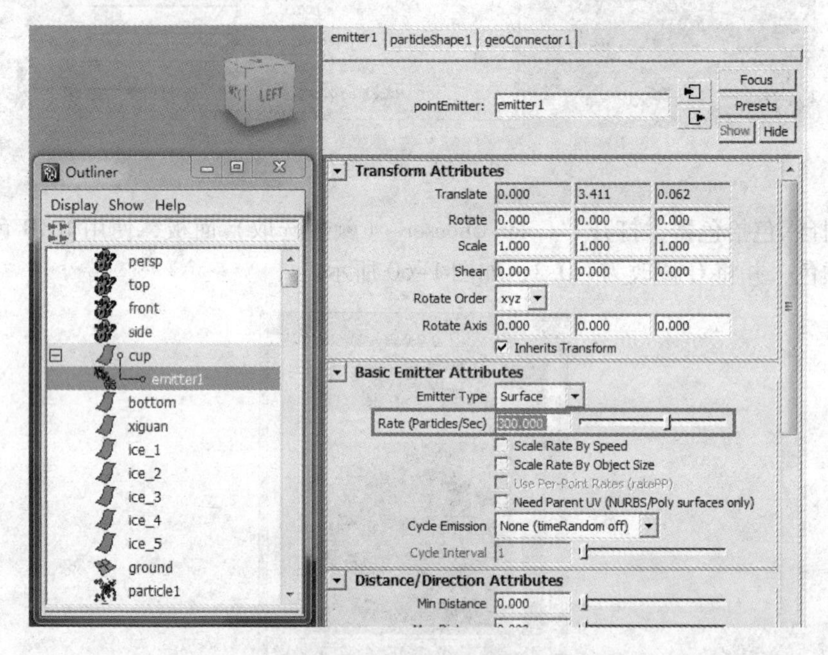

图1-63　发射器速率设置

9）通过播放观察，发现粒子已经可以沿杯子下落，以模拟水滴滴落，此时，选择杯子底部的模型，为杯子内部添加气泡效果，如图1-64所示。

单击“Particles”→“Emit from Object”（从物体发射）的属性盒选项，将“Basic Emitter Attributes”（基本发射器属性）中的“Emitter type”（发射器类型）修改为“Surface”（表面发射），使粒子能够沿杯子底部的表面被发射，如图1-65所示。

10）播放发现粒子的发射速度较慢，需要修改粒子发射器的发射速度。打开大纲，选择粒子发射器，按〈Ctrl + A〉组合键，打开发射器属性选项卡，在“Basic Emission Speed Attributes”（基本发射速度属性）选项栏中将“Speed”（速度）设置为4，如图1-66所示。

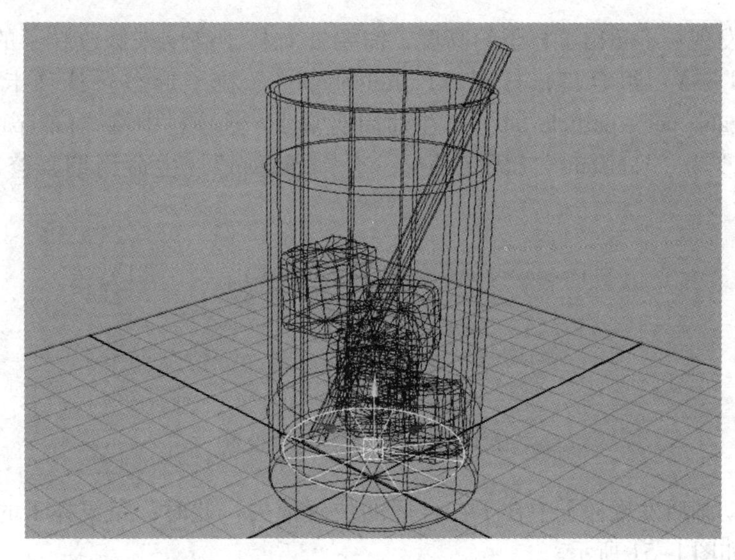

图 1-64　杯子模型

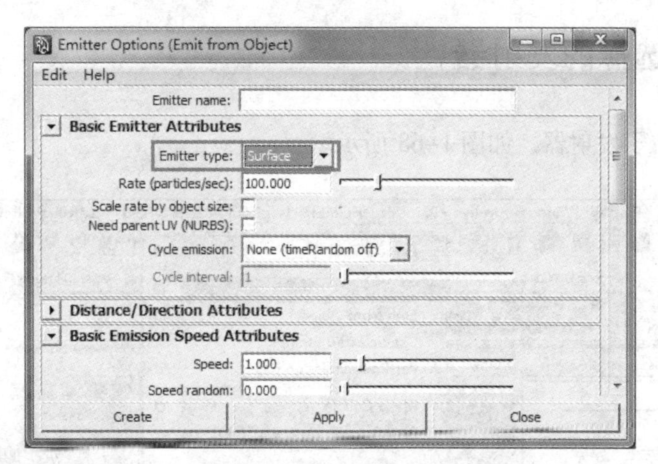

图 1-65　修改发射器类型

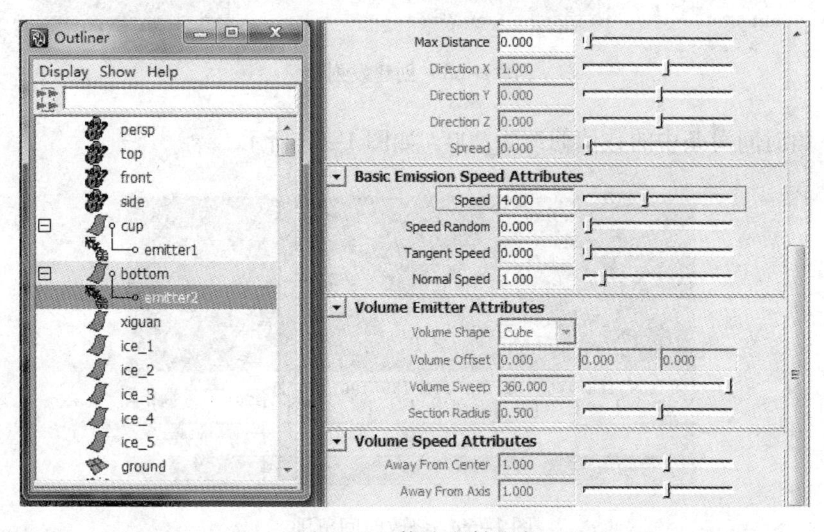

图 1-66　修改发射速度

11）播放发现粒子超出了杯子的高度，需要针对杯子高度来修改粒子的生命值。选择粒子，按〈Ctrl + A〉组合键，打开“ParticleShape”（粒子形态）选项卡，在“Lifespan Attributes（see also per－particle tab）”（生命周期属性）选项栏中将“Lifespan Mode”（生命周期模式）修改为“Constant”（固定值），将“Lifespan”（生命周期）修改为1.7 s，如图1-67所示。

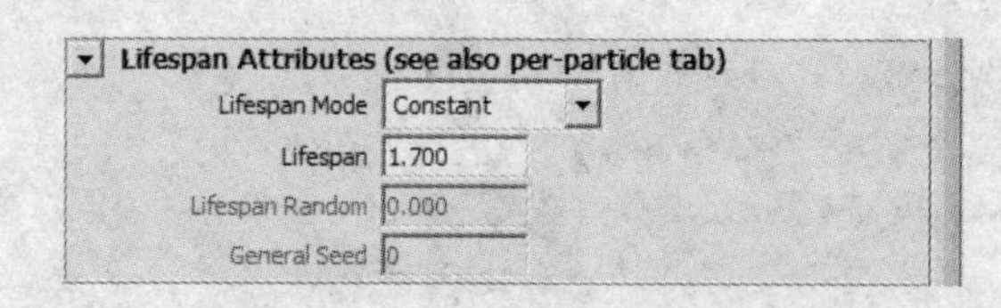

图1-67　生命周期属性设置

12）播放动画后发现杯子中粒子在合适的位置消失，此时，完成杯子的水滴和气泡效果，最终效果如图1-51所示。

1.3　使用所选择的发射器

创建默认的粒子发射器，如图1-68所示。

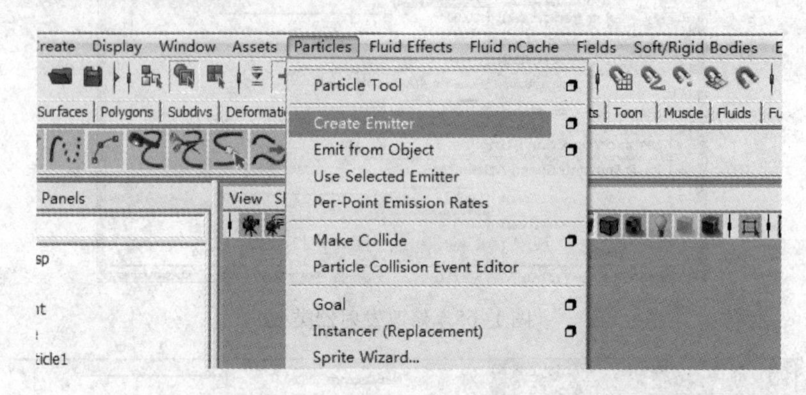

图1-68　创建发射器

将右下角时间滑条中的数值修改为200，如图1-69所示。

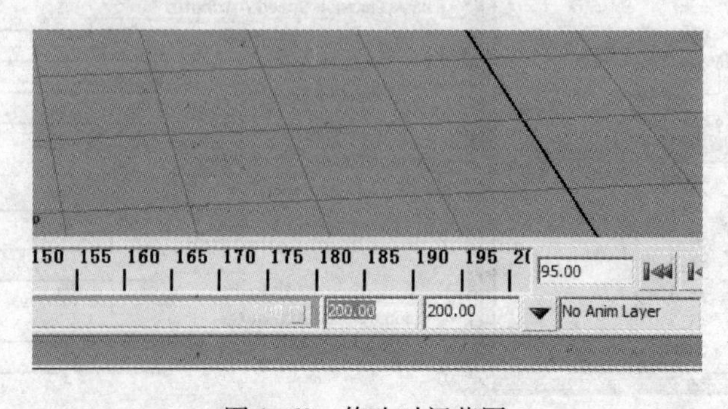

图1-69　修改时间范围

把发射器拖拽到旁边，再次建立默认发射器，此时播放时间滑条，得到图 1-70 所示的结果。

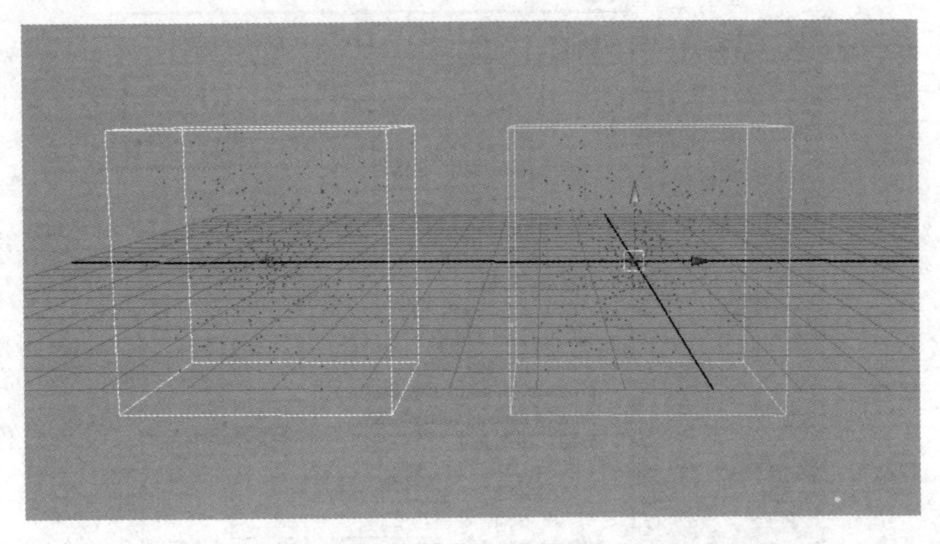

图 1-70　播放解算

把左边“Emiter1”（发射器 1）的粒子类型修改为“Sphere”（球体）。单击“Window”→“Outliner”打开大纲，如图 1-71 所示。

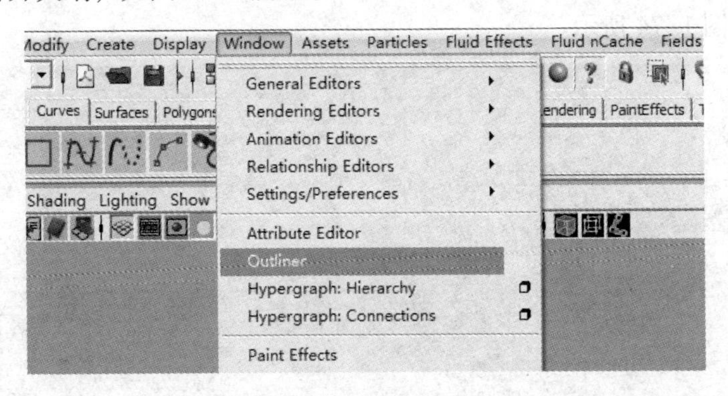

图 1-71　大纲

找到“Particle1”节点，如图 1-72 所示。

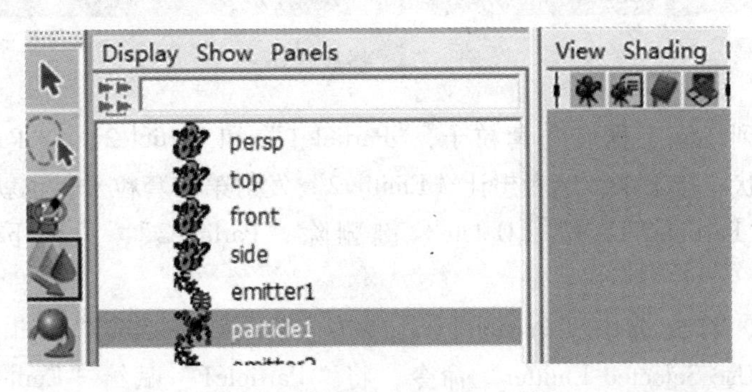

图 1-72　大纲列表

按〈Ctrl + A〉组合键，调出节点属性，找到粒子的“Render Attributes”（渲染属性）选项栏，如图 1-73 所示，将“Particle Render Type”（粒子渲染类型）改为“Sphere”（球形）。

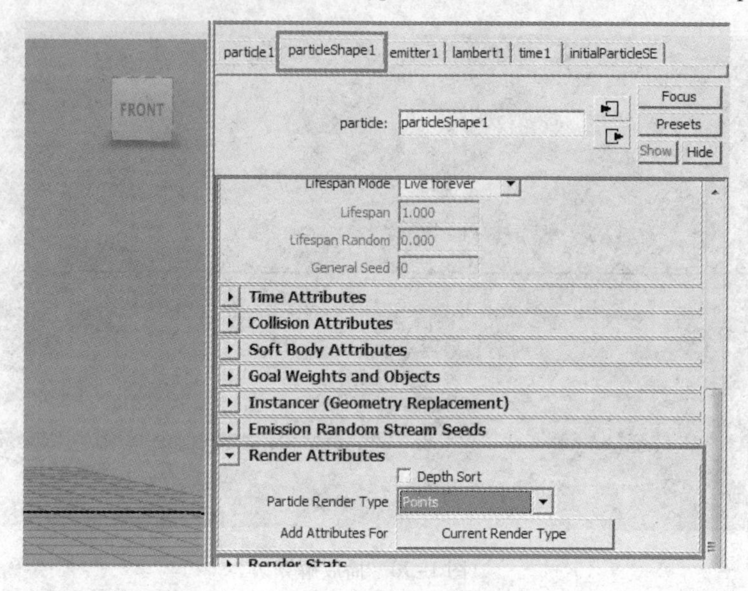

图 1-73　渲染类型

单击时间滑条的播放按钮，此时，发现在透视图当中，左边的第一套粒子系统的粒子形状变为球体，如图 1-74 所示。

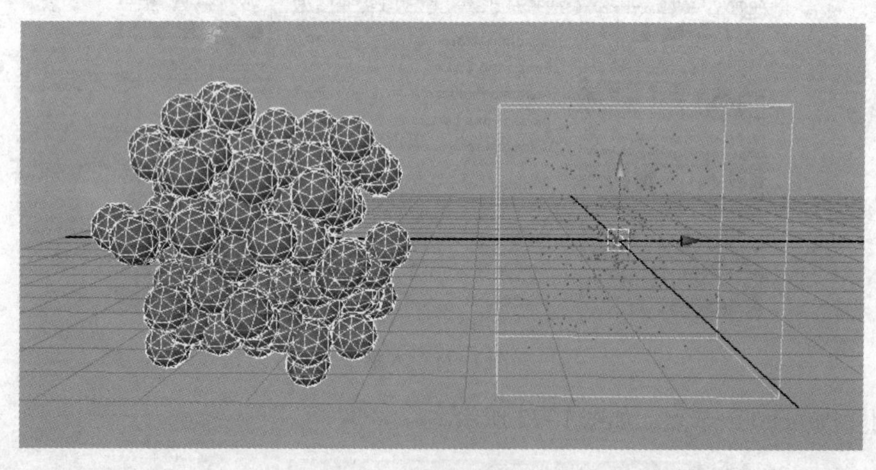

图 1-74　播放解算

在大纲中看到，该工程有两套粒子，“Particle1”和 Particle2。“Particle1”为球体，“Particle2”为点状。接下来，笔者想让“Emitter2”发射第一套粒子，也就是球形粒子，在大纲当中选中“Particle2”，按〈Delete〉键删除“Particle2”，只留下“Particle1”，如图 1-75 所示。

在大纲当中，首先选中“Particle1”，再按〈Ctrl〉键加选“Emitter2”，执行菜单“Particles”→“Use Selected Emitter”命令，将“Particle1”赋给“Emiter2”，如图 1-76 所示。

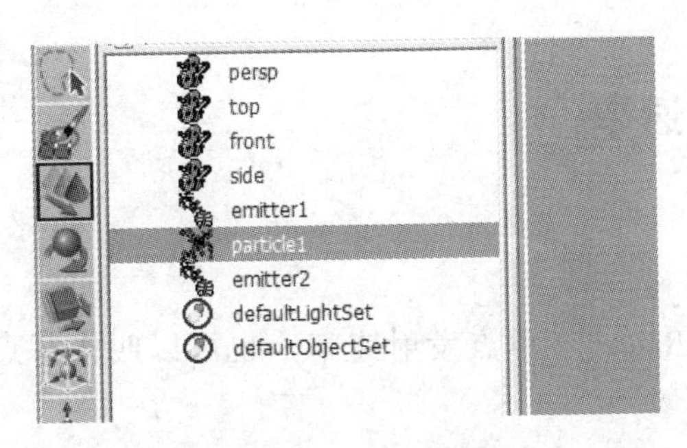

图 1-75 大纲列表

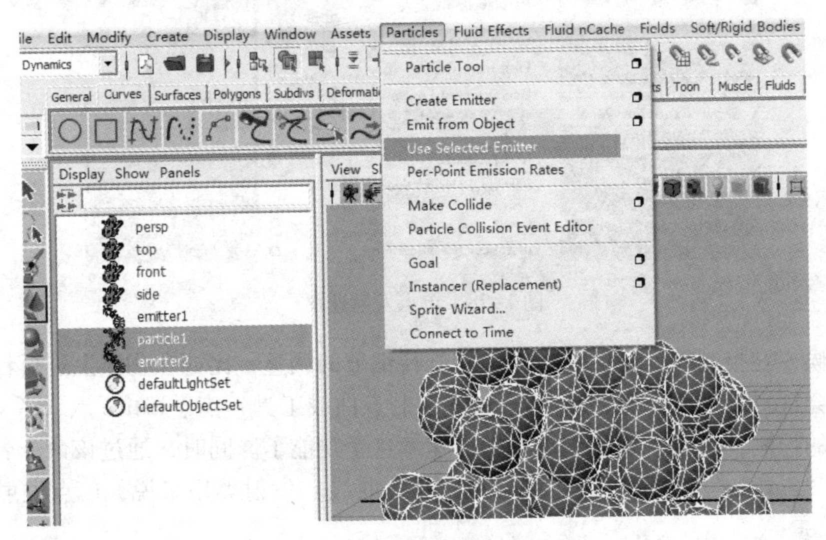

图 1-76 使用所选择的发射器

重新播放，得到如下结果，如图 1-77 所示。

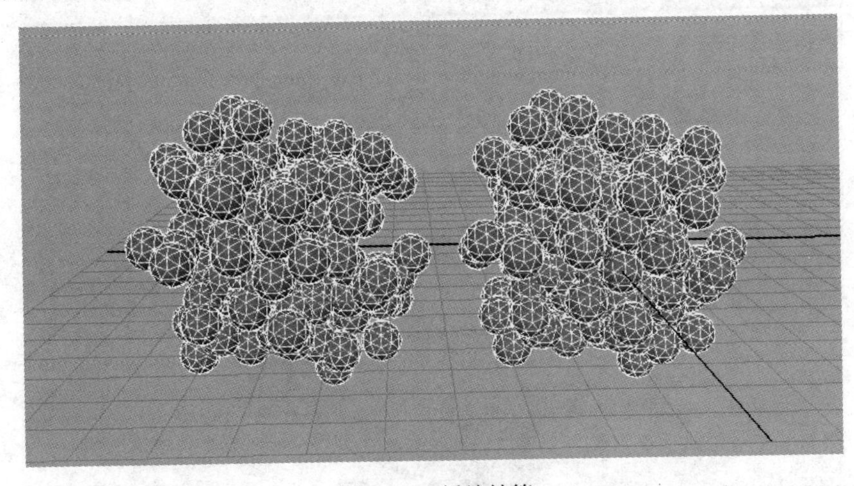

图 1-77 播放结算

此时，使用了两个发射器，同时发射了一套粒子。当然，发射类型可以不同，比如“Emitter1”使用点发射，而“Emitter2”使用方向发射等。通过该命令，可以使用较少的粒子节点，从而提高解算速度。

1.4 设置单点发射速率

1.4.1 单点发射速率

“Per－Point Emission Rates”（单点发射速率）也可以叫作每点发射速率，如图 1-78 所示。

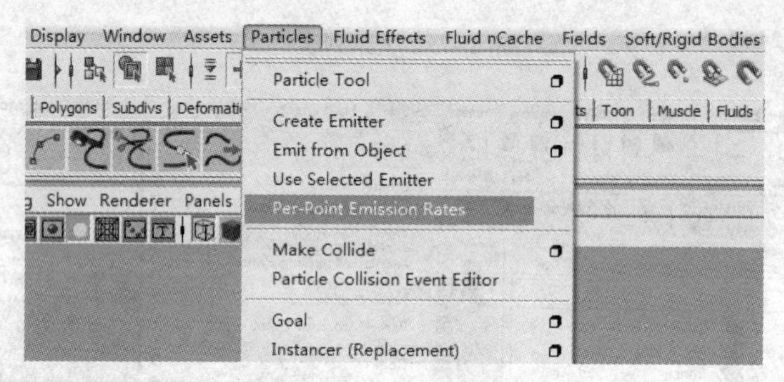

图 1-78 单点发射速率

很多时候，在控制粒子发射的时候需要进行细节的调整，比如在物体上进行粒子发射的时候，可能会针对某个 CV（Control Vertex：控制点曲线工具）点、lattice 点或者 vertex 点进行粒子速率的控制，这时就要用到单点发射速率这个功能了。同时，通过该命令名称也可以得知，对于“Surface”（曲面）发射和“Curve”（曲线）发射类型来说，单点发射速率没有实际意义。

创建一个 Polygon 的方形，如图 1-79 所示。

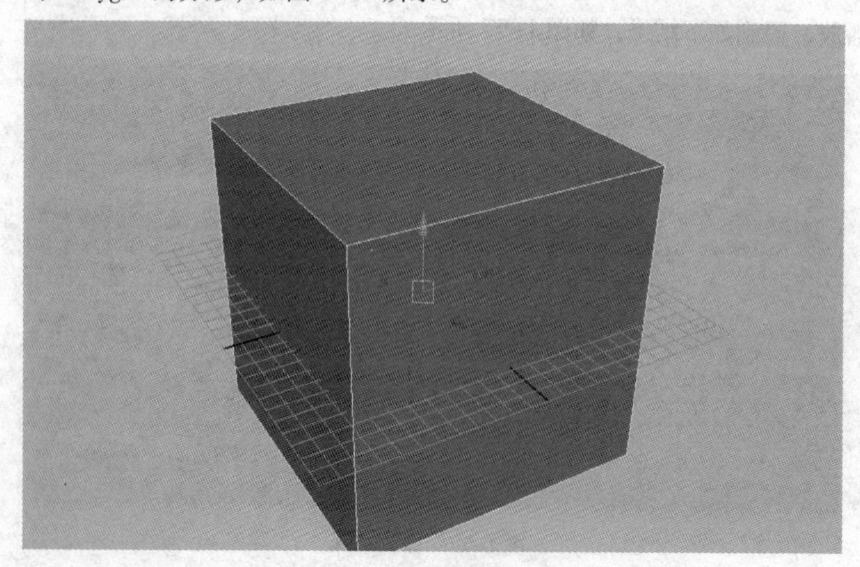

图 1-79 创建方形

选择菜单“Particles”→“Emit from Object”，使 Cube 方形成为一个物体发射器，如图 1-80 所示。

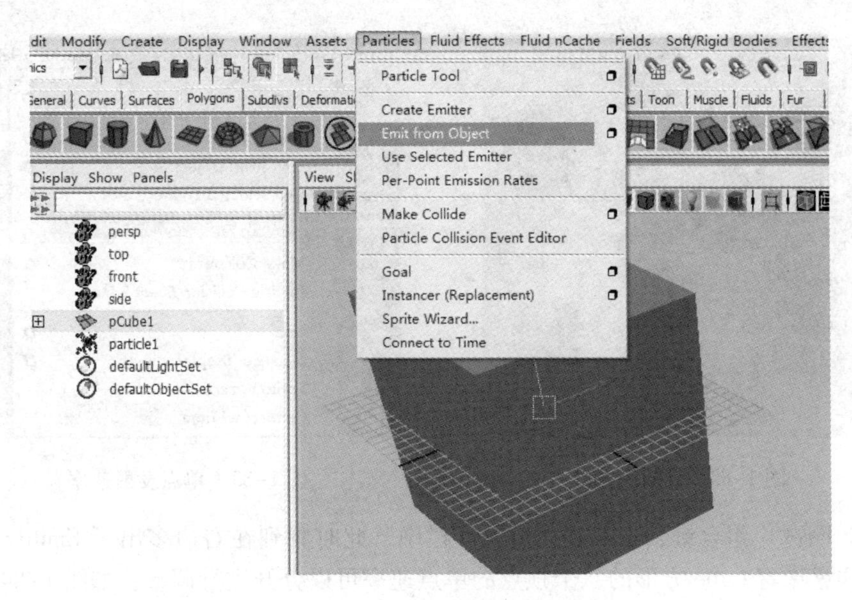

图 1-80　从物体发射

打开大纲，找到“Particle1”节点，按〈Ctrl + A〉组合键，打开节点属性，单击“particleShape1”选项卡，在“Render Attributes”（渲染属性）渲染属性选项栏中将“Particle Render Type”（粒子渲染类型）改为“Sphere”（球形），如图 1-81 所示。

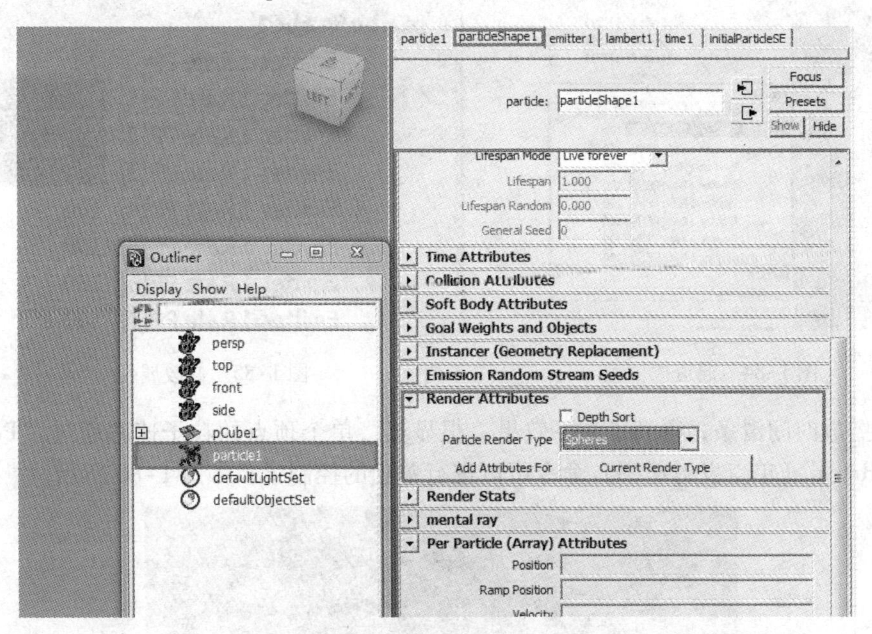

图 1-81　渲染属性

重新播放时间滑条，可以看到如图 1-82 的结果。

在 Cube 方形的每个顶点上，粒子的发射速率是相同的，如果要改变其中几个点的发射速率，需要选中 Cube 方形，选择菜单“Particles”→“Per - Point Emission Rates”，为该物体发射器设置单点发射速率，如图 1-83 所示。

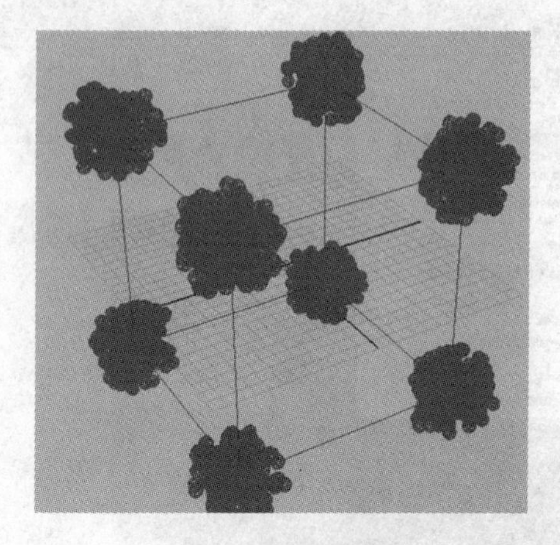

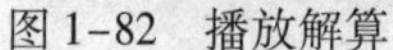

图 1-82　播放解算

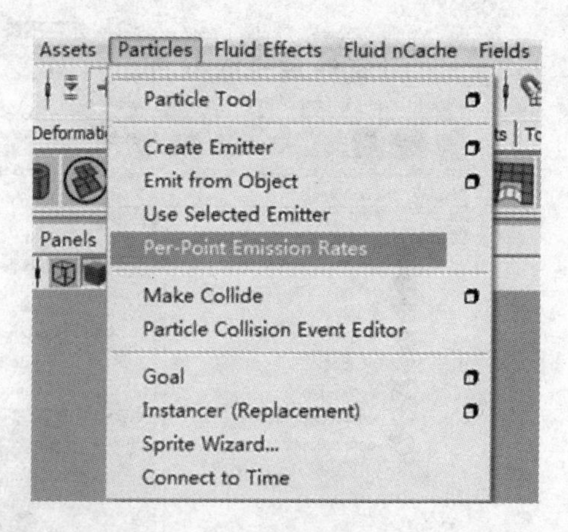

图 1-83　单点发射速率

按〈Ctrl + A〉组合键，切换到通道属性栏中，此时看到在右边多出了 Emitter 1Rate PP［0 ~7］，这意味着 Cube 方形的八个顶点的单点速率可以分开进行调整，如图 1-84 所示。

此处笔者把 Emitter 1Rate PP［0 ~3］的速率调整为 5，其余的不进行改动，如图 1-85 所示。

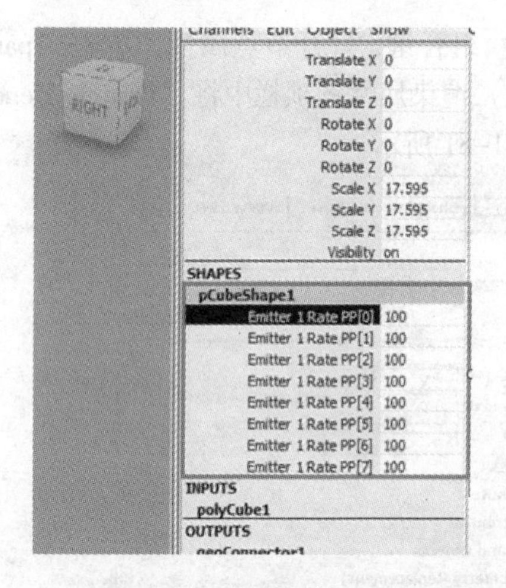

图 1-84　通道栏

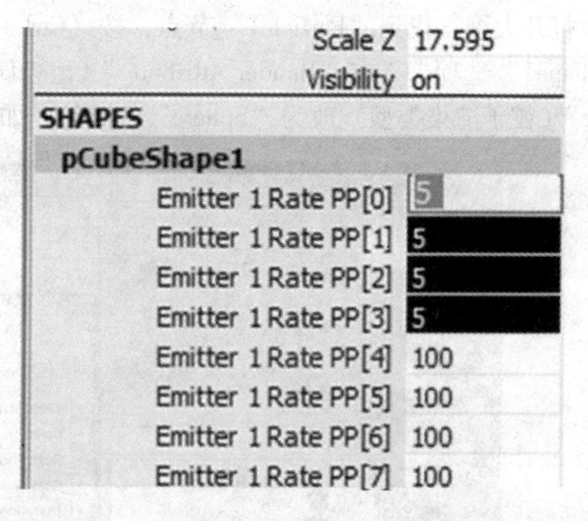

图 1-85　修改属性

重新播放时间滑条，得到了如下效果，很显然，单个顶点的粒子速率通过 “Per - Point Emission Rates”（单点发射速率）命令可以进行单独的控制了，如图 1-86 所示。

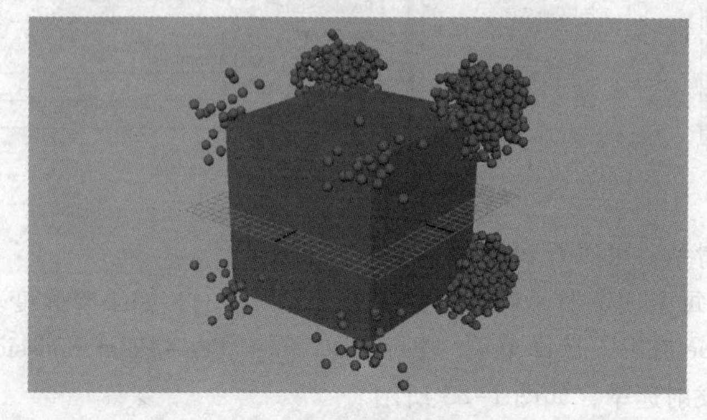

图 1-86　播放解算

1.4.2 ［案例］制作礼花爆炸效果

【案例目的】 通过对粒子、粒子发射器和场的了解，在实战中结合实际效果，学会综合运用这些功能制作礼花爆炸效果。

【案例效果】 如图 1-87 所示。

图 1-87　烟花最终效果

【案例步骤】

1）单击“Particles”→“Create Emitter”，创建默认的点发射器，如图 1-88 所示。

选择发射器，按〈Ctrl + A〉组合键，打开“Emitter”（发射器）属性选项卡，在“Basic Emitter Attributes”（基本发射器属性）选项栏中将“Rate（Particles/Sec）”（速率）修改为 2。在“Basic Emission Speed Attributes”（基本发射速度属性）选项栏中将“Speed”（速度）修改为 10，如图 1-89 所示。

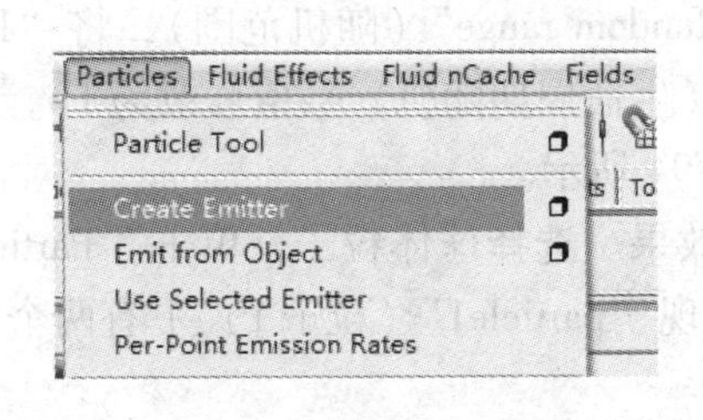

图 1-88　创建发射器

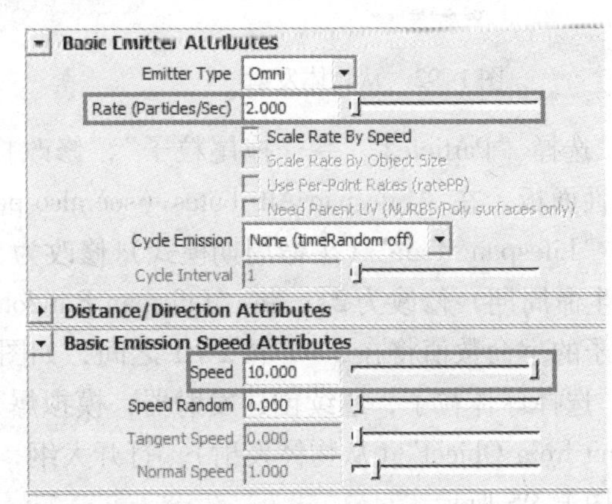

图 1-89　修改参数

2）播放动画后发现粒子生命周期过长，选择粒子，按〈Ctrl + A〉组合键，打开“particleShape”（粒子形态）属性面板，在“Lifespan Attributes（see also per - particle tab）”（生命周期属性）选项栏中将“Lifespan Mode”（生命周期模式）修改为“Random range”（随机范围），将“Lifespan”（生命周期）修改为 2 s，将“Lifespan Random”（生命周期随机）修改

为 1 s。此时粒子将会在 2 - 1 和 2 + 1 的生命周期范围内随机消失，如图 1-90 所示。

3）为了方便观察，在“particleShape”（粒子形态）属性面板继续找到“Render Attributes”（渲染属性）选项栏，将“Particle Render Type”（粒子渲染类型）属性修改为“Sphere”（球体），单击“Current Render Type”（当前渲染类型）按钮，刷新出球体的属性，将“Radius”（半径）修改为 0.3，如图 1-91 所示。

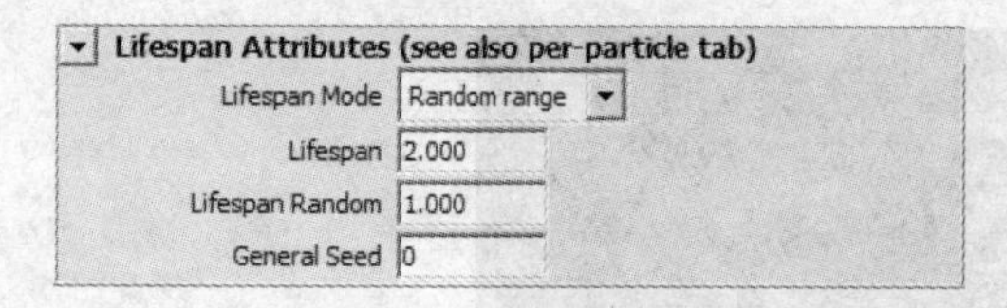

图 1-90　生命周期属性设置

Render Attributes
Depth Sort
Particle Render Type　Spheres
Add Attributes For　Current Render Type
Radius　0.300

图 1-91　渲染属性设置

4）选择粒子，单击“Particles”→“Emit from Object”（从物体发射），使“Particle1”发射出默认的粒子，如图 1-92 所示。

播放动画观察，发现粒子具有了拖尾效果，如图 1-93 所示。

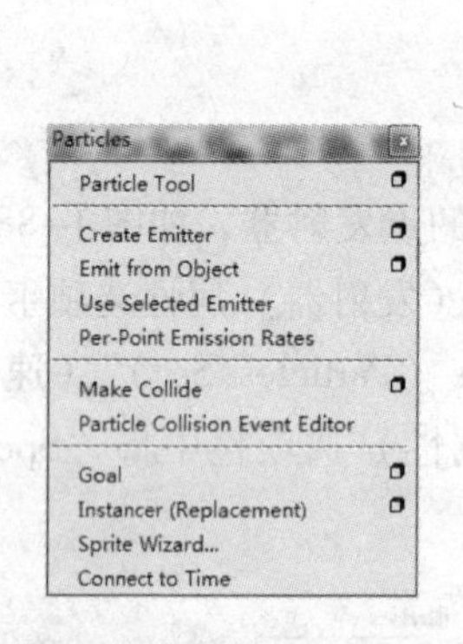

图 1-92　从物体发射

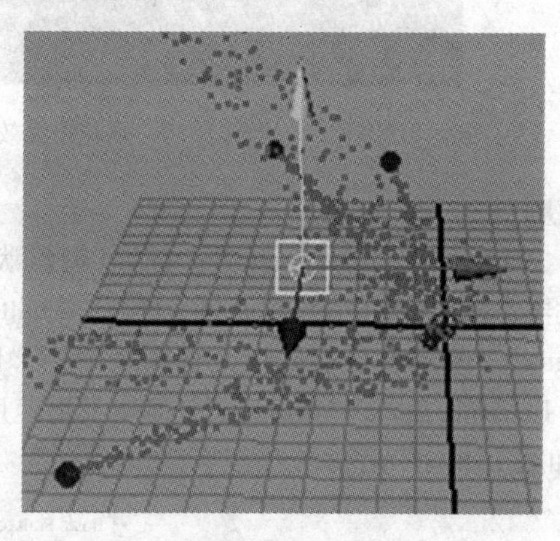
图 1-93　发射粒子

5）选择“Particle2”→“拖尾粒子”，修改拖尾的属性。按〈Ctrl + A〉组合键，打开粒子属性面板，在“Lifespan Attributes（see also per - particle tab）”（生命周期）属性选项栏中，将“Lifespan Mode”（生命周期模式）修改为“Random range”（随机范围），将“Lifespan”（生命周期）修改为 2 s，将“Lifespan Random”（生命周期随机）数值修改为 1 s。此时拖尾粒子的生命数值将在 2 - 1 和 2 + 1 之间，如图 1-94 所示。

6）选择球体粒子，继续创建发射器，模拟爆炸效果。选择球体粒子，单击“Particles”→“Emit from Object”（从物体发射）。打开大纲，发现“particle1”（粒子 1）下有两个发射器，如图 1-95 所示。

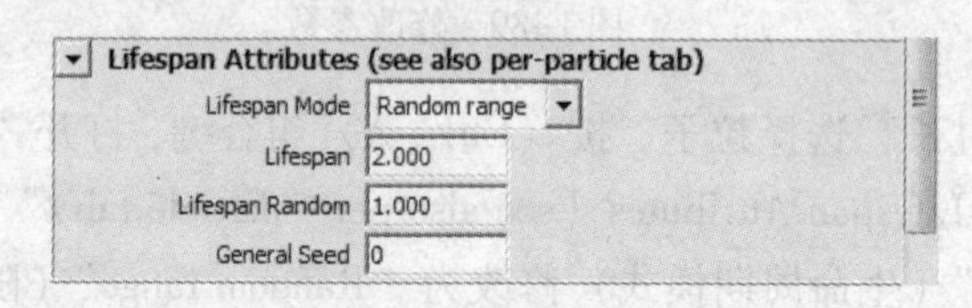

图 1-94　生命周期属性设置

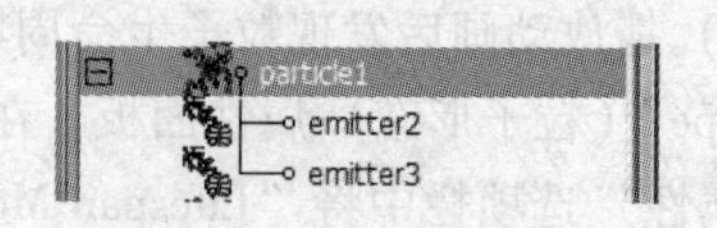

图 1-95　大纲列表

为了控制两个发射的发射速率，选择“particle1”，单击“Particles”→“Per－Point Emission Rates”（单点发射速率），如图1-96所示。

7）播放发现没有粒子产生，打开“particle1”的属性面板，找到“Per Particle（Array）Attributes”（单粒子属性），发现创建了两个属性，“Emitter 3Rate PP”（发射器3单点速率）和“Emitter 2Rate PP”（发射器2单点速率），如图1-97所示。

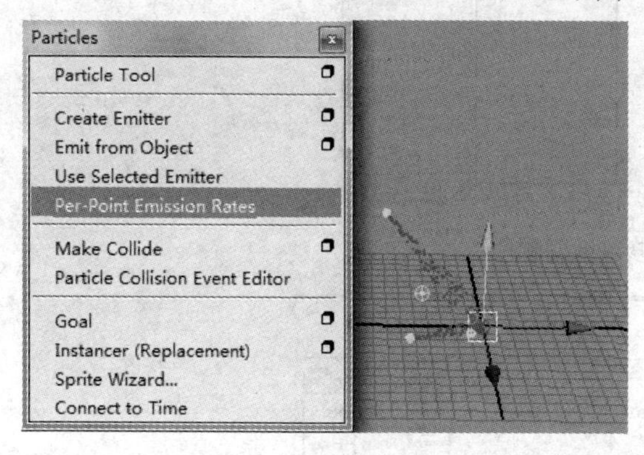

图1-96　单粒子发射速率

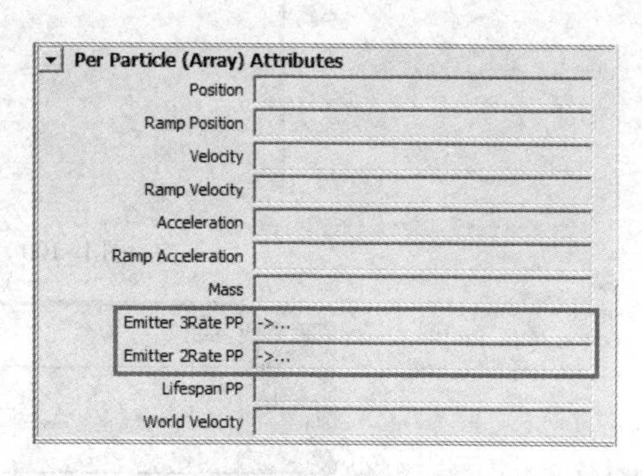

图1-97　单粒子发射速率通道

8）在“Emitter 2Rate PP”（发射器2单点速率）上单击鼠标右键，在弹出的菜单中选择“Create Ramp”（创建渐变贴图），如图1-98所示。

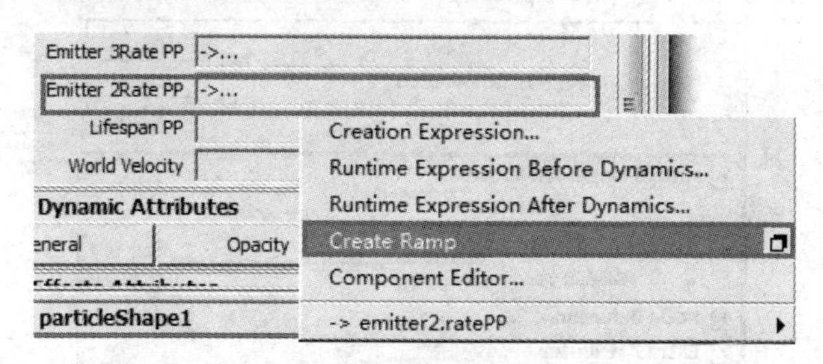

图1-98　创建渐变贴图

继续单击鼠标右键，在弹出的菜单栏中选择“Edit Ramp”（编辑渐变贴图），如图1-99所示。

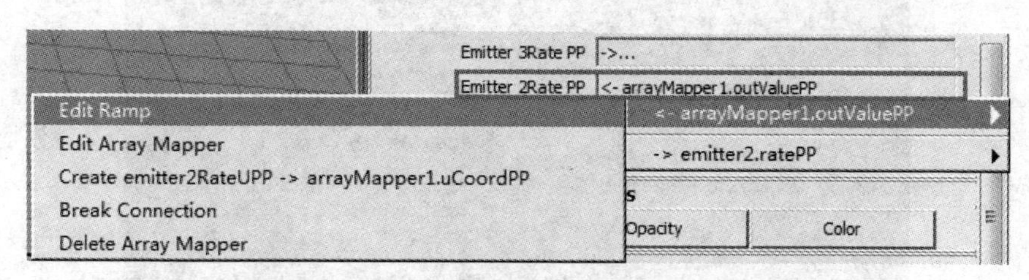

图1-99　编辑渐变贴图

将渐变贴图修改为纯白色，代表发射粒子（纯黑色代表不发射），如图1-100所示。

9）单击“Go to output connection”（进入输出连接）按钮，如图1-101所示。

修改“Array Mapper Attributes”（陈列映射属性）数值，将“Max Value”（最大值）修改为100，代表发射速率为100，如图1-102所示。

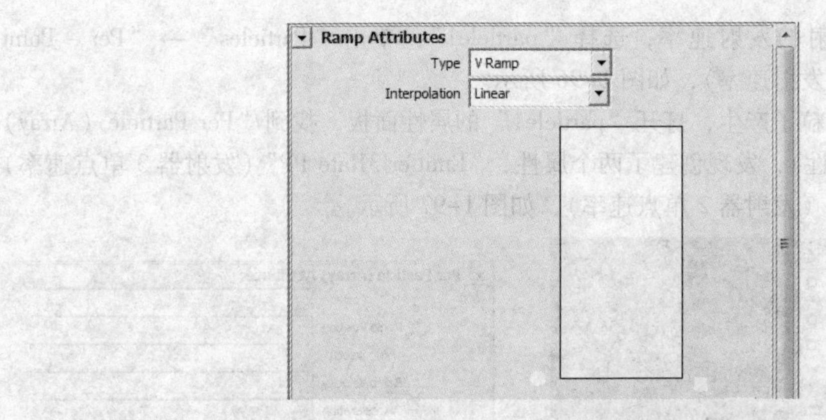

图 1-100　修改渐变颜色

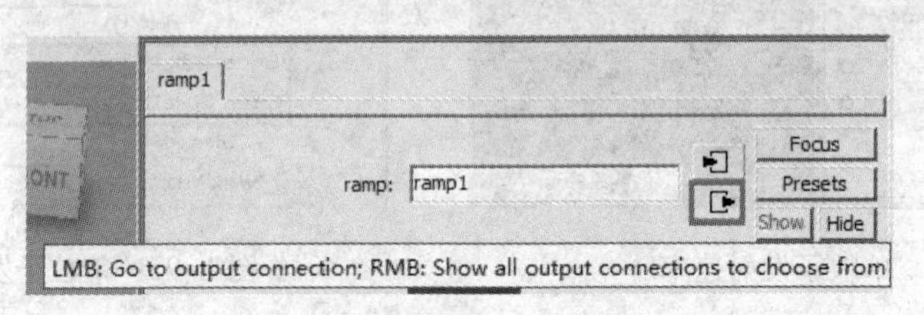

图 1-101　进入输出连接

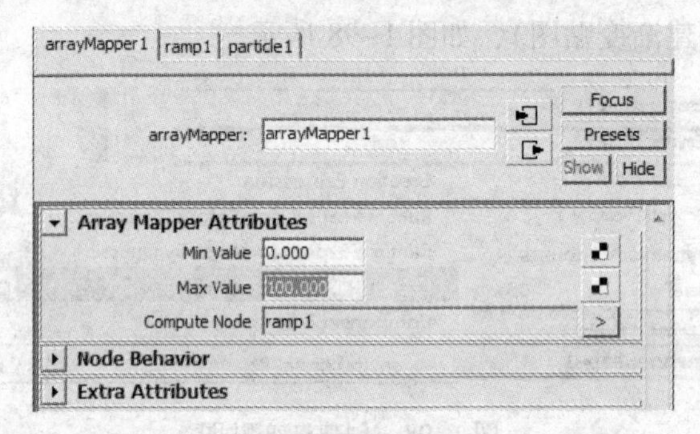

图 1-102　设置阵列映射属性的最大值

播放发现拖尾效果产生了，但是并没有爆炸效果，如图 1-103 所示。

图 1-103　播放解算

10）选择“particle1”，按〈Ctrl + A〉组合键打开粒子属性选项卡，在“Per Particle (Array) Attributes”（单粒子属性）选项栏中找到“Emitter 3Rate PP”（发射器 3 单粒子速率）选项，单击鼠标右键，在弹出的菜单栏中选择“Create Ramp”（创建渐变贴图），如图 1-104 所示。

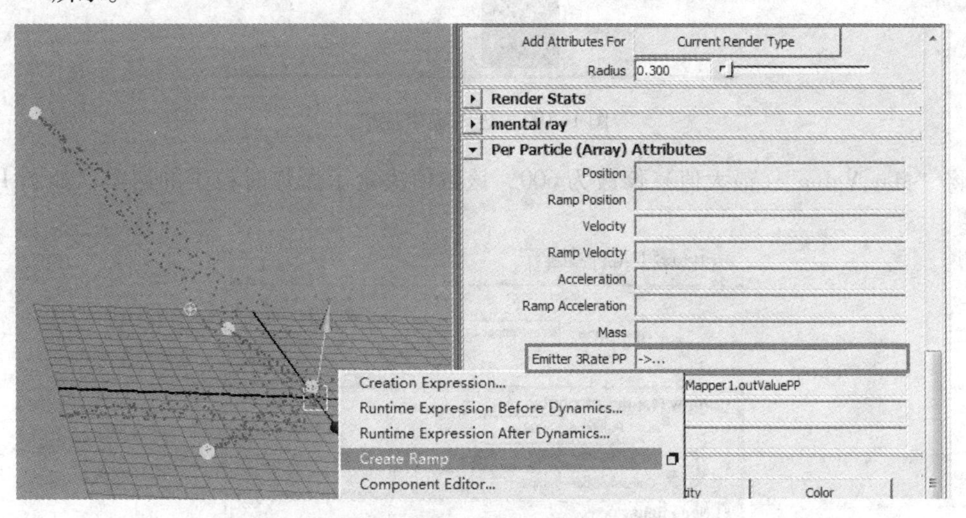

图 1-104　创建渐变贴图

11）继续单击鼠标右键，在弹出的菜单栏中选择“Edit Ramp”（编辑渐变贴图），如图 1-105 所示。

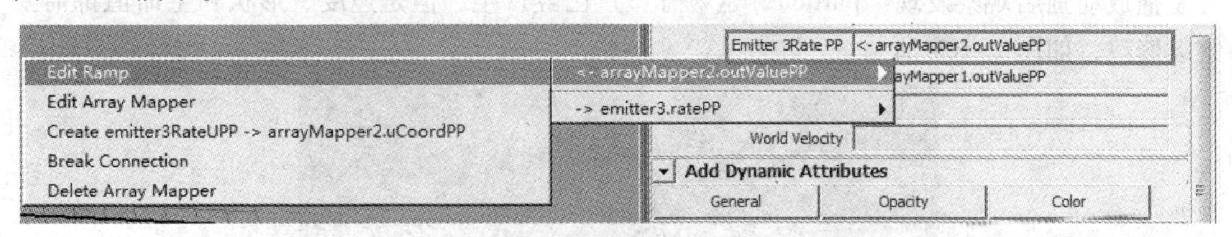

图 1-105　编辑渐变贴图

将“Interpolation”（插值）修改为“None”（无），将渐变贴图修改为如图 1-106 所示，只让粒子在末端发射。

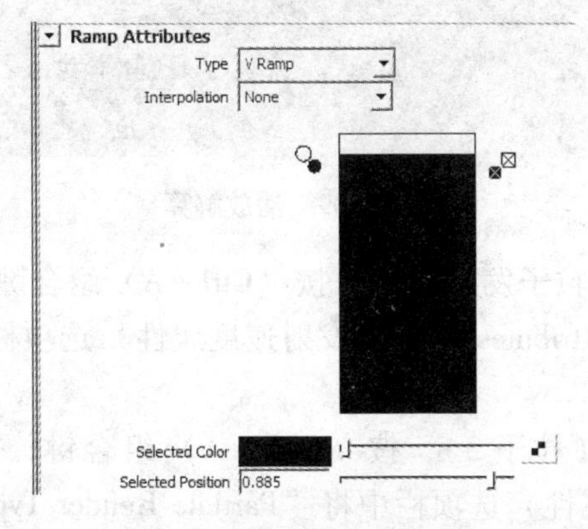

图 1-106　修改渐变贴图

12）单击“Go to output connection”（进入输出连接）按钮，如图 1-107 所示。

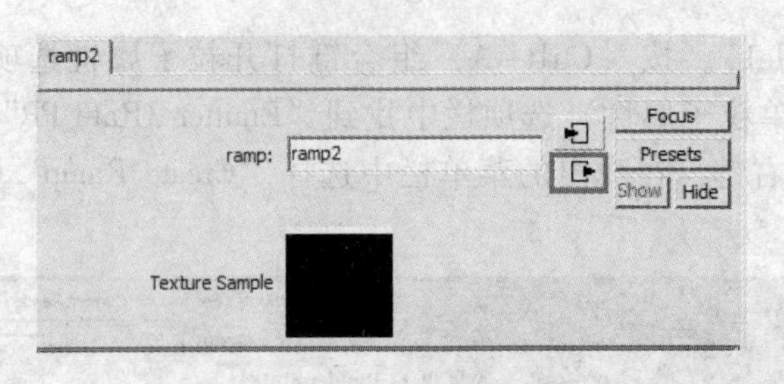

图 1-107　进入输出连接

将“Max Value”（最大值）修改为600，该数值决定了爆炸时粒子的速率，如图 1-108 所示。

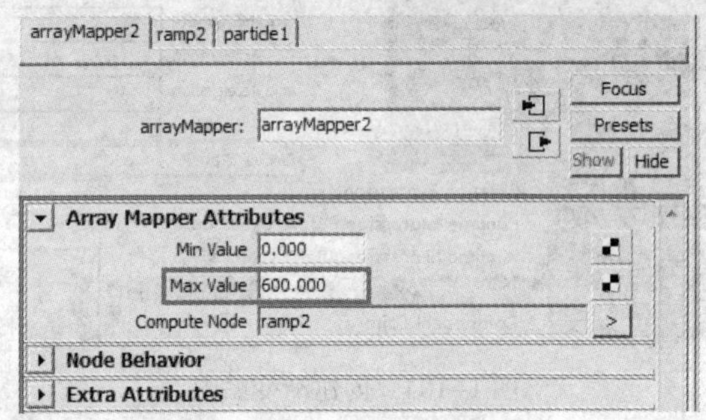

图 1-108　设置阵列映射属性的最大值

播放动画后观察发现“particle3”（粒子 3）已经产生，但是速度、形状和生命值都需要继续修改，如图 1-109 所示。

图 1-109　播放解算

13）选择“emitter3”（粒子发射器 3），按〈Ctrl + A〉组合键，打开发射器属性选项卡，在“Basic Emission Speed Attributes”（基本发射速度属性）选项栏中将“Speed”（速度）修改为 6，如图 1-110 所示。

14）选择“particle3”（粒子 3），按〈Ctrl + A〉组合键，打开粒子属性选项卡，在“Render Attributes”（渲染属性）选项栏中将“Particle Render Type”（粒子渲染类型）修改为“MultiStreak”（多条纹状），单击“Current Render Type”（当前渲染类型）刷新出多条纹粒子的属性，并将其修改为如图 1-111 所示。

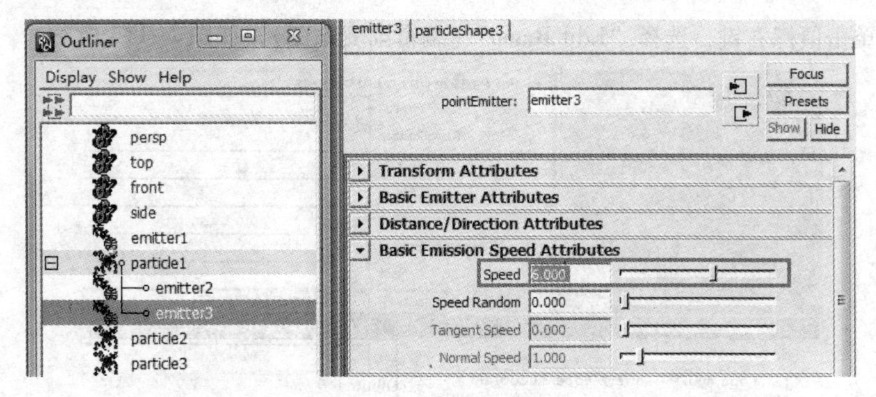

图 1-110　修改发射速度

15）选择“particle3”（粒子 3），按〈Ctrl + A〉组合键，打开粒子属性选项卡。找到“Per Particle（Array）Attributes”（单粒子属性）和“Add Dynamic Attributes”（添加动力学属性）选项栏，单击“Opacity”（透明）属性按钮，在弹出的对话框上勾选“Add Per Particle Attribute”（添加单粒子属性）。单击“Add Attribute”（添加属性）按钮，为粒子添加单粒子透明属性，如图 1-112 所示。

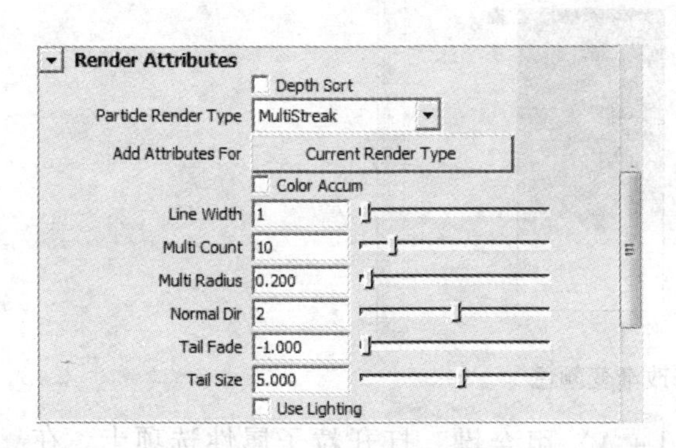

图 1-111　渲染属性设置

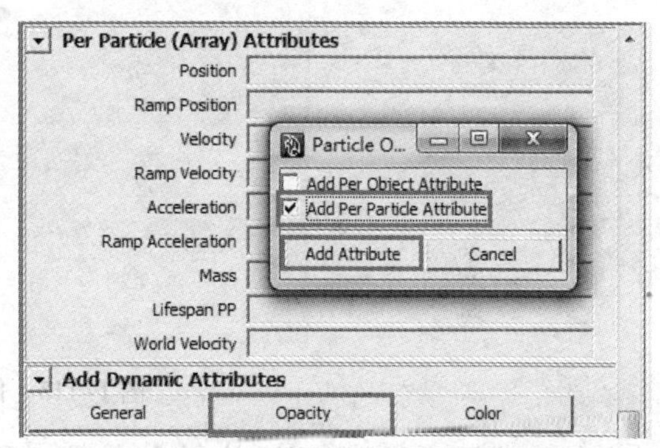

图 1-112　设置单粒子透明属性

在“Opacity PP”（单粒子透明）属性上单击鼠标右键，在弹出的菜单中选择“Create Ramp”（创建渐变贴图），如图 1-113 所示。

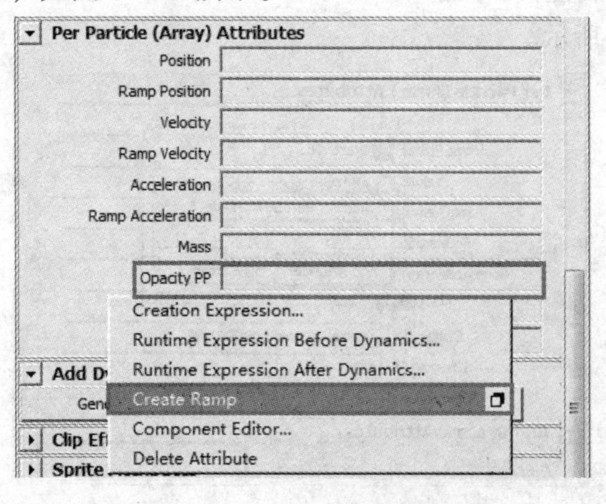

图 1-113　创建渐变贴图

继续单击鼠标右键，选择“Edit Ramp”（编辑渐变贴图），如图 1-114 所示。

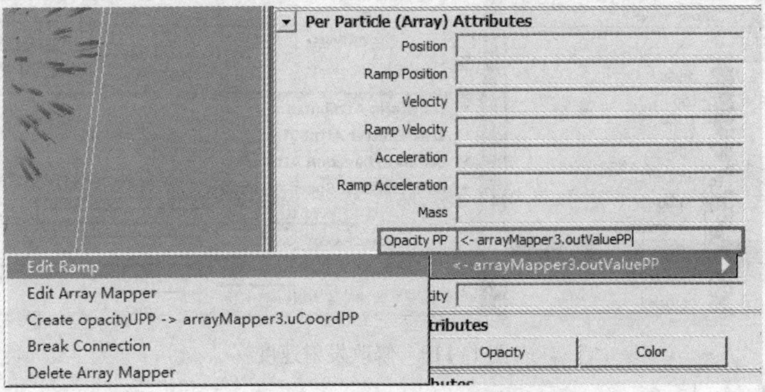

图 1-114　编辑渐变贴图

将渐变贴图中间的灰色去掉，使其修改为黑白过渡，如图 1-115 所示。

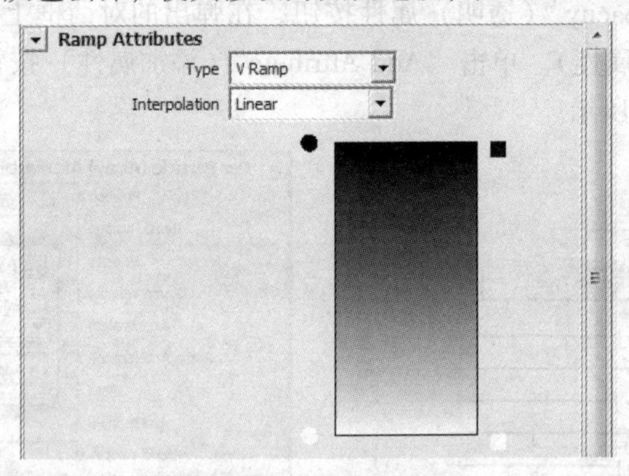

图 1-115　修改渐变颜色

16）选择“particle3”（粒子 3），按〈Ctrl + A〉组合键，打开粒子属性选项卡。在“Per Particle（Array）Attributes”（单粒子属性）选项栏和“Add Dynamic Attributes”（添加动力学属性）选项栏，单击“Color”（颜色）属性，在弹出对话框上勾选“Add Per Particle Attribute”（添加单粒子属性）。单击“Add Attribute”（添加属性）按钮，为粒子添加单粒子颜色属性，如图 1-116 所示。

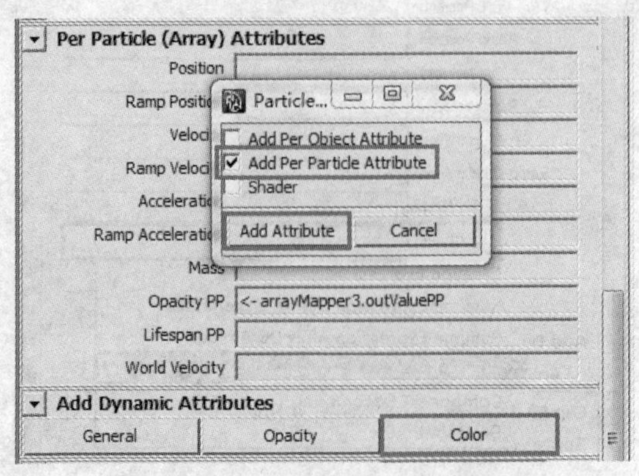

图 1-116　创建单粒子颜色属性

在“RGB PP”（单粒子透明）属性选项栏上单击鼠标右键，选择“Create Ramp”（创建渐变贴图），如图 1-117 所示。

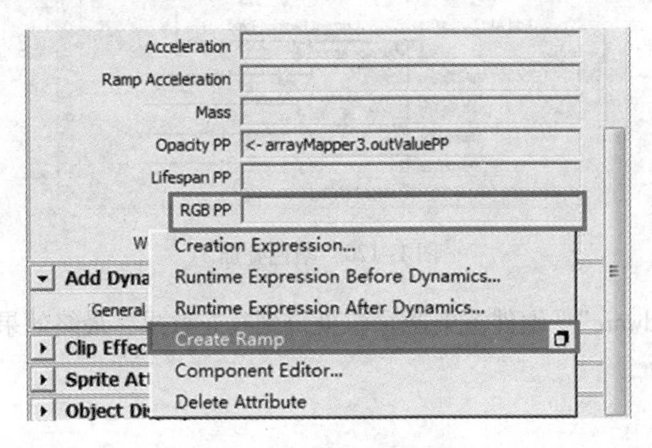

图 1-117　创建渐变贴图

继续单击鼠标右键，选择“Edit Ramp”（编辑渐变贴图），如图 1-118 所示。

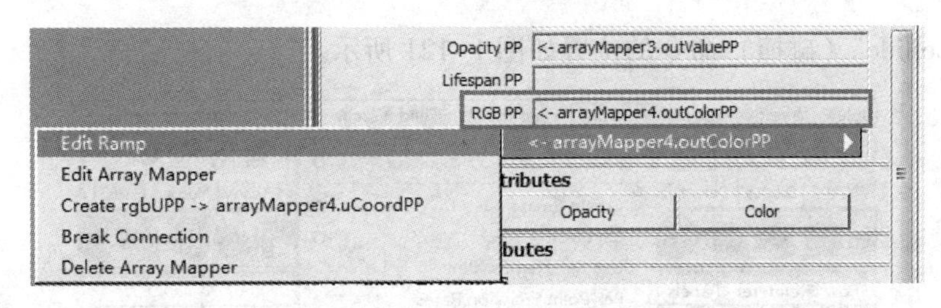

图 1-118

将渐变贴图修改为如图 1-119 所示的颜色，白色代表起始颜色，橘色代表结束颜色。

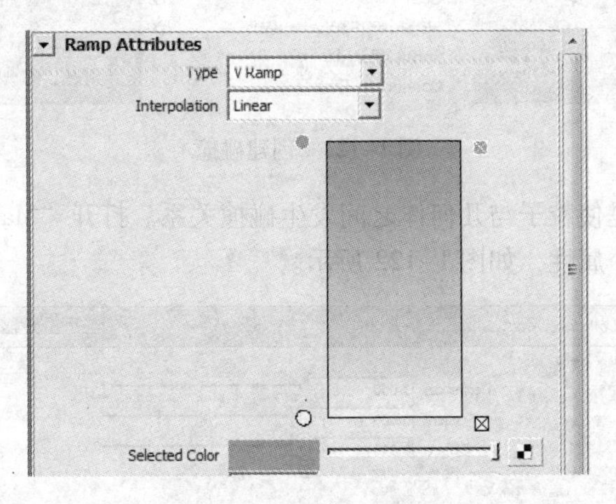

图 1-119　编辑渐变颜色

17）参照“particle3”（粒子 3）的修改方式，对“particle2”（粒子 2）的单粒子透明和单粒子颜色进行修改，同时也可以将粒子属性选项卡中的“Render Attributes”（渲染属性）选项栏下的“Color Accum”（颜色叠加）勾选上，使粒子在渲染时更为明亮，如图 1-120 所示。

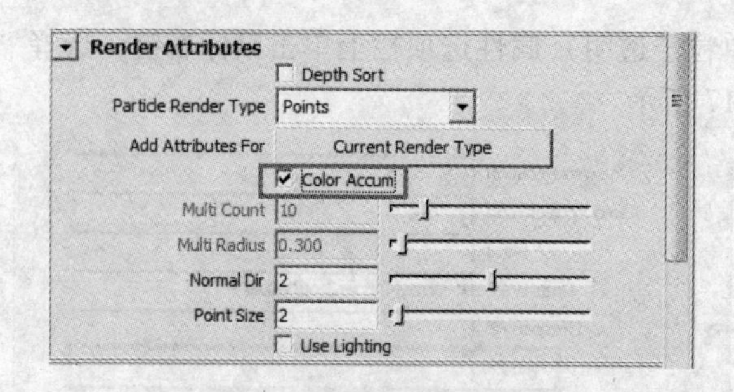

图 1-120 颜色叠加

18）使用“Hardware”（硬件渲染器）渲染得到礼花效果，最终效果如图 1-87 所示。

1.5 粒子碰撞

1.5.1 粒子碰撞概述

“Make Collide”（碰撞）命令的位置如图 1-121 所示。

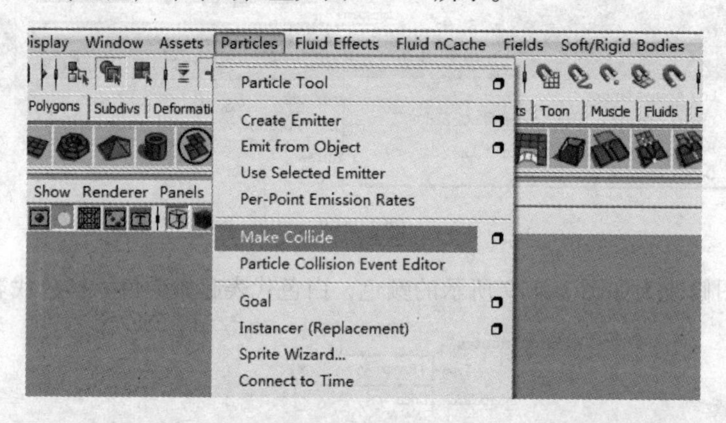

图 1-121 创建碰撞

碰撞的主要用途是使粒子与几何体之间发生碰撞关系。打开“Make Collide”（碰撞）的属性盒，可以看到三个属性，如图 1-122 所示。

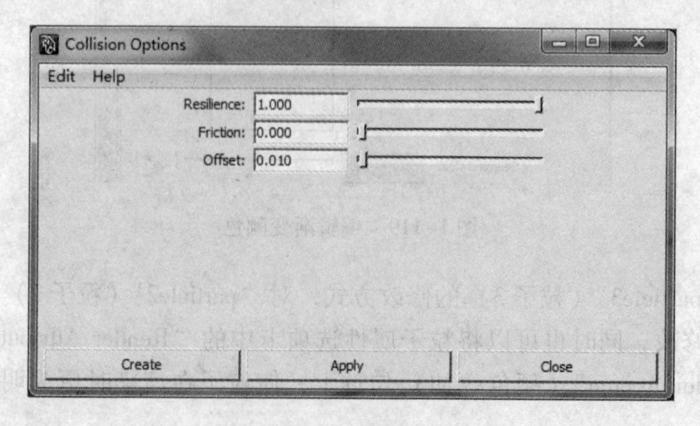

图 1-122 碰撞属性盒

- “Resilience”（弹力）：弹力值也叫弹性值，它决定了粒子与几何体碰撞之后的弹性大小。通常数值在 0 ~ 1 之间，0 代表没有弹力发生，1 代表完全继承原来的速度，没有衰减。当然，也可以设置大于 1 的数值，代表粒子在反弹之后将比以前的速度还要大，而这种情况在自然界中基本不存在，如图 1–123 所示。

Resilience = 0　　Resilience = 1

图 1–123　弹性值

- “Friction”（摩擦力）：摩擦力是两个表面接触的物体相互运动时互相施加的一种物理力。在这里代表粒子与几何体之间产生的相互阻碍的力。0 代表在接触和碰撞过程中不存在摩擦力，也就是说，粒子会一直运动下去。当数值大于 0 时，粒子与几何体碰撞之后会产生摩擦力使粒子的运动状态产生衰减。通常取值范围为 0 ~ 1 之间，当然，与弹力类似，也可以使用大于 1 的数值。
- “Offset”（偏移）：偏移值控制了粒子在与几何体碰撞之后，所处的位置或者高度。通常这一数值是为了避免产生碰撞穿插而进行微调的选项，一般不宜设置的过大，如图 1–124 所示。

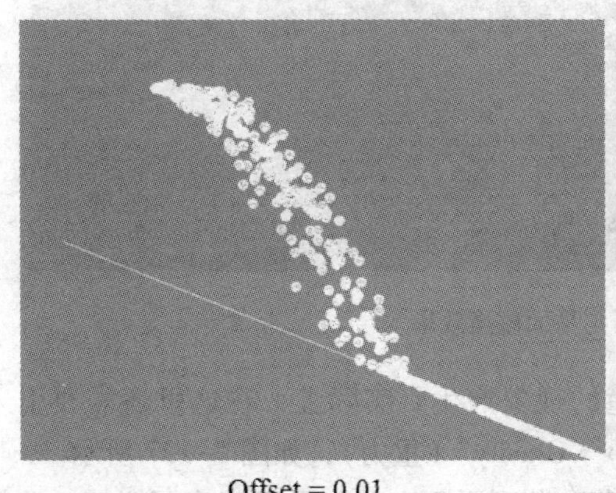

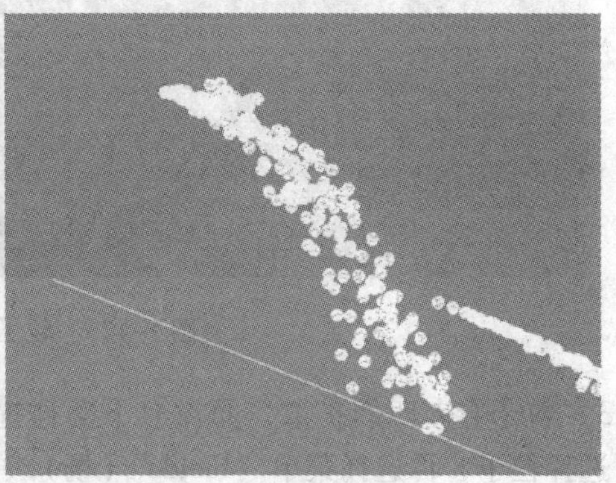

Offset = 0.01　　Offset = 10

图 1–124　偏移值

1）建立默认的粒子发射器，并将粒子的渲染类型修改为“Sphere”（球体），以方便观察，如图 1–125 所示。

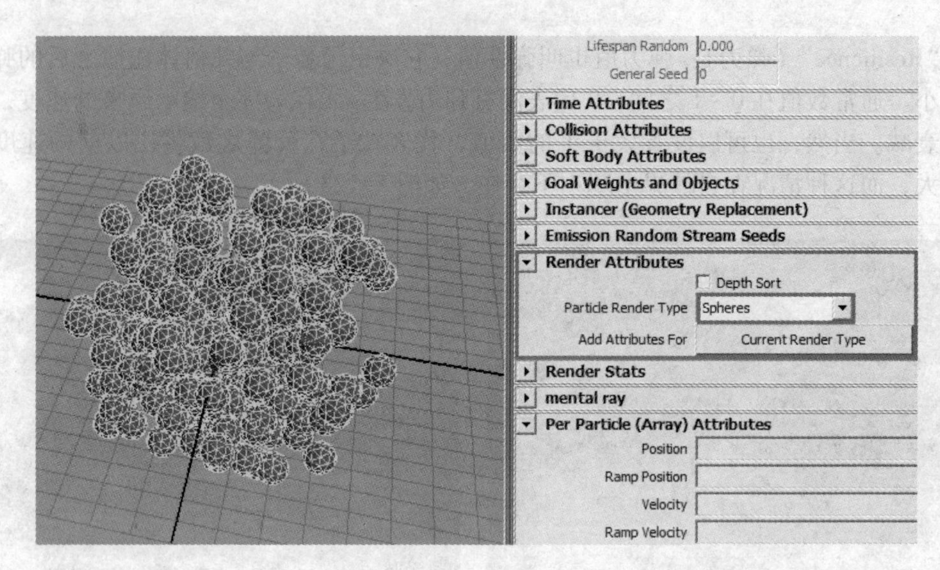

图 1-125　创建发射器

2）将发射器提高到一定的高度，并创建一个 POLY 面片，重新播放时间滑条，使粒子产生，然后选择粒子，按〈Shift + A〉组合键加选平面，选择菜单“Particles”→“Make Collide”使粒子与平面产生碰撞，如图 1-126 所示。

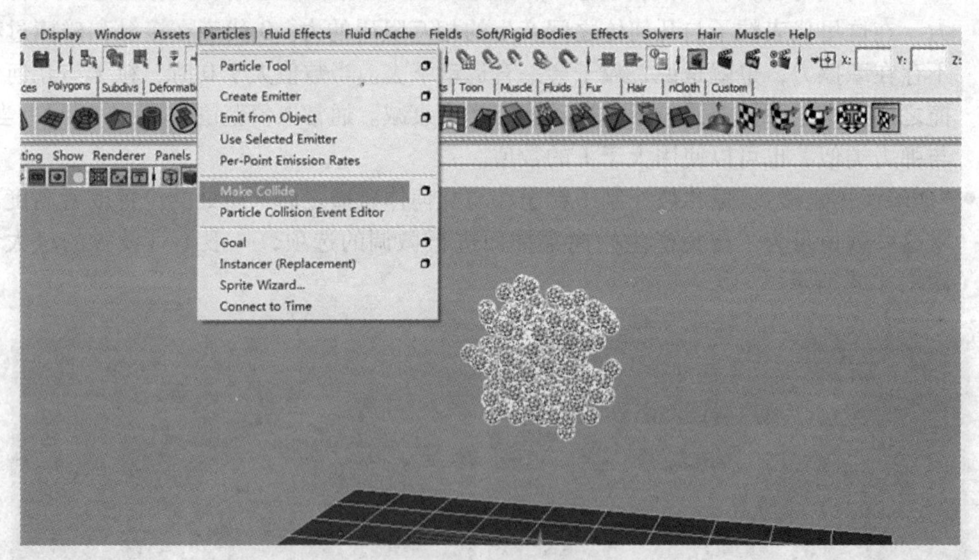

图 1-126　粒子与平面碰撞效果

3）粒子会向四周扩散，而没有下落碰撞的现象产生。实际上，在这里还需要引入重力。选择粒子，再选择菜单“Fields”（场）→“Gravity”（重力），如图 1-127 所示。

4）这时粒子就受到了重力的影响产生下落，落到平面上并与平面产生了碰撞。此时选择平面，按〈Ctrl + A〉组合键，切换到通道栏，将“Resilience”（弹性）改为 0.4，如图 1-128 所示。

5）重新播放时间滑条，此时粒子与平面产生了碰撞，最终得到了如下效果，如图 1-129 所示。

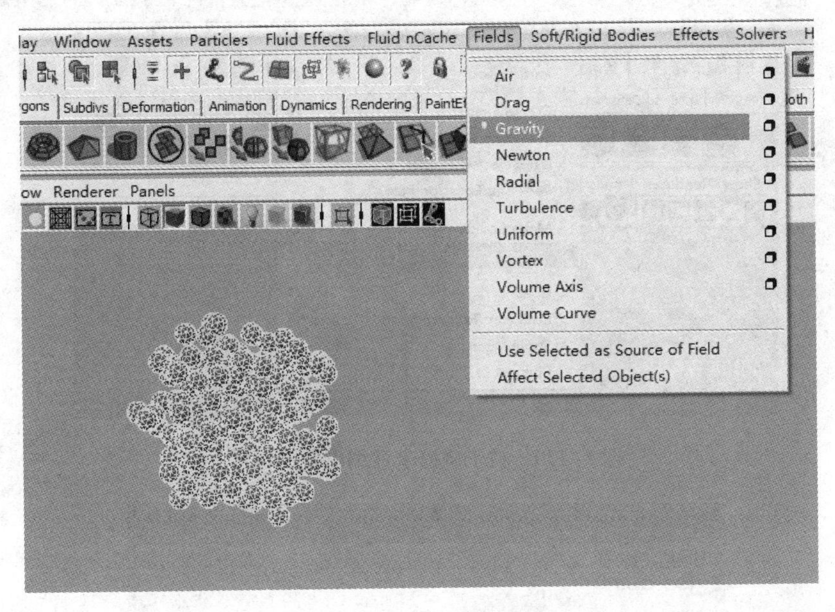

图 1-127

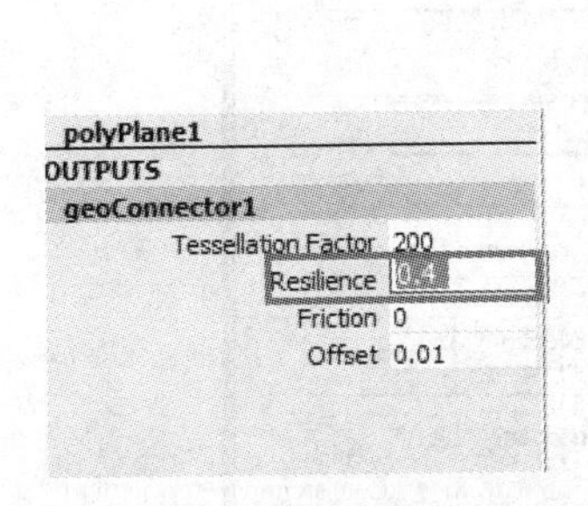

图 1-128　弹性值

图 1-129　发射粒子

在这个案例当中，可以继续修改通道栏中有关反弹、摩擦和偏移的相关属性以便更好地理解碰撞的基本概念。

1.5.2　粒子碰撞事件编辑器

通过上一节的学习，我们知道粒子是可以进行碰撞的，在碰撞产生之后，即可以产生粒子碰撞事件。当粒子与物体碰撞时，可以通过“Particle Collision Event Editor”（粒子碰撞事件编辑器）进行创建并且在创建结束之后，还可以再次单击该命令修改碰撞所产生的结果，使粒子在碰撞之后具有不同的表现，例如碰撞之后死亡、分裂、变色等。“Particle Collision Event Editor”（粒子碰撞事件编辑器）命令的位置，如图 1-130 所示。

打开编辑器，看到粒子碰撞事件编辑器的参数，如图 1-131 所示。

- “Objects”（目标体）：当要给某套粒子创建碰撞事件时，选择该粒子，则“Objects”（目标体）栏目中会显示该粒子的名称。
- “Events”（事件）：当粒子具有碰撞事件时，在“Events”（事件）栏目中会显示该事件的名称。

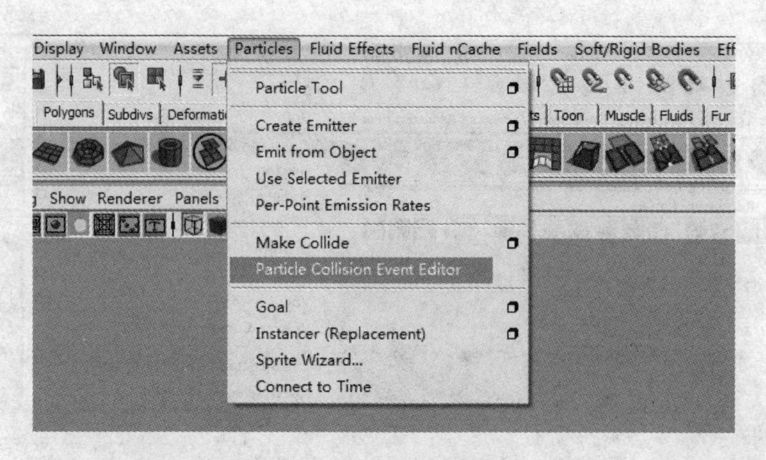

图 1-130　粒子碰撞事件编辑器的位置

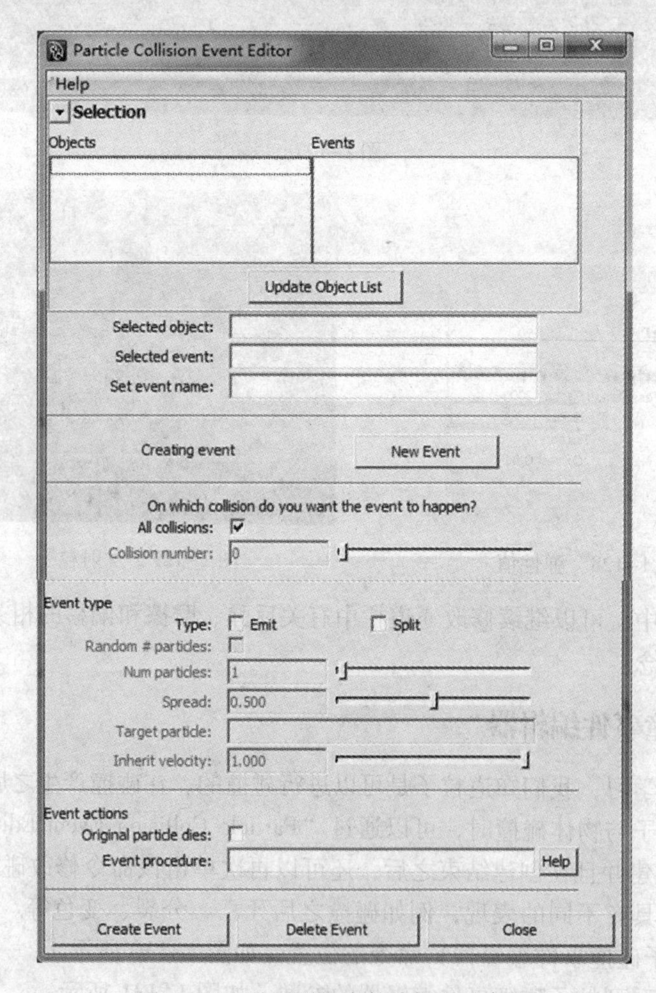

图 1-131　粒子碰撞事件编辑器的参数

- “Update Object List”（更新目标列表）：当前场景的粒子产生变化时，如删除或添加新的粒子物体，单击“Update Object List”（更新目标列表）会更新目标体栏目列表与事件栏目列表。

- “Selected object”（所选目标体）：现实选择的粒子物体名称。
- “Selected event”（所选事件）：显示选择的粒子事件。
- “Set event name”（设置事件名称）：命名或者修改事件名称。
- “Creating/Editing event”（创建或编辑事件）：显示当前状态是正在创建或是正在编辑粒子碰撞事件。
- “New Event”（新建事件）：给所选择的粒子创建新的碰撞事件。
- “ALL collisions”（所有碰撞）：将碰撞事件应用在所有的碰撞当中。
- “Collision number”（碰撞序号）：当未勾选“ALL collisions”（所有碰撞）时，该选项被激活，代表第几次碰撞产生碰撞事件，1 为当第一次碰撞时，2 为当第二次碰撞时，以此类推。
- “Type”（类型）：其中的选项如下。
    - “Emit”（发射）：当碰撞发生时，能够产生新的粒子。
    - “Split”（分裂）：当碰撞发生时，原有粒子在碰撞瞬间分裂为新的粒子。
- “Random # particle”（随机粒子）：当开启此选项时，碰撞产生的或分裂产生的粒子数目在 1 和 Num Particles 之间随机取值。当关闭此选项时，碰撞产生的或分裂产生的粒子数目为固定的 Num Particles 的数值。
- “Num Particles”（粒子数量）：影响碰撞事件发生后的粒子数目。具体影响方式请参看上一属性“Random # particle”（随机粒子）的介绍。
- “Spread”（扩展角度）：设置碰撞事件后粒子运动的扩展角度，取值范围为 0 ~ 1 之间，代表 0 ~ 180°。
- “Target particle”（目标粒子）：制定事件后的粒子，直接输入名称。
- “Inherit velocity”（继承速度）：设置碰撞事件后的粒子对碰撞前粒子速度的继承程度，范围为 0 ~ 1。
- “Original particle die”（原始粒子死亡）：勾选此选项代表原始粒子在碰撞发生后死亡。
- “Event procedure”（事件程序）：该选项可以为碰撞事件编写 MEL 脚本，并将该脚本用于目标体中的各个粒子上。

1）单击“Create”→“Polygon Primitives”→“Plane”创建默认的 POLY 平面，如图 1-132 所示。

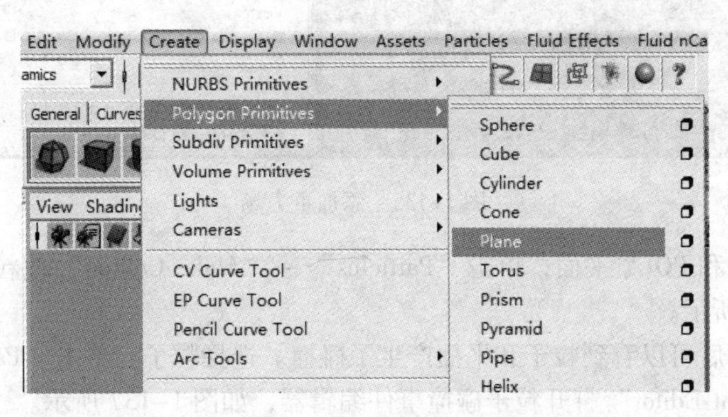

图 1-132　创建平面

2）单击“Particles”→“Create Emitter”创建默认的粒子发射器，如图 1-133 所示。

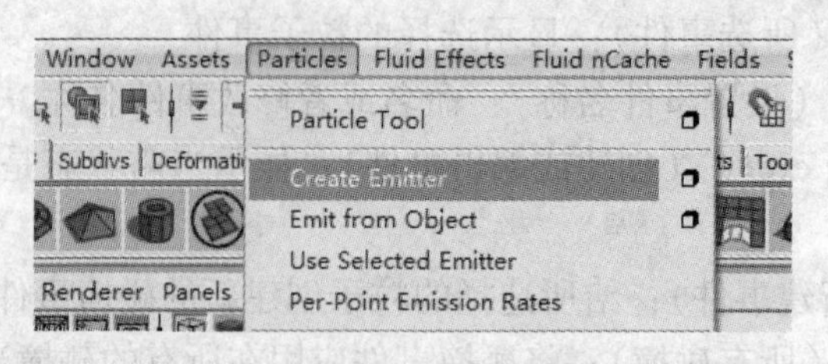

图 1-133　创建发射器

将粒子发射器和 POLY 平面放置在合适的位置上，播放动画，看到的效果如图 1-134 所示。

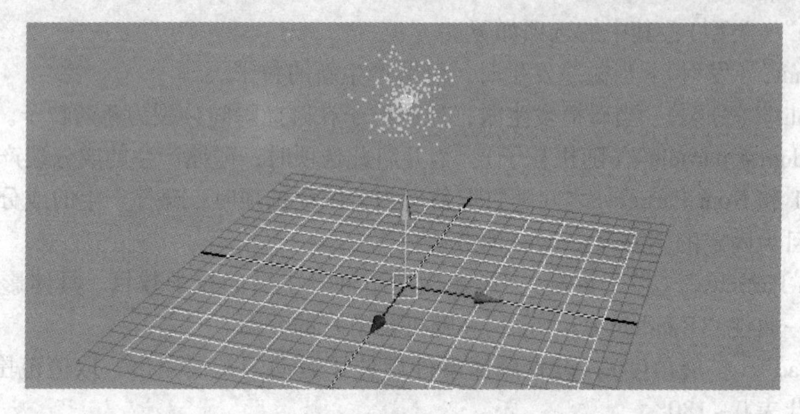

图 1-134　发射器与 POLY 平面

3）选择粒子，单击“Fields”→“Gravity”为粒子添加重力场，如图 1-135 所示。

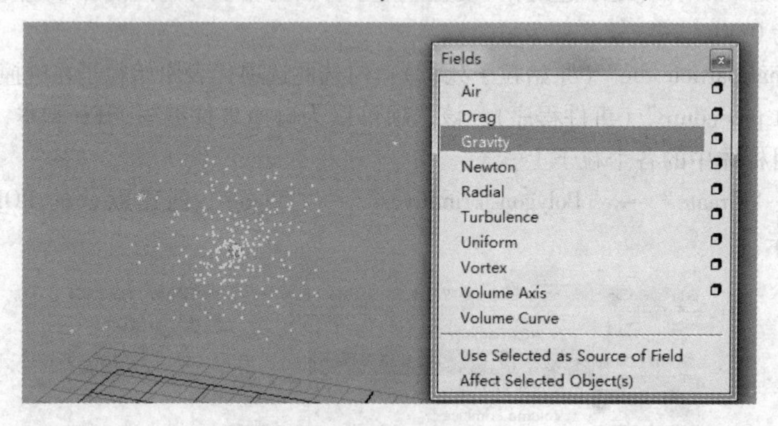

图 1-135　添加重力场

4）选择粒子和 POLY 平面，单击“Particles”→“Make Collide”使粒子和平面产生碰撞，如图 1-136 所示。

5）播放动画后可以看到粒子和平面产生了碰撞。选择粒子，单击“Particles”→“Particle Collision Event Editor”打开粒子碰撞事件编辑器，如图 1-137 所示。

打开“Particle Collision Event Editor”（粒子碰撞事件编辑器），将参数设置为如图 1-138 所示。单击“Create Event”（创建碰撞事件）按钮。

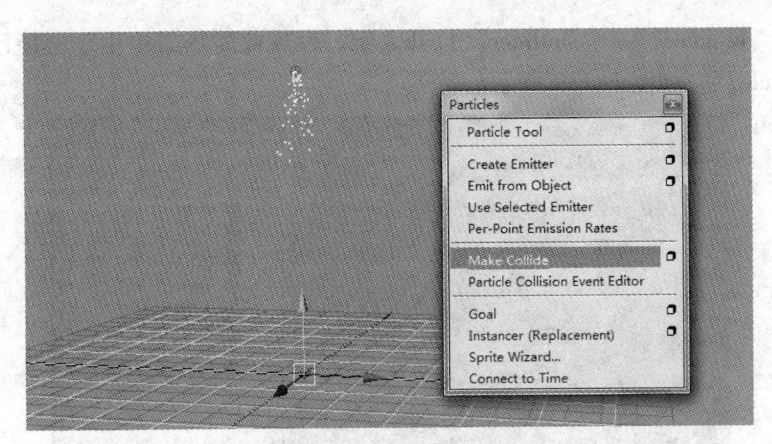

Particles
Particle Tool
Create Emitter
Emit from Object
Use Selected Emitter
Per-Point Emission Rates
Make Collide
Particle Collision Event Editor
Goal
Instancer (Replacement)
Sprite Wizard...
Connect to Time

图 1-136　创建粒子碰撞

Particles
Particle Tool
Create Emitter
Emit from Object
Use Selected Emitter
Per-Point Emission Rates
Make Collide
Particle Collision Event Editor
Goal
Instancer (Replacement)
Sprite Wizard...
Connect to Time

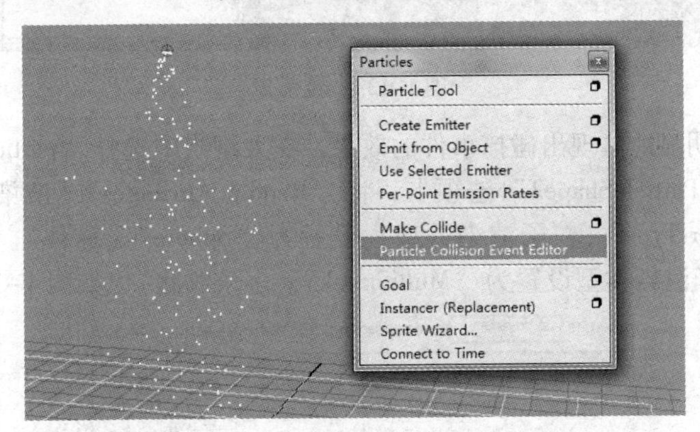

图 1-137　粒子碰撞事件编辑器

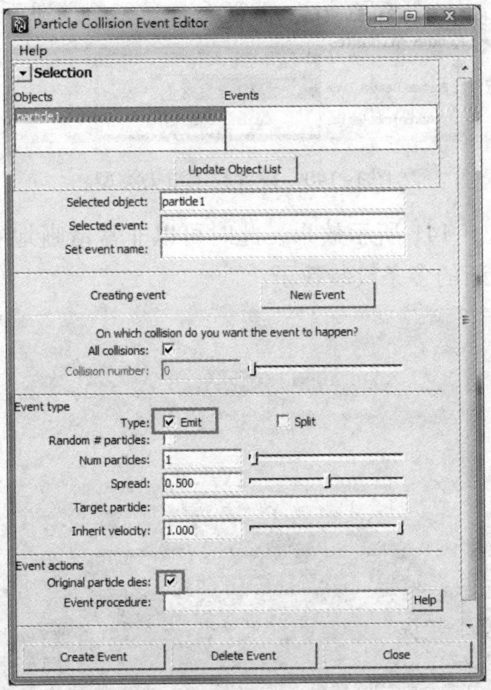

Particle Collision Event Editor
Help
Selection
Objects
Events
particle1
Update Object List
Selected object:
particle1
Selected event:
Set event name:
Creating event
New Event
On which collision do you want the event to happen?
All collisions:
Collision number:
0
Event type
Type:
Emit
Split
Random # particles:
Num particles:
1
Spread:
0.500
Target particle:
Inherit velocity:
1.000
Event actions
Original particle dies:
Event procedure:
Help
Create Event
Delete Event
Close

图 1-138　粒子碰撞事件编辑器的参数设置

6）单击“Window”→“Outliner”打开大纲，发现此时场景中由于碰撞已经产生了新的粒子“Particle2”，如图 1-139 所示。

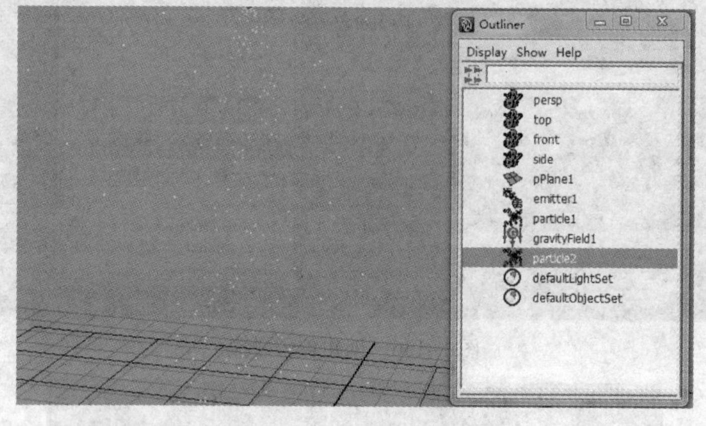

图 1-139 粒子 2

7）为了更为明显地体现出碰撞事件的效果，在大纲当中选择“particle1”，按〈Ctrl + A〉组合键打开“ParticleShape2”选项卡，将“Render Attributes”（渲染属性）选项栏中的“Particle Render Type”（粒子渲染类型）设置为“Sphere”（球体）。同样的操作，将“Particle2”的粒子渲染类型设置为“MultiStreak”（多条纹状），如图 1-140 所示。

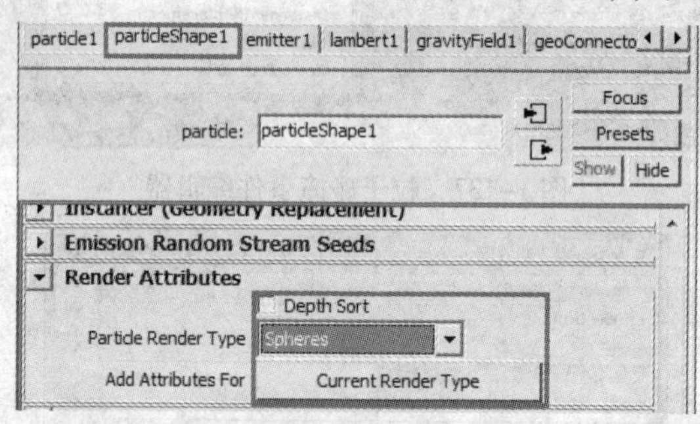

图 1-140 设置粒子渲染类型

播放动画后得到如图 1-141 所示效果，此时可以非常清晰地看到球形粒子在碰撞到平面上之后死亡，并产生了新的多条纹装粒子。

图 1-141 渲染后效果

1.5.3 ［案例］浴室淋浴器喷水效果制作

【案例目的】通过对粒子、粒子发射器和场的了解，在实战中结合实际效果，学会综合运用这些功能制作浴室淋浴效果。

【案例效果】如图 1–142 所示。

图 1–142　浴室淋浴效果

【案例步骤】

打开 Chapter_01 素材中的 shower. ma 淋浴场景文件，如图 1–143 所示。

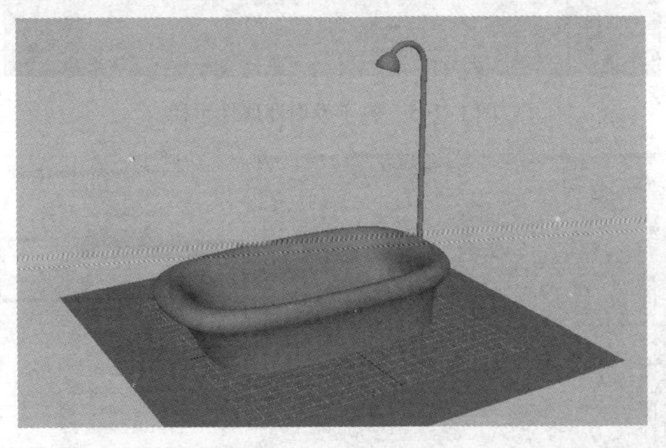

图 1–143　淋浴场景文件

1）打开“Particles”→“Create Emitter”（创建发射器）属性盒，将发射类型修改为“Direction”（方向式）发射，如图 1–144 所示。

2）进入侧视图，将发射器放置到喷头位置，按〈T〉键调出发射器属性手柄，如图 1–145 所示。

鼠标左键单击发射器手柄，将属性切换至“Direction”（方向）选项，使用鼠标左键拖拽方向坐标到合适的角度，或者在通道栏当中文本框内输入数值，如图 1–146 所示。

3）继续单击手柄，切换到“Spread”（扩展角度）选项，使用鼠标左键将扩展角度手柄拖拽至合适的位置，使粒子能够沿一定角度被发射出来。也可以在通道栏当中修改“Spread”（扩展角度）数值，如图 1–147 所示。

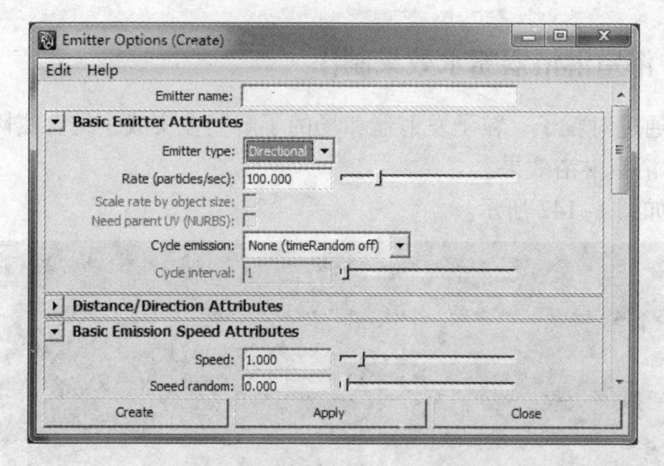

图 1-144　选择粒子发射类型

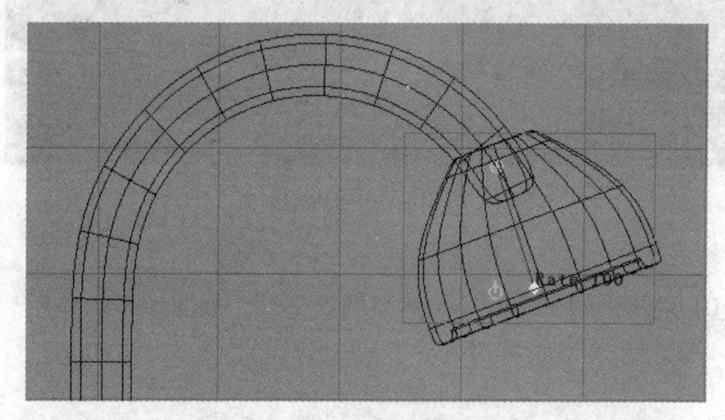

图 1-145　粒子发射器属性手柄

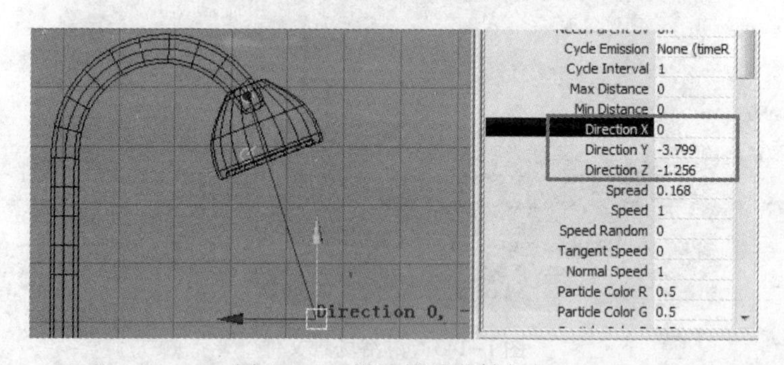

图 1-146　设置粒子发射方向

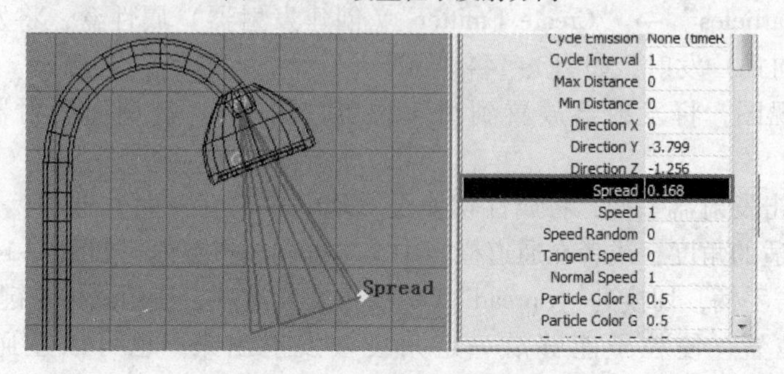

图 1-147　设置扩展角度

4）播放动画后发现粒子发射速度过慢，选择发射器，将通道栏中的“Speed”（速度）数值修改为15。选择粒子，按〈Ctrl+A〉组合键打开粒子属性选项卡，在“Render Attributes”（渲染属性）选项栏中将“Particle Render Type”（粒子渲染类型）修改为“MultiStreak”（多条纹状），单击“Current Render Type”（当前渲染类型）选项，刷新出多条纹装粒子的属性，并将属性修改为如图1-148所示。

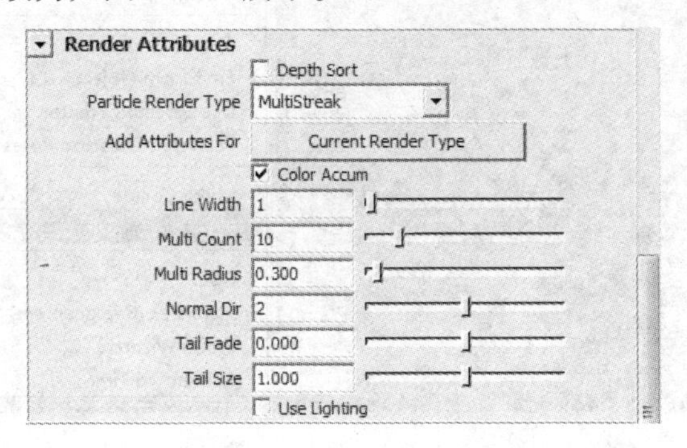

图1-148　修改渲染属性

5）选择粒子，单击“Fields”→“Gravity”（重力），为粒子添加重力，如图1-149所示。

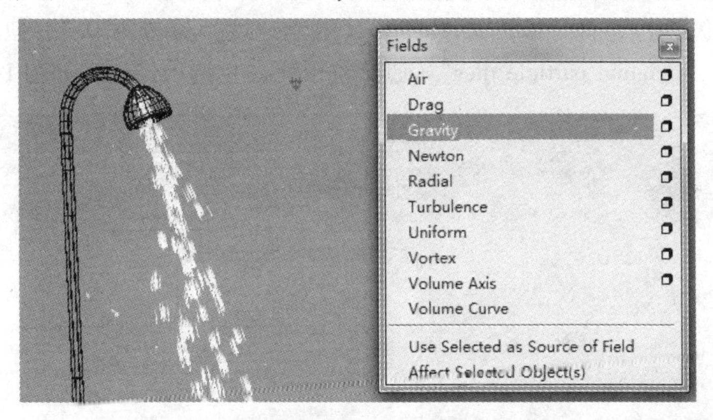

图1-149　添加重力

6）由于水花要与浴盆接触，所以要选择粒子，加选浴盆，单击“Fields”→“Make Collide”（碰撞），为粒子创建碰撞，如图1-150所示。

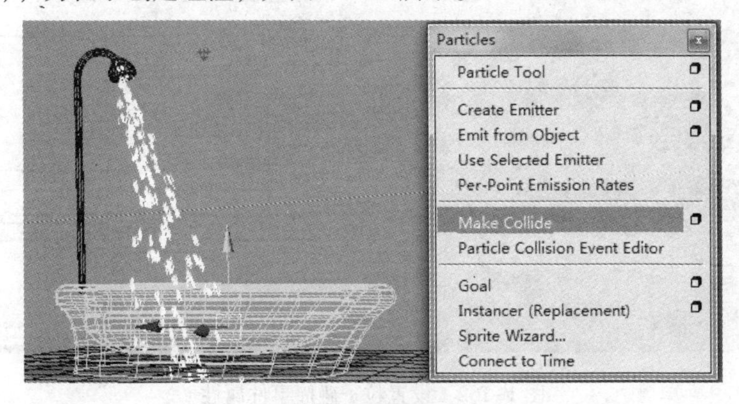

图1-150　创建碰撞

7）播放动画后观察发现这种反弹不符合实际情况，选择粒子，单击“Particles”→“Particle Collision Event Editor”（粒子碰撞事件编辑器）为粒子创建碰撞事件，当粒子与浴盆产生碰撞后产生新的粒子，这样能够更方便地控制碰撞后的粒子形态，如图1-151所示。

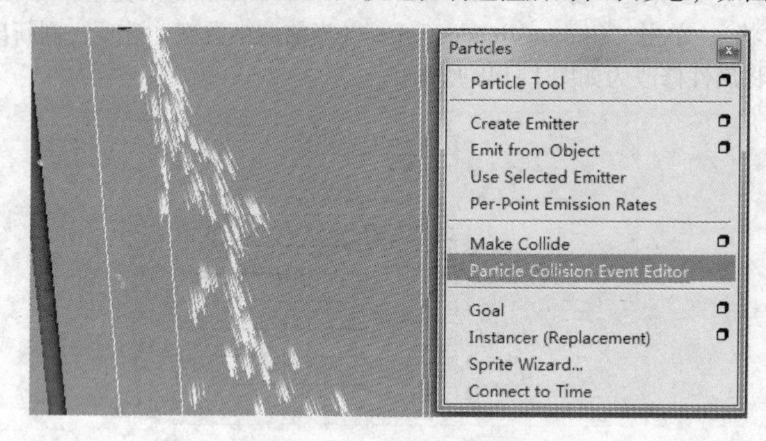

图1-151　设置粒子碰撞事件

在“Particle Collision Event Editor”（粒子碰撞事件编辑器）选项卡中将“Type”（类型）勾选为“Emit”（发射），将“Inherit velocity”（继承速度）修改为0.3，使产生的新粒子反弹速度较低。将“Original particle dies”（原始粒子死亡）选项勾选，如图1-152所示。

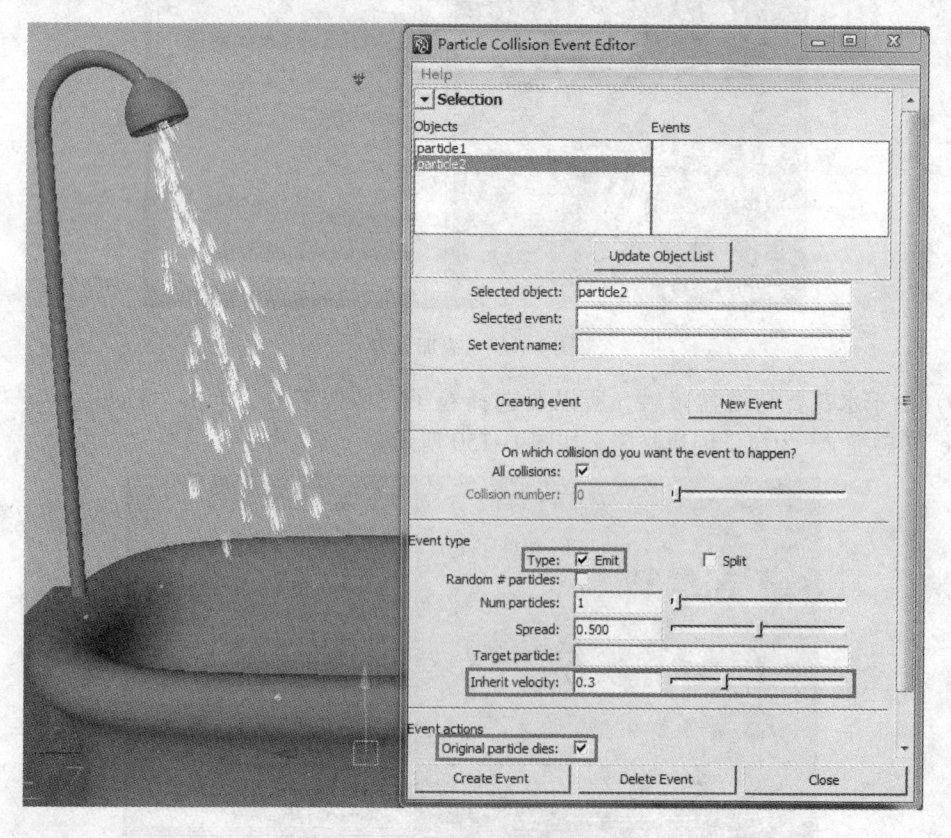

图1-152　设置粒子碰撞事件属性

8）选择新产生的粒子，按〈Ctrl + A〉组合键，打开粒子属性选项卡，在“Render Attributes”（渲染属性）选项栏中将“Particle Render Type”（粒子渲染类型）修改为“Multi-Point”（多点式粒子）。单击“Current Render Type”（当前渲染类型）选项刷新出“Multi-Point”（多点式粒子）的属性。勾选“Color Accum”（颜色叠加），如图 1-153 所示。

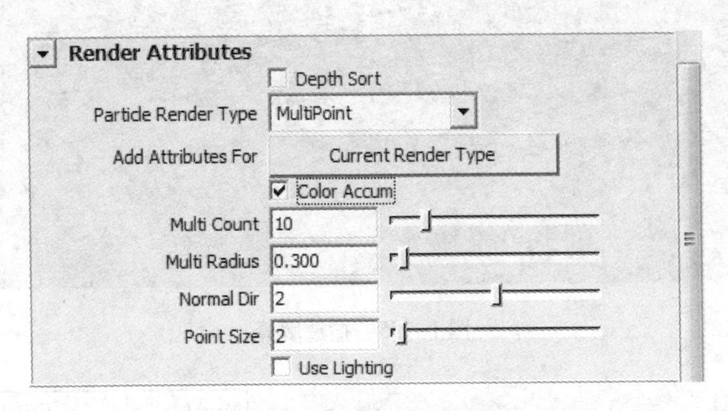

图 1-153　设置粒子渲染类型

9）选择粒子，在场景当中使用鼠标右键单击“gravityField…”（重力场），选择“Connect Field”（连接到场），使粒子受到重力场的影响，如图 1-154 所示。

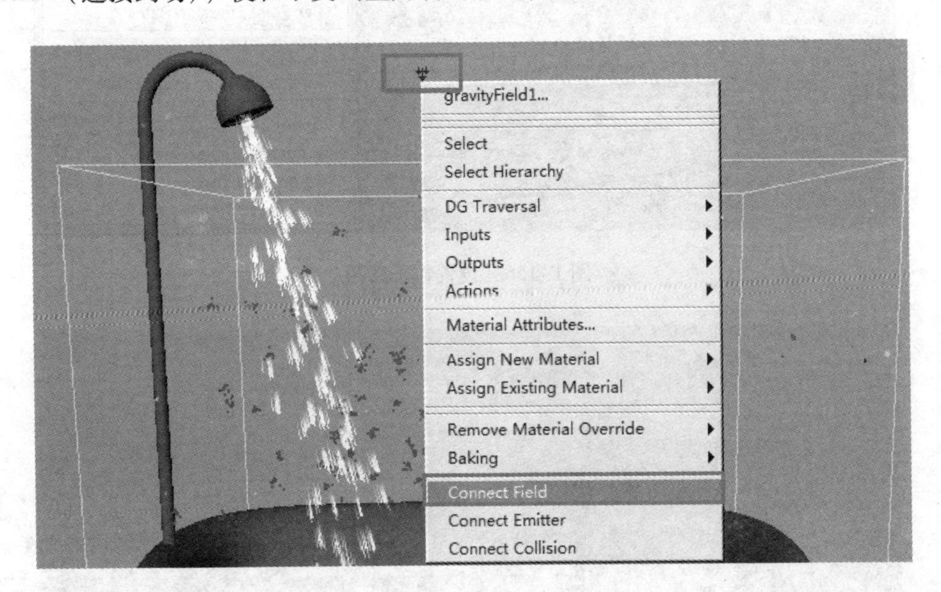

图 1-154　连接场

播放动画观察后发现新产生的粒子没有与浴盆产生碰撞，而是在穿过浴盆后坠落，如图 1-155 所示。

10）选择粒子，加选浴盆，单击“Particles”→“Make Collide”（碰撞），使粒子与浴盆产生碰撞，如图 1-156 所示。

播放动画后看到粒子水花效果已经产生，如图 1-157 所示。

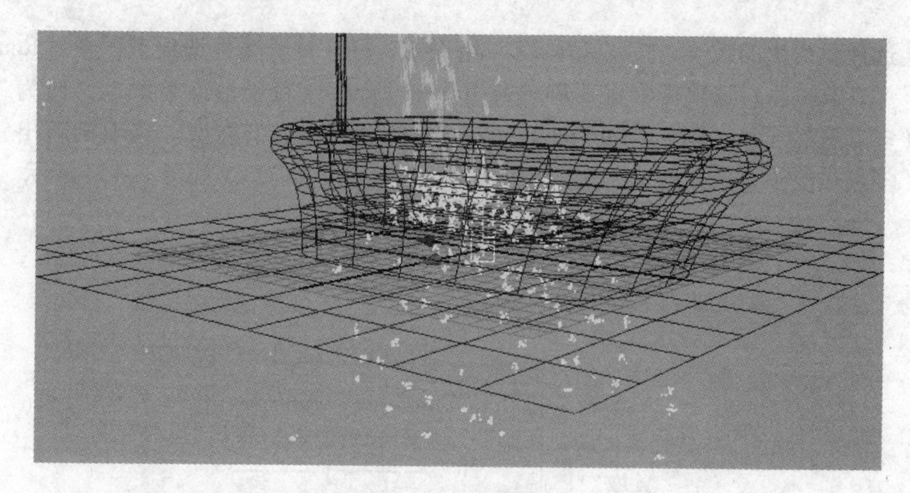

图 1-155　播放解算

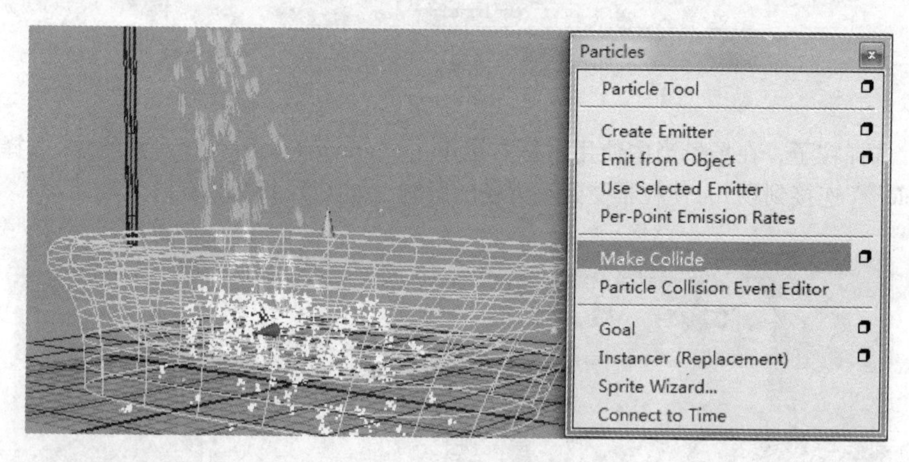

图 1-156　设置粒子碰撞

图 1-157　碰撞后的播放解算

11）参考以前案例，继续完善场景，选择水花粒子为粒子添加单粒子颜色的渐变贴图，如图 1-158 所示。

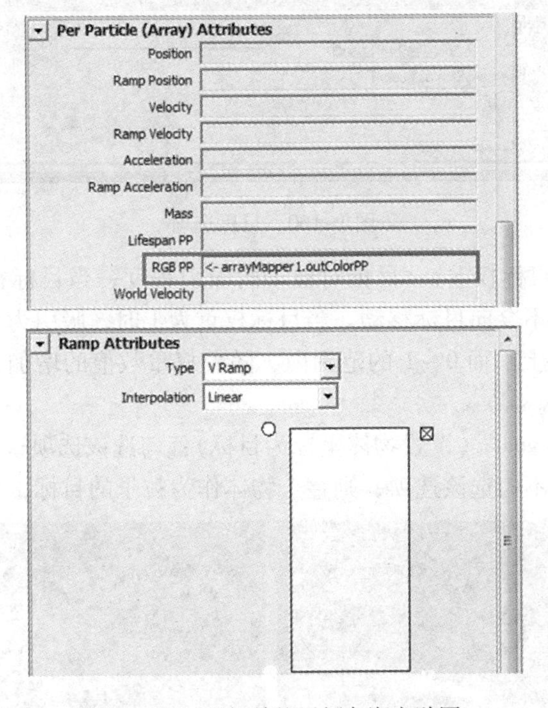

图 1-158　添加单粒子颜色渐变贴图

12）再次播放并渲染，得到最后的效果如图 1-142 所示。

1.6　粒子目标

1.6.1　粒子目标概述

给粒子设置一个“Goal”（目标）去影响粒子的位置，目标可以是物体本身的点也可以是坐标位置。“Goal”（目标）命令的位置如图 1-159 所示。

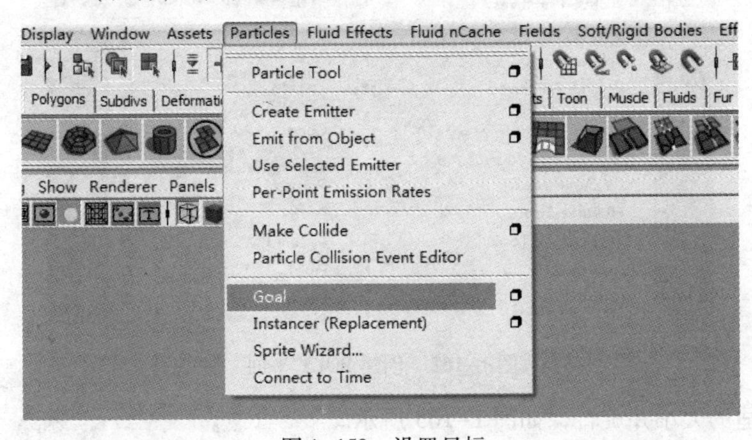

图 1-159　设置目标

打开“Goal”（目标）属性盒，可以看到属性参数如图 1-160 所示。

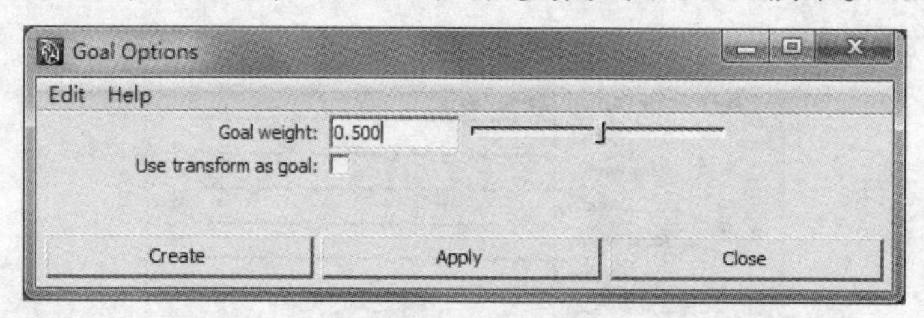

图 1-160 目标选项

- “Goal weight”（目标权重）：目标对粒子的吸引程度，当目标权重为 0 时，没有吸引力，表现为粒子不会向目标移动。当目标权重为 1 时，吸引力最大，表现为粒子瞬间出现在目标位置上。而 0 ~ 1 的范围内，随着权重数值的增加，粒子向目标移动的剧烈程度也会增加。
- “Use transform as goal”（设置物体坐标为目标）：勾选该选项，可以使物体的坐标点成为粒子的目标，不勾选该选项，则整个物体作为粒子的目标，如图 1-161 所示。

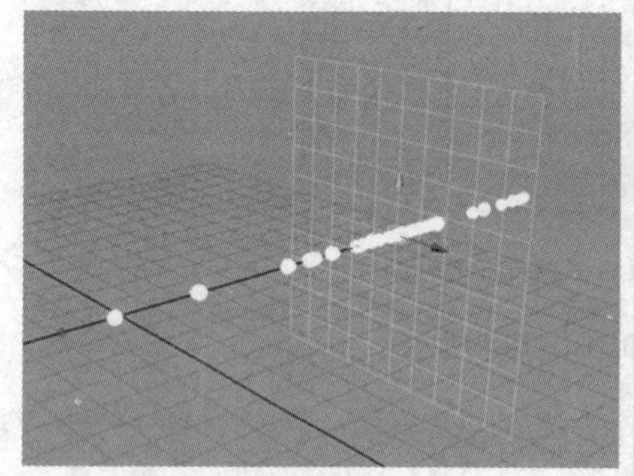

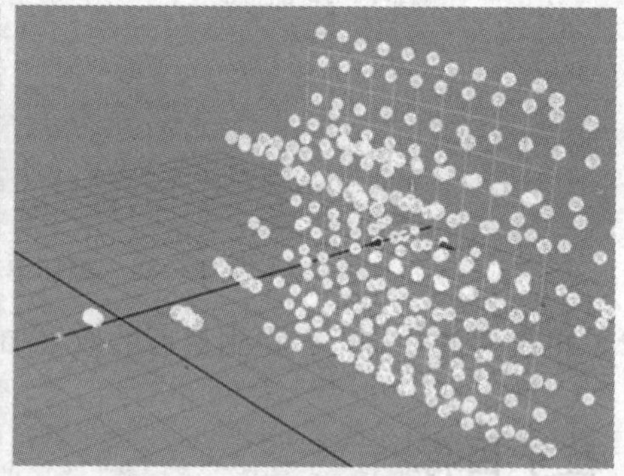

Use transform as goal: ON　　Use transform as goal: OFF

图 1-161 设置物体坐标为目标

1）创建 POLY 平面，单击“Create”→“Polygon Primitives”→“Plane”，如图 1-162 所示。

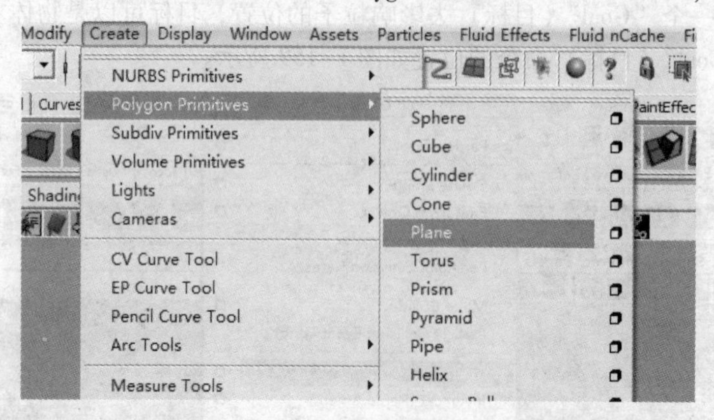

图 1-162 创建 POLY 平面

放大到合适的大小并旋转，如图 1-163 所示。

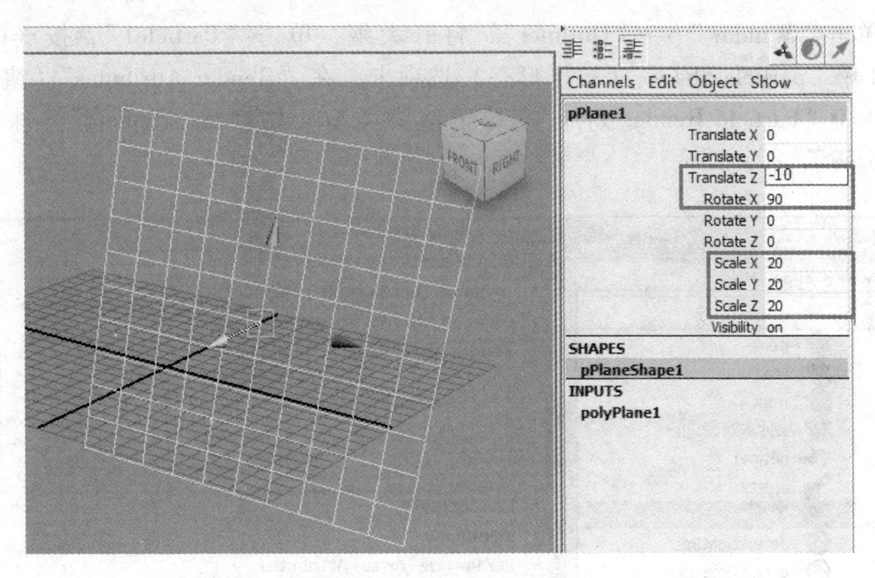

图 1-163　设置平面属性

2）创建默认的粒子发射器，如图 1-164 所示。

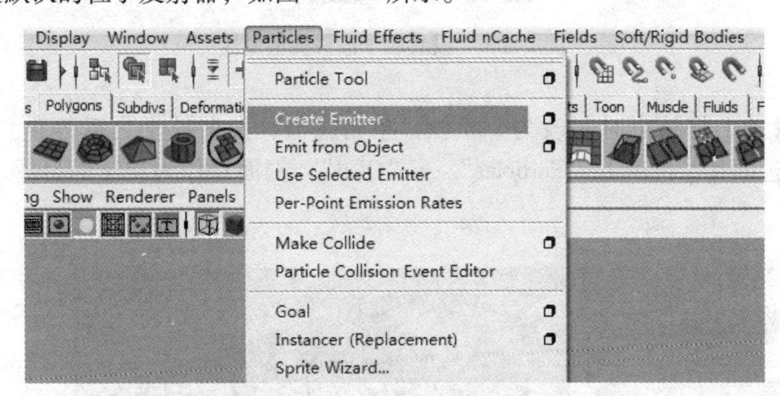

图 1-164　创建粒子发射器

调整粒子发射器与面片的位置，如图 1-165 所示。

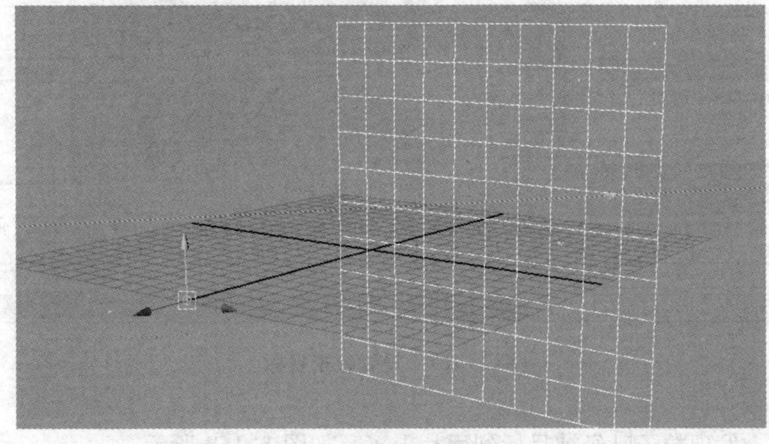

图 1-165　设置发射器与面片的位置

3）单击“Window”→“Outliner”，打开大纲，单击“Particle1”，按〈Ctrl + A〉组合键打开“particle Shape”（粒子形态）选项卡，在“Render Attributes”（渲染属性）选项栏中将“Particle Render Type”（粒子渲染类型）切换成“Sphere”（球体），如图1-166所示。

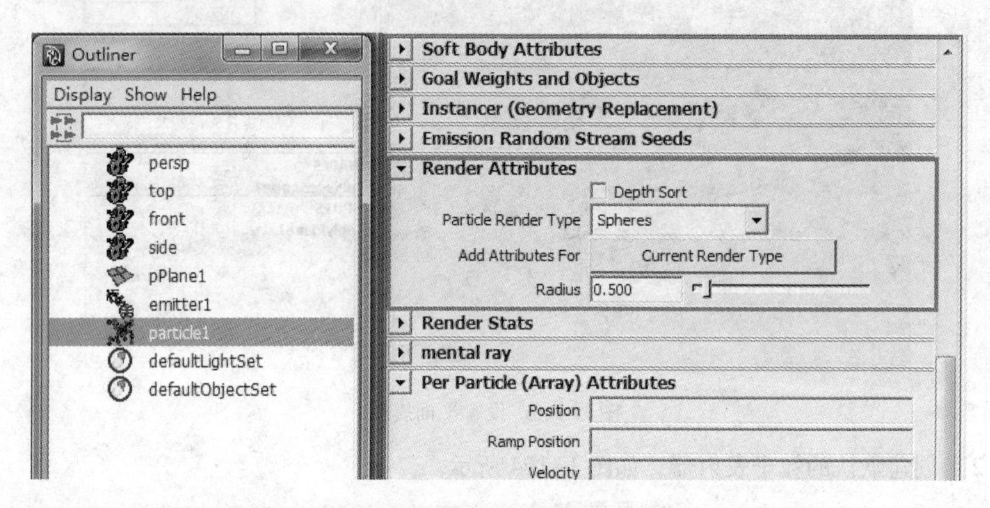

图1-166　设置粒子渲染类型属性

在时间滑条上将结束时间改为200帧，单击播放，发射粒子之后停止。选择粒子按〈Shift〉键加选面片，再单击“Particles”→“Goal”，把面片作为粒子的目标，如图1-167所示。

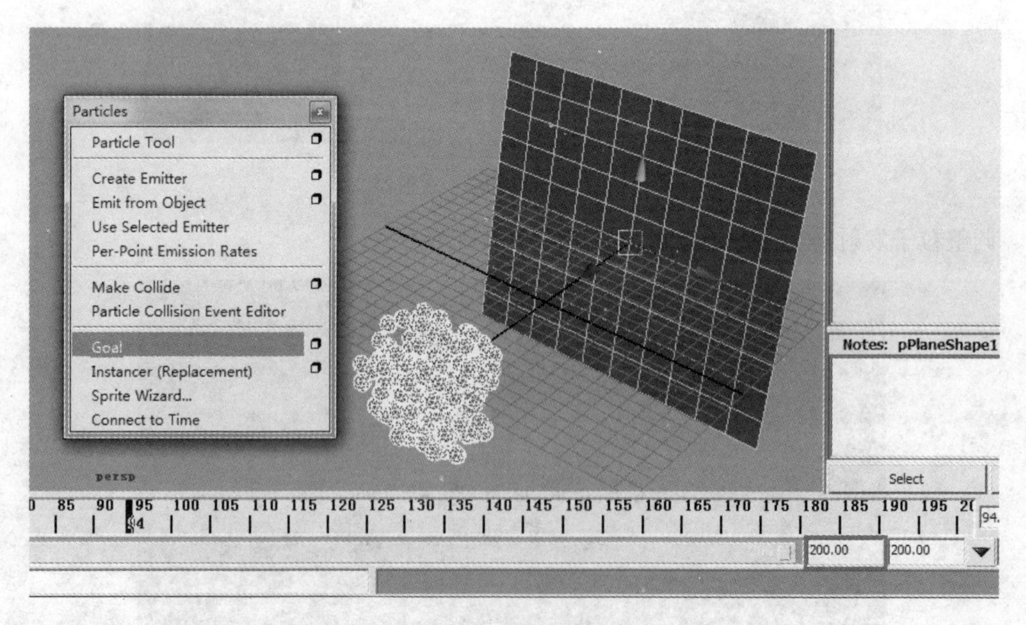

图1-167　设置粒子目标

重新播放，发现粒子已经被目标到面片上了，如图1-168所示。

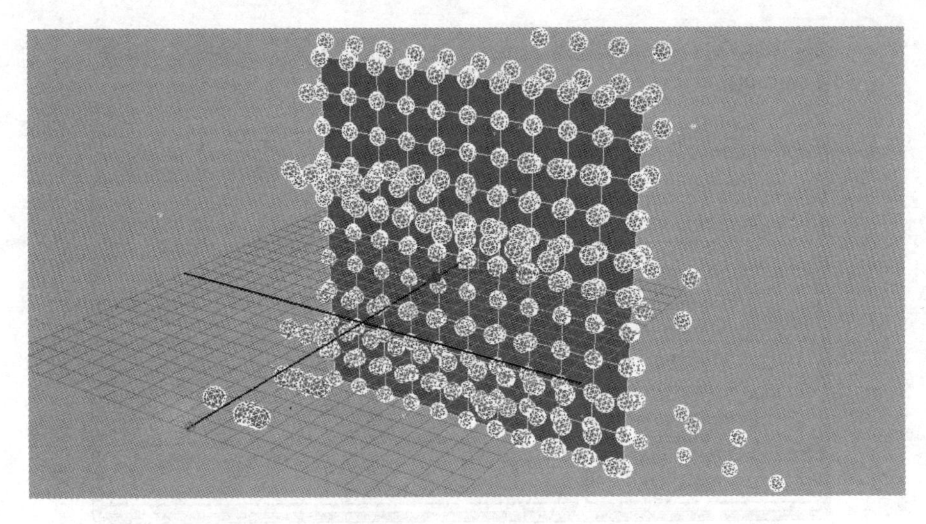

图 1-168　播放解算

1.6.2 ［案例］字母变形效果制作

【案例目的】通过对粒子、粒子发射器和场的了解，在实战中结合实际效果，学会综合运用这些功能制作字母变形效果。

【案例效果】如图 1-169 所示。

图 1-169　字母变形最终效果

【案例步骤】

1）单击“Create”→“Text”（文本）属性盒，打开属性栏，在“Text”（文本）文本框中输入字母 A，在“Type”（类型）栏选择“Poly”（多边形）如图 1-170 所示。单击“Create”（创建）按钮，观察发现，得到如图 1-171 所示效果。

2）单击“Particles”→“Emit from Object ”（从物体发射）的属性盒，在属性面板中将“Emitter type”（发射器类型）修改为“Surface”（表面发射），如图 1-172 所示。

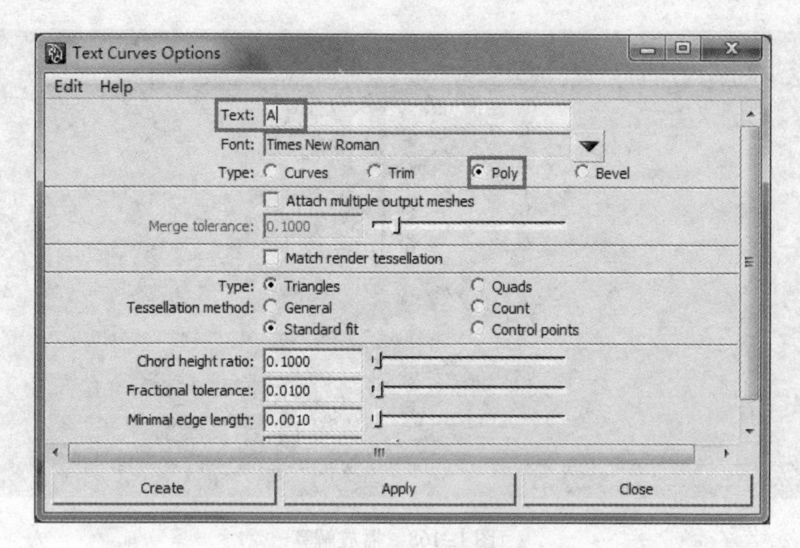

图 1-170　设置文本属性

图 1-171　字母 A

Emitter Options (Emit from Object)
Edit Help
Emitter name:
Basic Emitter Attributes
Emitter type: Surface
Rate (particles/sec): 100.000
Scale rate by object size:
Need parent UV (NURBS):
Cycle emission: None (timeRandom off)
Cycle interval: 1
Distance/Direction Attributes
Basic Emission Speed Attributes
Speed: 1.000
Speed random: 0.000
Create Apply Close

图 1-172　设置发射器类型

3）将时间滑条的范围设置为300帧，播放动画发现粒子从字母A表面发射出来，选择粒子，按〈Ctrl+A〉组合键，打开“粒子”属性选项卡，在“Render Attributes”（渲染属性）选项栏中将“Particle Render Type”（粒子渲染类型）选项栏修改为“Blobby Surface（s/w）”（融合表面）类型，单击“Current Render Type”（当前渲染类型）按钮，刷新出融合表面的属性。将“Radius”（半径）设置为0.2，将“Threshold”（融合阈值）设置为0.6，如图1-173所示。

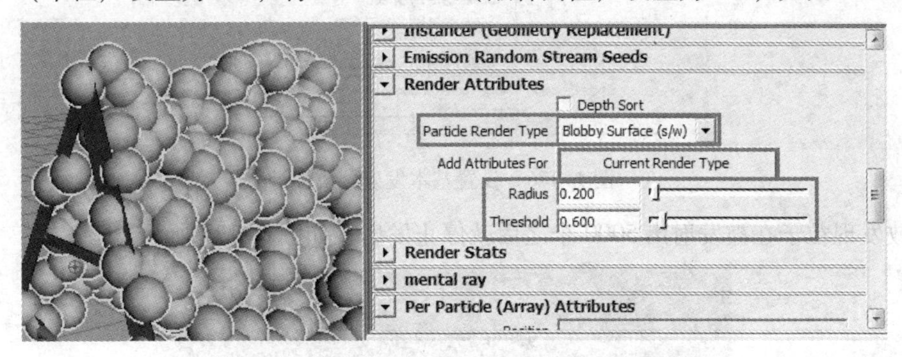

图1-173　设置粒子渲染类型属性

4）选择粒子，按〈Ctrl+A〉组合键，打开“粒子”属性选项卡，在“Emission Attributes”（发射属性）选项栏中将“Max Count”（最大数量）修改为5000，这样，粒子被发射出来的最大数量为5000个，如图1-174所示。

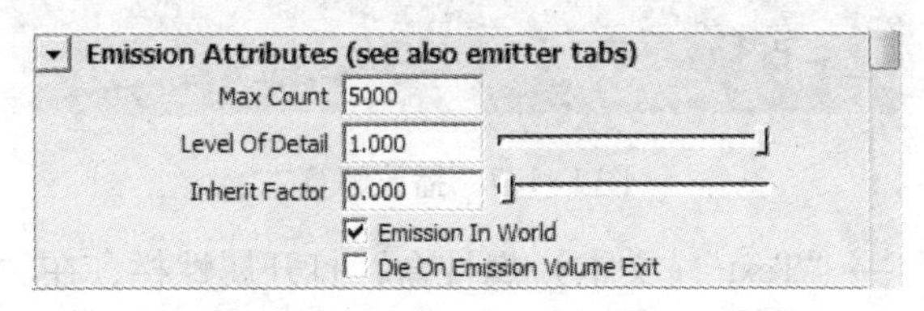

图1-174　设置发射属性

5）由于需要制作出字母A，所以需要让粒子停留在模型表面上。找到模型A，在大纲中选择模型A层级下的发射器，选择发射器，按〈Ctrl+A〉组合键，打开发射器属性选项卡，在“Basic Emission Speed Attributes”（基本发射速度属性）选项栏中将“Speed”（速度）修改为0，使粒子能够停留在字母A模型的表面上，如图1-175所示。

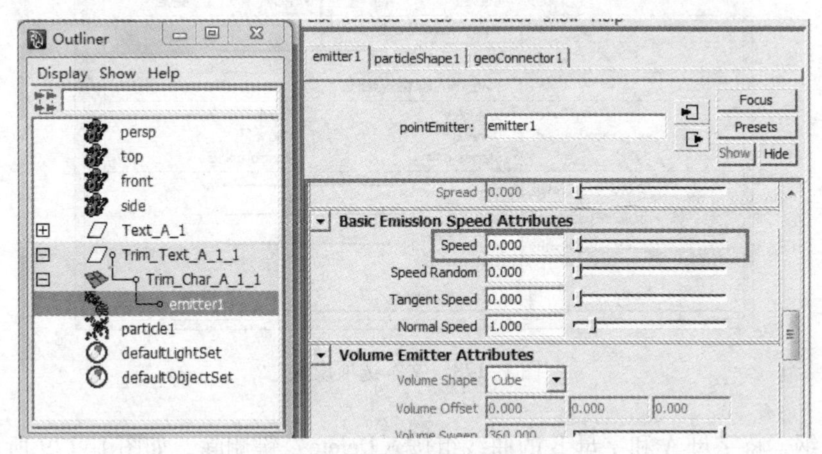

图1-175　修改粒子发射速度

6）在“Basic Emitter Attributes”（基本发射器属性）选项栏中将“Rate（Particles/Sec）”（速率）修改为5000。使发射器能够每秒钟发射5000个粒子，如图1-176所示。

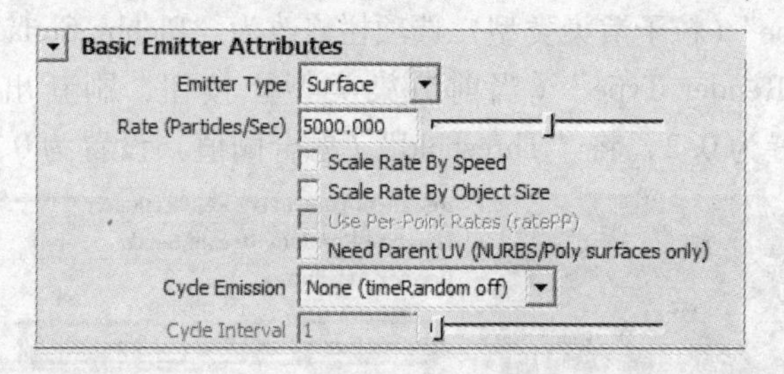

图1-176　设置基本发射器属性

播放发现粒子在被发射出5000个之后就停止发射，如图1-177所示。

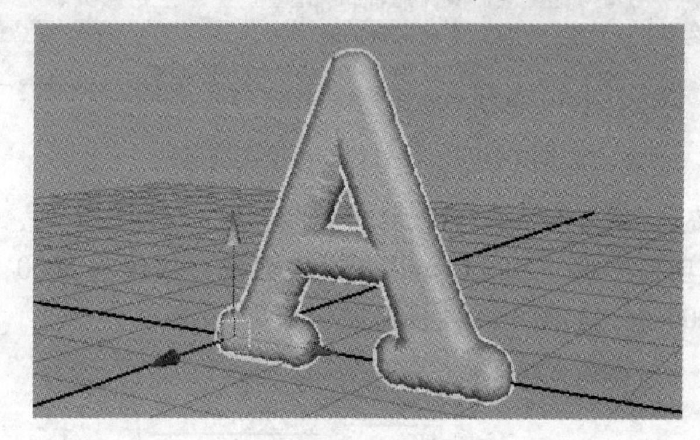

图1-177　播放解算

7）单击“Create”→“Text”（文本）属性盒，打开属性栏，在“Text”（文本）文本框中输入字母B，在“Type”（类型）选项栏选择“Poly”（多边形）。单击“Create”（创建）按钮，如图1-178所示。

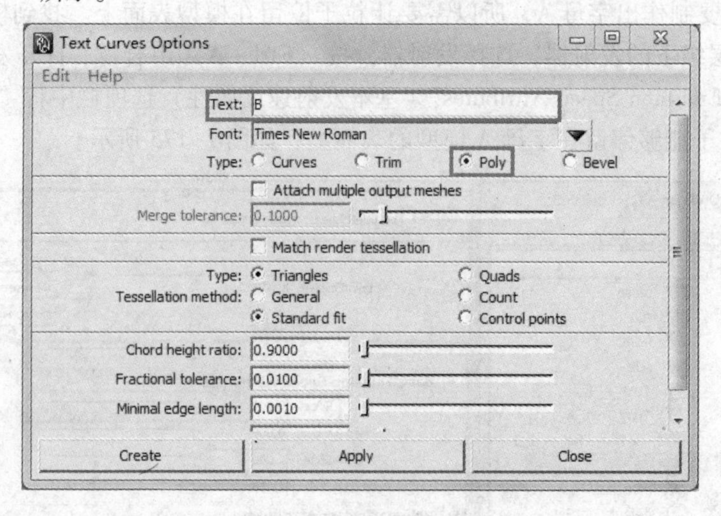

图1-178　文本选项设置

打开大纲，将字母A和字母B的曲线组按〈Delete〉键删除，如图1-179所示。

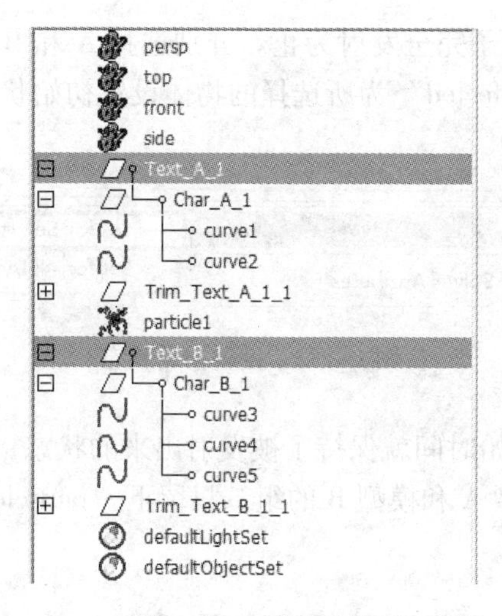

图 1-179　删除曲线

选择字母 B 的模型组，将字母 B 拖动到字母 A 旁边，如图 1-180 所示。

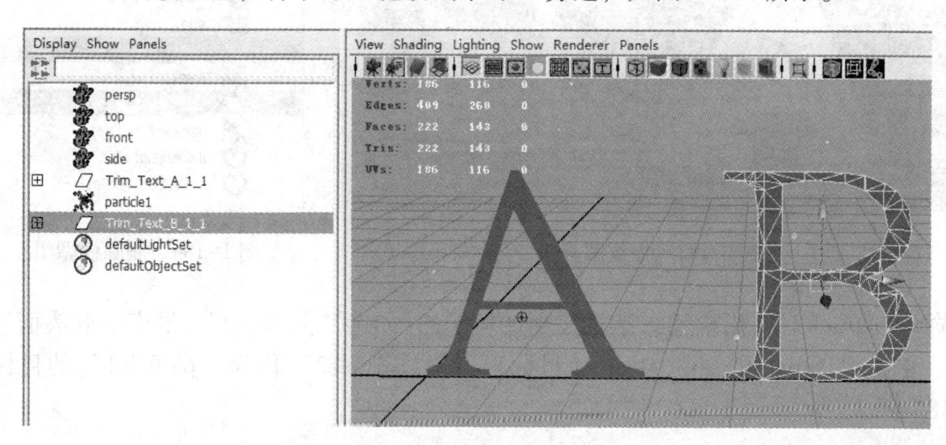

图 1-180　修改字母位置

8）选择字母 A 的模型，按〈Ctrl + H〉组合键隐藏粒子。选择字母 B 模型，参照 A 模型，为 B 模型创建表面发射的粒子。粒子类型为“Point”（单点式），数量为 5000 个，播放效果如图 1-181 所示。

图 1-181　创建模型 B 的粒子

播放动画直到 A 和 B 粒子完全发射为止。分别选择 A 和 B 的粒子，单击“Solvers”→“Initial State”→“Set for Selected”为所选择的物体设置初始状态，如图 1-182 所示。

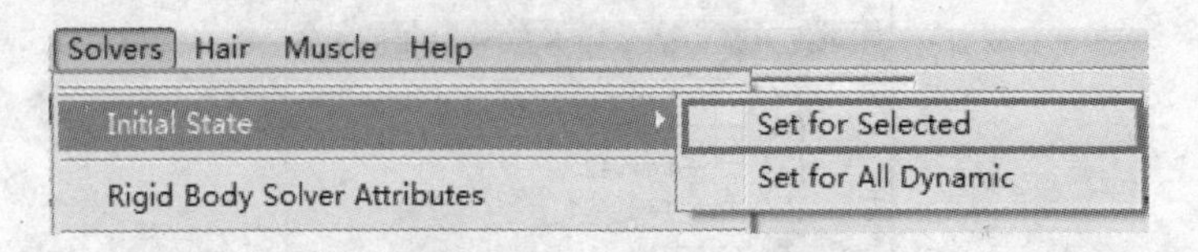

图 1-182　设置初始状态

重新播放发现粒子在初始时间就保持了被发射出来的状态，如图 1-183 所示。

9）打开大纲，删除模型 A 和模型 B 的组，只留下“particle1”（粒子 1）和“particle2”（粒子 2），如图 1-184 所示。

图 1-183　播放解算

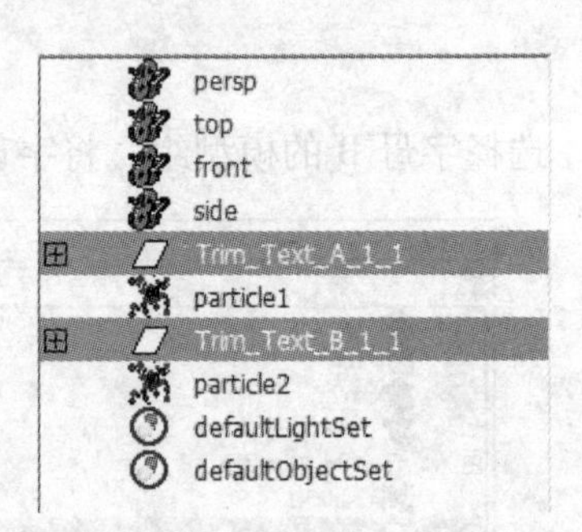

图 1-184　删除模型组

选择“particle1”（沿模型 A 表面发射的粒子），加选“particle2”（沿模型 B 表面发射的粒子），单击“Particles”→“Goal”（目标），将“particle2”作为“particle1”的目标。如图 1-185 所示。

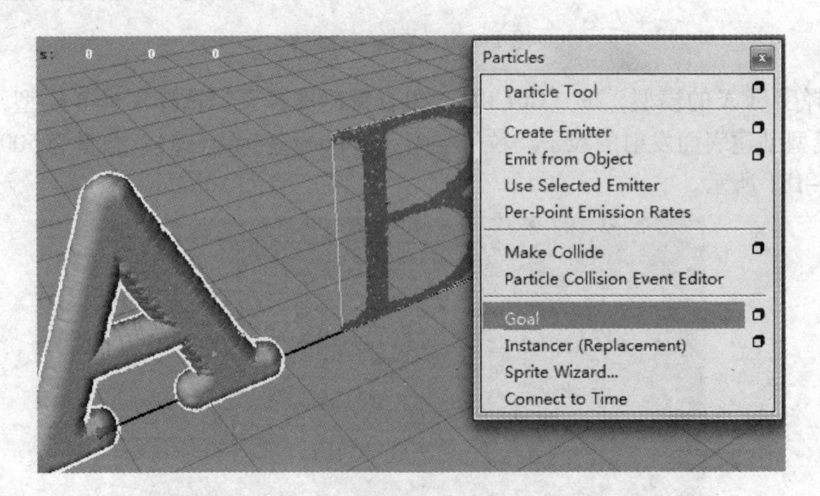

图 1-185　设置目标

播放动画发现“particle1”会向“particle2”的位置移动，如图 1-186 所示。

图 1-186　播放解算

10）为了控制粒子移动的速度，选择“particle1”，单击“Fields”→“Drag”（托拽）。为粒子 A 创建拖拽场，如图 1-187 所示。

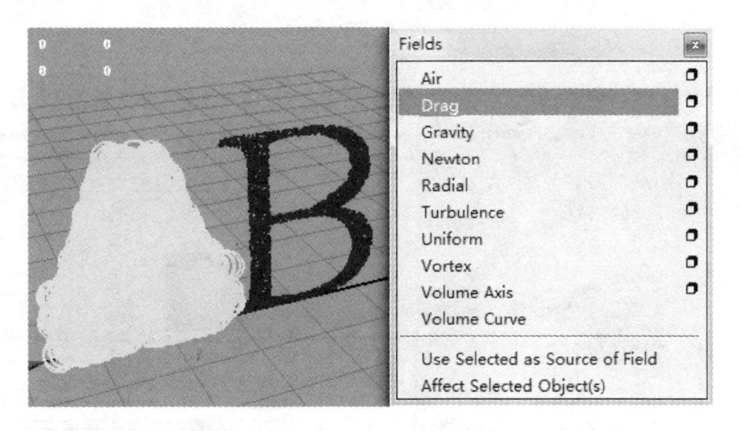

图 1-187　添加拖拽场

11）选择拖拽场，将通道栏中的“Magnitude”（拖拽力）、“Attenuation”（衰减）、“Max Distance”（最大距离）修改为如图 1-188 所示的值。

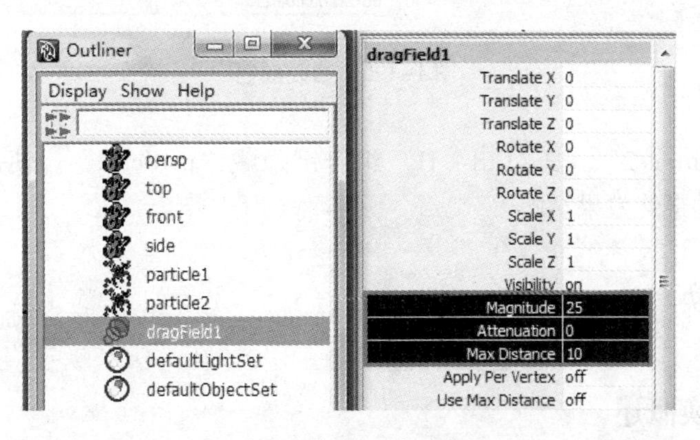

图 1-188　设置拖拽场属性

播放动画后观察发现粒子 A 可以柔和地过渡到 B 的位置，如图 1-189 所示。

图 1–189　播放解算

12）选择“particle1”，按〈Ctrl + A〉组合键，打开“particle1”的属性选项卡，在“Common Material Attributes”（普通材质属性）选项栏中将“Color”选项栏修改为黄色，如图 1–190 所示。

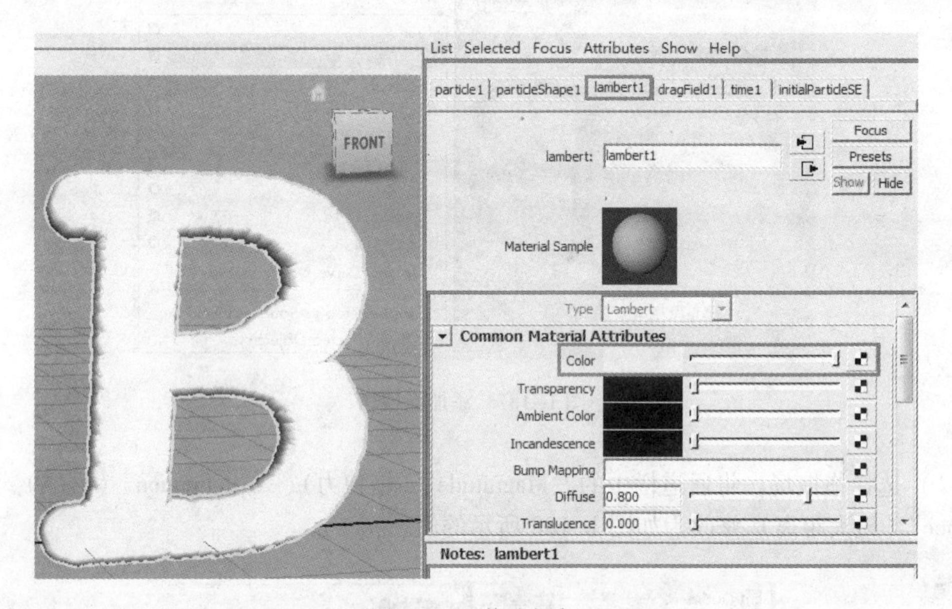

图 1–190　修改颜色

13）选择“particle2”，按〈Ctrl + H〉组合键隐藏“particle2”。使用硬件渲染，得到如图 1–169 所示的最终效果。

1.7　粒子替换

1.7.1　粒子替换概述

粒子替换是指将粒子替换成其他物体，在很多影视作品的特效镜头中经常被用到，比如爆炸产生的碎石、战争场面的人群、万箭齐发的弓箭等。“Instancer（Replacement）”（粒子替换）所在的位置如图 1–191 所示。

Display Window Assets Particles Fluid Effects Fluid nCache Fields Soft/Rigid Bodies
Polygons Subdivs Toon Muscle Fluids
Show Renderer Panels
Particle Tool
Create Emitter
Emit from Object
Use Selected Emitter
Per-Point Emission Rates
Make Collide
Particle Collision Event Editor
Goal
Instancer (Replacement)
Sprite Wizard...
Connect to Time

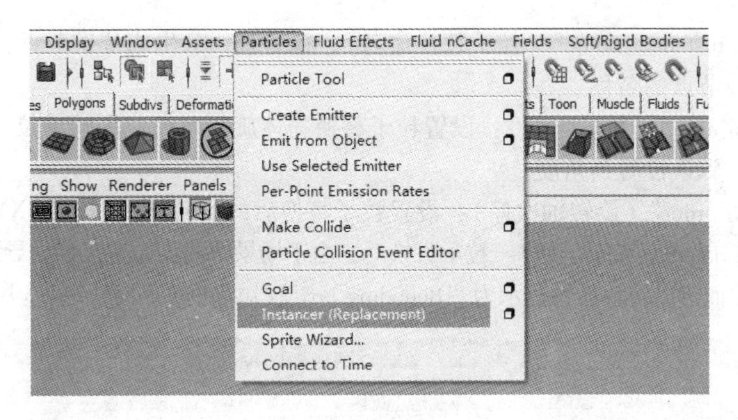

图 1-191　粒子替换

打开“Instancer (Replacement)”(粒子替换) 属性盒，看到相关参数如图 1-192 所示。

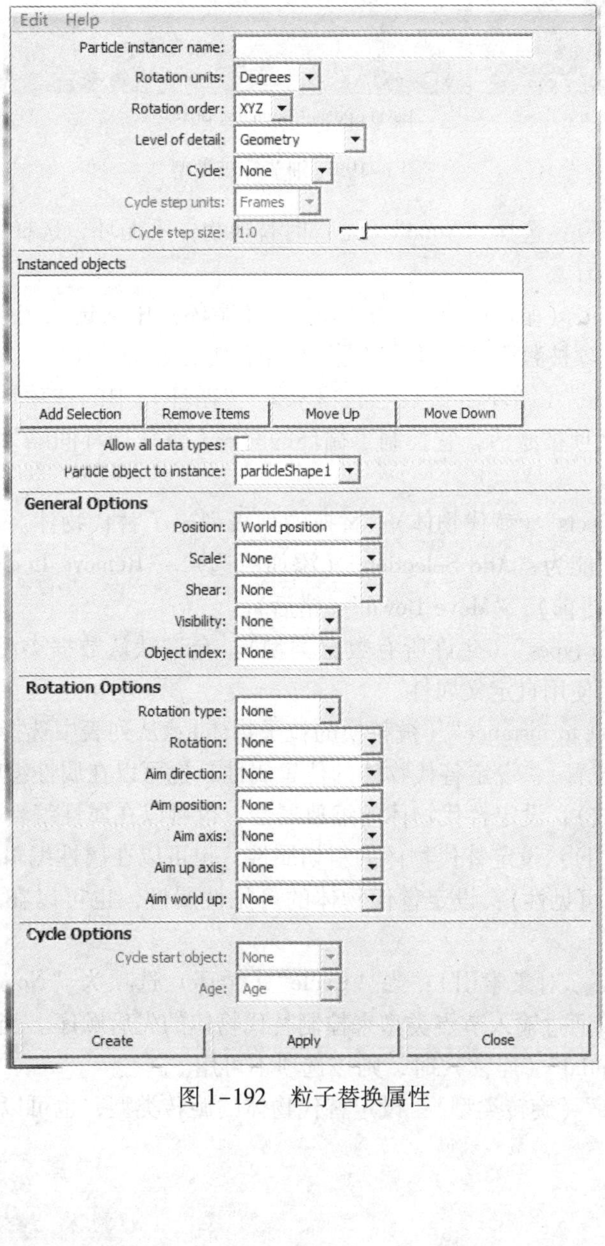

Edit Help
Particle instancer name:
Rotation units: Degrees
Rotation order: XYZ
Level of detail: Geometry
Cycle: None
Cycle step units: Frames
Cycle step size: 1.0
Instanced objects
Add Selection
Remove Items
Move Up
Move Down
Allow all data types:
Particle object to instance: particleShape1
General Options
Position: World position
Scale: None
Shear: None
Visibility: None
Object index: None
Rotation Options
Rotation type: None
Rotation: None
Aim direction: None
Aim position: None
Aim axis: None
Aim up axis: None
Aim world up: None
Cycle Options
Cycle start object: None
Age: Age
Create
Apply
Close

图 1-192　粒子替换属性

- “Particle instancer name”（粒子替换命名）：粒子替代会生成替换节点，该栏目可以自定义替换节点的名称。
- “Rotation units”（旋转单位）：设置粒子替换物体旋转时所使用的单位，可以使用角度和弧度，默认设置是角度。
- “Rotation order”（旋转轴次序）：设置粒子替换后的旋转轴次序，如 XYZ、XZY 等。
- “Level of detail”（细节等级）：粒子替换后，由于场景中的物体过多，会导致系统资源占用过多，故而可以将替换物显示为“Bounding Box”（边界框），如图 1-193 所示。

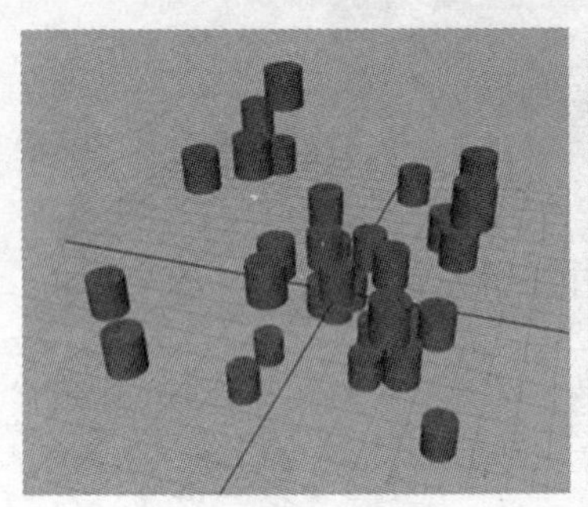
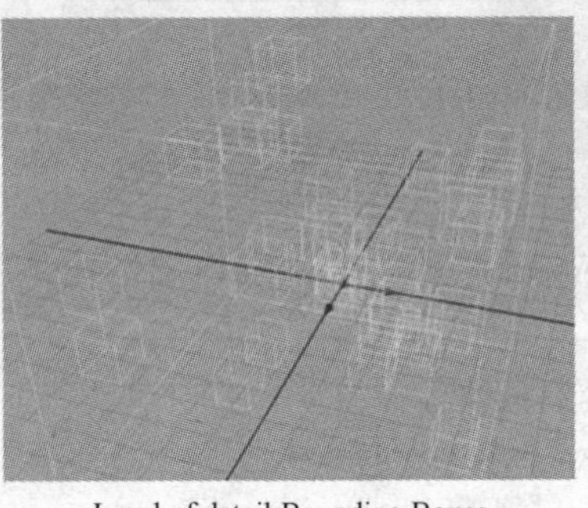
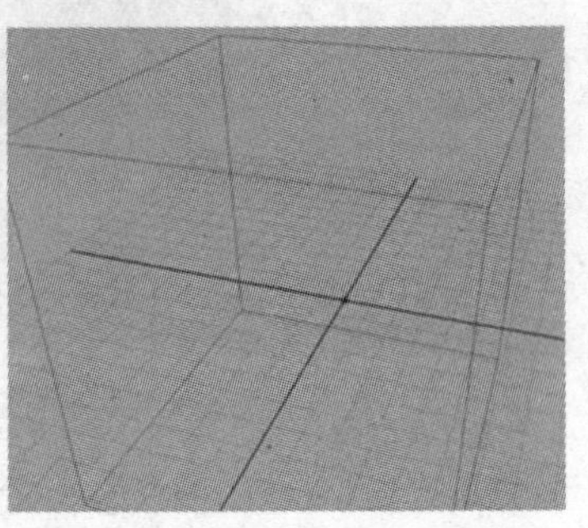

Level of detail:Geometry　　Level of detail:Bounding Boxes　　Level of detail:Bounding Box

图 1-193　细节等级类型

- “Cycle”（循环）：选择“None”（无）时替换物体不循环，选择“Sequential”（连续）时替换物体循环。
- “Cycle step unit”（循环单位）：当“Cycle”（循环）中的选项选择了“Sequential”（连续）时，该选项被激活。可以设置循环的单位为“Frame”（帧）或者“Second”（秒）。
- “Cycle step size”（循环步长）：当“Cycle”（循环）中的选项选择“Sequential”（连续）时，该选项被激活，它控制了循环的间隔，默认循环间隔为 1 帧或 1 秒，也可以修改为其他值。
- “Instanced objects”（替代物体）：替换物列表列出了替代物体。序号为 0 ~ n，包括 4 个按钮，其功能为“Add Selection”（添加所选），“Remove Items”（移除替代物体），“Move Up”（提前），“Move Down”（错后）。
- “Allow all data types”（允许所有数据类型）：允许默认数据类型之外的属性被使用，通常用来开启使用自定义属性。
- “Particle object to instance”（被替换的粒子物体）：从列表中选择被替代的粒子。
- “Position”（位置）：设定替代物体的位置属性，也可以在属性编辑器中编辑该属性。
- “Scale”（缩放）：设定替代物体的缩放属性，也可以在属性编辑器中编辑该属性。
- “Shear”（斜切）：设定替代物体的斜切属性，也可以在属性编辑器中编辑该属性。
- “Visibility”（可见性）：设定替代物体的可见性属性，也可以在属性编辑器中编辑该属性。
- “Object index”（对象索引）：当“Cycle”（循环）选项为“None”（无）时，则该选项可用，可以通过输入节点类型来控制替代物体的先后顺序。当“Cycle”（循环）选项为“Sequential”（连续）时，则该选项不可用。
- “Rotation type”（旋转类型）：设定替代物体的旋转类型，也可以在属性编辑器中编辑该属性。

- “Rotation”（旋转）：设定替代物体的旋转属性，也可以在属性编辑器中编辑该属性。
- “Aim direction”（目标方向）：设定替代物体的目标朝向，也可以在属性编辑器中编辑该属性。
- “Aim position”（目标位置）：设定替代物体的目标，也可以在属性编辑器中编辑该属性。
- “Aim axis”（目标轴）：设定替代物体的目标轴属性，也可以在属性编辑器中编辑该属性。
- “Aim up axis”（目标顶轴）：设定替代物体的目标顶轴属性，也可以在属性编辑器中编辑该属性。
- “Aim world up”（目标世界顶轴）：设定替代物体的目标世界顶轴属性，也可以在属性编辑器中编辑该属性。
- “Cycle start object”（循环起始物体）：当“Cycle”（循环）选项设置为“Sequential”（连续）时，可以设定循环的起始物体，也可以在属性编辑器中编辑该属性。
- “Age”（年龄）：设定粒子的年龄，也可以在属性编辑器中编辑该属性。

1）单击“Particles”→“Create Emitter”创建默认的粒子发射器，如图 1-194 所示。

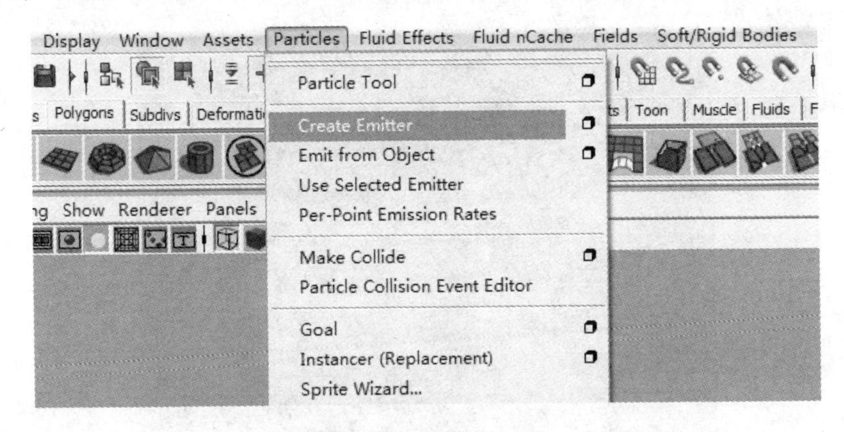

图 1-194　创建发射器

2）单击“Create”→“Polygon Primitives”→“Cube”创建默认的 POLY 方形，如图 1-195 所示。

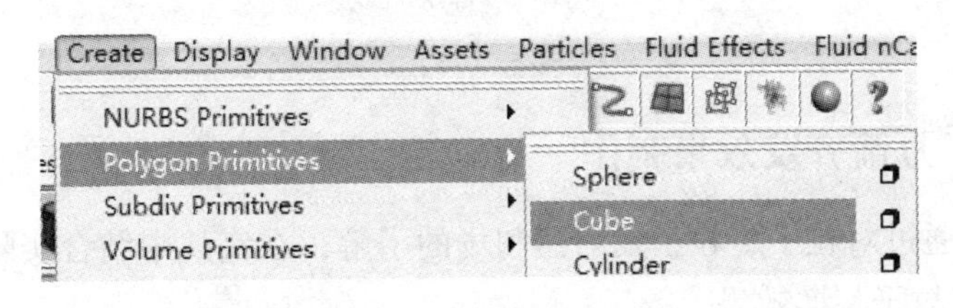

图 1-195　创建 POLY 方形

3）单击“Window”→“Outliner”打开大纲，选择“Cube”（方形），按〈Ctrl〉键加选粒子。单击“Particles”→“Instancer (Replacement)”（粒子替换）将点粒子替换为 POLY 方形，如图 1-196 所示。

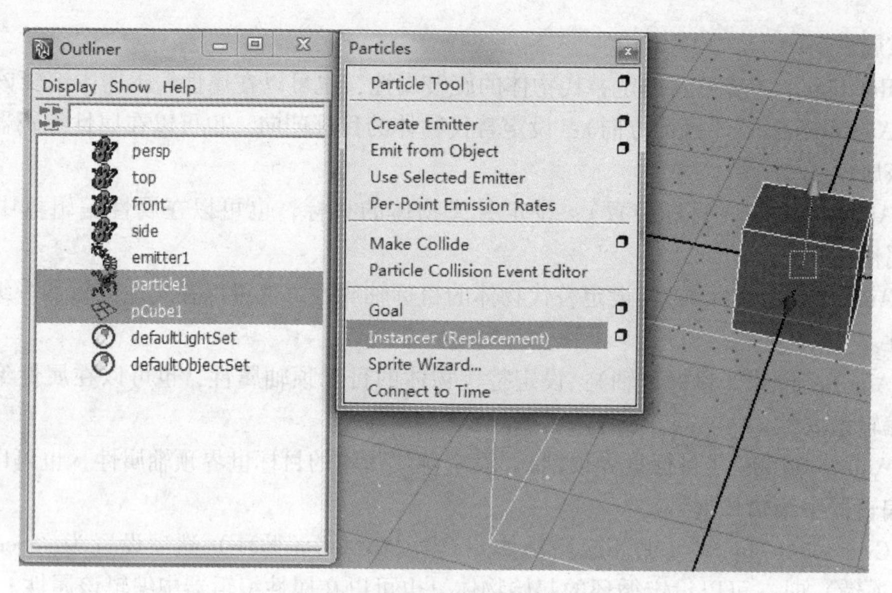

图 1-196　粒子替换

4）播放动画，得到的效果如图 1-197 所示。

图 1-197　替换后效果

1.7.2　［案例］万箭齐发效果制作

【案例目的】通过对粒子、粒子发射器和场的了解，在实战中结合实际效果，学会综合运用这些功能制作粒子替换效果。

【案例效果】如图 1-198 所示。

【案例步骤】

打开 Chapter_01 素材中的 Arrow. ma 弓箭文件，在场景中有弓箭模型的组，如图 1-199 所示。

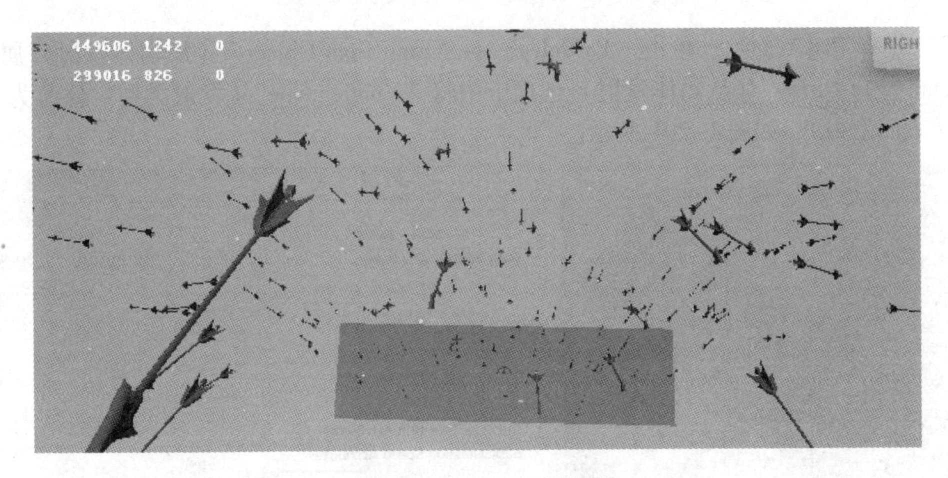

图 1-198　万箭齐发效果

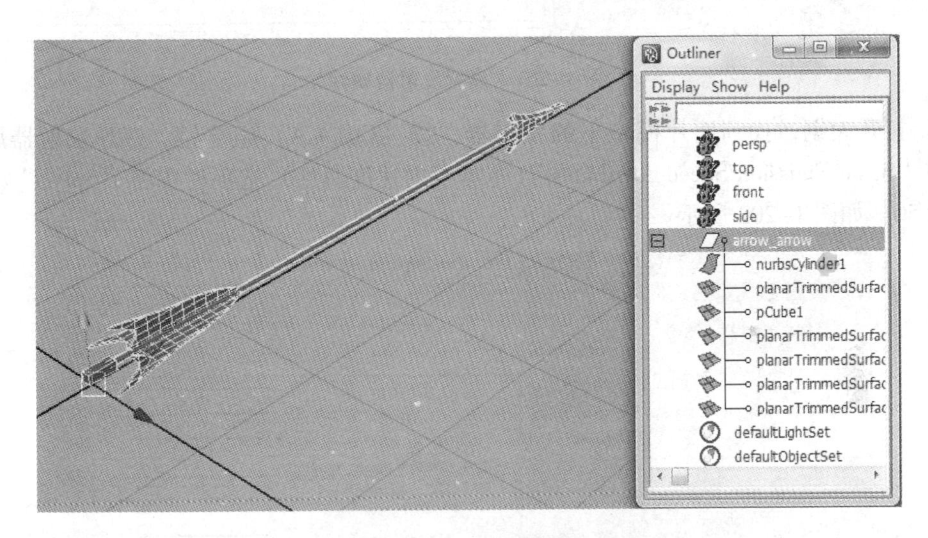

图 1-199　弓箭模型

1）创建 POLY 面片，并放置到图 1-200 所示的位置。

图 1-200　创建 POLY 模型面片

2）选择 POLY 面片，单击“Particles”→“Emit from Object ”（从物体发射）属性盒。在“Emit from Object”（从物体发射）选项卡中将“Emitter type”（发射类型）修改为“Surface”（表面发射），如图 1-201 所示。

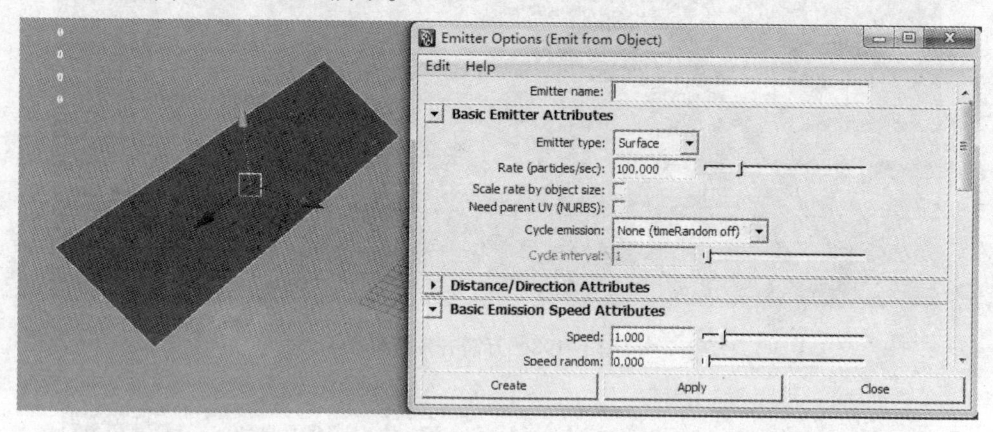

图 1-201　设置发射器属性

3）打开大纲，找到面片模型下的发射器，按〈Ctrl + A〉组合键，打开发射器属性面板，在“Basic Emission Speed Attributes”（基本发射速度属性）选项栏中将“Speed”（速度）设置为 50，如图 1-202 所示。

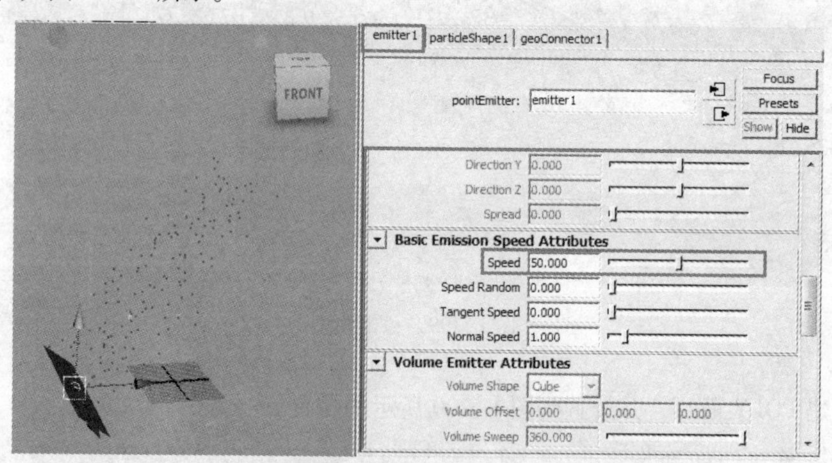

图 1-202　设置发射速度

4）选择粒子，单击“Fields”→“Gravity”（重力），为粒子添加重力场，如图 1-203 所示。

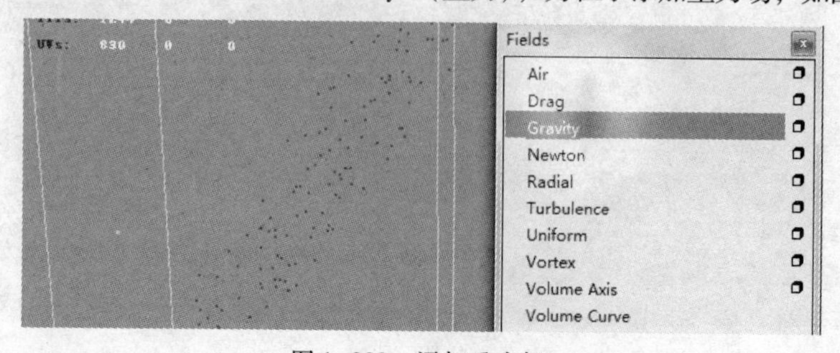

图 1-203　添加重力场

5）选择弓箭组，单击“Particles”→“Instancer（Replacement）”（替换）属性盒，打开属性面板，将“Particle object to instance”（粒子物体替换）选项栏选择为“particleShape1”，将粒子替换成弓箭组，如图 1-204 所示。

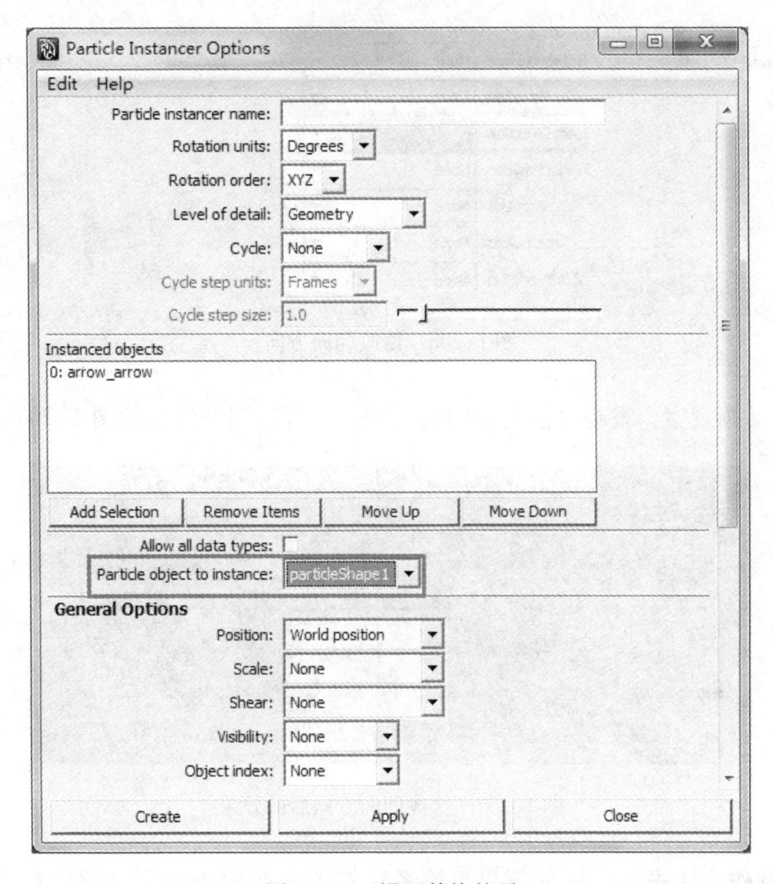

图 1-204 设置替换粒子

播放动画后发现粒子被替换成弓箭，但是弓箭的朝向始终是平的，不符合实际情况，如图 1-205 所示。

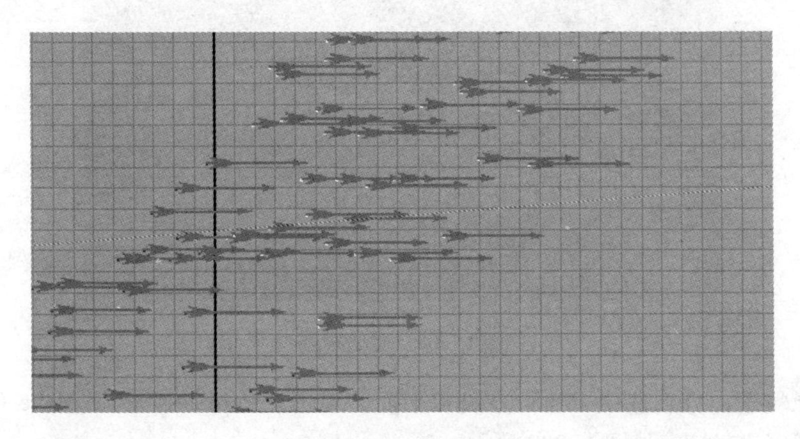

图 1-205 播放解算

6）选择粒子，按〈Ctrl + A〉组合键，打开粒子属性选项卡，在“Instancer（Geometry Replacement）”（替换物属性）选项栏中选择其中的“Rotation Options”（旋转选项）属性，将“Aim Direction”（朝向）修改为“Velocity”（速度）方向，如图 1-206 所示。

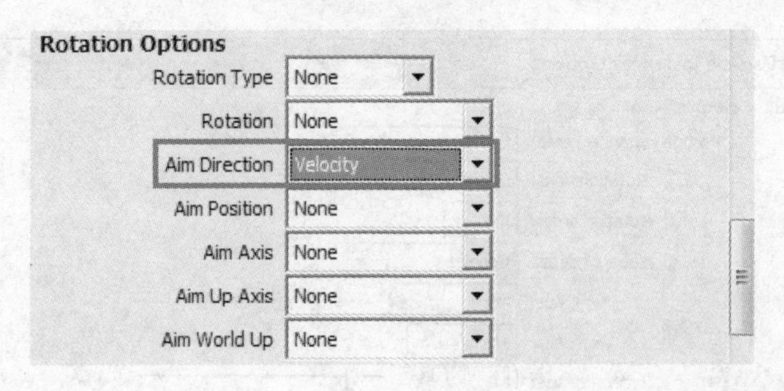

图 1-206　修改朝向方向

再次播放动画观察，发现弓箭的朝向与飞行的速度方向一致，如图 1-207 所示。

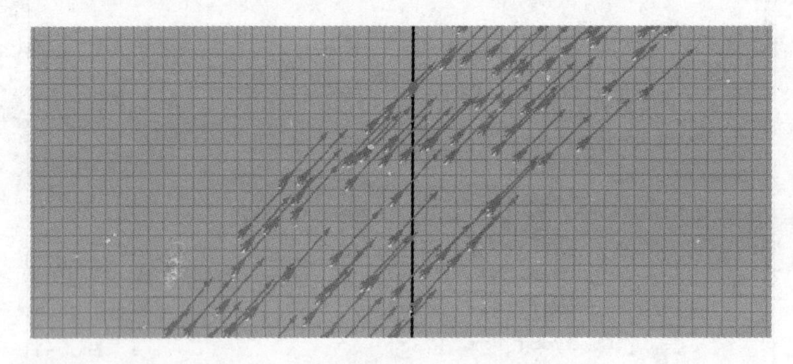

图 1-207　修改朝向方向后的效果

7）为了制作弓箭击中目标的效果，笔者建立了一些简单的模型放置在弓箭下落的位置，如图 1-208 所示。

图 1-208　建立模型

8）选择粒子，分别选中 POLY 方块和平面，单击“Particles”→“Make Collide”（碰撞），为粒子创建碰撞，如图 1-209 所示。

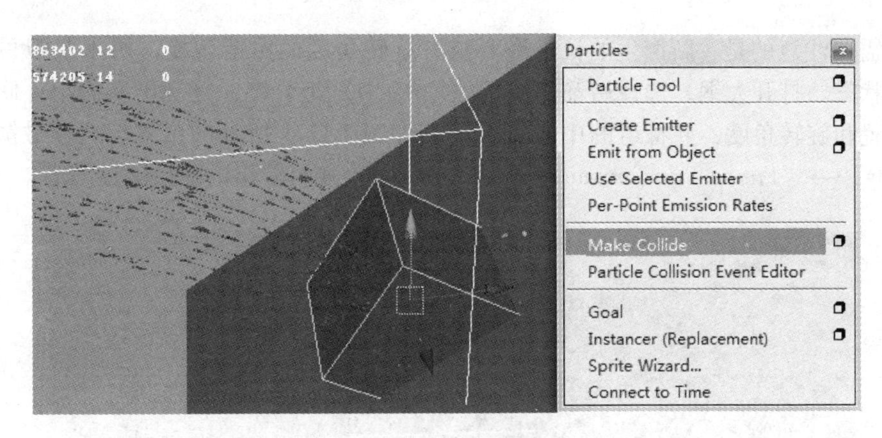

图 1-209　设置碰撞

9）为了让弓箭停留在物体表面，创建粒子碰撞事件，使新产生的粒子停留在物体表面，并被替换为弓箭。

选择粒子，单击“Particles”→“Particle Collision Event Editor”（粒子碰撞事件编辑器），打开编辑器面板，将“Type”（类型）选项勾选为“Emit”（发射），将“Inherit velocity”（继承速度）修改为0，勾选“Original particle dies”（原始粒子死亡）选项，如图 1-210 所示。

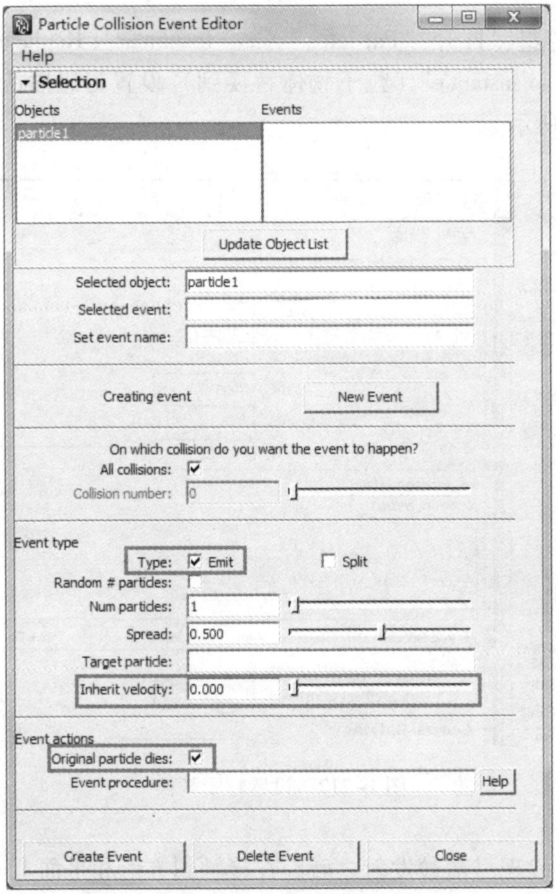

Particle Collision Event Editor
Help
Selection
Objects　Events
particle1
Update Object List
Selected object: particle1
Selected event:
Set event name:
Creating event　New Event
On which collision do you want the event to happen?
All collisions: ☑
Collision number: 0
Event type
Type: ☑ Emit　☐ Split
Random # particles:
Num particles: 1
Spread: 0.500
Target particle:
Inherit velocity: 0.000
Event actions
Original particle dies: ☑
Event procedure:　Help
Create Event　Delete Event　Close

图 1-210　设置粒子碰撞事件属性

10）需要注意的是，新产生的粒子需要被有旋转角度的弓箭替换，用来模拟弓箭插在斜面上的状态。打开大纲，选择弓箭组，按〈Ctrl + D〉组合键，复制出新的组。修改新弓箭组的位置和旋转角度，并将组的中心点移动到如图 1-211 所示的位置。选择弓箭组，单击“Modify”→“Freeze Transformations”（冻结变换），使弓箭组的变换属性归零。

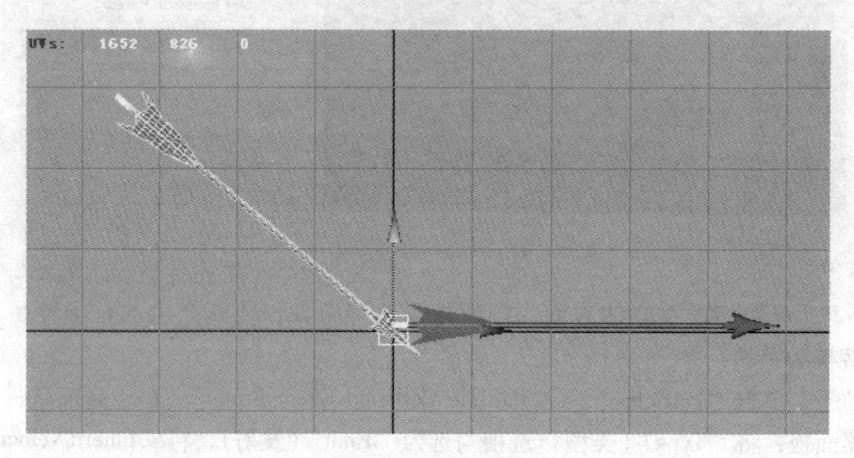

图 1-211　修改属性

11）选择该弓箭的组，打开“Particles”→“Instancer（Replacement）”（替换）属性盒，将“Particle object to instance”（粒子物体替换到）设置为碰撞产生的新粒子“particle-Shape2”，如图 1-212 所示。

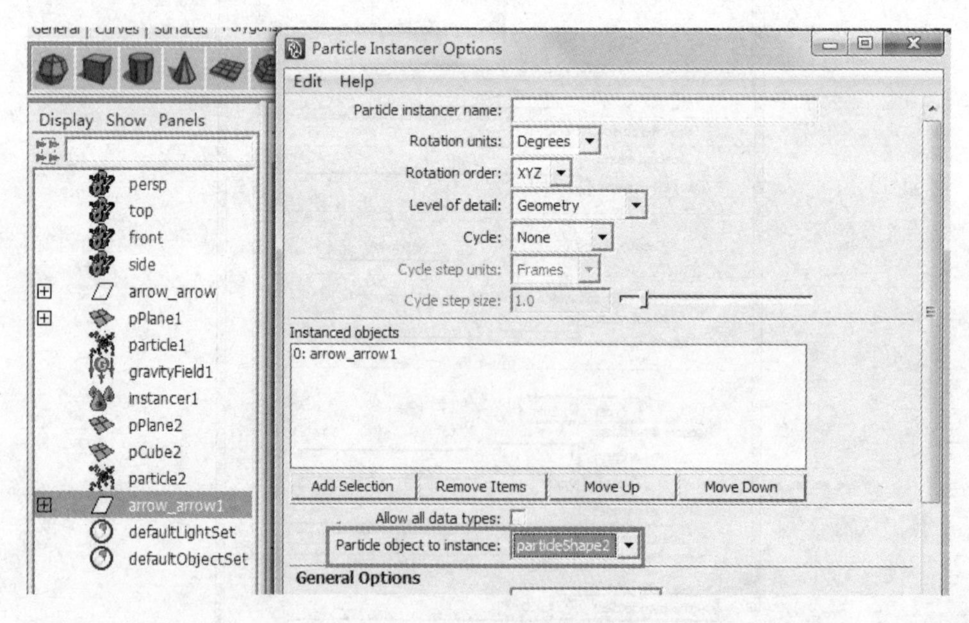

图 1-212　设置粒子替换

播放动画后观察，发现弓箭被发射之后，在接触到方形和平面上时，被替换成了新的弓箭组，如图 1-213 所示。

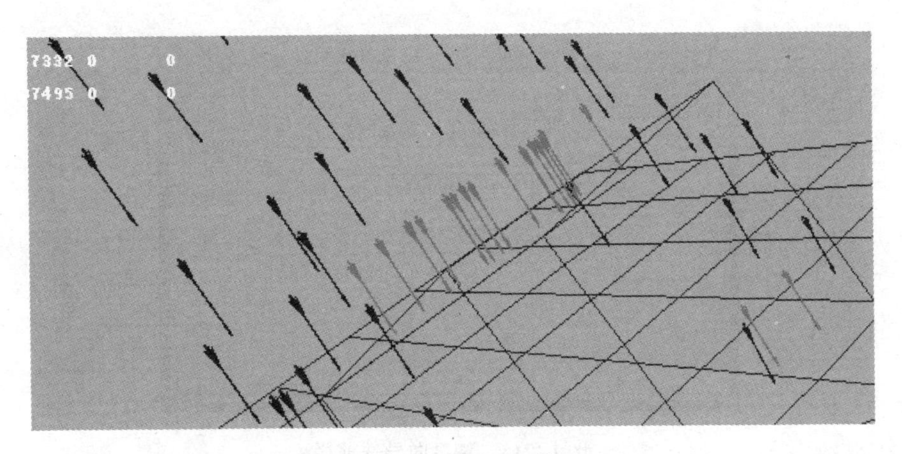

图 1-213　播放解算

12）万箭齐发的案例制作完成，最终效果如图 1-198 所示。

1.8　精灵粒子

1.8.1　精灵粒子与精灵向导

在某些情况下，复杂的替换物会导致渲染效率降低。精灵粒子可以允许粒子被贴图替换，每个粒子可以被替换成一张贴图，当然也可以是动态贴图。精灵粒子的特点是会跟随摄像机的角度变换而变换，始终朝向摄像机，所以精灵粒子只有两个轴向，X 和 Y，并没有厚度，命令位置如图 1-214 所示。

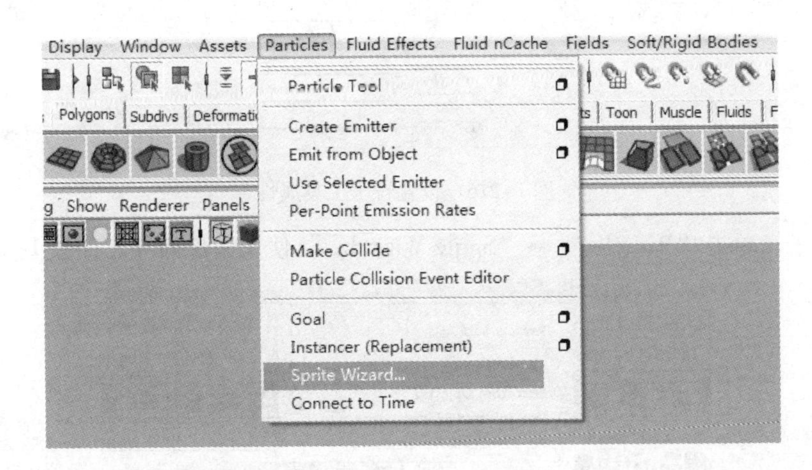

图 1-214　精灵向导

打开“Sprite Wizard...”（精灵向导），参数如图 1-215 所示。

- “Sprite File”（精灵文件）：单击“Browse”（浏览），指定需要添加的精灵粒子贴图或序列贴图。
- “Base Name”（基本名称）：显示所指定的贴图文件名称。

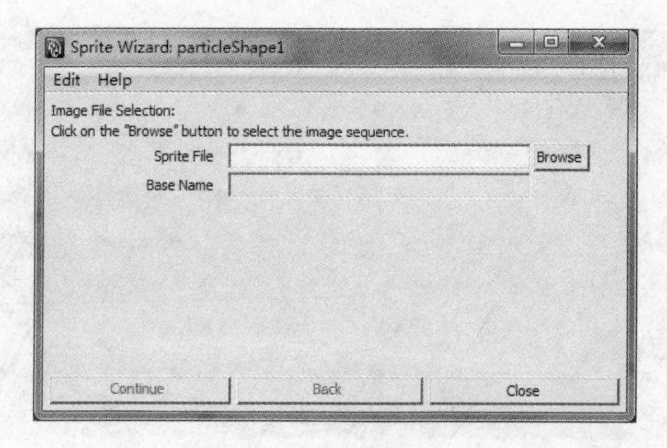

图 1-215　精灵向导选项栏

单击“Particles”→“Particle Tool”属性盒，使用粒子笔刷绘制一些粒子，参数如图 1-216 所示。

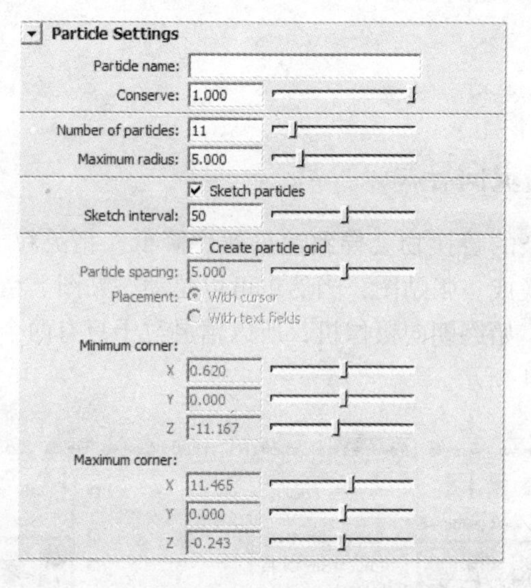

图 1-216　设置粒子工具属性

选择粒子，单击“Particles”→“Sprite Wizard...”使用精灵向导，如图 1-217 所示。

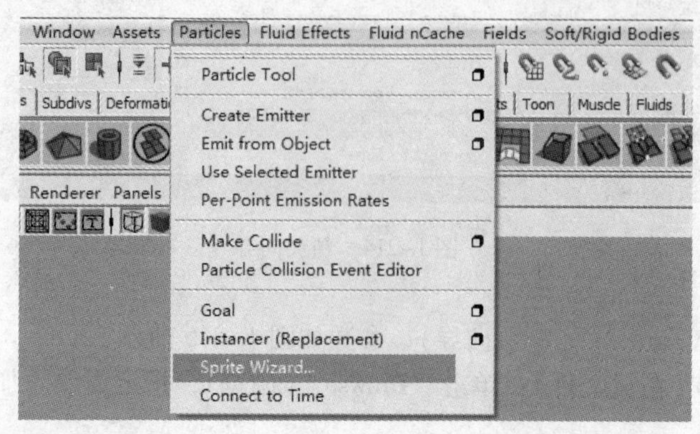

图 1-217　精灵向导

在指定路径中，选择光盘中的路径，找到 Star. png 文件，如图 1-218 所示。

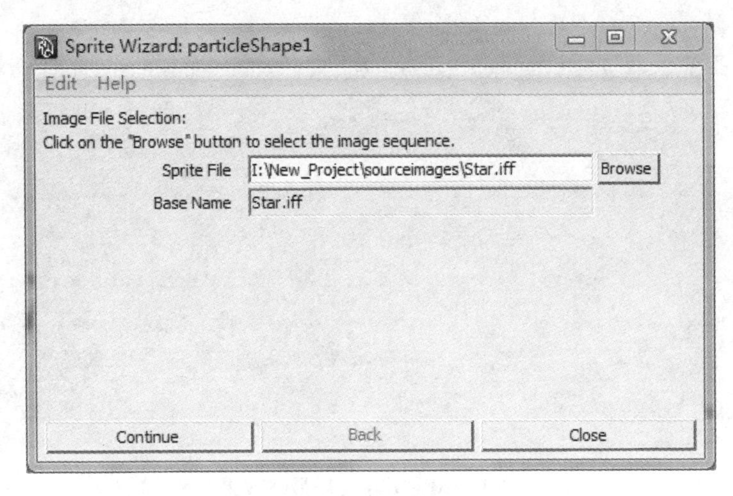

图 1-218　找到文件

持续单击 "Continue"（继续），之后按〈6〉键显示贴图，选择 "Hardware"（硬件渲染）后可以看到，精灵粒子的贴图被替换成了星星，如图 1-219 所示。

图 1-219　星空

1.8.2 ［案例］雪花飞舞效果制作

【案例目的】 通过对粒子、粒子发射器和场的了解，在实战中结合实际效果，学会综合运用这些功能制作雪花飞舞效果。

【案例效果】 如图 1-220 所示。

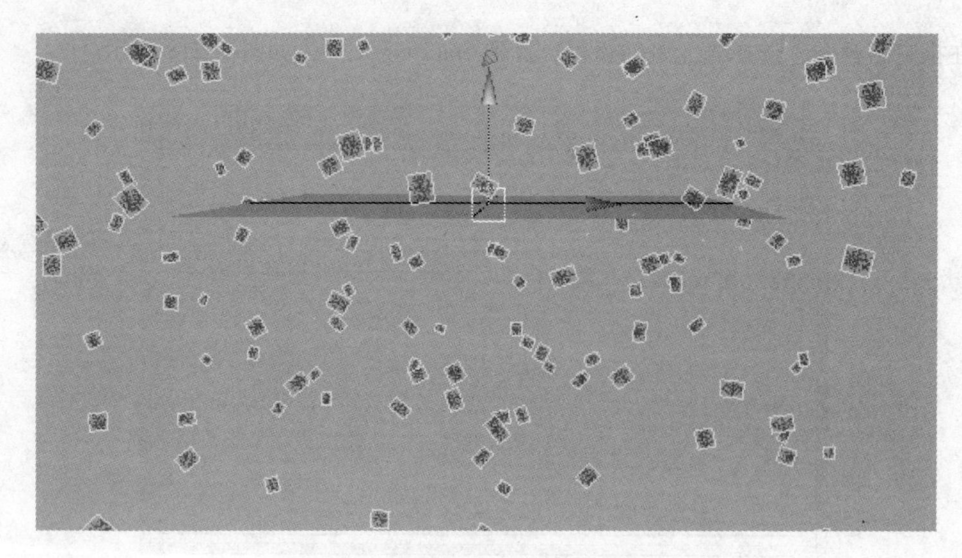

图 1-220　雪花飞舞最终效果

【案例步骤】

创建 POLY 面片，放置在如图 1-221 所示的位置。

图 1-221　创建 POLY 面片

1）选择面片，打开“Particles”→“Emit from Object”（从物体发射）的属性盒，在属性面板中将“Emitter type”（发射类型）修改为“Surface”（表面发射），如图 1-222 所示。

2）播放观察，发现粒子被向上发射了，打开大纲，找到面片下的发射器，按〈Ctrl + A〉组合键，打开发射器的通道栏属性，将“Speed”（速度）修改为 -1，使粒子被向下发射，如图 1-223 所示。

3）选择粒子，单击“Particles”→“Sprite Wizard...”（精灵向导），打开精灵向导属性面板，在“Sprite File”中找到 Chapter_01\New_Project\sourceimages 下 snowflake. png 贴图。单击“Continue”（继续）按钮，再继续单击“Apply”（应用），将粒子的雪花贴图导入场景，如图 1-224 所示。

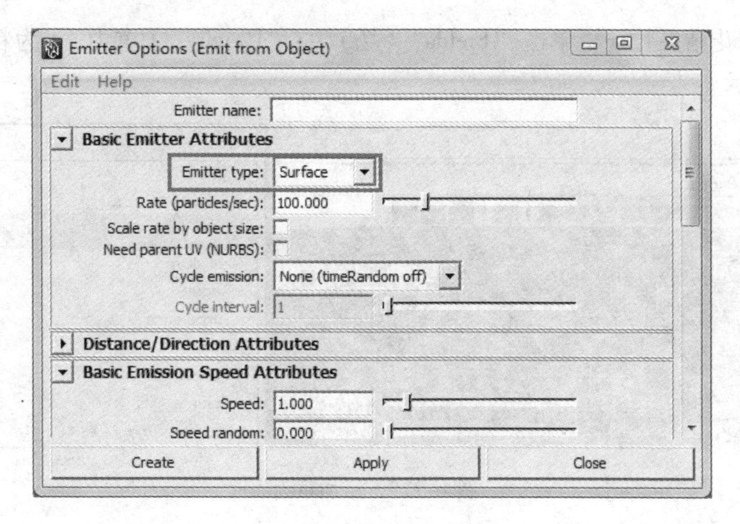

图 1-222 发射器属性

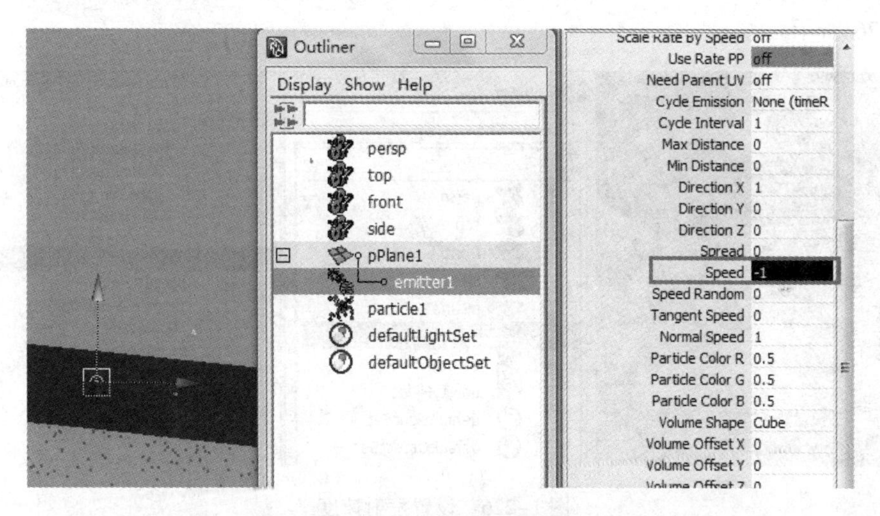

图 1-223 修改发射速度

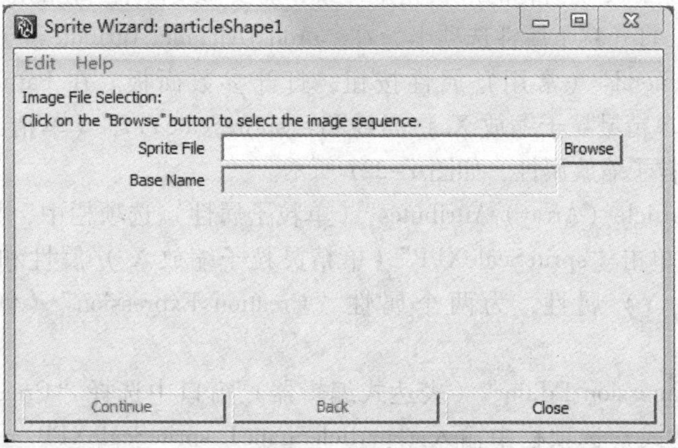

图 1-224 精灵向导

4）选择雪花精灵粒子，单击“Fields”（场）→“Gravity”（重力），为粒子添加重力，如图 1-225 所示。

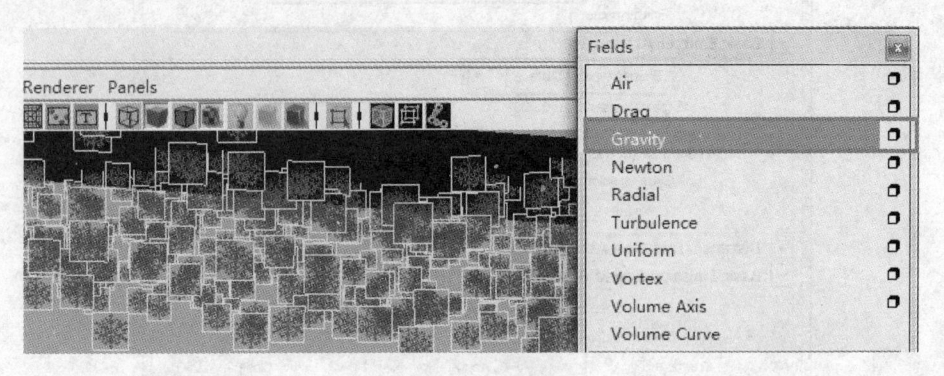

图 1-225 添加重力

5）播放动画后发现雪花下落速度过快，打开大纲，找到发射器，将发射速度设置为 0，如图 1-226 所示。

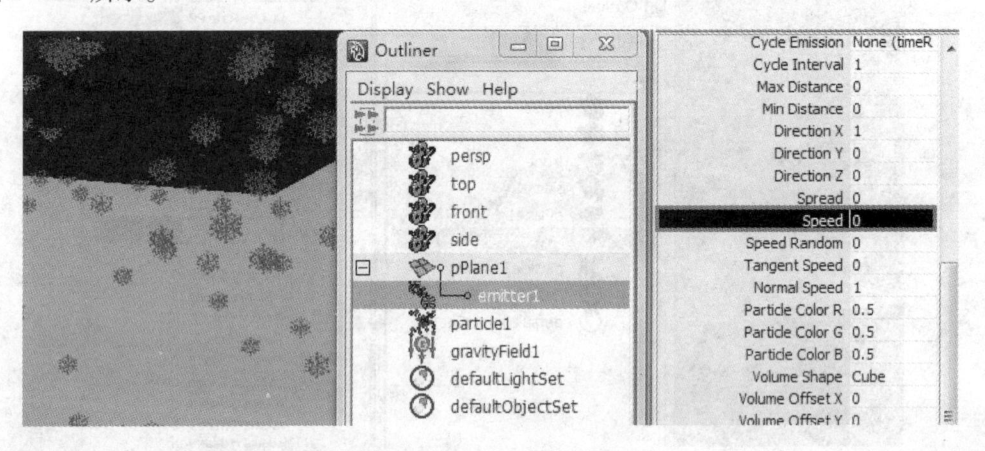

图 1-226 设置发射速度

播放动画后观察，发现雪花的形状完全一致，需要修改每个雪花的形状。选择粒子，按〈Ctrl + A〉组合键，打开粒子属性选项卡，在“Add Dynamic Attributes”（添加动力学属性）选项栏中单击“General”（常用）属性按钮，打开参数面板。在 Particle 工具栏下选择“spriteScaleXPP”（单精灵粒子缩放 X ）属性和“spriteScaleYPP”（单精灵粒子缩放 Y）属性，为粒子添加单粒子缩放属性，如图 1-227 所示。

6）在“Per Particle（Array）Attributes”（单粒子属性）选项栏中，找到刚刚添加的属性，鼠标右键分别单击“spriteScaleXPP”（单精灵粒子缩放 X ）属性和“spriteScaleYPP”（单精灵粒子缩放 Y）属性，为两个属性“Creation Expression”（创建表达式），如图 1-228 所示。

在弹出的“Expression Editior”（表达式编辑器）窗口中选择“Creation”（创建），在“Expression”（表达式）选项栏中输入“particleShape1. spriteScaleXPP = rand(0.5，1)；”，为“spriteScaleXPP”单精灵粒子缩放 X 属性添加表达式。将缩放 X 属性定义为随机 0.5 ~ 1 的数值，如图 1-229 所示。

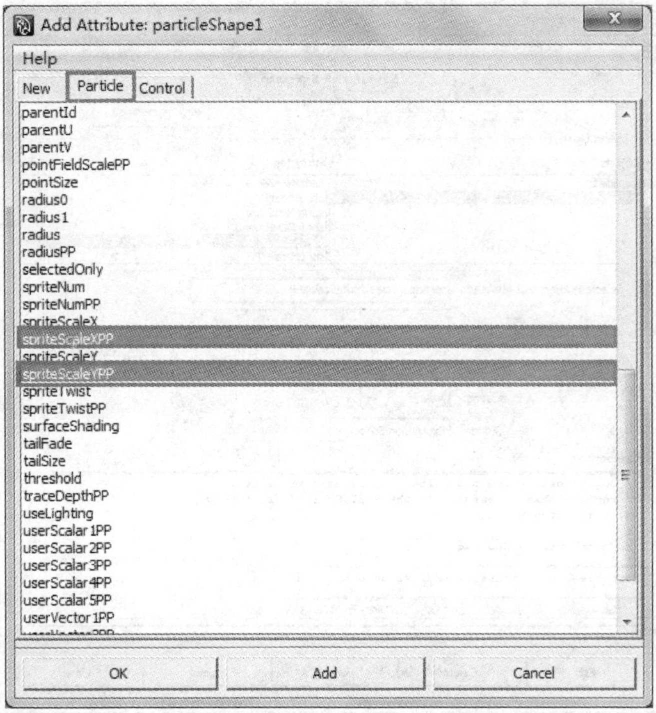

图 1-227　添加单粒子缩放属性

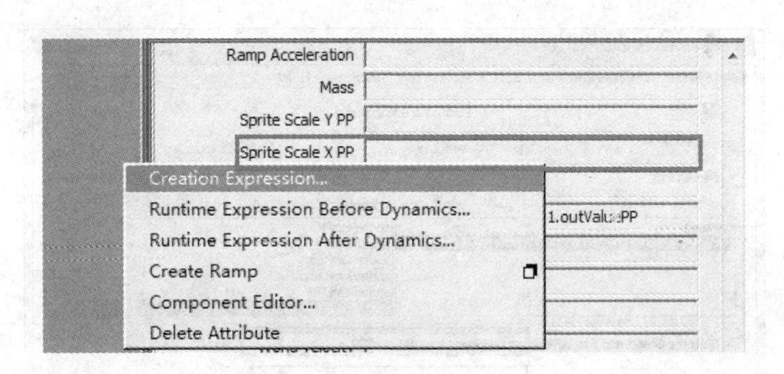

图 1-228　创建表达式

7）参照“spriteScaleXPP”（单精灵粒子缩放 X）属性的表达式创建过程，为“spriteScaleYPP”（单精灵粒子缩放 Y）属性添加表达式“particleShape1. spriteScaleYPP ＝rand(0. 5, 1);”，将缩放 Y 属性定义为随机 0. 5 ~ 1 的数值，如图 1-230 所示。

8）创建“spriteTwistPP”（单精灵粒子扭转）属性，为雪花粒子添加旋转效果，如图 1-231 所示。

在“Sprite Twist PP”（单精灵粒子扭转）属性上单击鼠标右键，选择“Creation Expression”（创建表达式），为粒子添加表达式，如图 1-232 所示。

在弹出的“Expression Editior”（表达式编辑器）窗口中选择“Creation”（创建）按钮，在“Expression”（表达式）选项栏中输入“particleShape1. spriteTwistPP ＝ rand（－360, 360）;”，为粒子扭转属性添加随机角度，范围为－360 ~ 360，如图 1-233 所示。

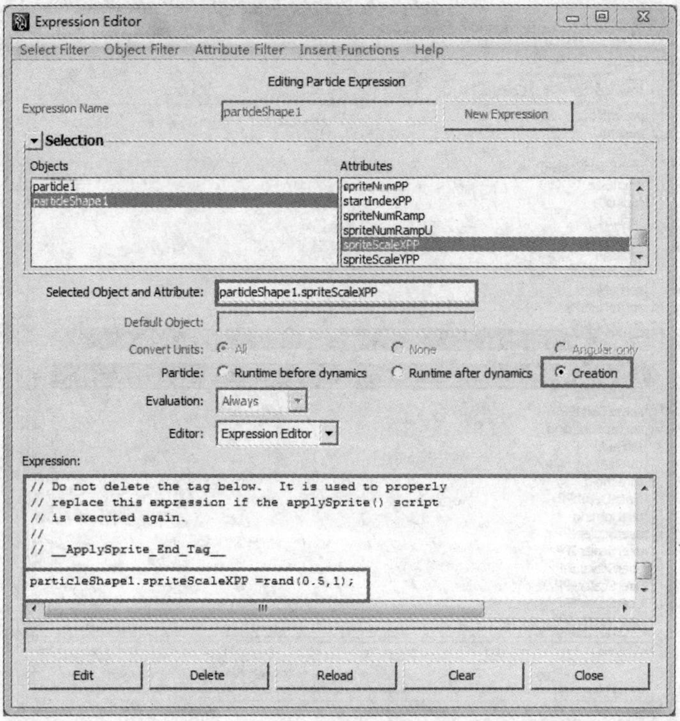

Expression Editor

Select Filter　Object Filter　Attribute Filter　Insert Functions　Help

Editing Particle Expression

Expression Name　particleShape1　New Expression

Selection

Objects: particle1, particleShape1

Attributes: spriteNumPP, startIndexPP, spriteNumRamp, spriteNumRampU, spriteScaleXPP, spriteScaleYPP

Selected Object and Attribute: particleShape1.spriteScaleXPP

Default Object:

Convert Units: All　None　Angular only

Particle: Runtime before dynamics　Runtime after dynamics　Creation

Evaluation: Always

Editor: Expression Editor

Expression:

```
// Do not delete the tag below.  It is used to properly
// replace this expression if the applySprite() script
// is executed again.
//
// __ApplySprite_End_Tag__

particleShape1.spriteScaleXPP =rand(0.5,1);
```

Edit　Delete　Reload　Clear　Close

图 1–229　创建表达式（缩放 X）

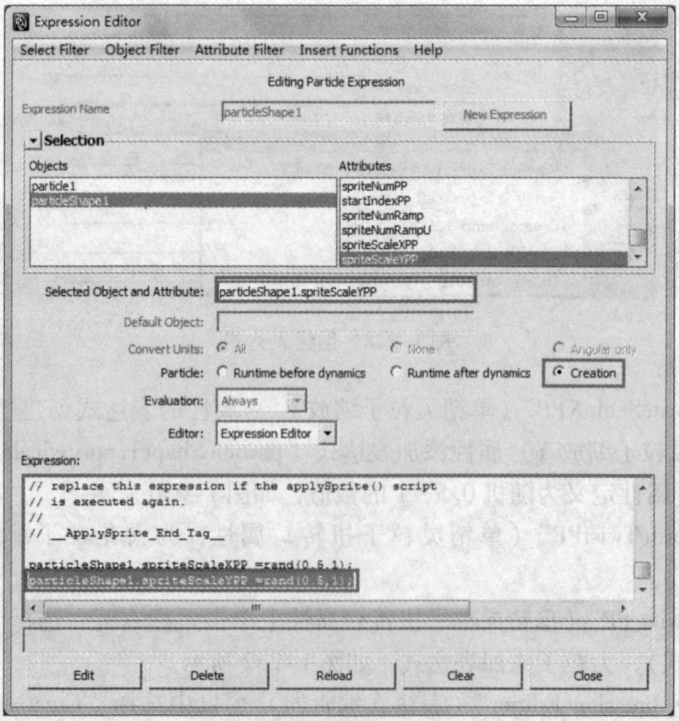

Expression Editor

Select Filter　Object Filter　Attribute Filter　Insert Functions　Help

Editing Particle Expression

Expression Name　particleShape1　New Expression

Selection

Objects: particle1, particleShape1

Attributes: spriteNumPP, startIndexPP, spriteNumRamp, spriteNumRampU, spriteScaleXPP, spriteScaleYPP

Selected Object and Attribute: particleShape1.spriteScaleYPP

Default Object:

Convert Units: All　None　Angular only

Particle: Runtime before dynamics　Runtime after dynamics　Creation

Evaluation: Always

Editor: Expression Editor

Expression:

```
// replace this expression if the applySprite() script
// is executed again.
//
// __ApplySprite_End_Tag__

particleShape1.spriteScaleXPP =rand(0.5,1);
particleShape1.spriteScaleYPP =rand(0.5,1);
```

Edit　Delete　Reload　Clear　Close

图 1–230　创建表达式（缩放 Y）

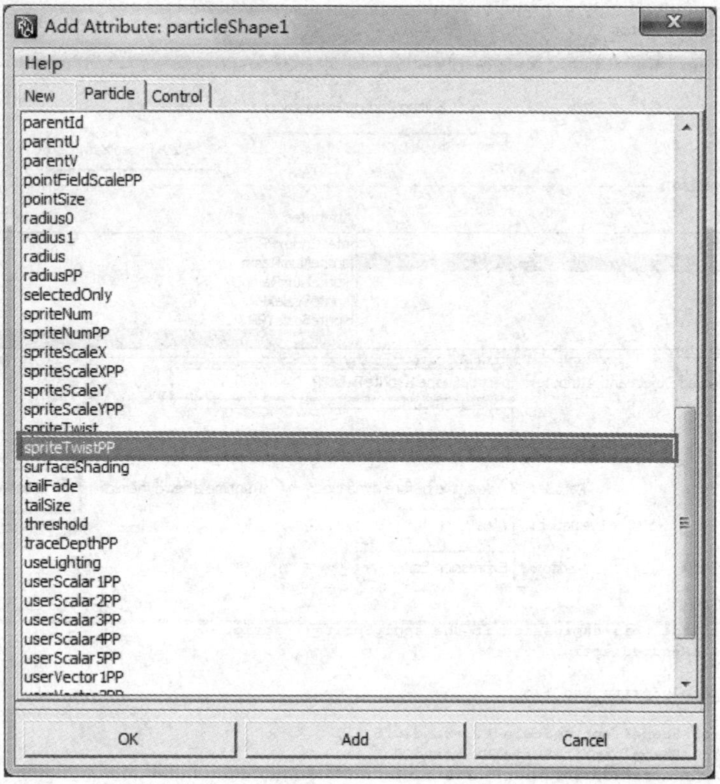

图 1-231　添加单精灵粒子扭转属性

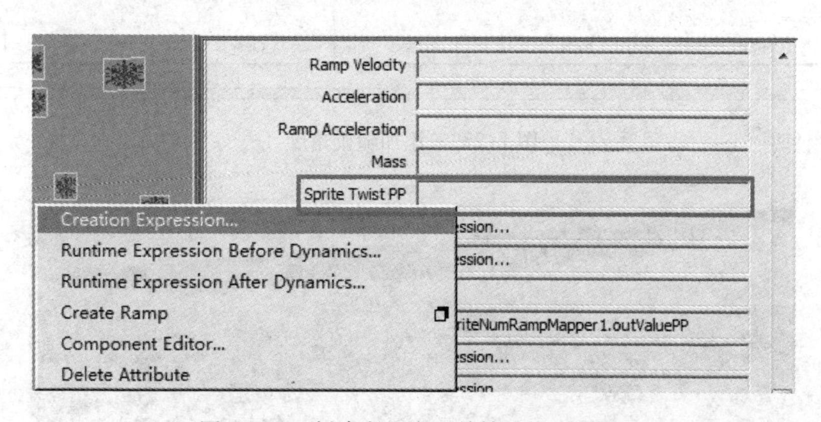

图 1-232　创建表达式（单精灵粒子扭转）

9）播放动画后观察，发现雪花角度出现了随机变化，如图 1-234 所示。

10）雪花在下落过程中并没有出现旋转变化，所以需要继续编辑表达式，为雪花创建下落旋转的动画效果。选择粒子，按〈Ctrl + A〉组合键，打开粒子属性选项卡，在“Add Dynamic Attributes”（添加动力学属性）选项栏中单击“General”（常用属性）按钮，在弹出的面板上选择“New”（新建）面板，在“long name”（全名）文本框中输入“Custom_twist”（自定义旋转），在“Attribute Type”（属性类型）选项栏中勾选“Per particle（array）”（单粒子类型），单击“OK”按钮创建新属性，如图 1-235 所示。

在“Custom Twist”（自定义旋转）属性上单击鼠标右键，选择“Creation Expression”

Expression Editor

Select Filter　Object Filter　Attribute Filter　Insert Functions　Help

Editing Particle Expression

Expression Name　particleShape1　New Expression

Selection

Objects: particle1, particleShape1

Attributes: startIndexPP, spriteNumRamp, spriteNumRampU, spriteScaleXPP, spriteScaleYPP, spriteTwistPP

Selected Object and Attribute: particleShape1.spriteTwistPP

Default Object:

Convert Units: All　None　Angular only

Particle: Runtime before dynamics　Runtime after dynamics　Creation

Evaluation: Always

Editor: Expression Editor

Expression:

```
// replace this expression if the applySprite() script
// is executed again.
//
// __ApplySprite_End_Tag__

particleShape1.spriteScaleXPP =rand(0.5,1);
particleShape1.spriteScaleYPP =rand(0.5,1);
particleShape1.spriteTwistPP =rand(-360,360);
```

Edit　Delete　Reload　Clear　Close

图 1-233　添加随机角度

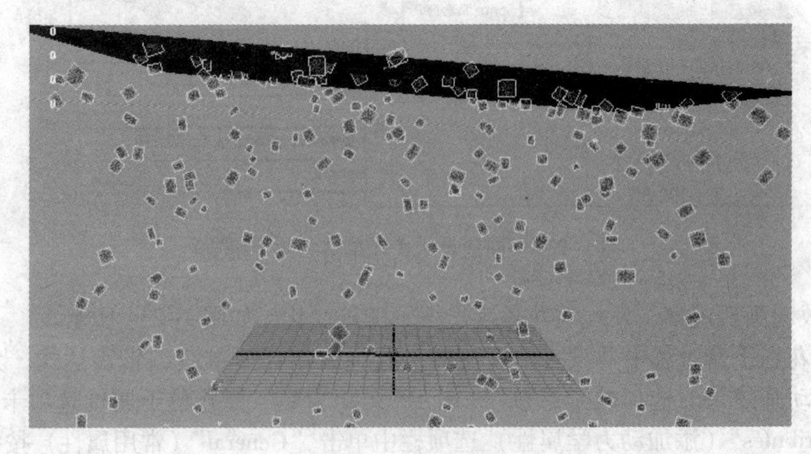

图 1-234　播放解算

（创建表达式），如图 1-236 所示。

在弹出的表达式编辑器窗口中选择“Creation”（创建），在表达式选项栏“Expression”

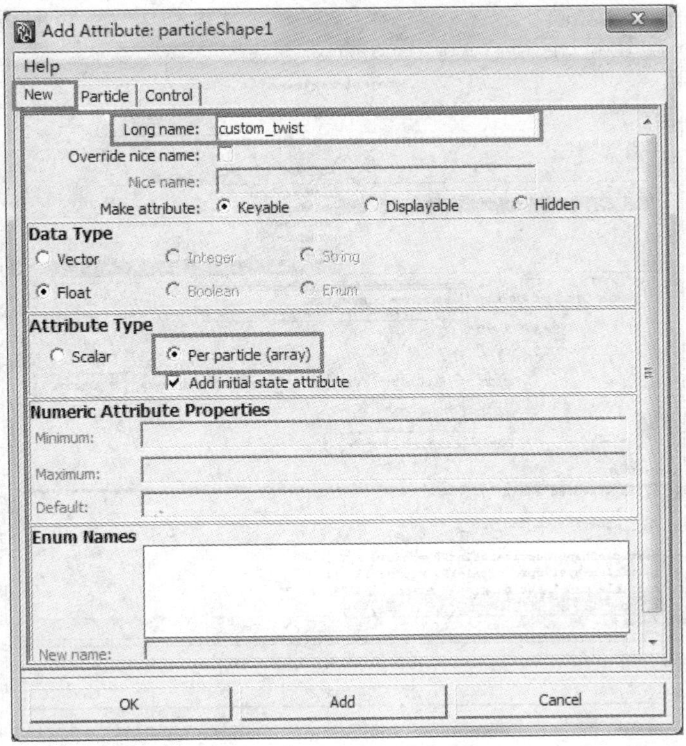

图 1-235　添加自定义属性

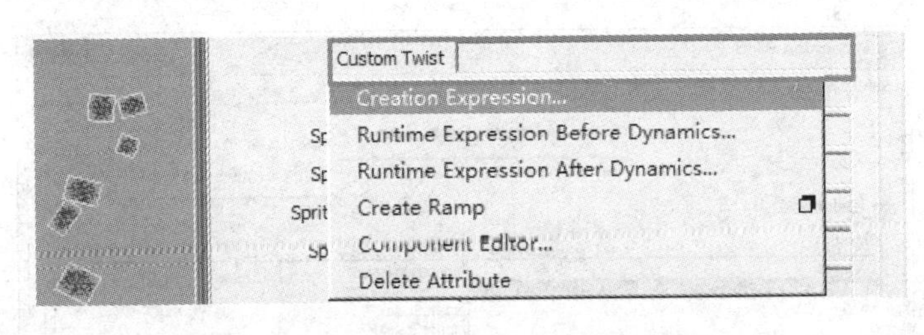

图 1-236　创建表达式（自定义旋转）

中输入“particleShape1. custom_twist = rand(-2,2);”，为“Custom_twist ”（自定义旋转）属性添加表达式。将“Custom_twist”（自定义旋转）属性范围定义为随机 -2 ~ 2 的数值。单击“Edit”（编辑）按钮确认，如图 1-237 所示。

选择“Runtime before dynamics”（在动力学解算前运行）选项，在“Expression”（表达式）文本框中输入表达式“particleShape1. spriteTwistPP += particleShape1. custom_twist;”，为自定义旋转创建运行表达式，使粒子每解算一次都在原有角度上进行 2°的正向或负向旋转，如图 1-238 所示。

11）完善场景，选择粒子，单击“Fields”→“Drag”（托拽），为粒子添加拖拽场，进一步限制粒子的下落速度。将拖拽场的力设置为 2，并取消衰减值，如图 1-239 所示。

选择粒子，单击“Fields”→“Turbulence”（扰乱），为粒子添加自身摆动的扰乱效果。将扰乱场的力设置为 8，并取消衰减值，如图 1-240 所示。

12）播放动画，此时雪花效果制作完成，如图 1-220 所示。

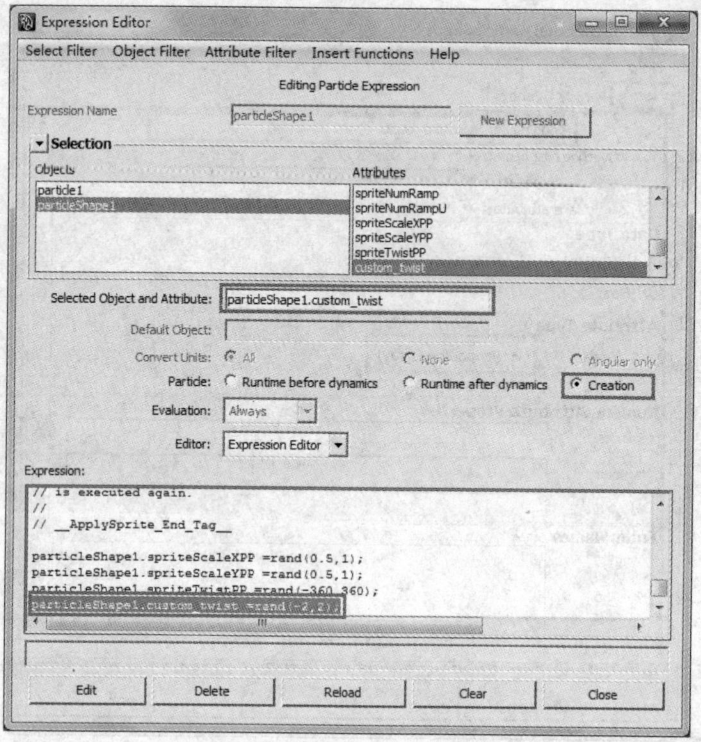

Expression Editor

Select Filter　Object Filter　Attribute Filter　Insert Functions　Help

Editing Particle Expression

Expression Name　particleShape1　New Expression

Selection

Objects: particle1, particleShape1

Attributes: spriteNumRamp, spriteNumRampU, spriteScaleXPP, spriteScaleYPP, spriteTwistPP, custom_twist

Selected Object and Attribute: particleShape1.custom_twist

Default Object:

Convert Units: All　None　Angular only

Particle: Runtime before dynamics　Runtime after dynamics　Creation

Evaluation: Always

Editor: Expression Editor

Expression:

```
// is executed again.
//
// __ApplySprite_End_Tag__

particleShape1.spriteScaleXPP =rand(0.5,1);
particleShape1.spriteScaleYPP =rand(0.5,1);
particleShape1.spriteTwistPP =rand(-360,360);
particleShape1.custom_twist =rand(-2,2);
```

Edit　Delete　Reload　Clear　Close

图 1-237　创建表达式（1）

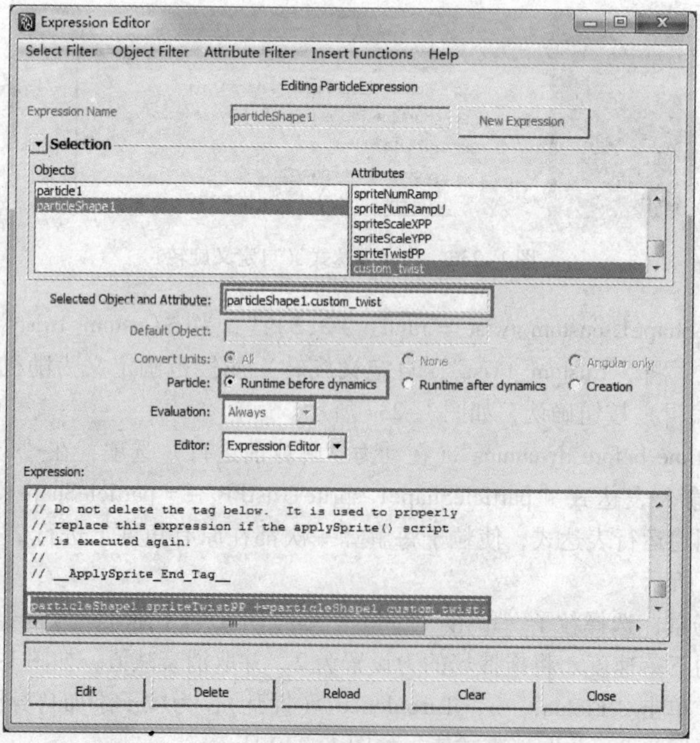

Expression Editor

Select Filter　Object Filter　Attribute Filter　Insert Functions　Help

Editing ParticleExpression

Expression Name　particleShape1　New Expression

Selection

Objects: particle1, particleShape1

Attributes: spriteNumRamp, spriteNumRampU, spriteScaleXPP, spriteScaleYPP, spriteTwistPP, custom_twist

Selected Object and Attribute: particleShape1.custom_twist

Default Object:

Convert Units: All　None　Angular only

Particle: Runtime before dynamics　Runtime after dynamics　Creation

Evaluation: Always

Editor: Expression Editor

Expression:

```
//
// Do not delete the tag below.  It is used to properly
// replace this expression if the applySprite() script
// is executed again.
//
// __ApplySprite_End_Tag__

particleShape1.spriteTwistPP +=particleShape1.custom_twist;
```

Edit　Delete　Reload　Clear　Close

图 1-238　创建表达式（2）

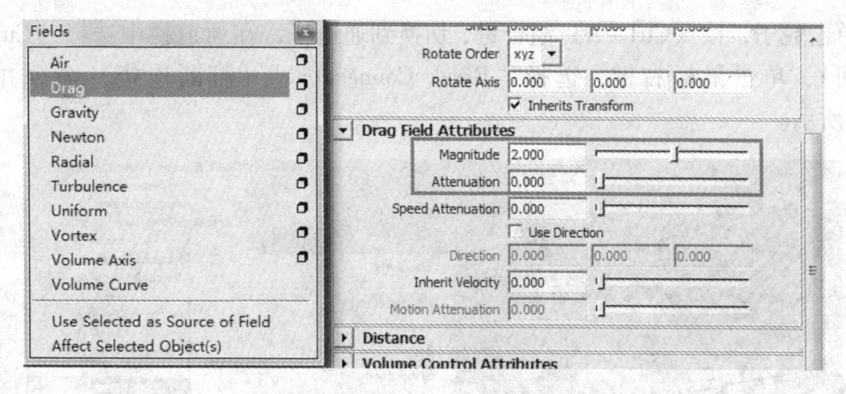

图 1-239　设置拖拽场属性

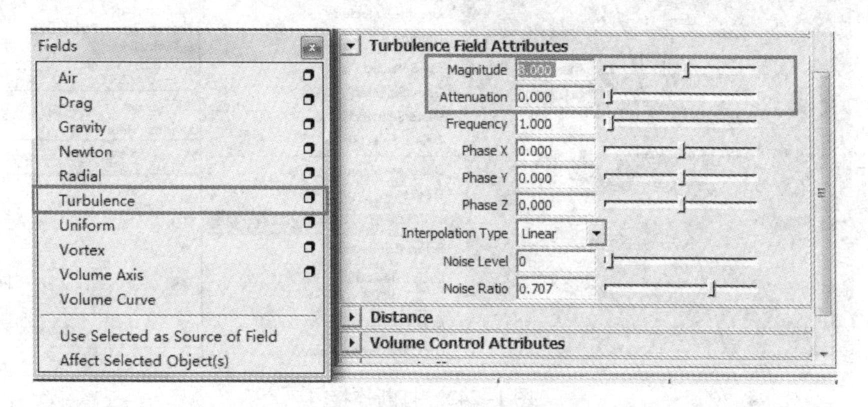

图 1-240　设置扰乱场属性

1.9　连接到时间

当粒子的“Current Time”（当前时间）没有与 Maya 相连时，粒子本身将不受力场和解算时间的影响。当执行“Connect to Time”（连接到时间）命令后，粒子才可以在场景当中正常解算。其目的是为了提高特效的制作效率，可以将制作好的粒子特效暂时停止解算并保留住当前状态。

1）创建默认粒子发射器并播放时间滑条，发射粒子，如图 1-241 所示。

图 1-241　播放解算

2）单击粒子，按〈Ctrl + A〉组合键，切换到通道栏，在通道栏中选择“Current Time”（当前时间），单击鼠标右键，选择“Break Connections”（打断连接）命令并执行，如图1-242所示。

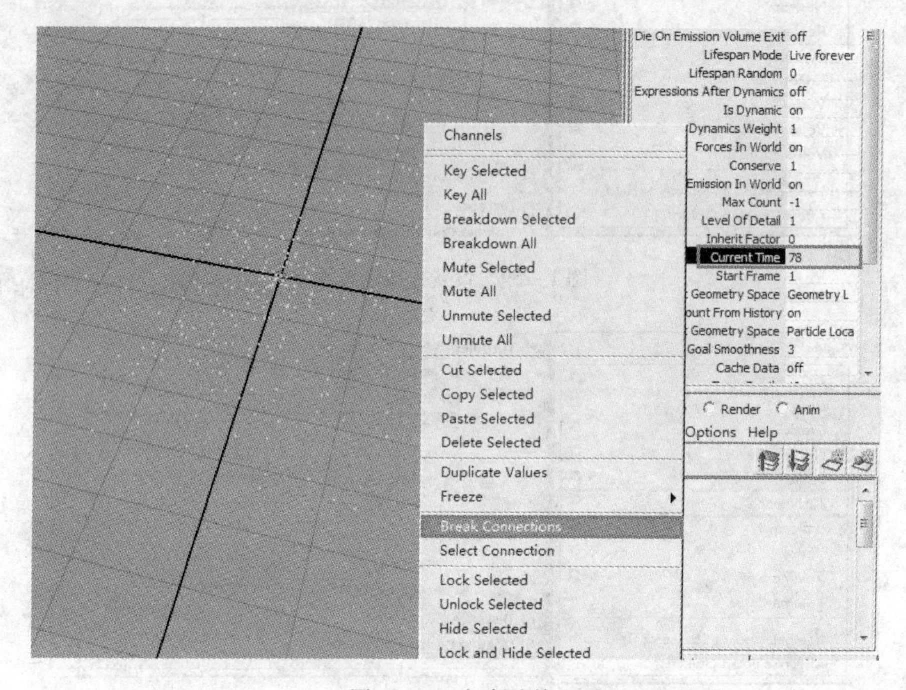

图1-242　打断连接

3）当重新播放时间滑条时，会发现粒子停留在了当前状态，不会随着时间的变化而产生变化了。选择粒子，执行“Particles”→“Connect to time”命令，如图1-243所示，发现通道栏中的“Current Time”（当前时间）又被重新连接起来，重新播放时间滑条，此时随着事件的变化，粒子又可以被发射器正常发射了。

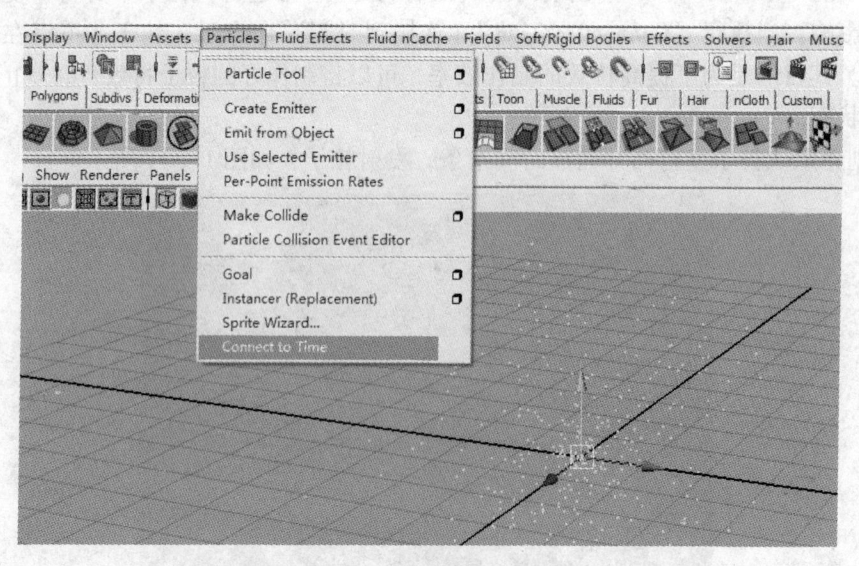

图1-243　连接到时间

1.10　本章小结

通过本章的学习，读者可以了解到 Maya 粒子部分可以对很多特效进行模拟制作，通过使用不同形态的粒子、不同种类的发射器、以及添加适当的控制，可以制作出多种多样的粒子特效。在影视作品当中，通常使用粒子部分配合后期合成制作出影片所需要的特效效果。

当然，粒子特效部分不仅仅是在 Maya 中，在很多的其他三维软件和特效软件当中都可以进行制作，而且制作的基本思路是一致的，所以，如果在学习 Maya 粒子部分的知识时，能够对制作原理有清晰的认识，那么对学习其他三维特效软件也会有很大的帮助。

1.11　实训

* 建立简单场景，并制作出雨水特效。需要注意的是，雨水的水花效果表现。
* 制作降雨强度动画，雨势从小到大再到小，最后停止。要求动画时常为 6 s。

第2章　场

在 Maya 动力学中，场用来模拟现实生活中各种因素对粒子或物体的影响，比如风、重力、拖拽力等。通过场的作用控制动力学物体的运动方式以及形态，从而制作出许多模拟现实现象的影视特效镜头，如图 2-1 所示。

图 2-1　场特效

本章要点

* 理解各个场的基本含义和作用
* 使用场影响动力学物体的解算效果
* 根据不同的需要选择特定的场或多个场进行配合使用

2.1　空气场

空气场用来模拟空气流动时对物体的影响。比如风吹、扇动、拖尾等气流效果，命令位置如图 2-2 所示。

打开“Air”（空气）属性盒，可以看到相关参数如图 2-3 所示。

Particles Fluid Effects Fluid nCache Fields Soft/Rigid Bodies Effects Solvers Hair Muscle Help
Animation Dynamics Rendering Custom
Air
Drag
Gravity
Newton
Radial
Turbulence
Uniform
Vortex
Volume Axis
Volume Curve
Use Selected as Source of Field
Affect Selected Object(s)

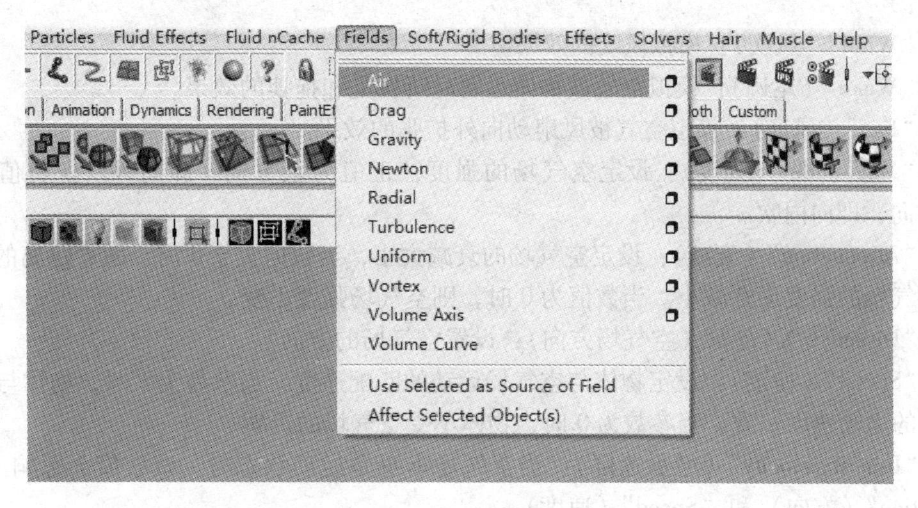

图 2-2　空气场

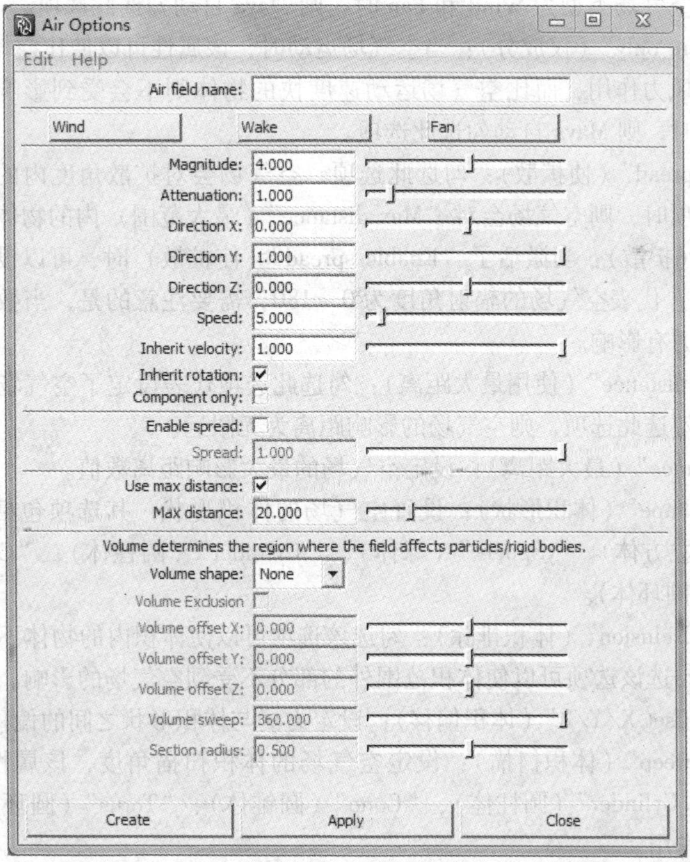

Air Options
Edit Help
Air field name:
Wind
Wake
Fan
Magnitude: 4.000
Attenuation: 1.000
Direction X: 0.000
Direction Y: 1.000
Direction Z: 0.000
Speed: 5.000
Inherit velocity: 1.000
Inherit rotation:
Component only:
Enable spread:
Spread: 1.000
Use max distance:
Max distance: 20.000
Volume determines the region where the field affects particles/rigid bodies.
Volume shape: None
Volume Exclusion
Volume offset X: 0.000
Volume offset Y: 0.000
Volume offset Z: 0.000
Volume sweep: 360.000
Section radius: 0.500
Create
Apply
Close

图 2-3　空气场属性

- “Air field name”（空气场名称）：为创建的空气场命名，也可以不填入，使用默认名称。

- “Wind”（风吹）：模拟风吹的效果。
- “Wake”（尾迹）：模拟空气被物体运动时所扰乱和拖拽的效果。
- “Fan”（风扇）：模拟空气被风扇动向外扩张的效果。
- “Magnitude”（强度）：设定空气场的强度，正值为正方向，即向外吹。负值为负方向，即向内吹。
- “Attenuation”（衰减）：设定空气场的衰减大小，当数值大于0时，随着距离的增加空气场的强度逐渐减小。当数值为0时，则空气场强度不变。
- “Direction X/Y/Z”（空气场方向）：设置空气场的方向。
- “Speed”（速度）：设定物体与空气场运动的匹配速度，当参数为1时，物体与空气场的运动速度一致，当参数为0时，物体不受空气场的影响。
- “Inherit velocity”（继承速度）：当空气场本身是运动状态时，该数值会影响“Direction”（方向）和“Speed”（速度）。
- “Inherit rotation”（继承旋转）：当空气场为旋转状态时，空气场的旋转会影响风的旋转程度。空气场类型为Wind和Fan时，则Maya自动勾选此选项。
- “Component only”（仅成分）：当空气场运动时，该属性可以使比空气场运动速度慢的物体受到风力作用，而比空气场运动速度快的物体则不会受到影响。空气场类型为“Wake”时，则Maya自动勾选此选项。
- “Enable spread”（使扩散）：勾选此选项，空气场会对扩散角度内的物体起作用，当关闭此选项时，则空气场会对“Max distance”（最大范围）内的物体起作用。
- “Spread”（扩散）：当激活了“Enable spread”（使扩散）时，可以设定扩散角度，数值为0~1，代表空气场的辐射角度为0~180，需要注意的是，当数值为0时，代表只对正前方有影响。
- “Use max distance”（使用最大距离）：勾选此选项代表设定了空气场所能影响的最大距离，不勾选此选项，则空气场的影响距离为无限远。
- “Max distance”（最大距离）：设定空气场的最大影响距离数值。
- “Volume shape”（体积形状）：设置空气场的体积形状，其选项包括“None”（无）、“Cube”（立方体）、“Sphere”（球体）、“Cylinder”（圆柱体）、“Cone”（圆锥体）、“Torus”（圆环体）。
- “Volume Exclusion”（体积排除）：勾选该选项可以使体积内的物体不会受到空气场的影响。不勾选该选项可以使体积范围外的部分不受到空气场的影响。
- “Volume offset X/Y/Z”（体积偏移）：设定力场与体积形状之间的偏移值。
- “Volume sweep”（体积扫描）：设定空气场的体积扫描角度，该属性只对“Sphere”（球体）、“Cylinder”（圆柱体）、“Cone”（圆锥体）、“Torus”（圆环体）体积类型的空气场起作用。
- “Section radius”（截面半径）：设定圆环体积类型的空气场截面的半径大小。

1）创建默认的粒子发射器，如图2-4所示。

2）选择粒子，单击“Fields”→“Air”，创建默认空气场，重新播放时间滑条，发现粒子已经受到了空气场的影响，如图2-5所示。

3）在大纲当中选择粒子发射器，按〈Ctrl+A〉组合键，修改发射器的属性，如图2-6

所示。

图 2-4　播放解算

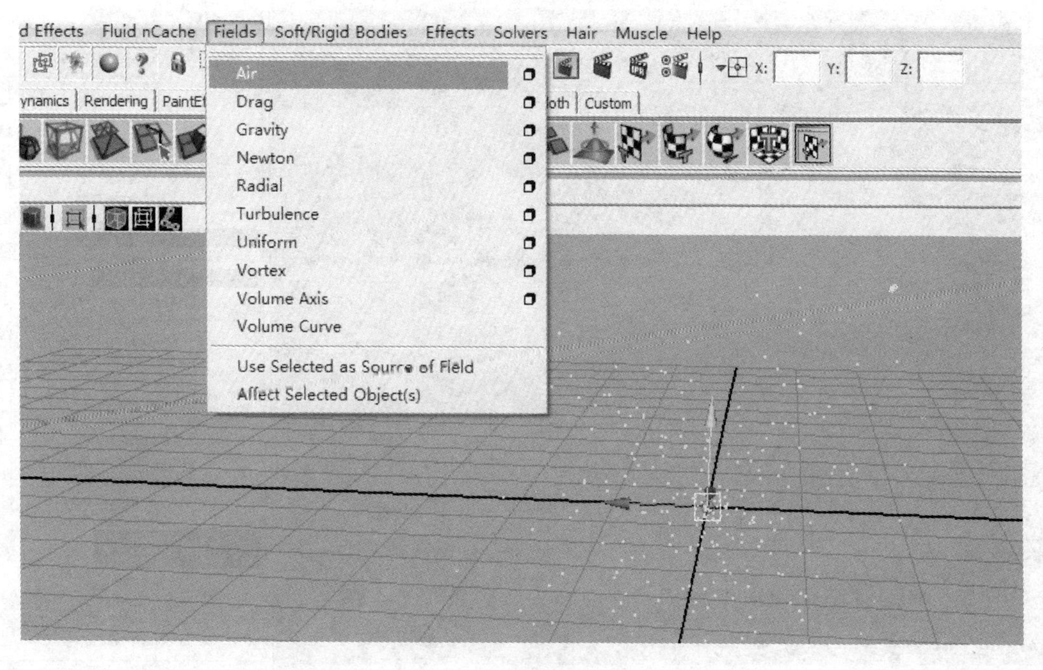

图 2-5　创建空气场

所示。

4）把空气场移动到合适的位置，同时按〈Ctrl + A〉组合键，在通道栏中修改空气场的属性。重新播放，得到如图 2-7 所示效果。

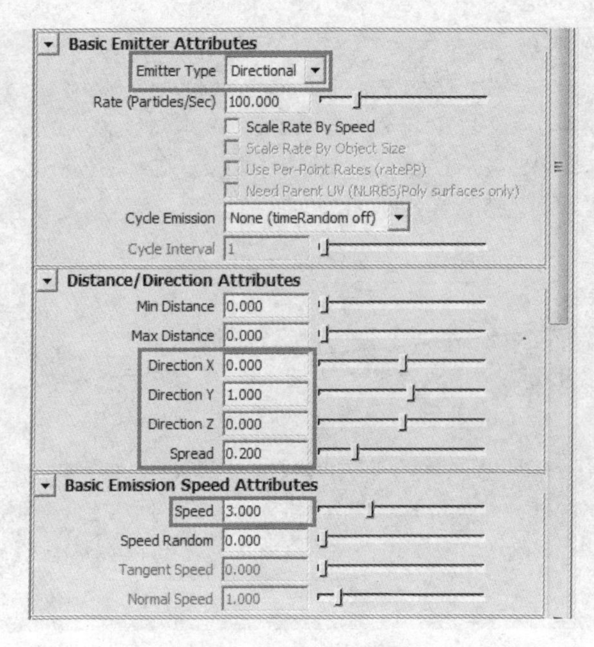

图 2-6　修改发射器属性

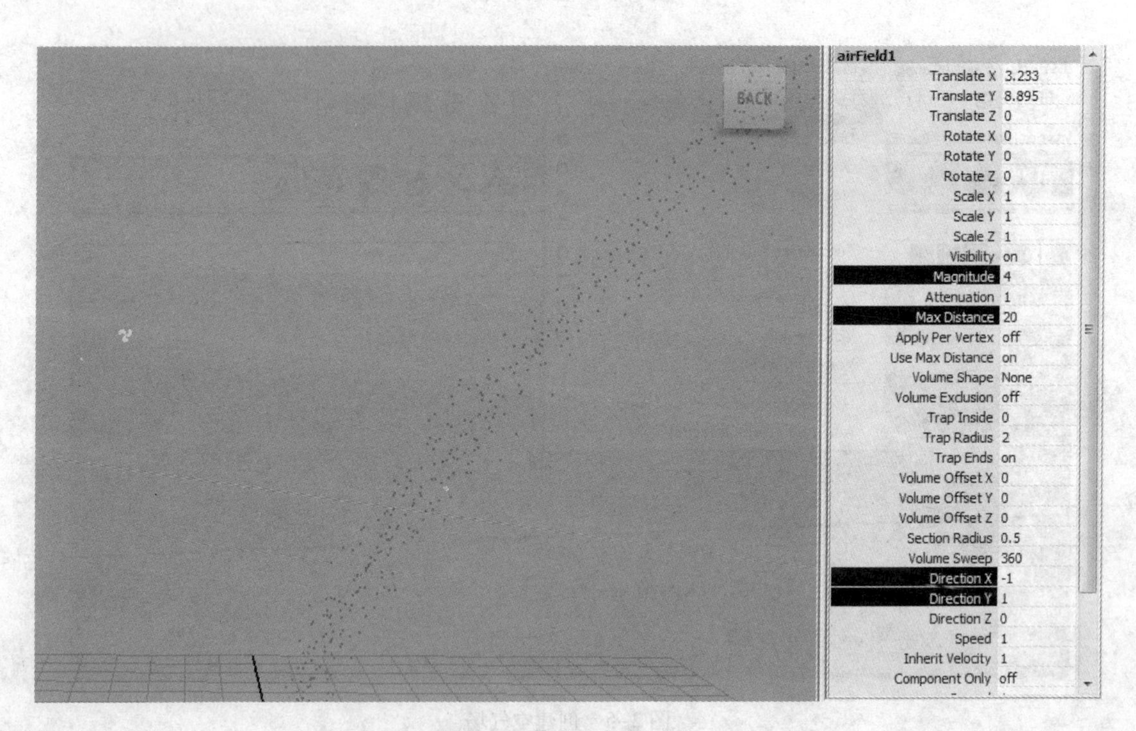

图 2-7　修改空气场属性

2.2　拖拽场

拖拽场是模拟现实中物体的阻力或摩擦力的场，命令位置如图 2-8 所示。

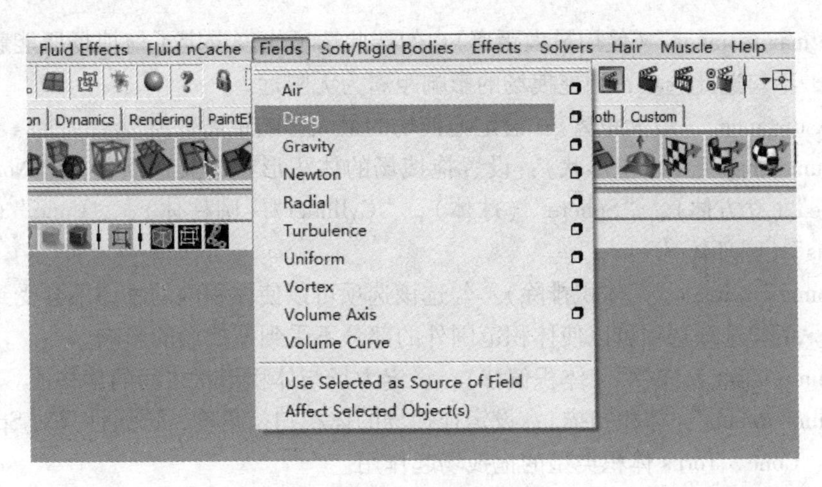

图 2-8　拖拽场

打开“Drag”（拖拽）属性盒，参数如图 2-9 所示。

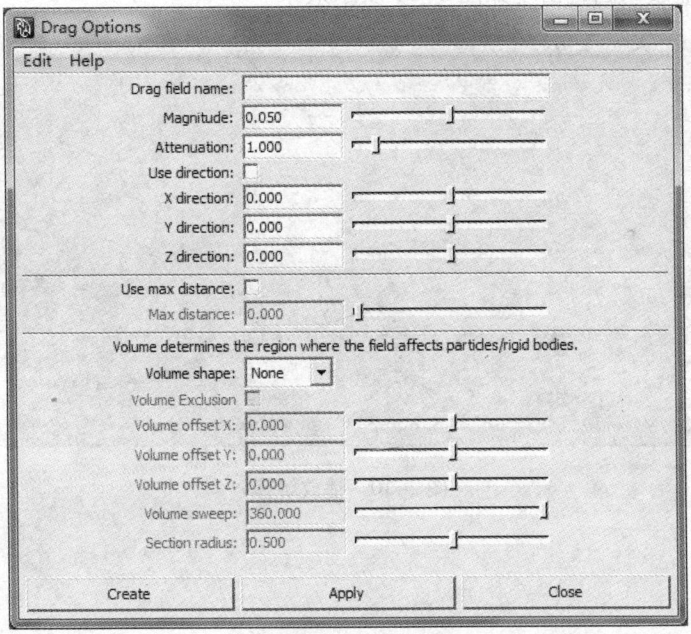

图 2-9　拖拽场属性

- “Drag field name”（拖拽场名称）：为创建的拖拽场命名，也可以不填入，使用默认名称。
- “Magnitude”（强度）：拖拽场对物体作用力的大小。
- “Attenuation”（衰减）：设定拖拽场的衰减大小，当数值大于 0 时，随着距离的增加拖拽场的强度逐渐减小。当数值为 0 时，则拖拽场强度不变。
- “Use direction”（使用方向）：勾选此选项，可以使拖拽场的作用力具有特定的方向。
- “X/Y/Z direction”（设置 X/Y/Z 方向）：设置拖拽场的作用力方向。

- “Use max distance”（使用最大距离）：勾选此选项代表设定了拖拽场所能影响的最大距离，不勾选此选项，则拖拽场的影响距离为无限远。
- “Max distance”（最大距离）：设定拖拽场的最大影响距离数值。
- “Volume shape”（体积形状）：设置拖拽场的体积形状，其选项包括“None”（无）、“Cube”（立方体）、“Sphere”（球体）、“Cylinder”（圆柱体）、“Cone”（圆锥体）、“Torus”（圆环体）。
- “Volume Exclusion”（体积排除）：勾选该选项可以使体积内的物体不会受到拖拽场的影响。不勾选该选项可以使体积范围外的部分不受到拖拽场的影响。
- “Volume offset X/Y/Z”（体积偏移）：设定力场与体积形状之间的偏移值。
- “Volume sweep”（体积扫描）：设定拖拽场的体积扫描角度，该属性只对 Sphere、Cylinder、Cone、Torus 体积类型的拖拽场起作用。
- “Section radius”（截面半径）：设定圆环体积类型的拖拽场截面的半径大小。

绘制粒子网格，选择粒子网格，单击“Fields” → “Drag” 创建拖拽场，将拖拽场放置在合适的位置，播放动画，出现如图 2-10 所示效果。

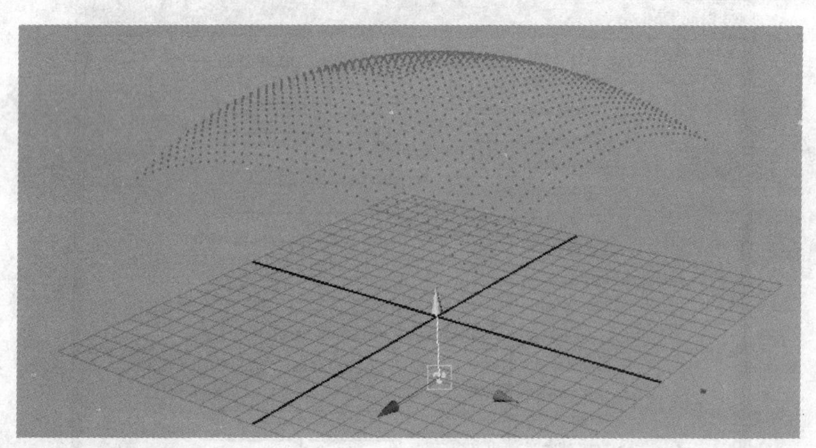

图 2-10　播放解算

2.3　重力场

重力场是模拟地球引力对物体的影响，在动力学当中也是最为常用的场，命令位置如图 2-11 所示。

打开“Gravity”（重力）属性盒，看到相关参数如图 2-12 所示。

- “Gravity field name”（重力场名称）：为创建的重力场命名，也可以不填入，使用默认名称。
- “Magnitude”（强度）：重力场对物体作用力的大小。
- “Attenuation”（衰减）：设定重力场的衰减大小，当数值大于 0 时，随着距离的增加重力场的强度逐渐减小。当数值为 0 时，则重力场强度不变。
- “Use direction”（使用方向）：勾选此选项，可以使重力场的作用力具有特定的方向。

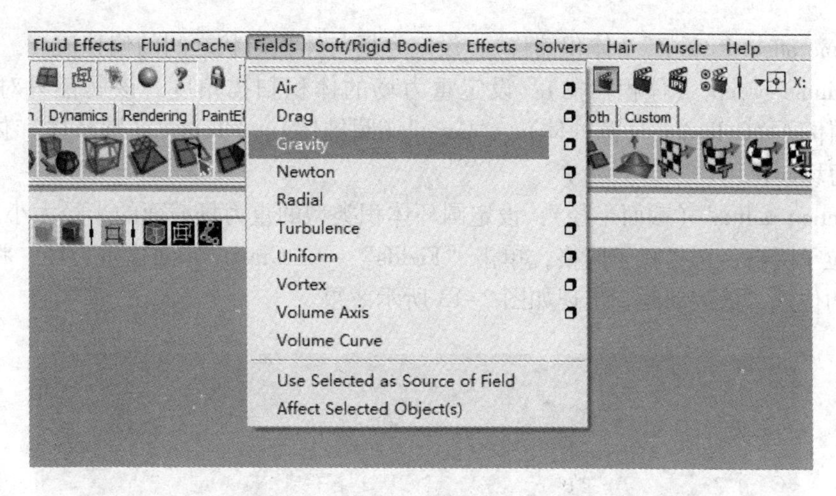

图 2-11　重力场

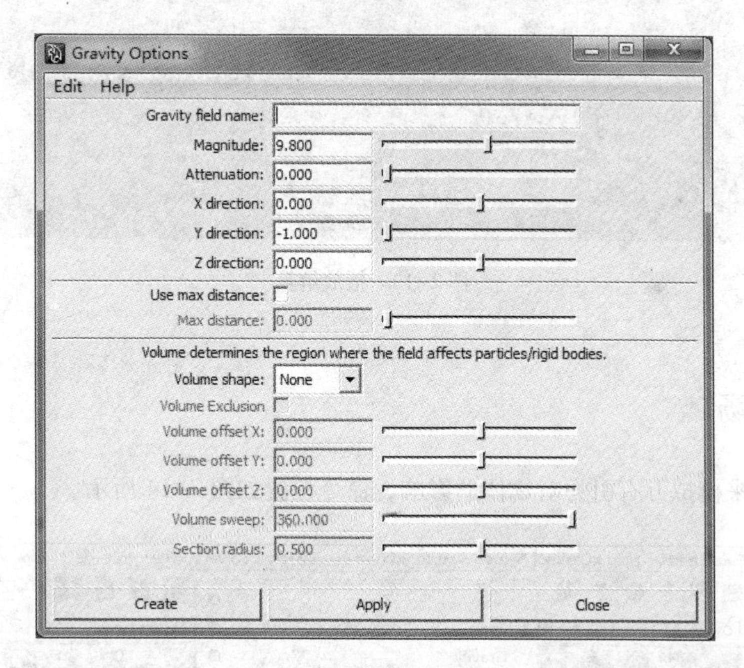

图 2-12　重力场属性

- “X/Y/Z direction”（设置 X/Y/Z 方向）：设置重力场的作用力方向。
- “Use max distance”（使用最大距离）：勾选此选项代表设定了重力场所能影响的最大距离，不勾选此选项，则重力场的影响距离为无限远。
- “Max distance”（最大距离）：设定重力场的最大影响距离数值。
- “Volume shape”（体积形状）：设置重力场的体积形状，其选项包括“None”（无）、“Cube”（立方体）、“Sphere”（球体）、“Cylinder”（圆柱体）、“Cone”（圆锥体）、“Torus”（圆环体）。
- “Volume Exclusion”（体积排除）：勾选该选项可以使体积内的物体不会受到重力场的影响。不勾选该选项可以使体积范围外的部分不受到重力场的影响。

“Volume offset X/Y/Z”（体积偏移）：设定力场与体积形状之间的偏移值。

- “Volume sweep”（体积扫描）：设定重力场的体积扫描角度，该属性只对“Sphere”（球体）、“Cylinder”（圆柱体）、“Cone”（圆锥体）、“Torus”（圆环体）体积类型的重力场起作用。
- “Section radius”（截面半径）：设定圆环体积类型的重力场截面的半径大小。

绘制粒子网格，选择粒子网格，单击“Fields”→“Gravity”创建重力场，将重力场放置在合适的位置，播放动画，出现如图2-13所示效果。

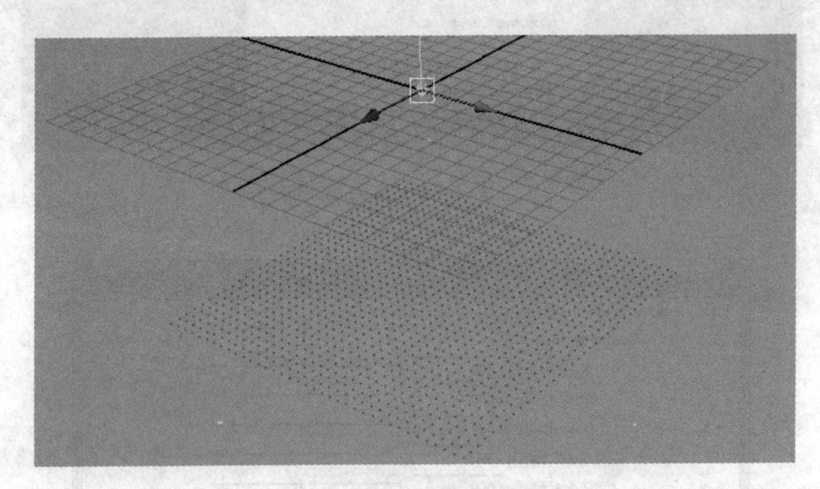

图2-13　播放解算

2.4　牛顿场

牛顿场用来模拟万有引力对物体的影响，命令位置如图2-14所示。

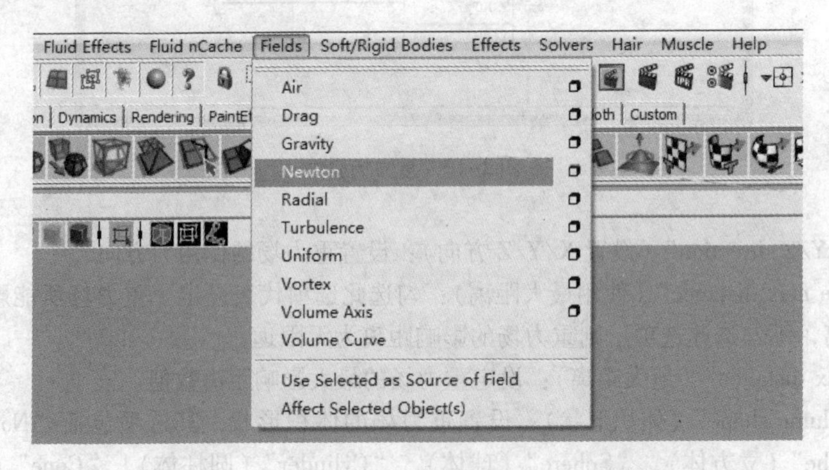

图2-14　牛顿场

打开“Newton”（牛顿）属性盒，看到相关参数如图2-15所示。

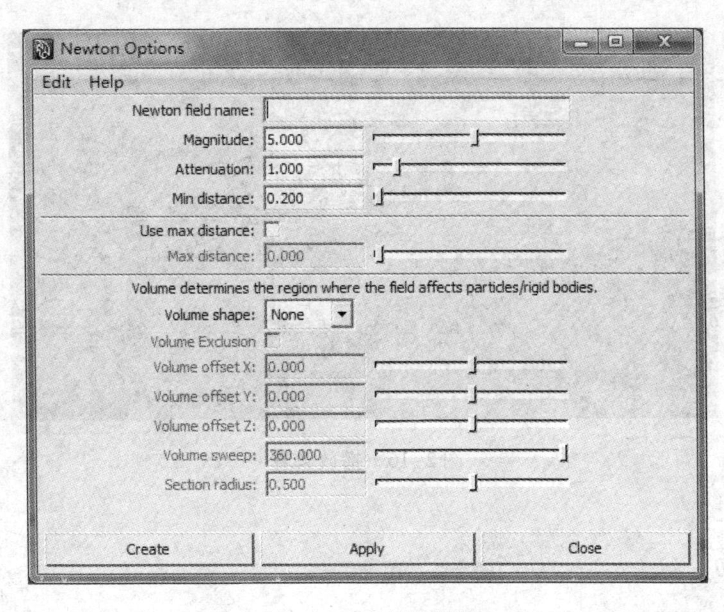

图2-15 牛顿场属性

- “Newton field name”（牛顿场名称）：为创建的牛顿场命名，也可以不填入，使用默认名称。
- “Magnitude”（强度）：牛顿场对物体作用力的大小。
- “Attenuation”（衰减）：设定牛顿场的衰减大小，当数值大于0时，随着距离的增加牛顿场的强度逐渐减小。当数值为0时，则牛顿场强度不变。
- “Use direction”（使用方向）：勾选此选项，可以使牛顿场的作用力具有特定的方向。
- “X/Y/Z direction”（设置X/Y/Z方向）：设置牛顿场的作用力方向。
- “Use max distance”（使用最大距离）：勾选此选项代表设定了牛顿场所能影响的最大距离，不勾选此选项，则牛顿场的影响距离为无限远。
- “Max distance”（最大距离）：设定牛顿场的最大影响距离数值。
- “Volume shape”（体积形状）：设置牛顿场的体积形状，其选项包括“None”（无）、“Cube”（立方体）、“Sphere”（球体）、“Cylinder”（圆柱体）、“Cone”（圆锥体）、“Torus”（圆环体）。
- “Volume Exclusion”（体积排除）：勾选该选项可以使体积内的物体不会受到牛顿场的影响。不勾选该选项可以使体积范围外的部分不受到牛顿场的影响。
- “Volume offset X/Y/Z”（体积偏移）：设定力场与体积形状之间的偏移值。
- “Volume sweep”（体积扫描）：设定牛顿场的体积扫描角度，该属性只对“Sphere”（球体）、“Cylinder”（圆柱体）、“Cone”（圆锥体）、“Torus”（圆环体）体积类型的牛顿场起作用。
- “Section radius”（截面半径）：设定圆环体积类型的牛顿场截面的半径大小。

绘制粒子网格，选择粒子网格，单击“Fields”→“Newton”创建牛顿场，将牛顿场放置在合适的位置，播放动画，出现如图2-16所示效果。

图 2-16　播放解算

2.5　辐射场

辐射场是一种对物体的排斥或者吸引力，命令位置如图 2-17 所示。

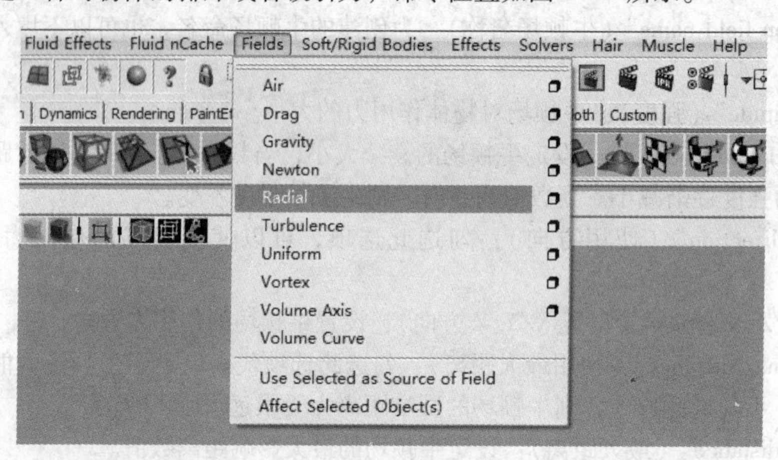

图 2-17　辐射场

打开 “Radial”（辐射）属性盒，看到相关参数如图 2-18 所示。

- “Radial field name”（辐射场名称）：为创建的辐射场命名，也可以不填入，使用默认名称。
- “Magnitude”（强度）：辐射场对物体作用力的大小。
- “Attenuation”（衰减）：设定辐射场的衰减大小，当数值大于 0 时，随着距离的增加辐射场的强度逐渐减小。当数值为 0 时，则辐射场强度不变。
- “Use direction”（使用方向）：勾选此选项，可以使辐射场的作用力具有特定的方向。
- “X/Y/Z direction”（设置 X/Y/Z 方向）：设置辐射场的作用力方向。
- “Use max distance”（使用最大距离）：勾选此选项代表设定了辐射场所能影响的最大距离，不勾选此选项，则辐射场的影响距离为无限远。
- “Max distance”（最大距离）：设定辐射场的最大影响距离数值。

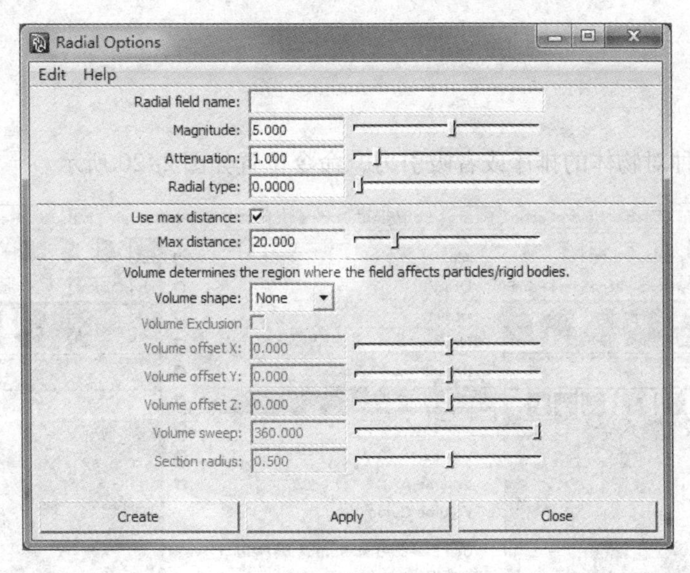

图 2-18　辐射场属性

- “Volume shape”（体积形状）：设置辐射场的体积形状，其选项包括“None”（无）、“Cube”（立方体）、“Sphere”（球体）、“Cylinder”（圆柱体）、“Cone”（圆锥体）、“Torus”（圆环体）。
- “Volume Exclusion”（体积排除）：勾选该选项可以使体积内的物体不会受到辐射场的影响。不勾选该选项可以使体积范围外的部分不受到辐射场的影响。
- “Volume offset X/Y/Z”（体积偏移）：设定力场与体积形状之间的偏移值。
- “Volume sweep”（体积扫描）：设定辐射场的体积扫描角度，该属性只对“Sphere”（球体）、“Cylinder”（圆柱体）、“Cone”（圆锥体）、“Torus”（圆环体）体积类型的辐射场起作用。
- “Section radius”（截面半径）：设定圆环体积类型的辐射场截面的半径大小。

绘制粒子网格，选择粒子网格，单击“Fields”→“Radial”创建辐射场，将辐射场放置在合适的位置，播放动画后出现如图 2-19 所示效果。

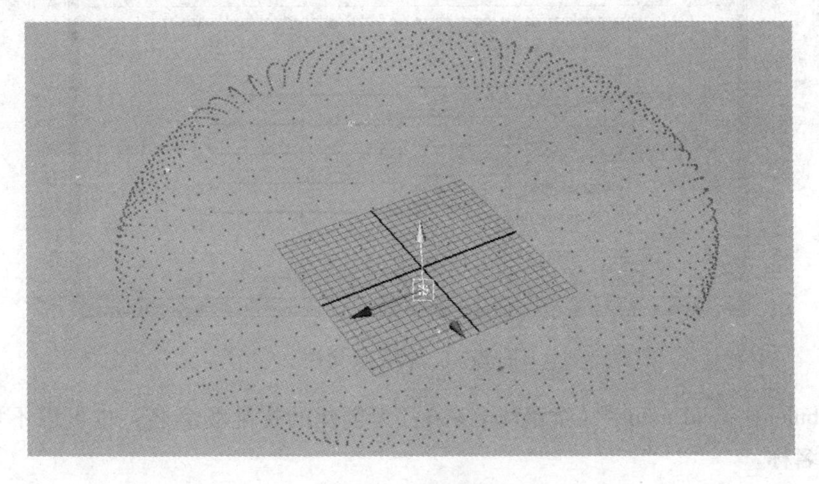

图 2-19　播放解算

2.6 扰乱场

扰乱场是一种对物体的排斥或者吸引力，命令位置如图 2-20 所示。

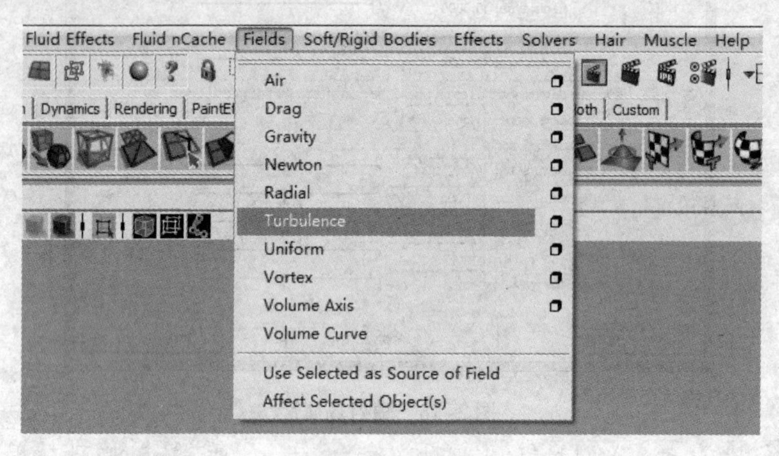

图 2-20　扰乱场

打开“Turbulence”（扰乱）属性盒，看到相关参数如图 2-21 所示。

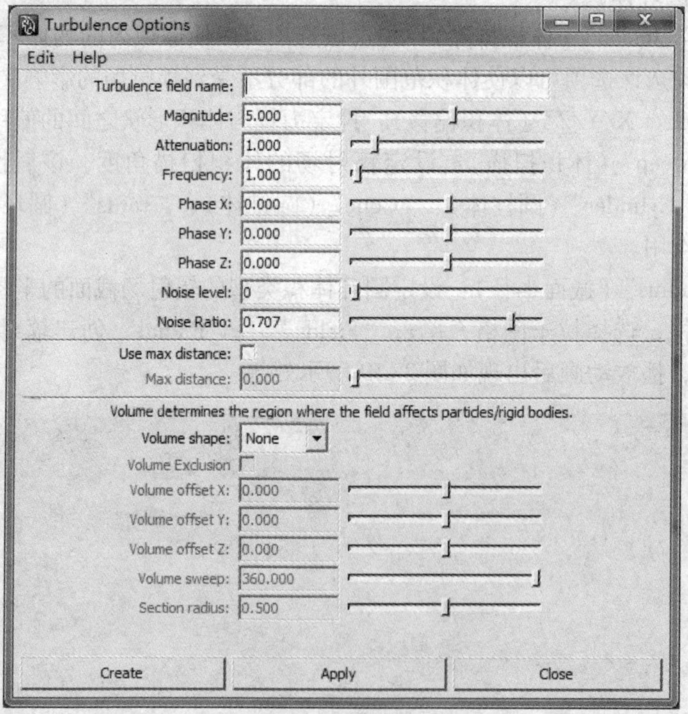

图 2-21　扰乱场属性

- “Turbulence field name”（扰乱场名称）：为创建的扰乱场命名，也可以不填入，使用默认名称。
- “Magnitude”（强度）：扰乱场对物体作用力的大小。

- “Attenuation”（衰减）：设定扰乱场的衰减大小，当数值大于0时，随着距离的增加扰乱场的强度逐渐减小。当数值为0时，则扰乱场强度不变。
- “Frequency”（频率）：扰乱场的频率数值越大，则被扰乱物体被扰动的频率越高，物体运动的随机幅度越大。
- “Phase X/Y/Z”（相位 X/Y/Z）：设定扰乱场在 X/Y/Z 方向上的相位数值，可控制扰乱场在三个方向上对粒子运动的扰动效果。
- “Noise level”（噪波等级）：该数值越大则扰乱场越不规则，它定义了扰乱场在噪波表中的附加查找次数。
- “Noise Ratio”（噪波率）：指定了连续查找的权重。当使用者将“Noise level”（噪波等级）设置为2，“Noise Ratio”（噪波率）设置为0.5时，则连续查找2次，第一次权重为0.5，第二次权重为0.5 * 0.5 = 0.25。而当“Noise level”（噪波等级）为0时，则“Noise Ratio”（噪波率）属性不生效。
- “Use max distance”（使用最大距离）：勾选此选项代表设定了扰乱场所能影响的最大距离，不勾选此选项，则扰乱场的影响距离为无限远。
- “Max distance”（最大距离）：设定扰乱场的最大影响距离数值。
- “Volume shape”（体积形状）：设置扰乱场的体积形状，其选项包括“None”（无）、“Cube”（立方体）、“Sphere”（球体）、“Cylinder”（圆柱体）、“Cone”（圆锥体）、“Torus”（圆环体）。
- “Volume Exclusion”（体积排除）：勾选该选项可以使体积内的物体不会受到扰乱场的影响。不勾选该选项可以使体积范围外的部分不受到扰乱场的影响。

“Volume offset X/Y/Z”（体积偏移）：设定力场与体积形状之间的偏移值。

- “Volume sweep”（体积扫描）：设定扰乱场的体积扫描角度，该属性只对“Sphere”（球体）、“Cylinder”（圆柱体）、“Cone”（圆锥体）、“Torus”（圆环体）体积类型的扰乱场起作用。
- “Section radius”（截面半径）：设定圆环体积类型的扰乱场截面的半径大小。

绘制粒子网格，选择粒子网格，单击“Fields”→“Turbulence”创建扰乱场，将扰乱场放置在合适的位置，播放动画后出现如图2-22所示效果。

图2-22　播放解算

2.7 统一场

统一场可以使受影响物体在某个方向上匀速运动，命令位置如图 2-23 所示。

Fluid Effects Fluid nCache Fields Soft/Rigid Bodies Effects Solvers Hair Muscle Help
Dynamics Rendering Custom
Air
Drag
Gravity
Newton
Radial
Turbulence
Uniform
Vortex
Volume Axis
Volume Curve
Use Selected as Source of Field
Affect Selected Object(s)

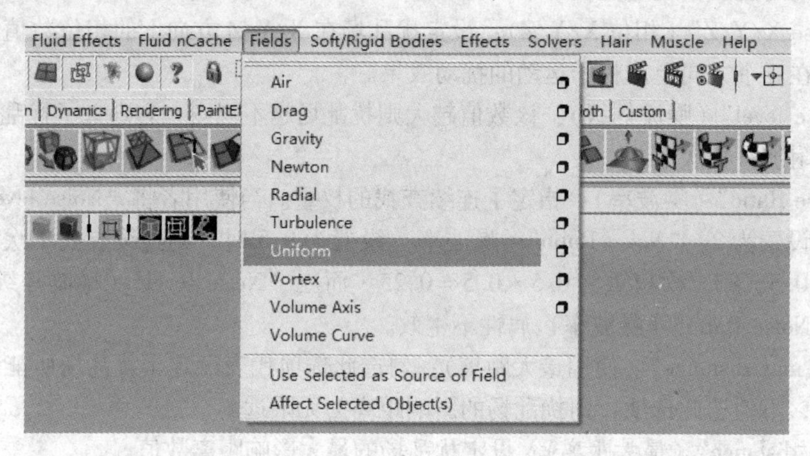

图 2-23 统一场

打开“Uniform”（统一）属性盒，相关参数如图 2-24 所示。

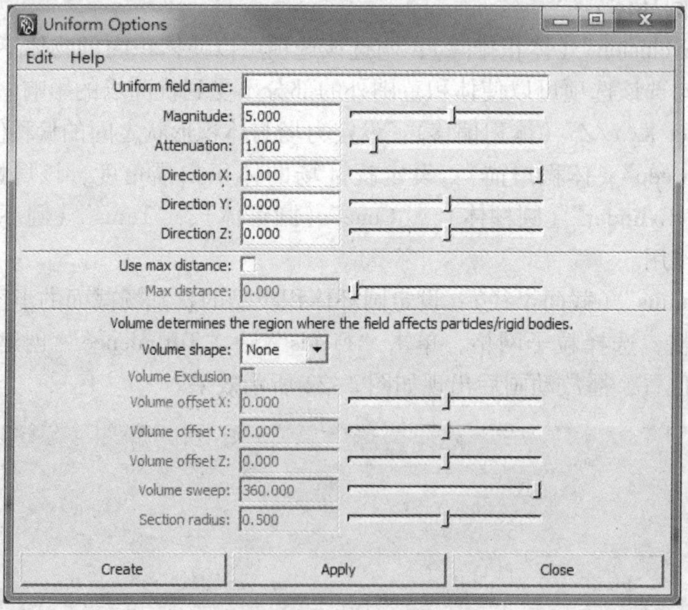

Uniform Options
Edit Help
Uniform field name:
Magnitude: 5.000
Attenuation: 1.000
Direction X: 1.000
Direction Y: 0.000
Direction Z: 0.000
Use max distance:
Max distance: 0.000
Volume determines the region where the field affects particles/rigid bodies.
Volume shape: None
Volume Exclusion
Volume offset X: 0.000
Volume offset Y: 0.000
Volume offset Z: 0.000
Volume sweep: 360.000
Section radius: 0.500
Create
Apply
Close

图 2-24 统一场属性

- “Uniform field name”（统一场名称）：为创建的统一场命名，也可以不填入，使用默认名称。
- “Magnitude”（强度）：统一场对物体作用力的大小。
- “Attenuation”（衰减）：设定统一场的衰减大小，当数值大于 0 时，随着距离的增加统一场的强度逐渐减小。当数值为 0 时，则统一场强度不变。

- “X/Y/Z direction”（设置 X/Y/Z 方向）：设置统一场的作用力方向。
- “Use max distance”（使用最大距离）：勾选此选项代表设定了统一场所能影响的最大距离，不勾选此选项，则统一场的影响距离为无限远。
- “Max distance”（最大距离）：设定统一场的最大影响距离数值。
- “Volume shape”（体积形状）：设置统一场的体积形状，其选项包括“None”（无）、“Cube”（立方体）、“Sphere”（球体）、“Cylinder”（圆柱体）、“Cone”（圆锥体）、“Torus”（圆环体）。
- “Volume Exclusion”（体积排除）：勾选该选项可以使体积内的物体不会受到统一场的影响。不勾选该选项可以使体积范围外的部分不受到统一场的影响。
- “Volume offset X/Y/Z”（体积偏移）：设定力场与体积形状之间的偏移值。
- “Volume sweep”（体积扫描）：设定统一场的体积扫描角度，该属性只对 Sphere、Cylinder、Cone、Torus 体积类型的统一场起作用。
- “Section radius”（截面半径）：设定圆环体积类型的统一场截面的半径大小。

绘制粒子网格，选择网格，单击“Fields”→“Uniform”创建统一场，将统一场放置在合适的位置，播放动画后出现如图 2-25 所示效果。

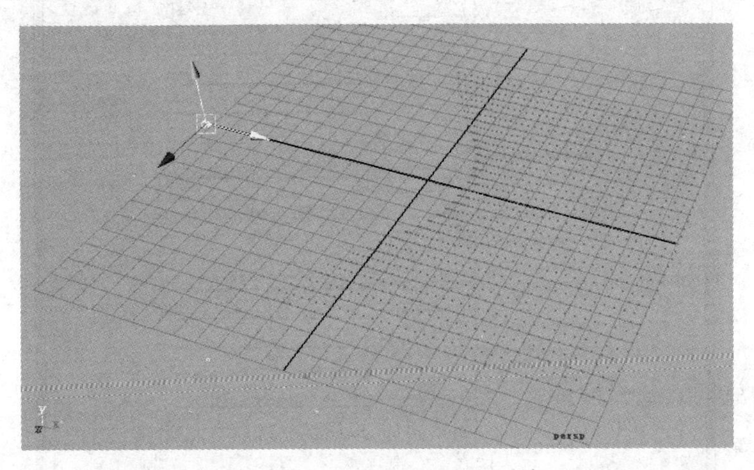

图 2-25　播放解算

2.8　漩涡场

漩涡场可以使受影响物体产生旋转和螺旋状运动，如图 2-26 所示。

打开“Vortex”（漩涡）属性盒，看到相关参数如图 2-27 所示。

- “Vortex field name”（漩涡场名称）：为创建的漩涡场命名，也可以不填入，使用默认名称。
- “Magnitude”（强度）：漩涡场对物体作用力的大小。
- “Attenuation”（衰减）：设定漩涡场的衰减大小，当数值大于 0 时，随着距离的增加漩涡场的强度逐渐减小。当数值为 0 时，则漩涡场强度不变。
- “Use direction”（使用方向）：勾选此选项，可以使漩涡场的作用力具有特定的方向。

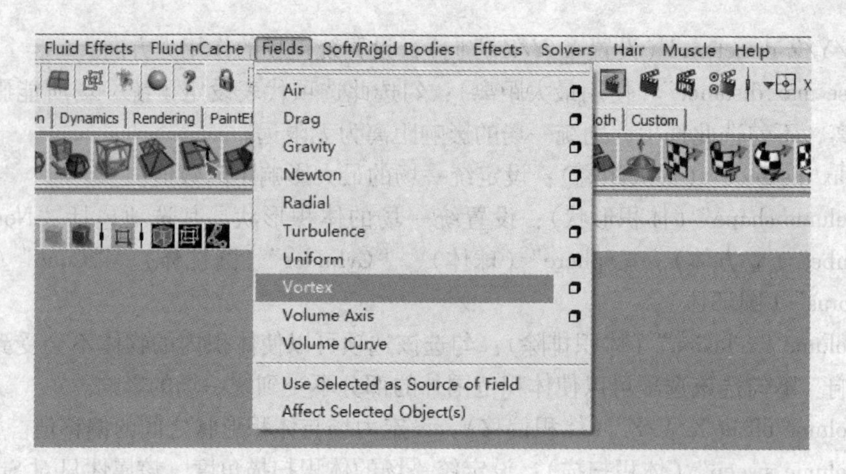

图 2-26 漩涡场

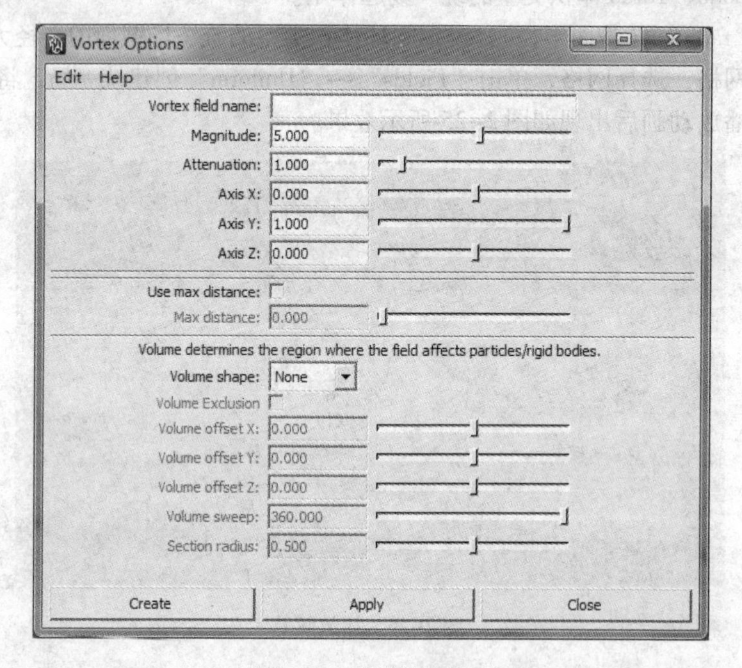

图 2-27 漩涡场属性

- “Axis X/Y/Z”（轴 X/Y/Z）：设置漩涡场的旋转轴。
- “Use max distance”（使用最大距离）：勾选此选项代表设定了漩涡场所能影响的最大距离，不勾选此选项，则漩涡场的影响距离为无限远。
- “Max distance”（最大距离）：设定漩涡场的最大影响距离数值。
- “Volume shape”（体积形状）：设置漩涡场的体积形状，其选项包括“None”（无）、“Cube”（立方体）、“Sphere”（球体）、“Cylinder”（圆柱体）、“Cone”（圆锥体）、“Torus”（圆环体）。
- “Volume Exclusion”（体积排除）：勾选该选项可以使体积内的物体不会受到漩涡场的影响。不勾选该选项可以使体积范围外的部分不受到漩涡场的影响。
- “Volume offset X/Y/Z”（体积偏移）：设定力场与体积形状之间的偏移值。

- “Volume sweep”（体积扫描）：设定漩涡场的体积扫描角度，该属性只对“Sphere”（球体）、“Cylinder”（圆柱体）、“Cone”（圆锥体）、“Torus”（圆环体）体积类型的漩涡场起作用。
- “Section radius”（截面半径）：设定圆环体积类型的漩涡场截面的半径大小。

绘制粒子网格，选择网格，单击“Fields”→“Vortex”创建漩涡场，将漩涡场放置在合适的位置，播放动画后出现如图 2-28 所示效果。

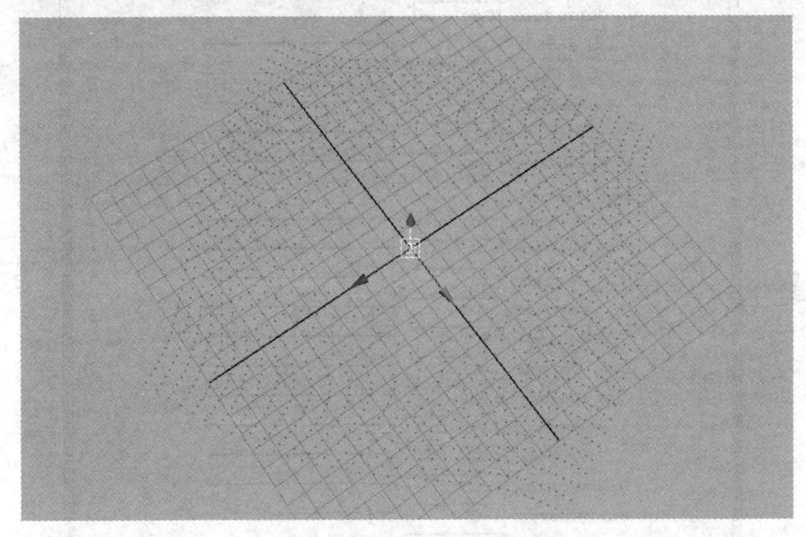

图 2-28　播放解算

2.9　体积轴场

体积轴场可以设定特殊的体积形态的场去影响体积中的物体，命令位置如图 2-29 所示。

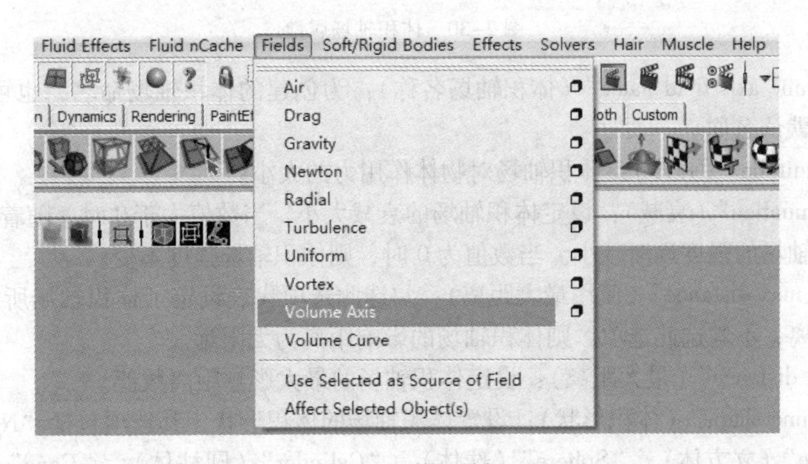

图 2-29　体积轴场

打开“Volume Axis”（体积轴）属性盒，相关参数如图 2-30 所示。

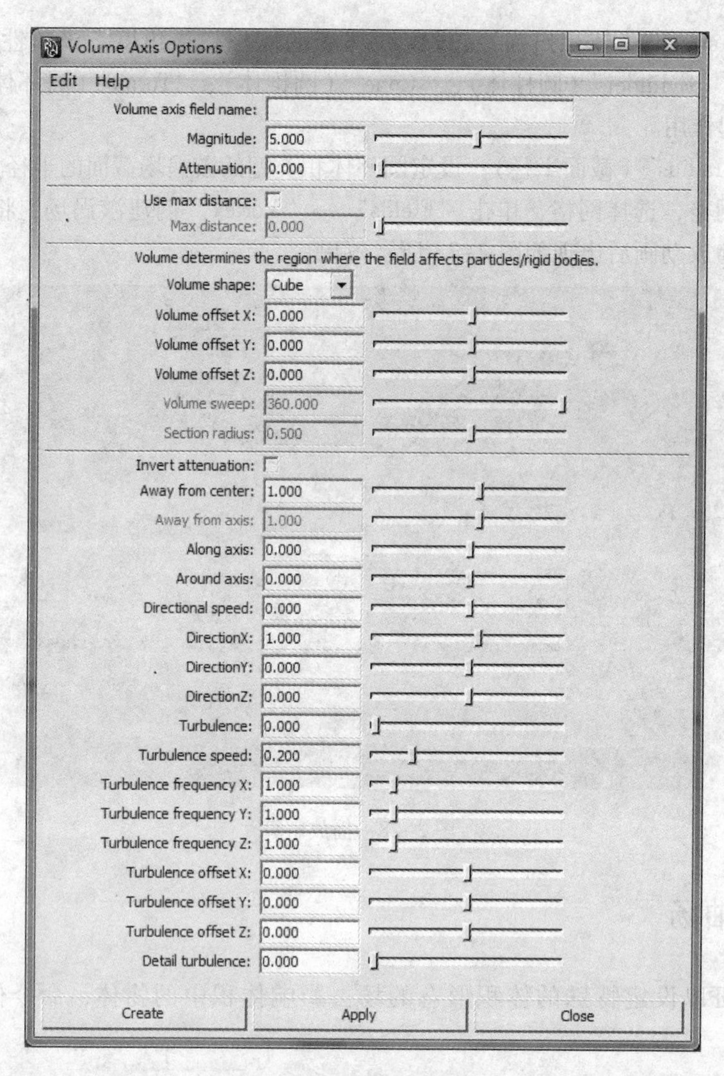

图 2-30 体积轴场属性

- “Volume axis field name”（体积轴场名称）：为创建的体积轴场命名，也可以不填入，使用默认名称。
- “Magnitude”（强度）：体积轴场对物体作用力的大小。
- “Attenuation”（衰减）：设定体积轴场的衰减大小，当数值大于0时，随着距离的增加体积轴场的强度逐渐减小。当数值为0时，则体积轴场强度不变。
- “Use max distance”（使用最大距离）：勾选此选项代表设定了体积轴场所能影响的最大距离，不勾选此选项，则体积轴场的影响距离为无限远。
- “Max distance”（最大距离）：设定体积轴场的最大影响距离数值。
- “Volume shape”（体积形状）：设置体积轴场的体积形状，其选项包括“None”（无）、“Cube”（立方体）、“Sphere”（球体）、“Cylinder”（圆柱体）、“Cone”（圆锥体）、“Torus”（圆环体）。
- “Volume Exclusion”（体积排除）：勾选该选项可以使体积内的物体不会受到体积轴场的影响。不勾选该选项可以使体积范围外的部分不受到体积轴场的影响。

- “Volume offset X/Y/Z”（体积偏移）：设定力场与体积形状之间的偏移值。
- “Volume sweep”（体积扫描）：设定体积轴场的体积扫描角度，该属性只对“Sphere”（球体）、“Cylinder”（圆柱体）、“Cone”（圆锥体）、“Torus”（圆环体）体积类型的体积轴场起作用。
- “Section radius”（截面半径）：设定圆环体积类型的体积轴场截面的半径大小。
- “Invert attenuation”（反转衰减）：当“Attenuation”（衰减）设置为大于0的数值时，此选项可以使衰减数值翻转，在体积边缘的场力最大，而中心轴处场力为0。不勾选此选项则效果相反。
- “Away from center”（远离中心）：设定受影响物体远离体积中心轴的速度。
- “Along axis”（沿坐标轴）：设定受影响物体在体积轴上移动的速度。
- “Around axis”（环绕轴）：设定受影响物体沿体积轴旋转的速度。
- “Directional speed”（方向速度）：设定在X/Y/Z三个方向上的速度。
- “Direction X/Y/Z”（方向X/Y/Z）：设定当前体积轴场作用力的方向。
- “Turbulence”（扰乱）：在体积场中添加扰乱的力。
- “Turbulence speed”（扰乱速度）：设定体积轴场的扰乱速度。
- “Turbulence frequency X/Y/Z”（扰乱频率X/Y/Z）：设定X/Y/Z方向上的扰乱频率。
- “Turbulence offset X/Y/Z”（扰乱偏移X/Y/Z）：设定体积形状与扰乱力场之间的位置偏移。
- “Detail turbulence”（细节扰乱）：设定更高一级的扰乱，相当于二次扰乱，可以使主扰乱细节更丰富，当数值大于0时可以得到更好的扰乱效果。

绘制粒子网格，选择网格，单击“Fields”→“Axis”创建体积轴场，将体积轴场放置在合适的位置，播放动画后出现如图2-31所示效果。

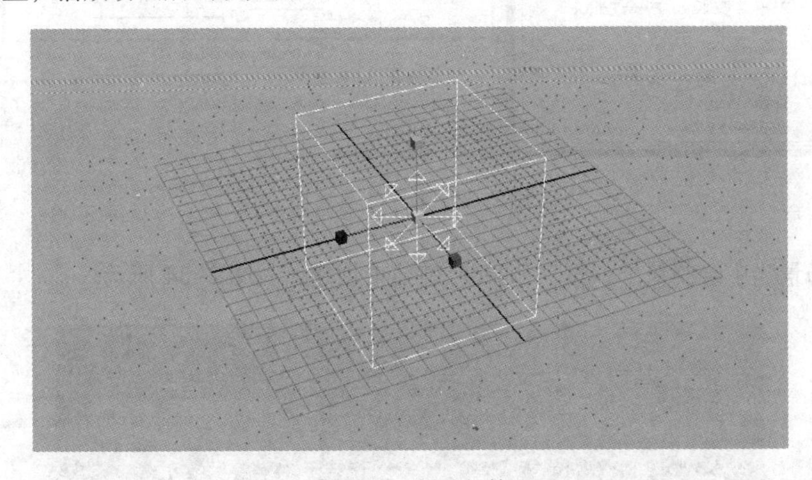

图2-31　播放解算

2.10　体积曲线场

体积曲线场可以允许用户创建沿曲线作用的力场，使用起来比较自由，可以根据现有曲线的形状创建场，命令位置如图 2-32 所示。

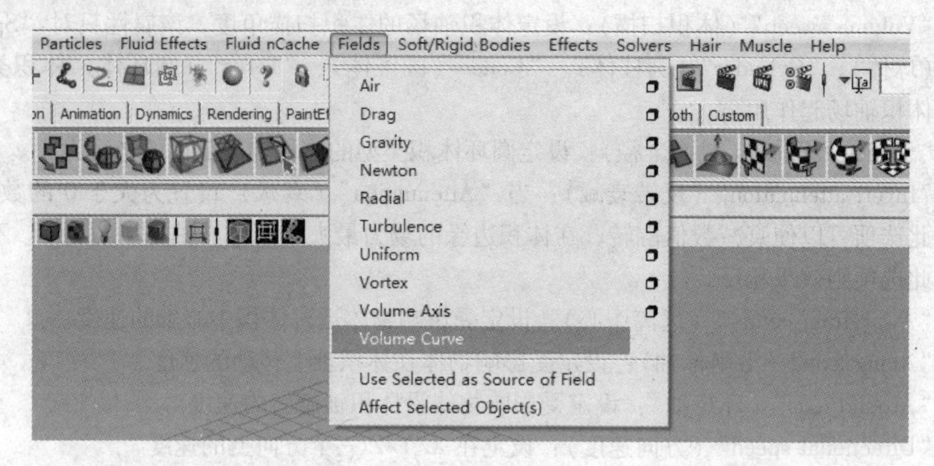

图 2-32　体积曲线

1）在场景当中绘制一些粒子，选择“Particle Tool”（粒子工具）属性盒，在参数选项栏当中设置参数，如图 2-33 所示。

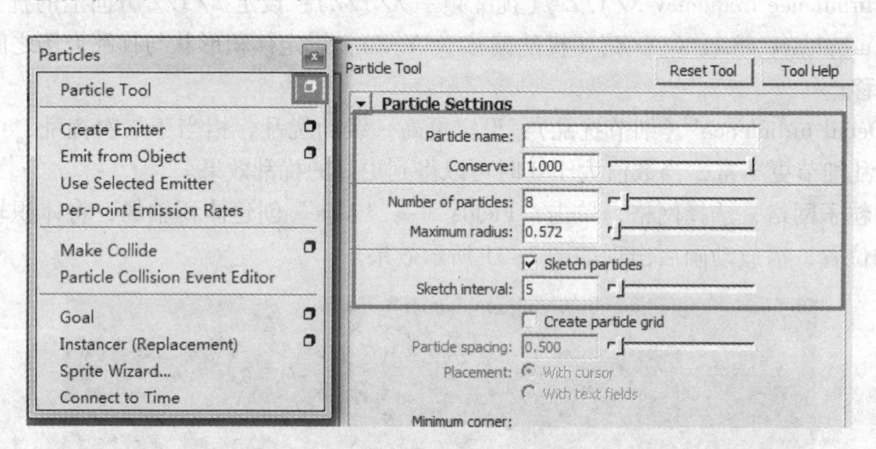

图 2-33　粒子工具属性

2）在场景当中绘制粒子，按〈Enter〉键结束创建，如图 2-34 所示。

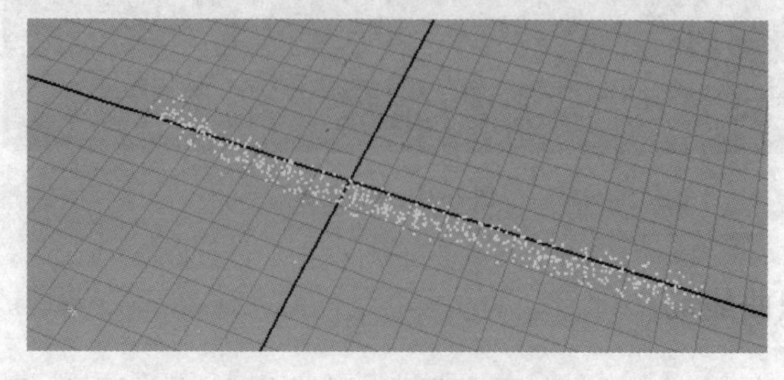

图 2-34　结束创建

3）选择“Curves”（曲线）快捷选项栏，单击“EP（Edit Point：编辑点）Curve Tool”按钮，如图2-35所示。在场景当中创建一条EP曲线。

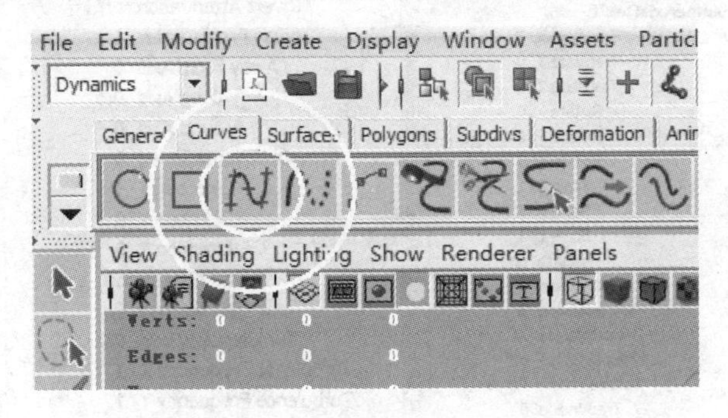

图2-35 创建EP曲线

选择曲线，按〈Shift〉键加选粒子，单击“Field”→“Volume Curve”创建体积曲线，如图2-36所示。

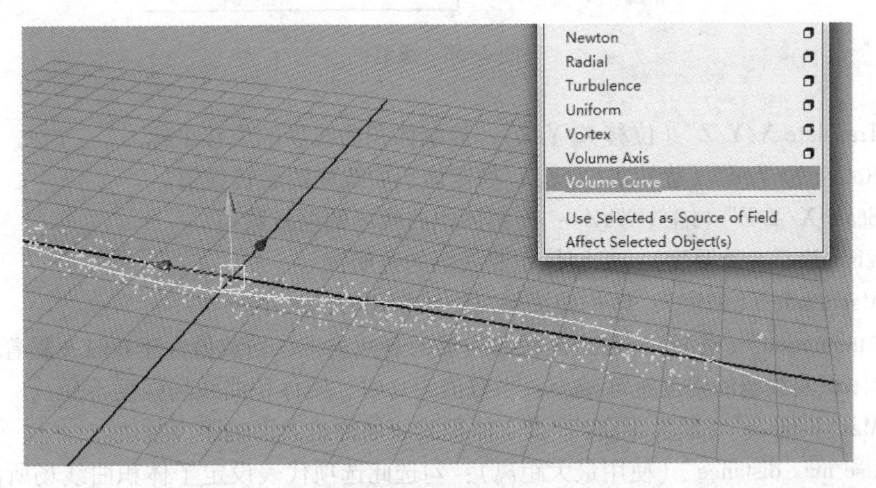

图2-36 体积曲线

播放时间滑条，此时体积曲线就可以影响在曲线内的粒子了，如图2-37所示。

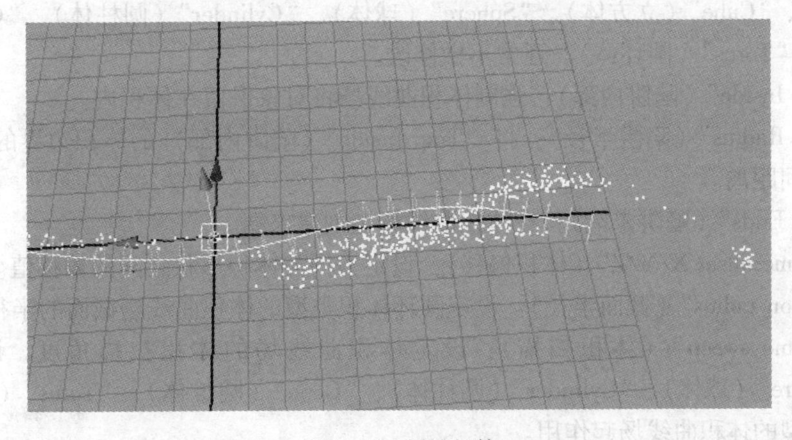

图2-37 播放解算

选择体积曲线场，按〈Ctrl + A〉组合键，切换到通道栏，其参数如图 2-38 所示。

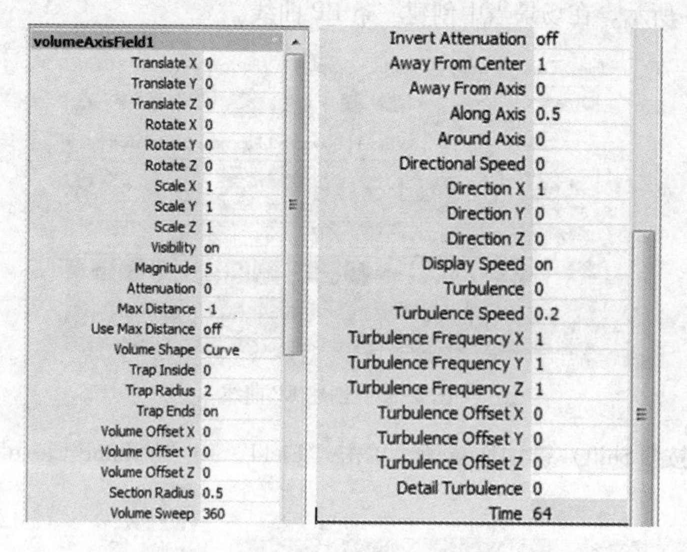

图 2-38　通道栏

- “Translate X/Y/Z”（位移 X/Y/Z）：控制体积曲线场的位移坐标。
- “Rotate X/Y/Z”（旋转 X/Y/Z）：控制体积曲线场的旋转数值。
- “Scale X/Y/Z”（缩放 XYZ）：控制体积曲线场的缩放数值。
- “Visibility”（透明度）：控制体积曲线场的透明度。
- “Magnitude”（强度）：体积曲线场对物体作用力的大小。
- “Attenuation”（衰减）：设定体积曲线场的衰减大小，当数值大于 0 时，随着距离的增加体积曲线场的强度逐渐减小。当数值为 0 时，则体积曲线场强度不变。
- “Max distance”（最大距离）：设定体积曲线场的最大影响距离数值。
- “Use max distance”（使用最大距离）：勾选此选项代表设定了体积曲线场所能影响的最大距离，不勾选此选项，则体积曲线场的影响距离为无限远。
- “Volume shape”（体积形状）：设置体积曲线场的体积形状，其选项包括“None”（无）、“Cube”（立方体）、“Sphere”（球体）、“Cylinder”（圆柱体）、“Cone”（圆锥体）、“Torus”（圆环体）。通常不做修改。
- “Trap Inside”（陷阱内部）：强制体积曲线场将对象保留在体积内。
- “Trap Radius”（陷阱半径）：将“Trap Inside”（陷阱内部）的体积边界的半径作为局部空间距离。
- “Trap Ends”（陷阱末端）：在体积曲线场上创建末端。
- “Volume offset X/Y/Z”（体积偏移）：设定力场与体积形状之间的偏移值。
- “Section radius”（截面半径）：设定圆环体积类型的体积曲线场截面的半径大小。
- “Volume sweep”（体积扫描）：设定体积曲线场的体积扫描角度，该属性只对“Sphere”（球体）、“Cylinder”（圆柱体）、“Cone”（圆锥体）、“Torus”（圆环体）体积类型的体积曲线场起作用。
- “Invert attenuation”（反转衰减）：当“Attenuation”（衰减）设置为大于 0 的数值时，

此选项可以使衰减数值翻转，在体积边缘的场力最大，而中心轴处场力为0。不勾选此选项则效果相反。

- “Away from center”（远离中心）：设定受影响物体远离体积中心的速度。
- “Away from Axis”（远离轴）：设定受影响物体远离体积中心轴的速度。
- “Along axis”（沿坐标轴）：设定受影响物体在体积轴上移动的速度。
- “Around axis”（环绕轴）：设定受影响物体沿体积轴旋转的速度。
- “Directional speed”（方向速度）：设定在X/Y/Z三个方向上的速度。
- “Direction X/Y/Z”（方向X/Y/Z）：设定当前体积轴场作用力的方向。
- “Display Speed”（显示速度）：显示力场的速度。
- “Turbulence”（扰乱）：在体积曲线场中添加扰乱的力。
- “Turbulence speed”（扰乱速度）：设定体积曲线场的扰乱速度。
- “Turbulence frequency X/Y/Z”（扰乱频率X/Y/Z）：设定X/Y/Z方向上的扰乱频率。
- “Turbulence offset X/Y/Z”（扰乱偏移X/Y/Z）：设定体积形状与扰乱力场之间的位置偏移。
- “Detail Turbulence”（细节体积曲线）：设定更高一级的扰乱，相当于二次扰乱，可以使主扰乱细节更丰富，当数值大于0时可以得到更好的扰乱效果。
- “Time”（时间）：显示时间播放帧的进度。

2.11 使用所选对象作为场源

设定力场从所选物体处开始作用，并将场作为物体的子物体。实际上，该命令的作用是使物体作为一个力场源存在并起作用，命令位置如图2-39所示。

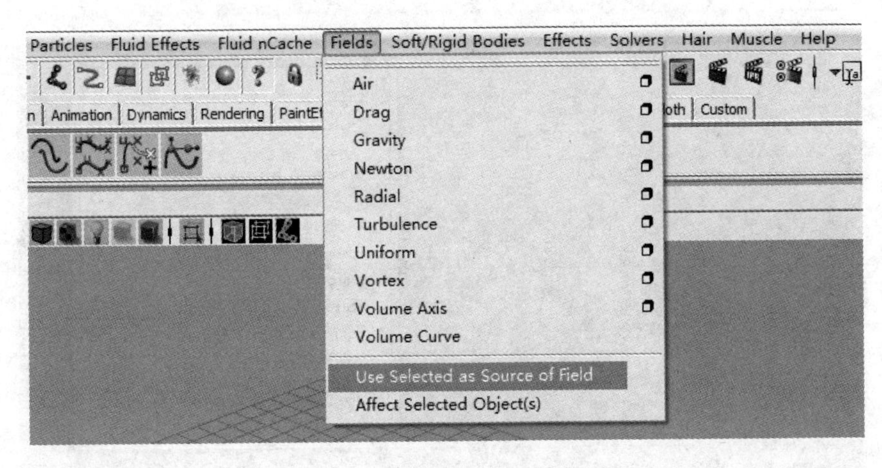

图2-39　使用所选对象作为场源

1）使用粒子工具创建粒子网格，参数如图2-40所示。

在视图中单击鼠标左键，创建粒子网格，按〈Enter〉键结束创建，如图2-41所示。

2）选择粒子，单击“Fields”→“Newton”，为粒子添加牛顿场，如图2-42所示。

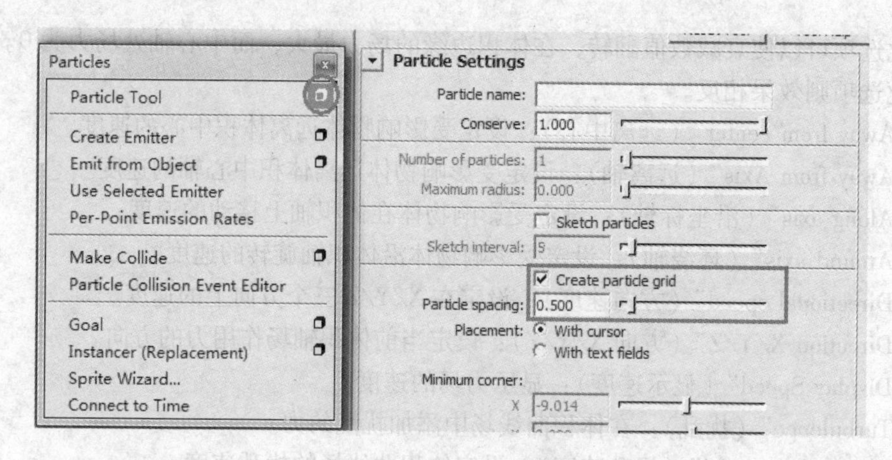

图 2-40　粒子工具属性

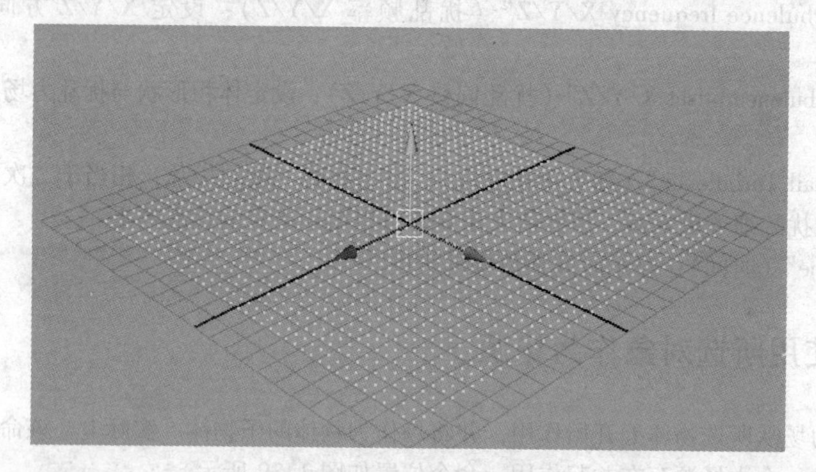

图 2-41　创建粒子网格

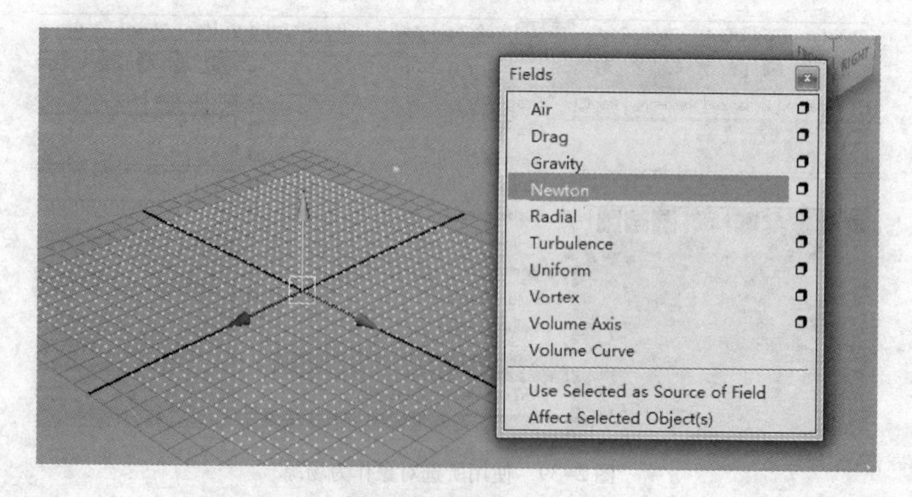

图 2-42　创建牛顿场

播放时间滑条，得到如图 2-43 所示效果。

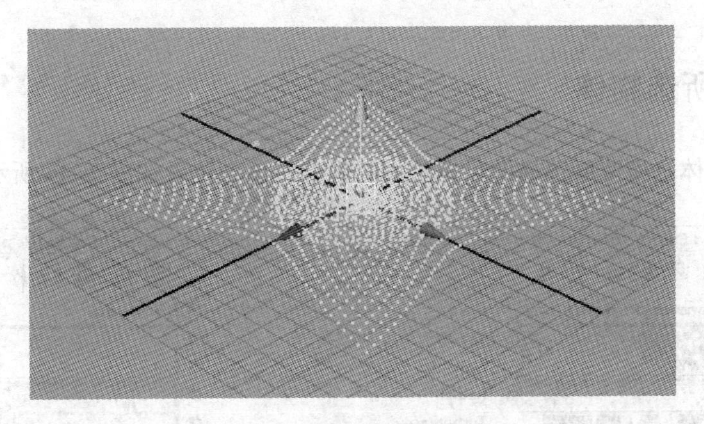

图 2-43　添加牛顿场后的效果

3）单击“Window”→“Outliner”打开大纲，在大纲当中选择粒子和牛顿场，单击“Fields”→“Use Selected as Source of Field”将粒子作为牛顿场的场源，此时，每一个粒子都具有牛顿场的特性，如图 2-44 所示。

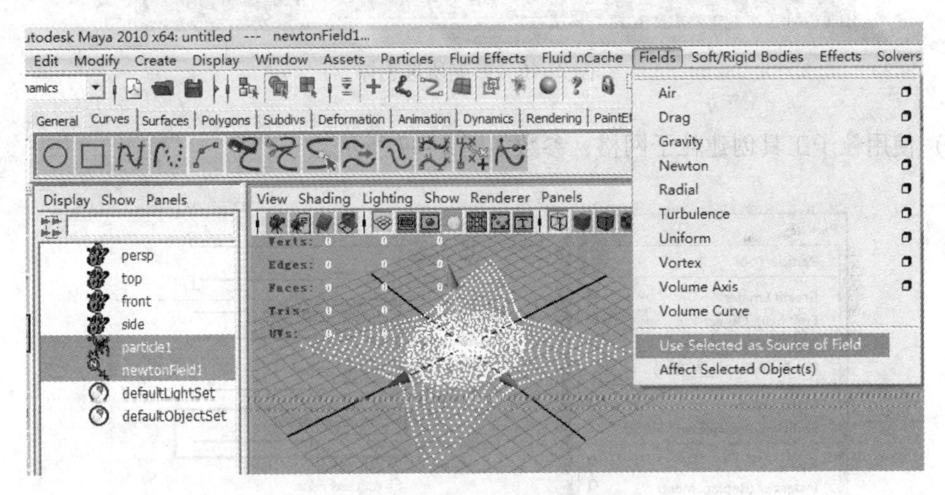

图 2-44　使用所选对象作为场源

4）重新在时间滑条上播放动画，如图 2-45 所示。

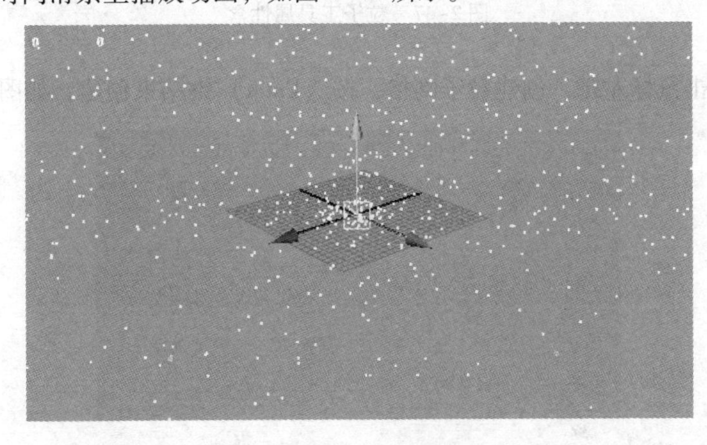

图 2-45　播放解算

2.12 影响所选物体

影响所选物体是指使所选择的物体受场的影响，命令位置如图 2-46 所示。

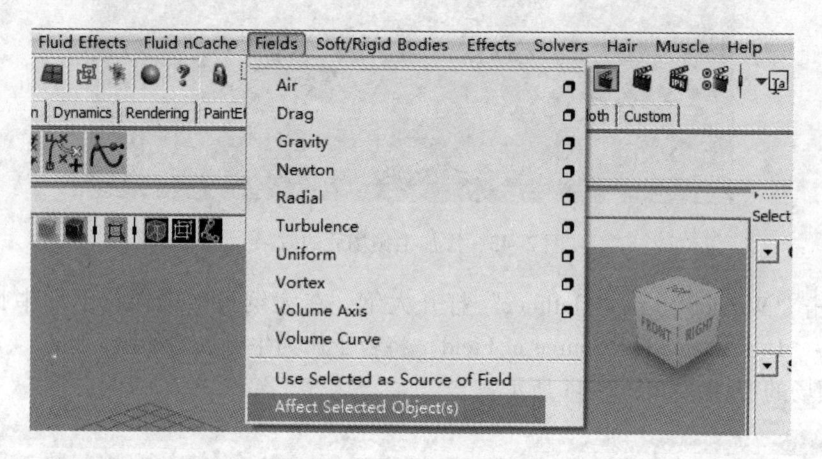

图 2-46　影响所选物体

1）使用粒子工具创建粒子网格，参数如图 2-47 所示。

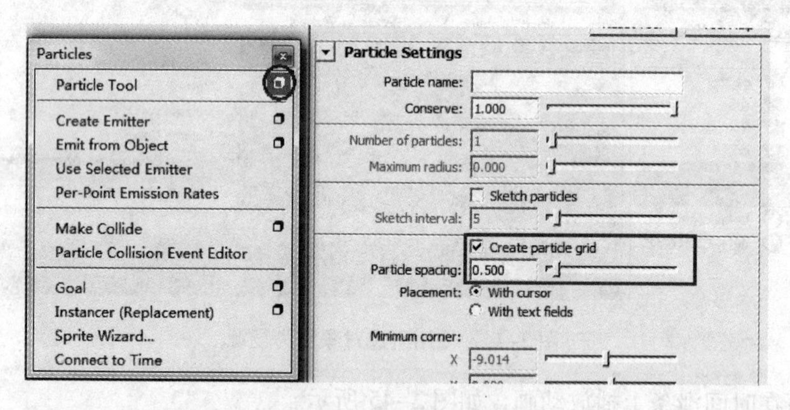

图 2-47　粒子工具属性盒

在视图中单击鼠标左键，创建粒子网格，按〈Enter〉键结束创建，如图 2-48 所示。

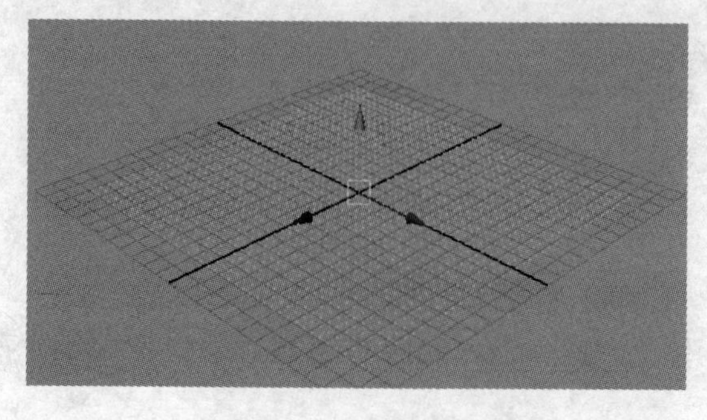

图 2-48　创建粒子网格

2）不选择粒子，单击“Fields”→“Vortex”，创建漩涡场，如图 2-49 所示。

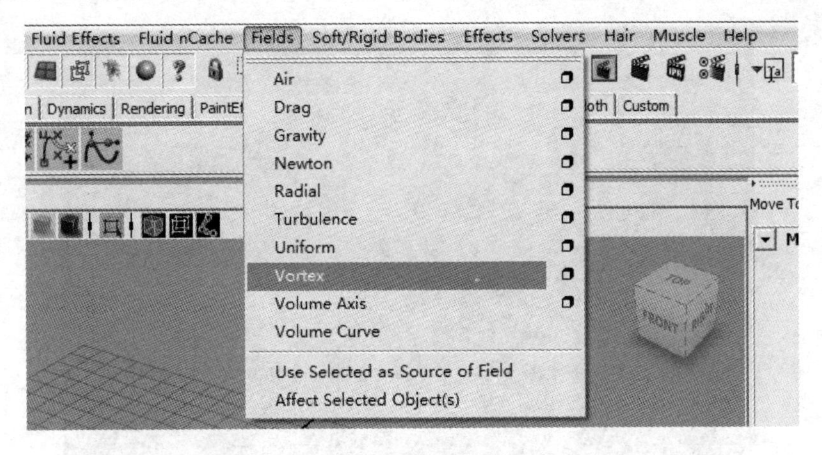

图 2-49　创建漩涡场

播放时间滑条，发现粒子并不受场的影响，如图 2-50 所示。

图 2-50　播放时间滑条

3）选择粒子，按〈Shift〉键加选漩涡场，单击“Fields”→“Affect Selected Object (s)”，使漩涡场能够影响所选择的粒子，如图 2-51 所示。

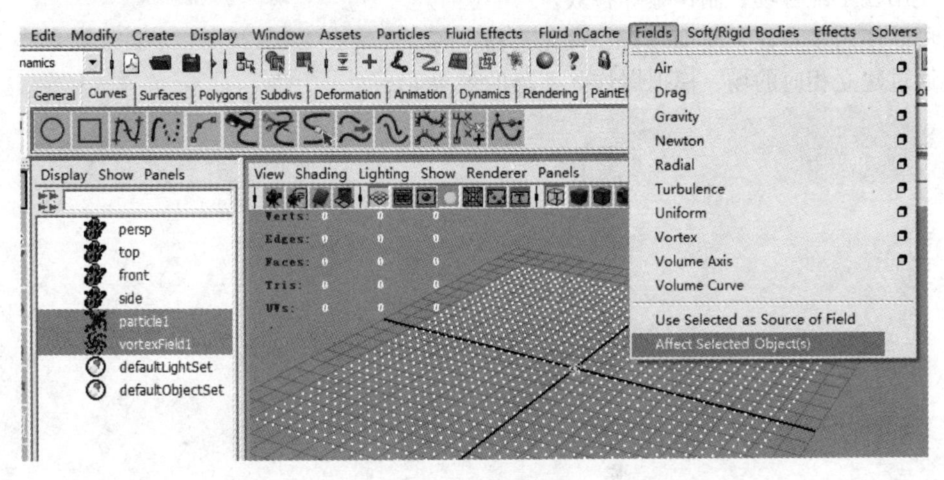

图 2-51　影响所选择的物体

播放时间滑条，发现粒子受到了漩涡场的影响，如图 2-52 所示。

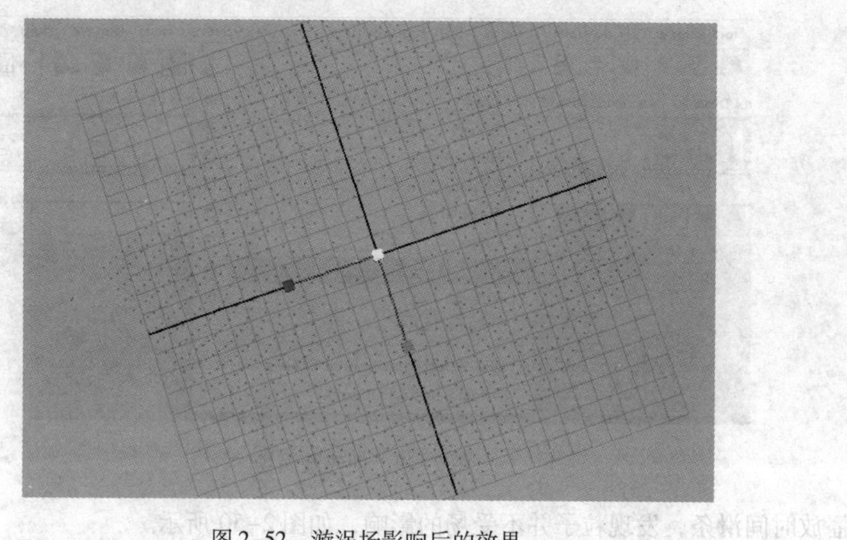

图 2-52　漩涡场影响后的效果

2.13　本章小结

通过本章的学习，读者可以了解到 Maya 动力学场对粒子和动力学物体产生的影响和作用。要达到所需要的特效效果，动力学场是必不可少的工具之一。有了动力场，可以更方便和有效地对场景中的动力学物体和粒子进行控制，从而制作出想要达到的特效效果。所以，需要熟悉各个场的作用，能够在使用时针对不同的情况添加对应的场并进行参数的修改，以便达到需要的效果。

2.14　实训

* 使用粒子配合场，制作爆炸特效。
* 可以使用多套粒子模拟碎石、火花、粉尘等。
* 通过建立相应的场，模拟爆炸并下落的效果。

第3章　柔体/刚体

刚体和柔体可以允许用户在 Maya 当中模拟真实物体的碰撞，刚体在碰撞之后不会产生变形（模拟硬物）。柔体在碰撞或添加场后会产生变形（模拟软体）。如图 3-1 所示。

图 3-1　刚体/柔体

刚体分为主动刚体与被动刚体两种。主动刚体可以受到外界动力学因素，例如场、碰撞和弹簧等作用的影响而改变位置。被动刚体则不会受到动力学因素的影响，只可以与地面一样当作绝对稳定的碰撞物体使用，当然也可以通过手动设置关键帧的方式赋予被动刚体动画。

本章要点

* 理解 Maya 刚体与柔体的含义
* 熟练使用刚体和刚体约束制作刚体特效
* 熟练使用柔体弹簧和柔体笔刷制作柔体特效
* 理解刚体柔体的特性，根据不同的情况制作出相应的特效

3.1 刚体与约束关系

3.1.1 创建主动刚体

"Create Active Rigid Body"（创建主动刚体）可以将物体转化为主动刚体，命令位置如图 3-2 所示。

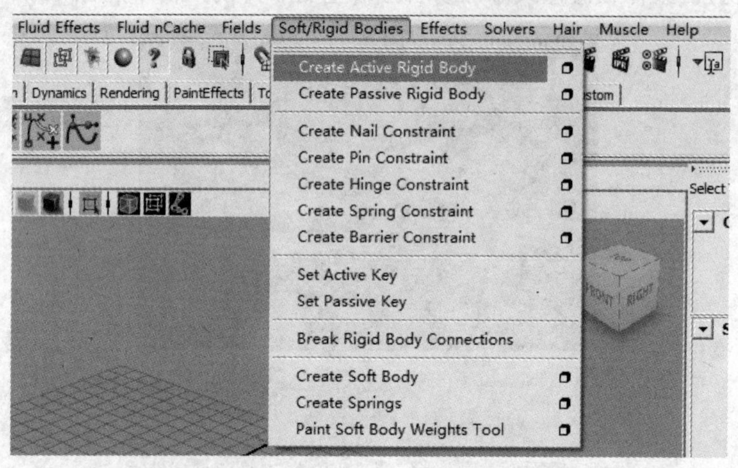

图 3-2　创建主动刚体

打开"Create Active Rigid Body"（创建主动刚体）属性盒，看到相关参数如图 3-3 所示。

- "Rigid body name"（刚体名称）：可以自定义刚体的名称，不输入则使用默认名称。
- "Rigid Body Attributes"（刚体属性栏），其中的选项如下。
  - "Active"（主动刚体）：勾选该选项，可以使当前物体设置为主动刚体，否则创建的则是被动刚体。
  - "Particle collision"（粒子碰撞）：当物体被设置为主动刚体时，勾选该选项，则物体会受到粒子碰撞的影响，两者之间会互相影响。否则，物体不会受到粒子的影响，只有粒子会受到物体影响。
  - "Mass"（质量）：设定主动刚体的质量大小。
  - "Set center of mass"（设置质量中心）：勾选该选项，可以设置主动刚体的质量中心。
  - "Center of mass X/Y/Z"（质量中心 X/Y/Z）：当选择"Set center of mass"（设置质量中心）后，可以设置质量中心的 X/Y/Z 坐标位置。
  - "Static friction"（静摩擦力）：设置当刚体之间互相接触且处于静止状态时的摩擦力。
  - "Dynamic friction"（动摩擦力）：设置当刚体之间互相接触且处于相对运动时的摩擦力。
  - "Bounciness"（弹力）：设定刚体的弹力，数值越大，刚体在碰撞时的弹力越大。
  - "Damping"（阻尼）：设置与物体运动方向相反的力。可以设置正值与负值，正值为阻力，负值为促进力。

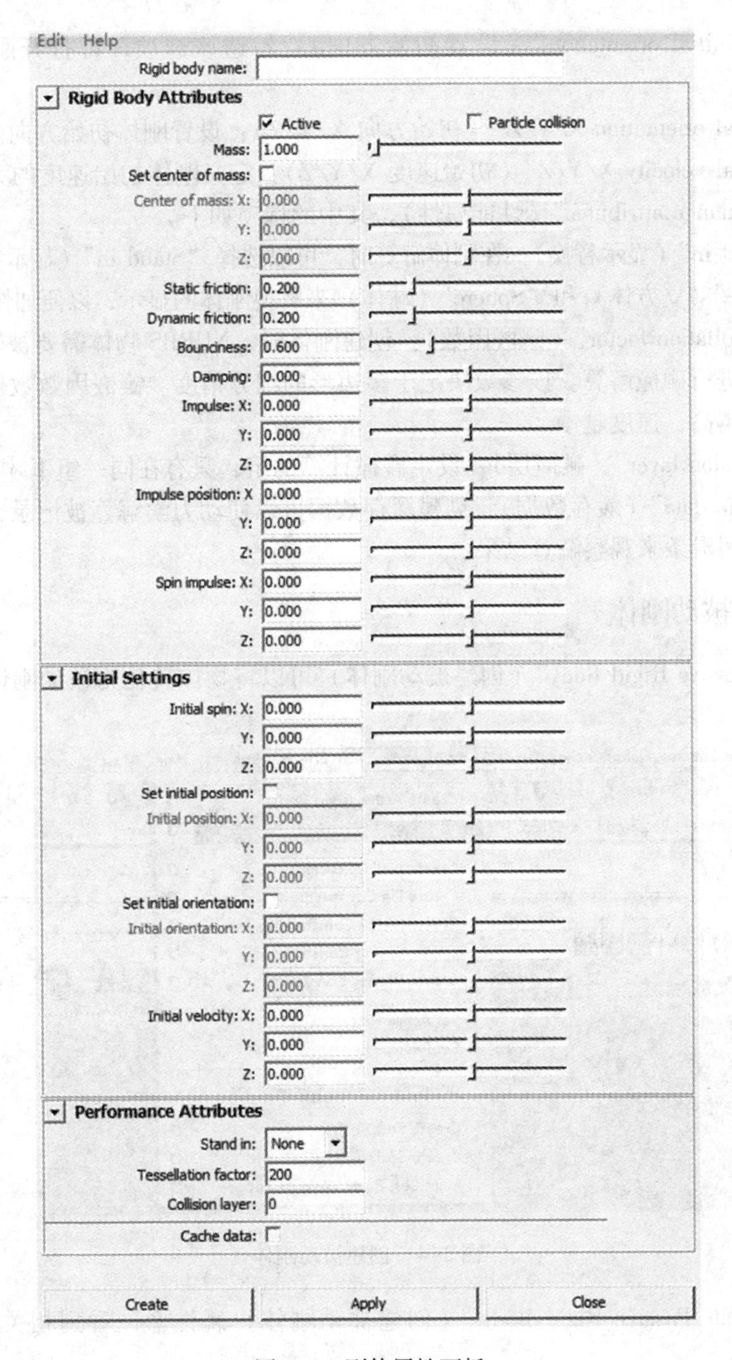

图 3-3 刚体属性面板

- “Impulse X/Y/Z”（冲击力 X/Y/Z）：设定刚体在 X/Y/Z 三个方向上的冲击力。
- “Spin impulse X/Y/Z”（旋转冲力 X/Y/Z）：设置刚体沿重心旋转的冲力。

● “Initial settings”（初始设定栏），其中的选项如下。

- “Initial spin X/Y/Z”（初始旋转 X/Y/Z）：设置刚体在创建时的初始旋转状态。
- “Set initial position”（设定初始位置）：勾选该选项，可打开刚体的初始位置设置。
- “Initial position X/Y/Z”（初始位置 X/Y/Z）：设置刚体初始位置的坐标。

◆ “Set initial orientation”（设置初始方向）：勾选该选项，可打开刚体的初始方向设置。

◆ “Initial orientation X/Y/Z”（初始方向 X/Y/Z）：设置刚体初始方向角度。

◆ “Initial velocity X/Y/Z”（初始速度 X/Y/Z）：定义刚体初始速度的大小和方向。

● “Performance attributes”（性能属性），其中的选项如下。

◆ “Stand in”（显示替换）：在刚体解算时，可以选择“Stand in”（显示替换）选项中的“Cube”（立方体）和“Sphere”（球体）来替换刚体的显示，以便加快解算速度。

◆ “Tessellation factor”（镶嵌因数）：创建刚体时，NURBS 物体需要被转换成多边形才可以进行碰撞解算。该参数决定了多边形的细分精度。镶嵌因数数值越大，则解算精度越高，速度越慢。

◆ “Collision layer”（碰撞层）：设定碰撞计算的组，只有在同一组下才可以产生碰撞。

◆ “Cache data”（缓存数据）：创建缓存数据可以使动力学解算被记录，使用户可以拖拽时间滑条来观察解算结果。

3.1.2 创建被动刚体

“Create Passive Rigid Body”（创建被动刚体）可以将物体转化为被动刚体，命令位置如图 3-4 所示。

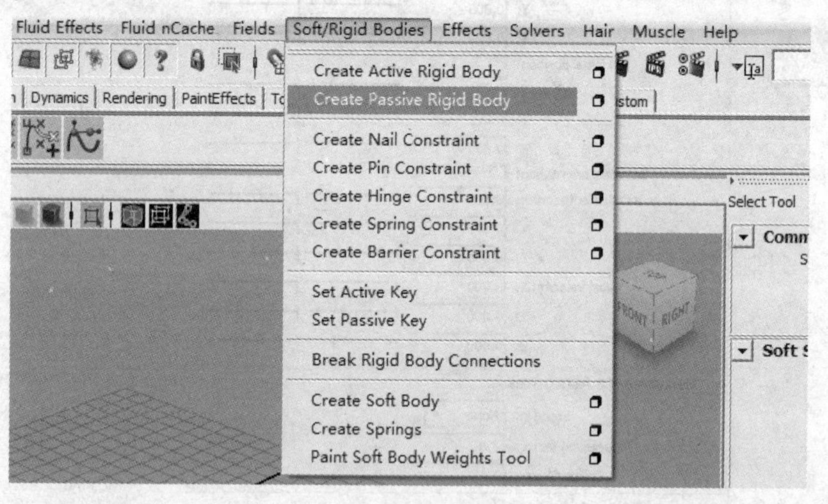

图 3-4　创建被动刚体

打开“Create Passive Rigid Body”（创建被动刚体）属性盒，看到相关参数如图 3-5 所示。

● “Rigid body name”（刚体名）：可以自定义刚体的名称，不输入则使用默认名称。

● “Rigid Body Attributes”（刚体属性栏），其中的选项如下。

◆ “Active”（主动刚体）：勾选该选项，可以使当前物体设置为主动刚体，否则创建的则是被动刚体。

◆ “Particle collision”（粒子碰撞）：当物体被设置为主动刚体时，勾选该选项，则物体会受到粒子碰撞的影响，两者之间会互相影响。否则，物体不会受到粒子的影响，只有粒子会受到物体影响。

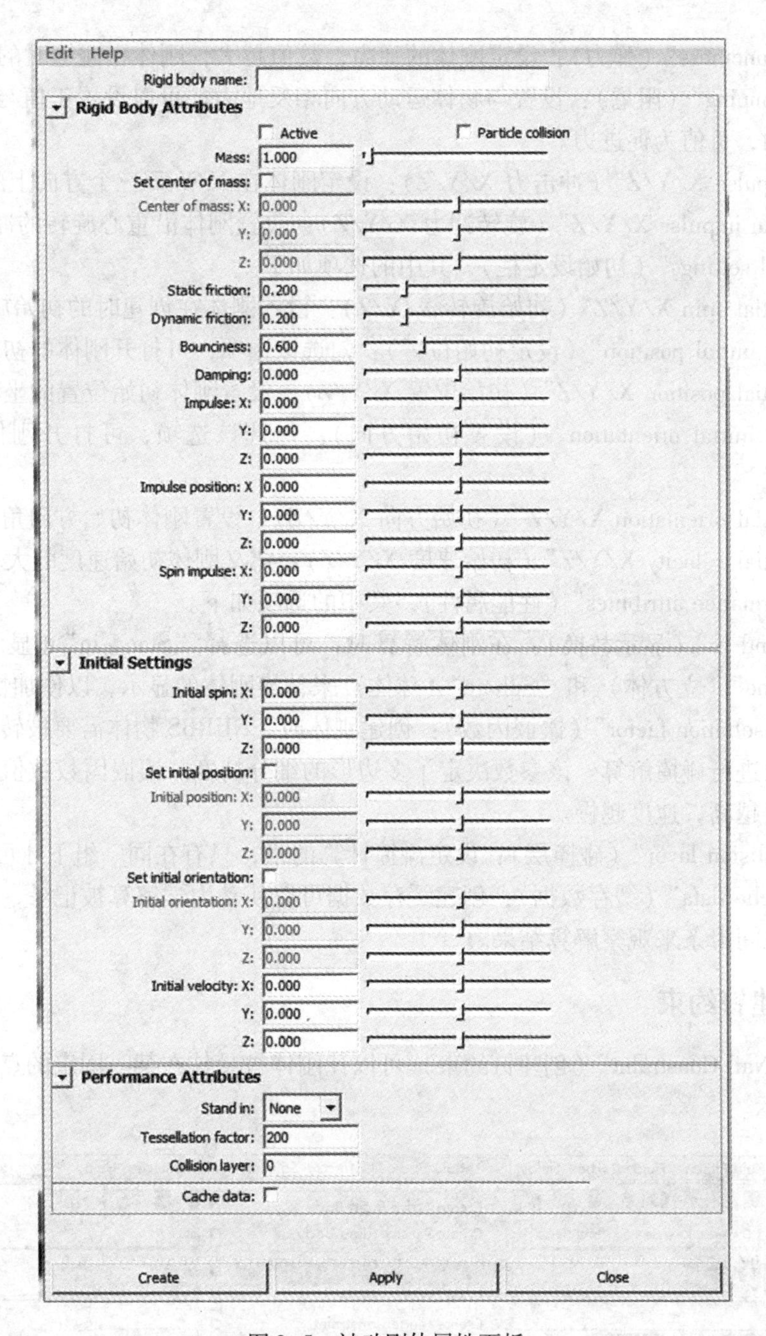

图 3-5　被动刚体属性面板

- “Mass”（质量）：设定主动刚体的质量大小。
- “Set center of mass”（设置质量中心）：勾选该选项，可以设置主动刚体的质量中心。
- “Center of mass X/Y/Z”（质量中心 X/Y/Z）：当勾选“Set center of mass”（设置质量中心）选项后，可以设置质量中心的 X/Y/Z 坐标位置。
- “Static friction”（静摩擦力）：设置刚体之间互相接触且处于静止状态时的摩擦力。
- “Dynamic friction”（动摩擦力）：设置当刚体之间互相接触且处于相对运动时的摩擦力。

◆ "Bounciness"（弹力）：设定刚体的弹力，数值越大，刚体在碰撞时的弹力越大。
◆ "Damping"（阻尼）：设置与物体运动方向相反地力。可以设置正值与负值，正值为阻力，负值为促进力。
◆ "Impulse X/Y/Z"（冲击力 X/Y/Z）：设定刚体在 X/Y/Z 三个方向上的冲击力。
◆ "Spin impulse X/Y/Z"（旋转冲力 X/Y/Z）：设置刚体沿重心旋转的冲力。

● "Initial settings"（初始设定栏），其中的选项如下。
◆ "Initial spin X/Y/Z"（初始旋转 X/Y/Z）：设置刚体在创建时的初始旋转状态。
◆ "Set initial position"（设定初始位置）：勾选该选项，可打开刚体的初始位置设置。
◆ "Initial position X/Y/Z"（初始位置 X/Y/Z）：设置刚体初始位置的坐标。
◆ "Set initial orientation"（设置初始方向）：勾选该选项，可打开刚体的初始方向设置。
◆ "Initial orientation X/Y/Z"（初始方向 X/Y/Z）：设置刚体初始方向角度。
◆ "Initial velocity X/Y/Z"（初始速度 X/Y/Z）：定义刚体初始速度的大小和方向。

● "Performance attributes"（性能属性），其中的选项如下。
◆ "Stand in"（显示替换）：在刚体解算时，可以选择"Stand in"（显示替换）中的"Cube"（立方体）和"Sphere"（球体）来替换刚体的显示，以便加快解算速度。
◆ "Tessellation factor"（镶嵌因数）：创建刚体时，NURBS 物体需要被转换成多边形才可以进行碰撞解算。该参数决定了多边形的细分精度。镶嵌因数数值越大，则解算精度越高，速度越慢。
◆ "Collision layer"（碰撞层）：设定碰撞计算的组，只有在同一组下才可以产生碰撞。
◆ "Cache data"（缓存数据）：创建缓存数据可以使动力学解算被记录，使用户可以拖拽时间滑条来观察解算结果。

3.1.3 创建钉约束

"Create Nail Constraint"（创建钉约束）可以让刚体被悬挂在某一固定的点上，命令位置如图 3-6 所示。

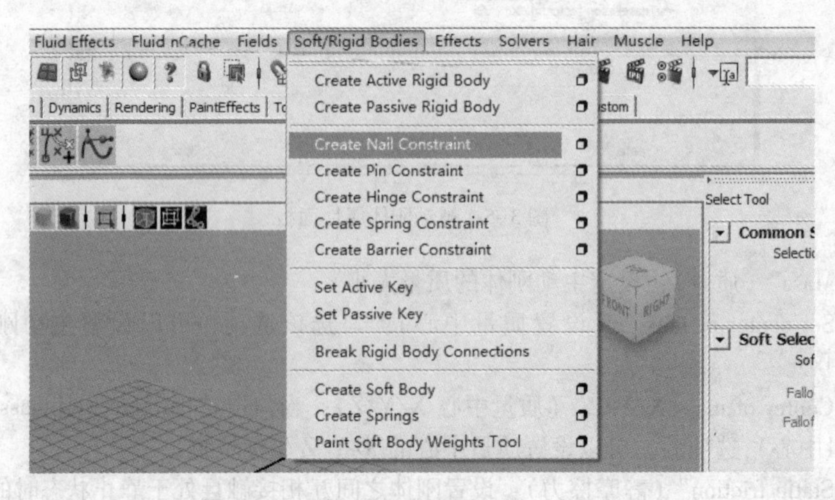

图 3-6 创建钉约束

打开“Create Nail Constraint”（创建钉约束）参数盒，可以看到相关参数如图3-7所示。

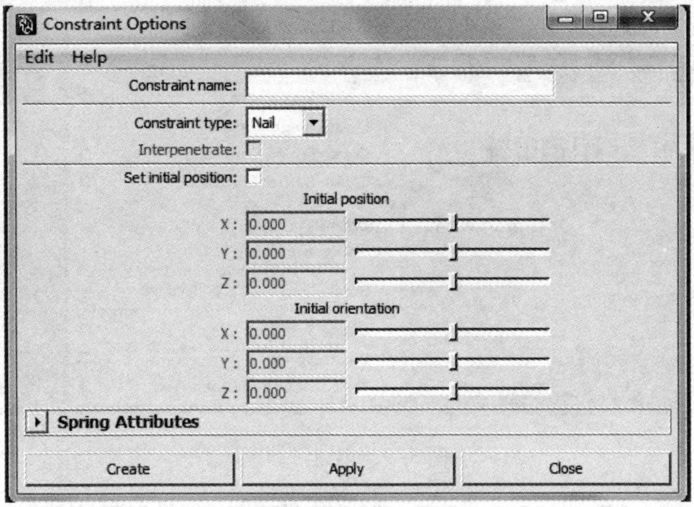

图3-7　钉约束属性面板

- “Constraint name”（约束名称）：可以定义约束的名字，不输入则会使用默认的名称命名。
- “Constraint type”（约束类型）：可以在该选项定义约束的类型，默认设置为“Nail”（钉）约束。
- “Set initial position”（设置初始位置）：勾选该选项，可以设置约束的初始位置。
- “Initial position X/Y/Z”（初始位置X/Y/Z）：设置约束初始位置的X/Y/Z坐标。

需要注意的是属性面板中的灰色部分对于不同的约束类型，属性面板中被激活的参数也会不同。接下来的约束类型，笔者会继续介绍后面的相关参数。

1）单击“Create”→“Polygon Primitives”创建默认的POLY球体，如图3-8所示。

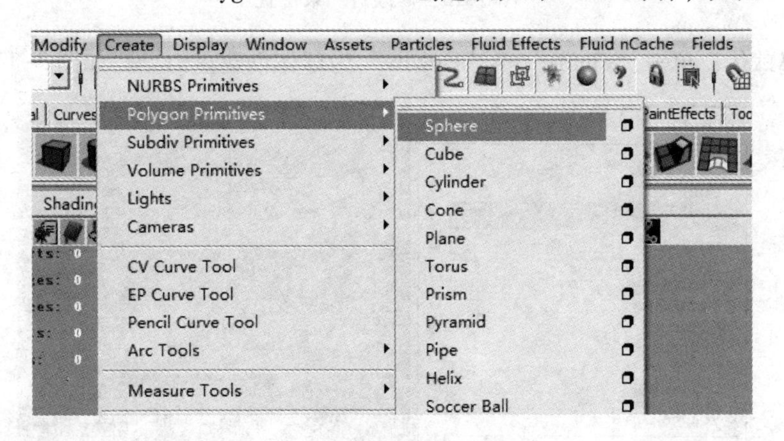

图3-8　创建POLY球体

2）选择场景中的球体，单击“Create Nail Constraint”（创建钉约束），如图3-9所示。

3）打开大纲，选择“rigidNailConstraint 1”（钉约束刚体1），将钉约束的约束点放置在如图3-10所示位置。

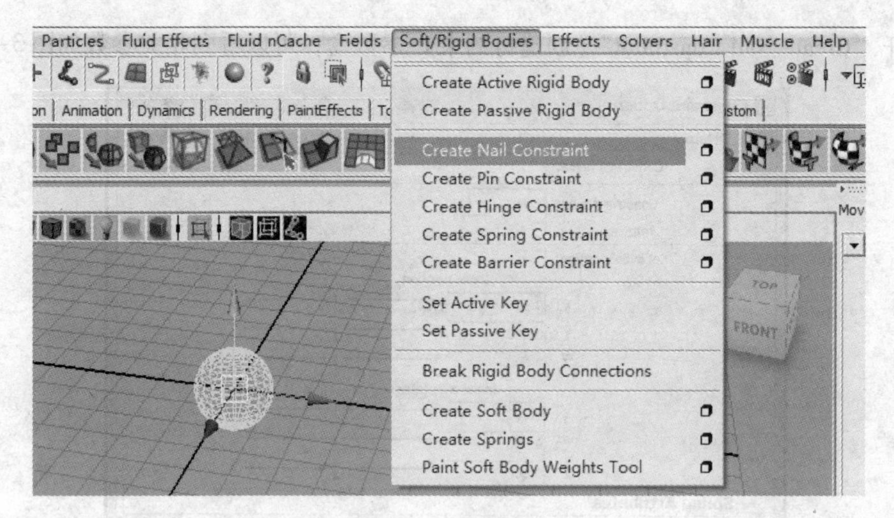

图 3-9　创建钉约束

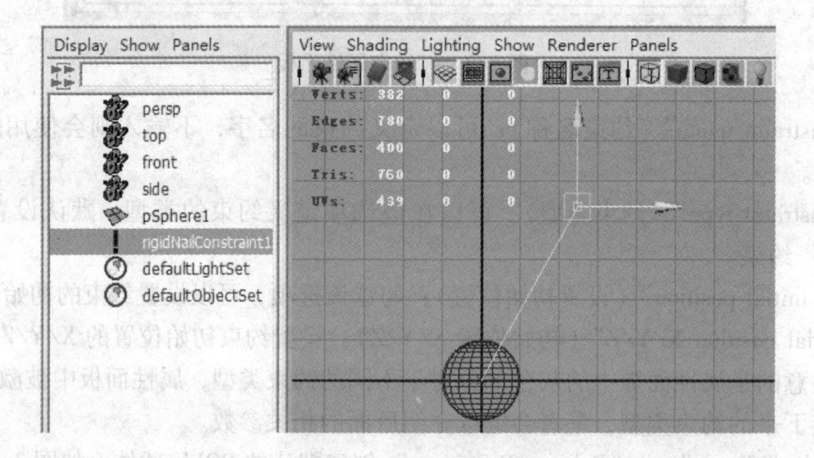

图 3-10　修改钉约束位置

4）选择球体，单击“Fields”→“Gravity”为球体创建重力场，如图 3-11 所示。

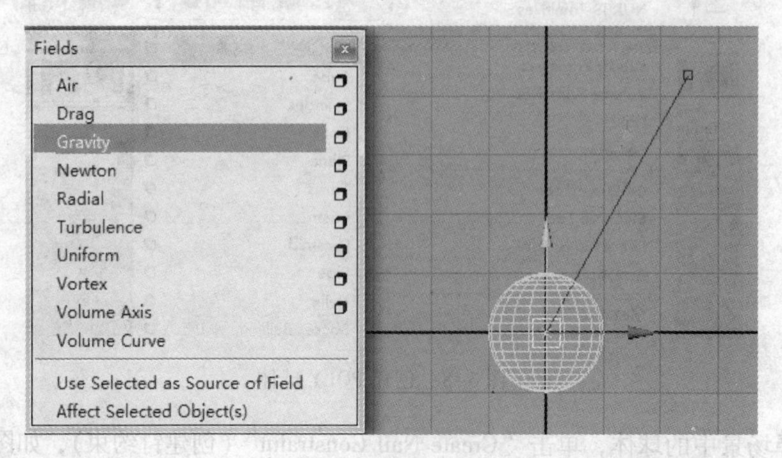

图 3-11　创建重力场

播放时间滑条动画，发现球体受重力和钉约束的影响摆动到了另一边，如图 3-12 所示。

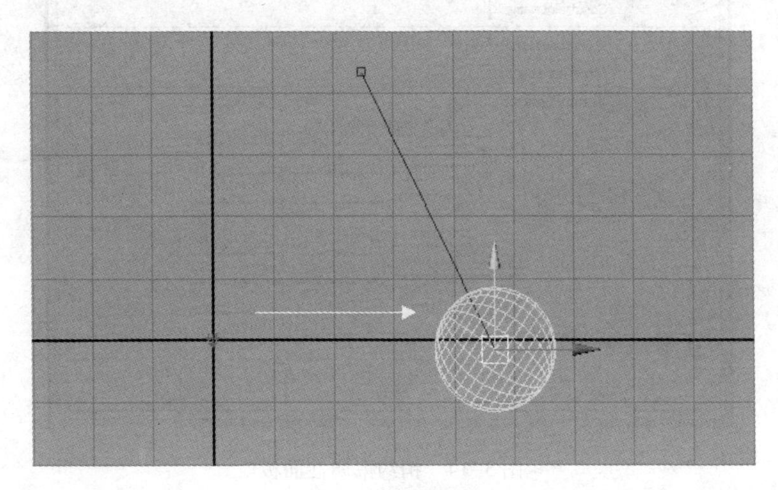

图 3-12　播放解算

3.1.4　创建销约束

与钉约束相比，“Create Pin Constraint”（创建销约束）可以为物体创建带有中间转折关节的约束，命令位置如图 3-13 所示。

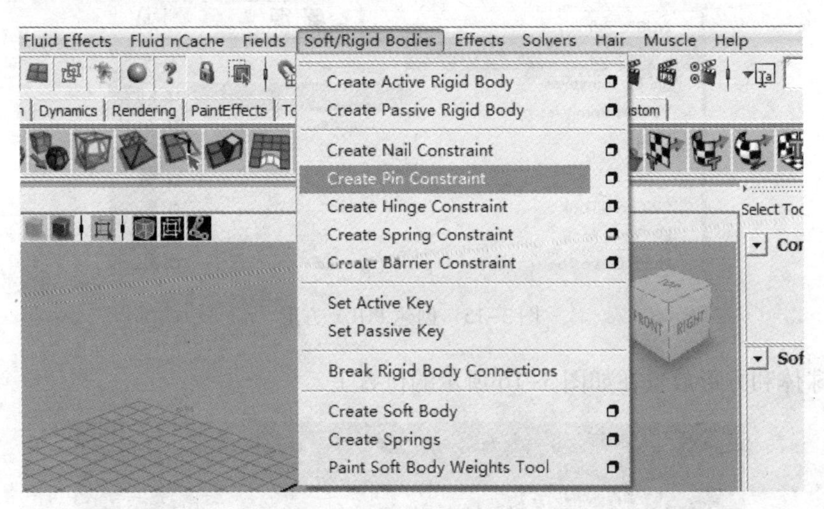

图 3-13　创建销约束

打开“Create Pin Constraint”（创建销约束）参数盒，可以看到相关参数如图 3-14 所示。

- “Constraint name”（约束名称）：可以定义约束的名字，不输入则会使用默认的名称命名。
- “Constraint type”（约束类型）：可以在该选单定义约束的类型，默认设置为“Pin”（销）约束。
- “Set initial position”（设置初始位置）：勾选该选项，可以设置约束的初始位置。

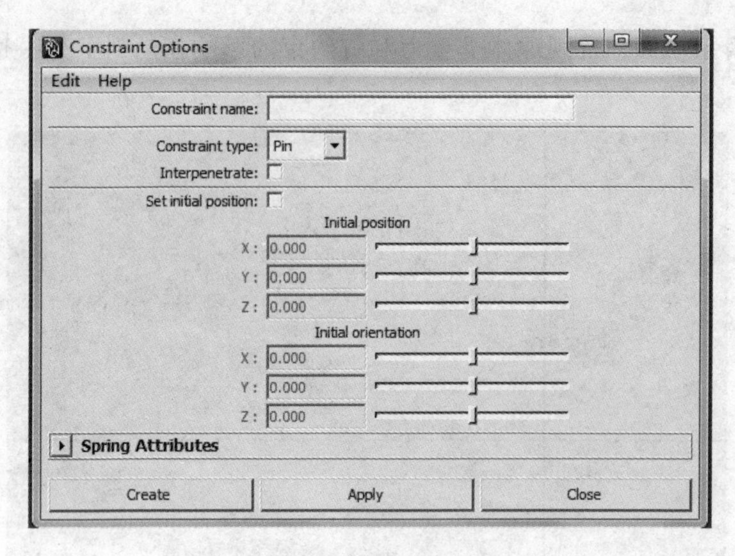

图 3-14　销约束属性面板

● “Initial position X/Y/Z”（初始位置 X/Y/Z）：设置约束初始位置的 X/Y/Z 坐标。

1）单击“Create”→“Polygon Primitives”→“Cube”，创建 POLY 方形。单击“Create”→“Polygon Primitives”→“Sphere”，创建 POLY 球形，如图 3-15 所示。

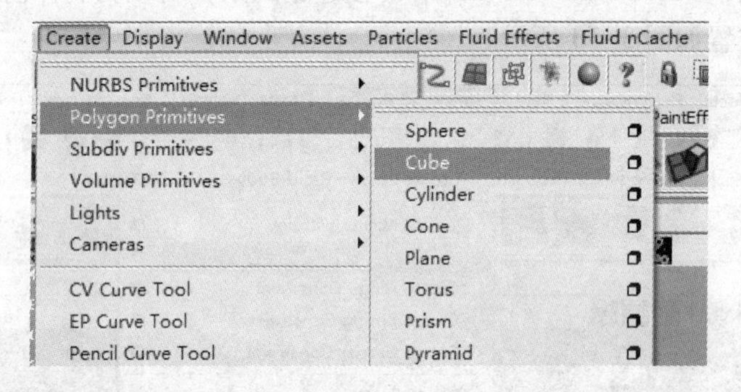

图 3-15　创建 POLY 方形

2）将球体和方形放置在如图 3-16 所示的位置上。

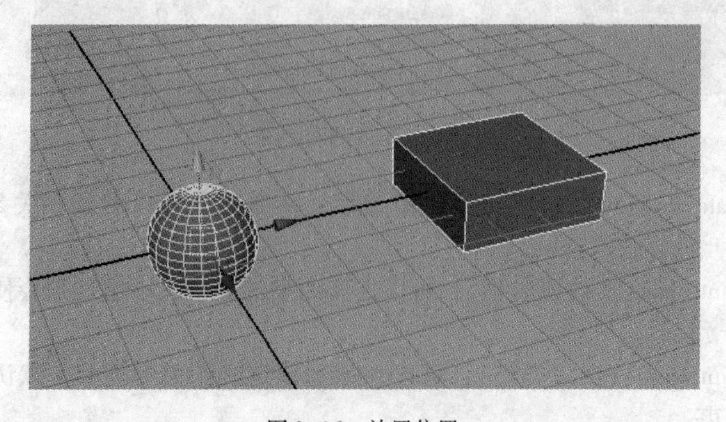

图 3-16　放置位置

3）选择球形，单击“Soft/Rigid Bodies”→“Create Active Rigid Body”，创建主动刚体，如图3-17所示。

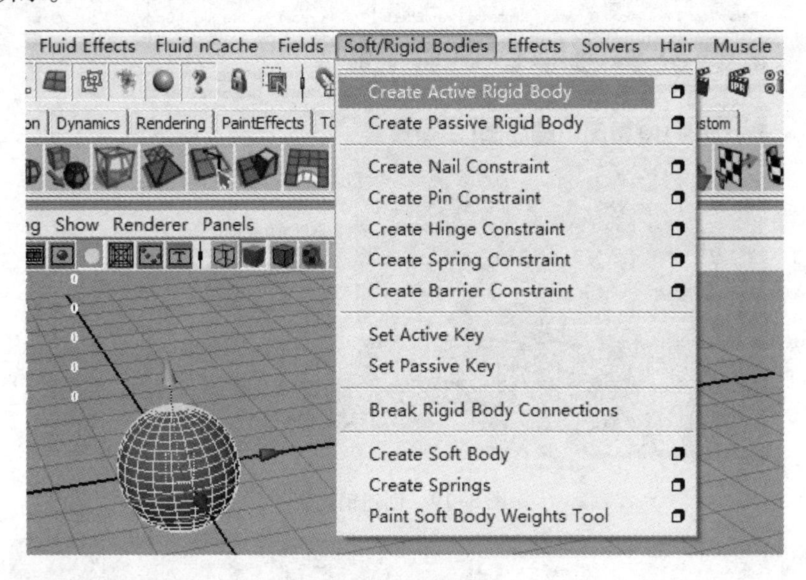

图3-17　创建主动刚体

4）选择方形，单击“Soft/Rigid Bodies”→“Create Passive Rigid Body”，创建被动刚体，如图3-18所示。

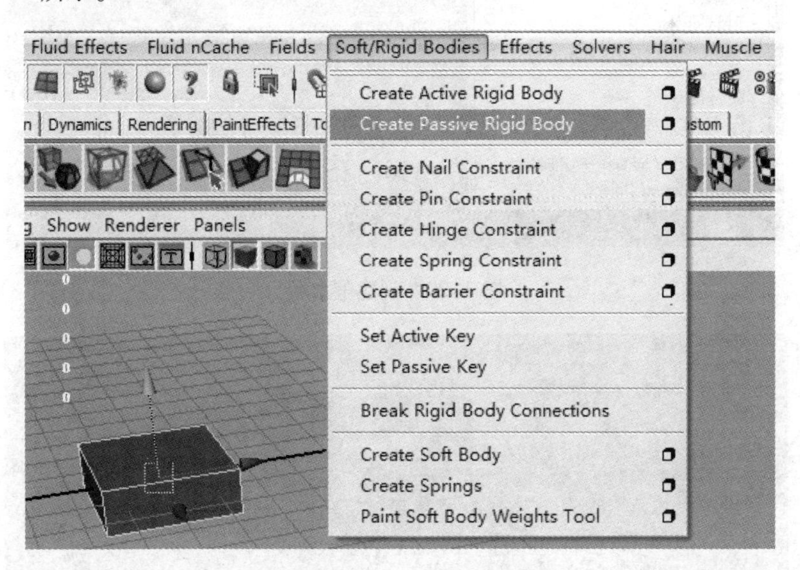

图3-18　创建被动刚体

5）全选球体与刚体，单击“Soft/Rigid Bodies”→“Create Pin Constraint”创建销约束，如图3-19所示。

6）选择球体，单击“Fields”→“Gravity”，为球体创建重力场，如图3-20所示。

播放动画，看到如图3-21所示动画。

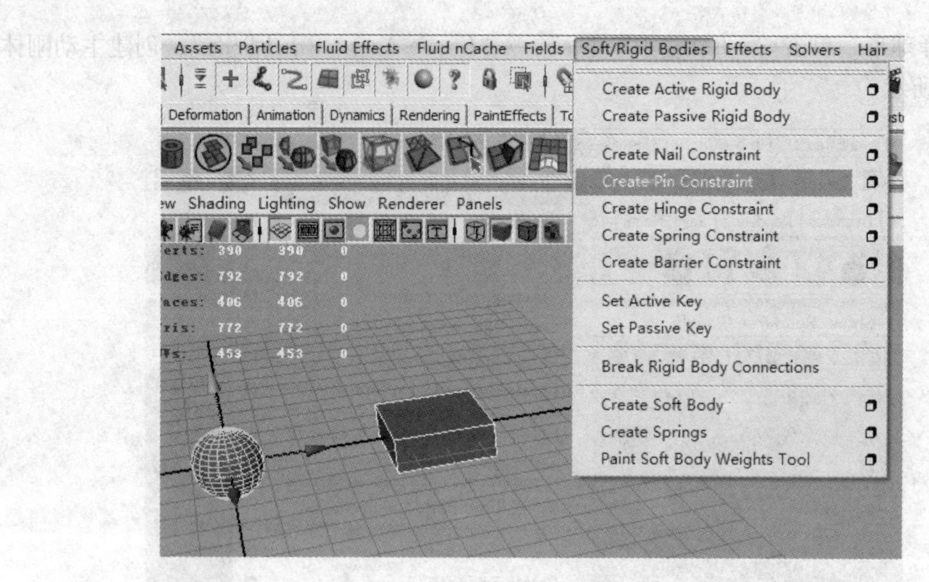

图 3-19　创建销约束

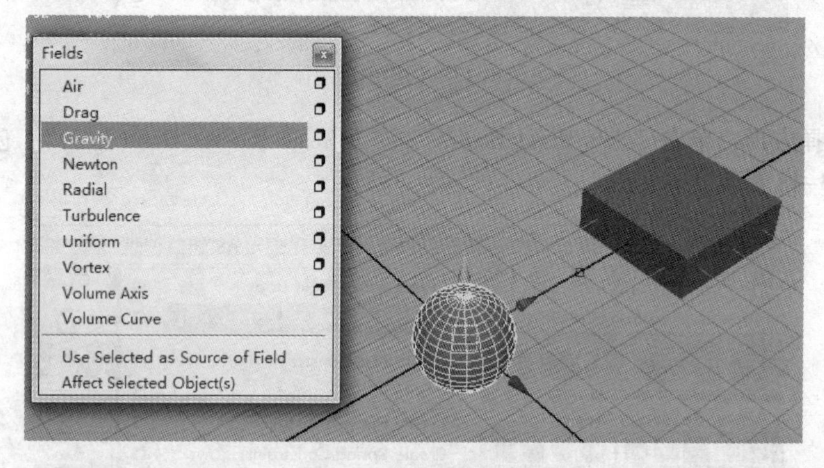

图 3-20　创建重力场

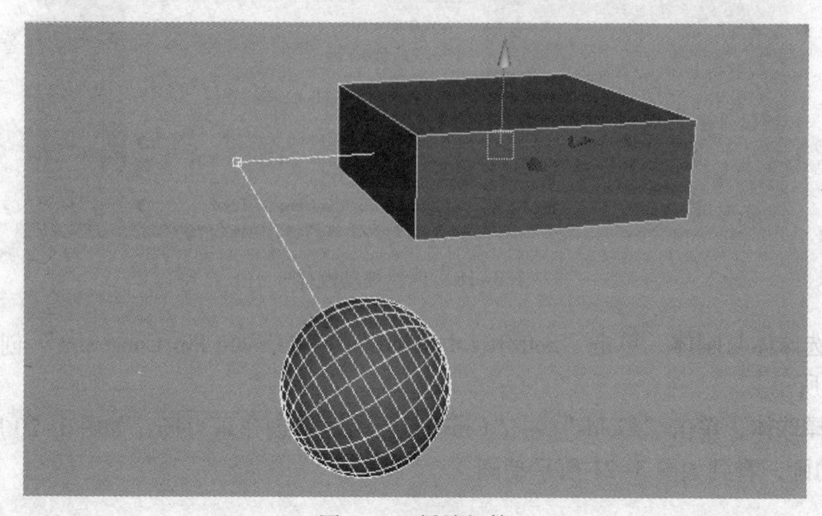

图 3-21　播放解算

3.1.5 创建铰链约束

铰链约束也叫合页约束或转轴约束，可以使两个物体连接起来，并使其绕固定的轴旋转，命令位置如图 3-22 所示。

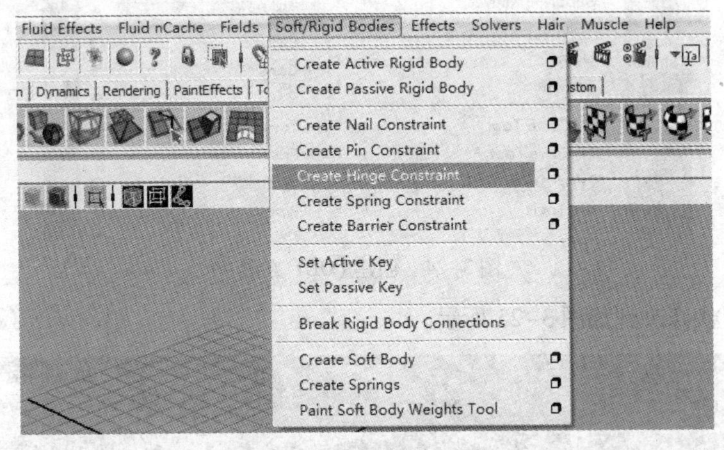

图 3-22　创建铰链约束

打开“Create Hinge Constraint”（创建铰链约束）参数盒，可以看到相关参数如图 3-23 所示。

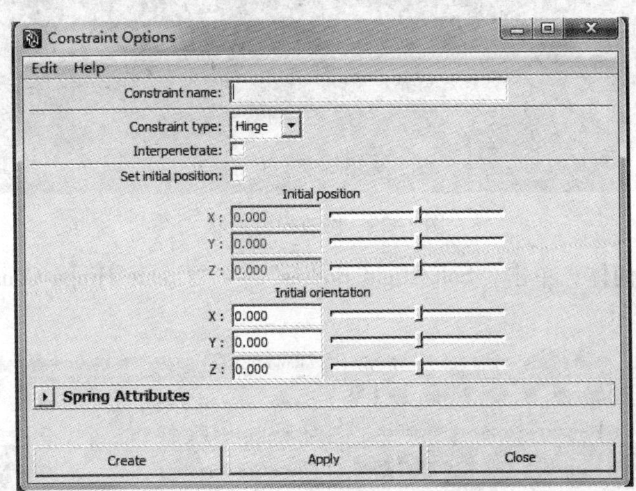

图 3-23　铰链约束属性面板

- “Constraint name”（约束名称）：可以定义约束的名字，不输入则会使用默认的名称命名。
- “Constraint type”（约束类型）：可以在该选项定义约束的类型，默认设置为“Hinge”（铰链）约束。
- “Set initial position”（设置初始位置）：勾选该选项，可以设置约束的初始位置。
- “Initial position X/Y/Z”（初始位置 X/Y/Z）：设置约束初始位置的 X/Y/Z 坐标。
- “Initial orientation X/Y/Z”（初始方向 X/Y/Z）：设置约束的初始方向，该属性只用于“Hinge”（铰链）和“Barrier”（障碍）。

1）单击“Create”→“Polygon Primitives”→“Cube”创建方形几何体，如图 3-24 所示。

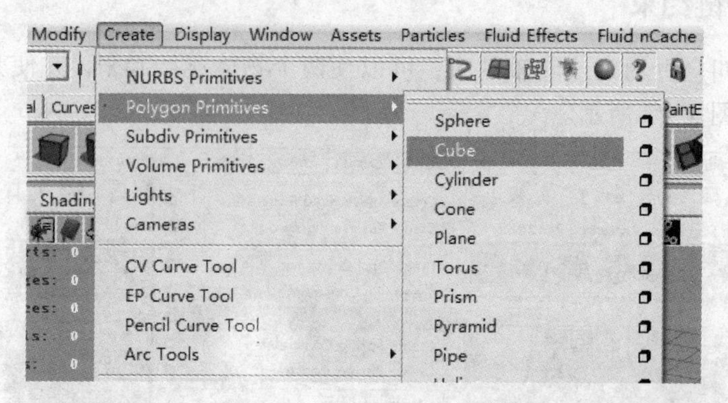

图 3-24　创建 POLY 方形

将几何体形状修改到如图 3-25 所示。

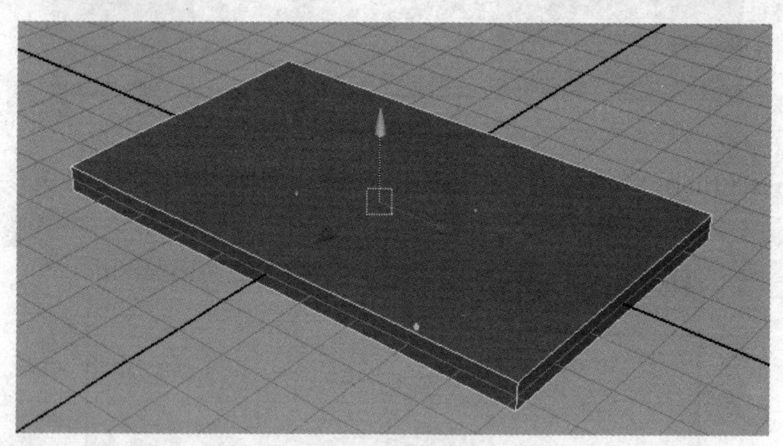

图 3-25　修改模型形状

2）选择方形几何体，单击“Soft/Rigid Bodies”→“Create Hinge Constraint”，创建铰链约束，如图 3-26 所示。

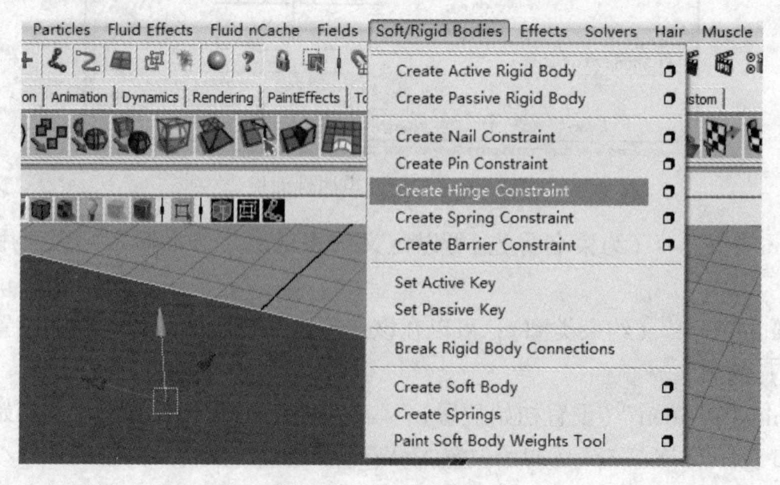

图 3-26　创建铰链约束

3）选择铰链，将铰链拖动到方形几何体的边界处，如图 3-27 所示。

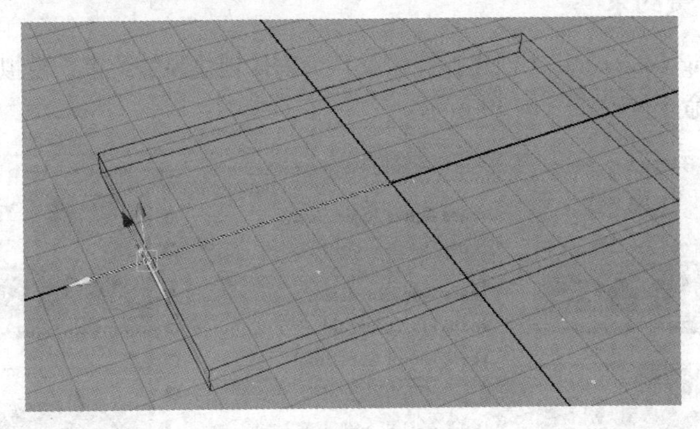

图 3-27　修改铰链约束位置

4）选择方形几何体，单击“Fields”→“Gravity”，为几何体创建重力场，如图 3-28 所示。

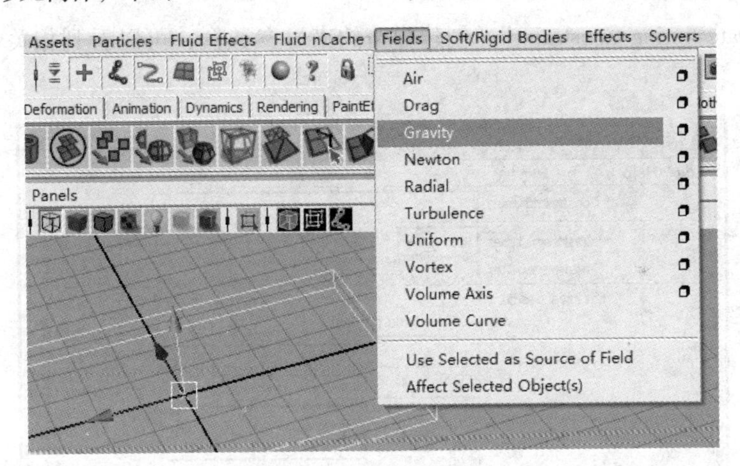

图 3-28　创建重力场

播放动画后得到如图 3-29 所示的效果。

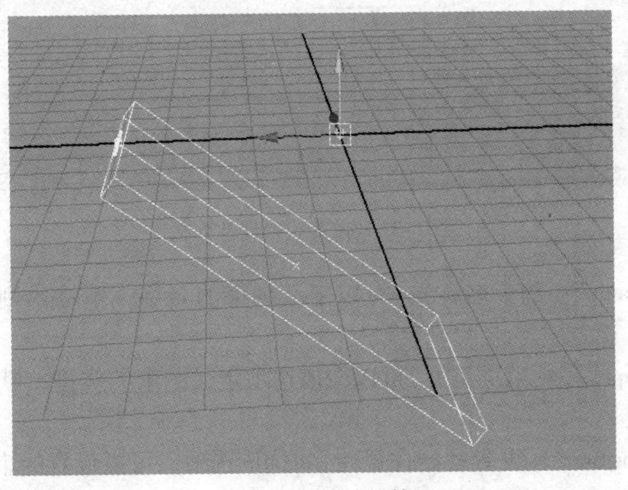

图 3-29　播放解算

3.1.6 创建弹簧约束

"Create Spring Constraint"（创建弹簧约束）为物体创建弹簧约束，模拟被具有弹性的绳索悬挂的效果，命令位置如图 3-30 所示。

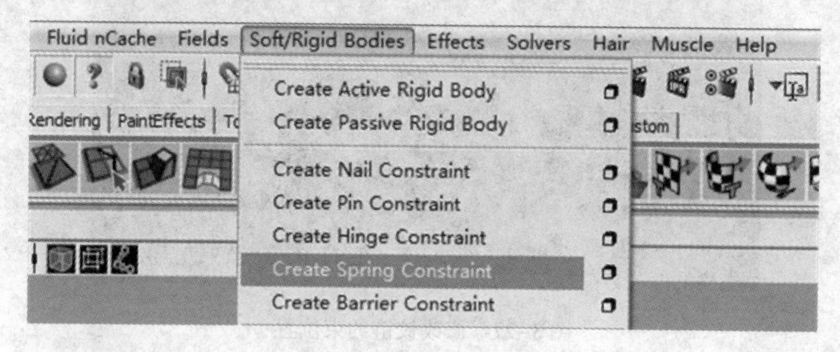

图 3-30　创建弹簧约束

打开"Create Spring Constraint"（创建弹簧约束）参数盒，可以看到相关参数如图 3-31 所示。

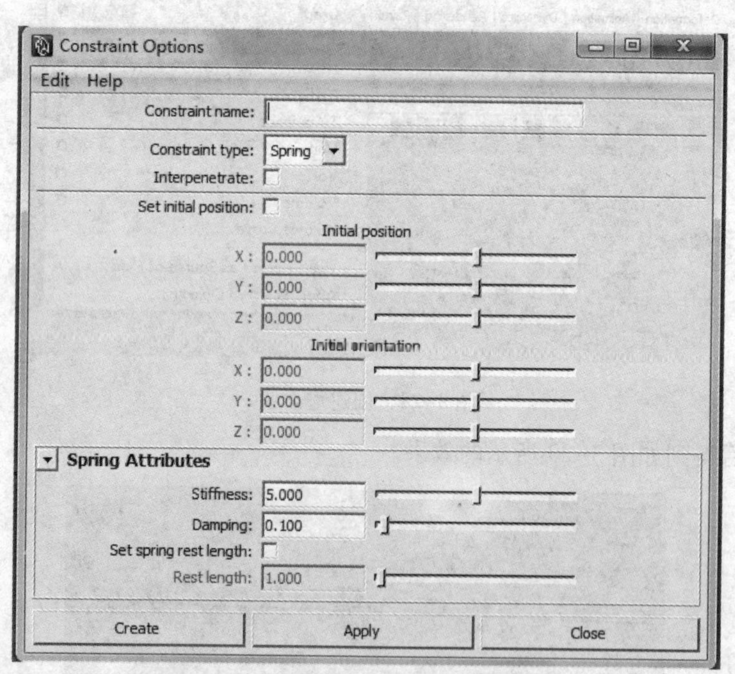

图 3-31　弹簧约束属性面板

- "Constraint name"（约束名称）：可以定义约束的名字，不输入则会使用默认的名称命名。
- "Constraint type"（约束类型）：可以在该选项定义约束的类型，默认设置为"Spring"（弹簧）约束。
- "Set initial position"（设置初始位置）：勾选该选项，可以设置约束的初始位置。
- "Initial position X/Y/Z"（初始位置 X/Y/Z）：设置约束初始位置的 X/Y/Z 坐标。

- “Initial orientation X/Y/Z”（初始方向 X/Y/Z）：设置约束的初始方向，该属性只用于 Hinge（铰链）和 Barrier（障碍）。
- “Spring Attributes”（弹簧属性栏），其中的选项如下。
  - “Stiffness”（硬度）：设定弹簧的硬度。
  - “Damping”（阻尼）：设定弹簧的阻尼，该参数是阻止弹簧跳动的阻力，数值越大，弹簧从运动到静止的时间越短。也可以设置成负值，对弹簧的运动起到促进作用。
  - “Set spring rest length”（设置弹簧的松弛长度）：勾选该选项，选择弹簧松弛设置。
  - “Rest length”（静止长度）：设置弹簧松弛时的长度。

1）单击“Create”→“Polygon Primitives”创建默认的 POLY 球体，如图 3-32 所示。

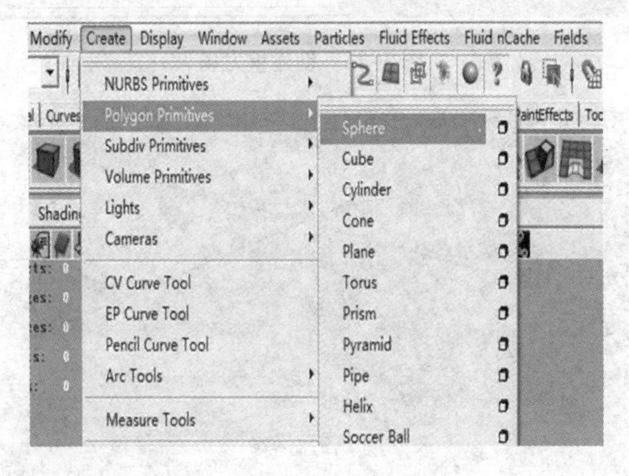

图 3-32　创建 POLY 球体

2）选择场景中的球体，单击“Create Spring Constraint”创建弹簧约束，如图 3-33 所示。

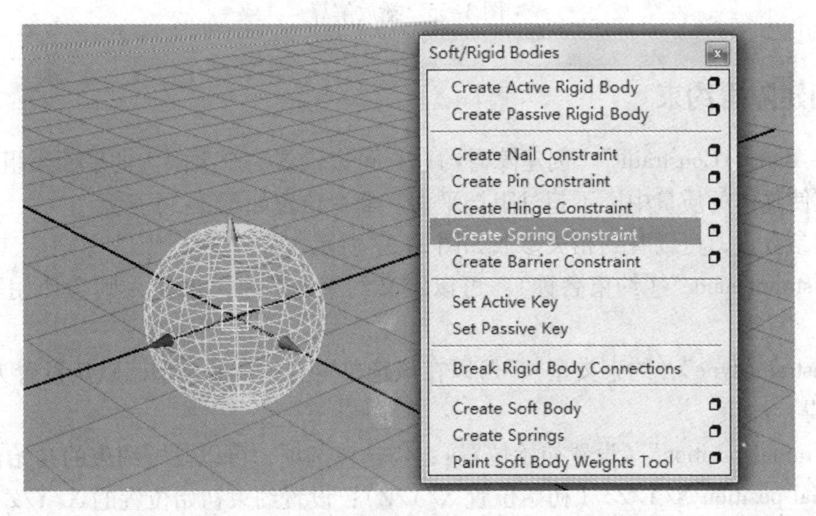

图 3-33　创建弹簧约束

3）选择球体，单击“Fields”→“Gravity”为球体添加重力场，如图 3-34 所示。播放动画，看到球体被弹簧约束，并产生了上下弹跳，如图 3-35 所示。

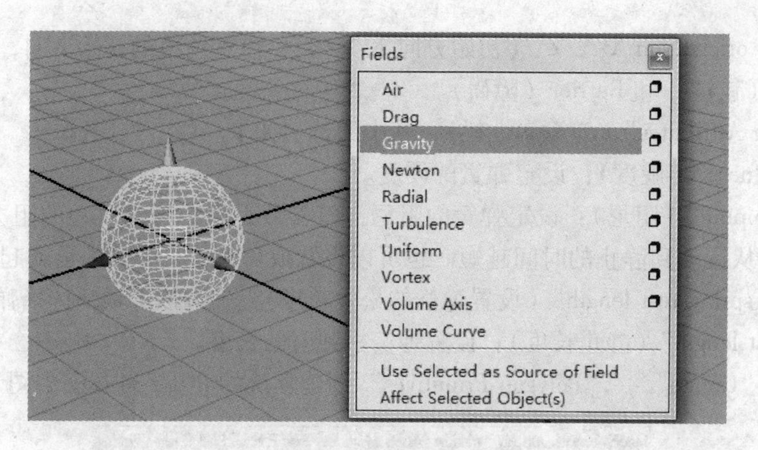

图 3-34　创建重力场

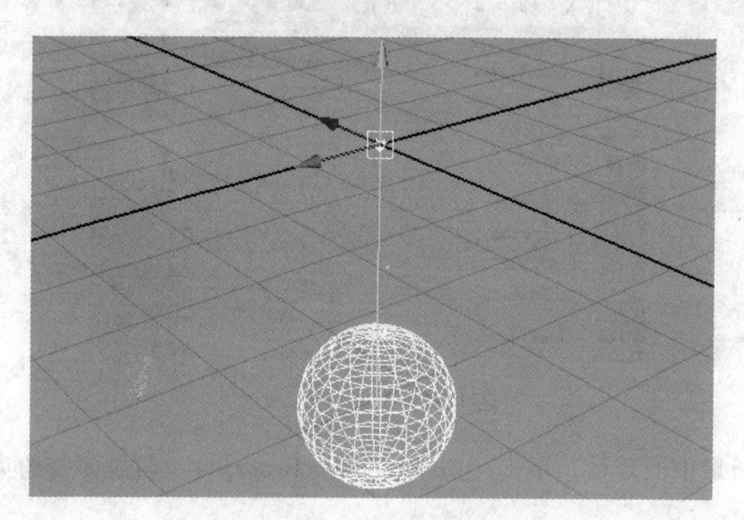
图 3-35　播放解算

3.1.7　创建障碍约束

"Create Barrier Constraint"（创建障碍约束）可以设置一个无限大的平面来阻止被约束物体的运动，使物体的质量中心不超过阻挡平面。命令位置如图 3-36 所示。

打开其参数盒，可以看到相关参数如图 3-37 所示。

- "Constraint name"（约束名称）：可以定义约束的名字，不输入则会使用默认的名称命名。
- "Constraint type"（约束类型）：可以在该选单定义约束的类型，默认设置为"Barrier"（障碍）约束。
- "Set initial position"（设置初始位置）：勾选该选项，可以设置约束的初始位置。
- "Initial position X/Y/Z"（初始位置 X/Y/Z）：设置约束初始位置的 X/Y/Z 坐标。
- "Initial orientation X/Y/Z"（初始方向 X/Y/Z）：设置约束的初始方向，该属性只用于"Hinge"（铰链）和"Barrier"（障碍）约束。

1）单击"Create"→"Polygon Primitives"，创建默认的 POLY 球体，如图 3-38 所示。

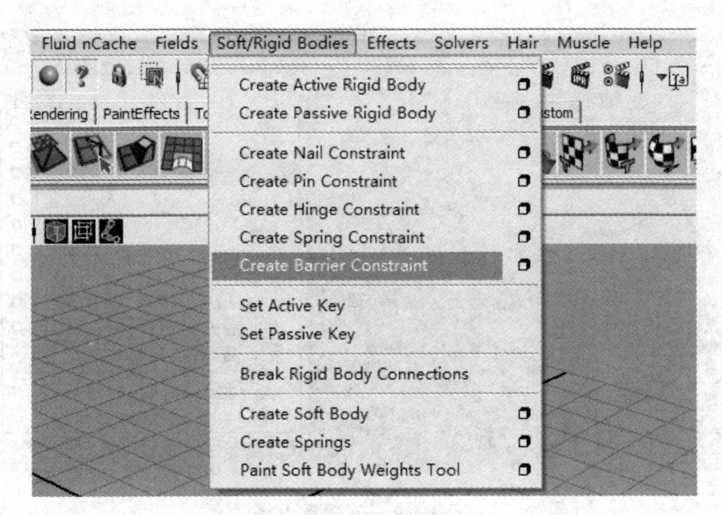

图 3-36　创建障碍约束

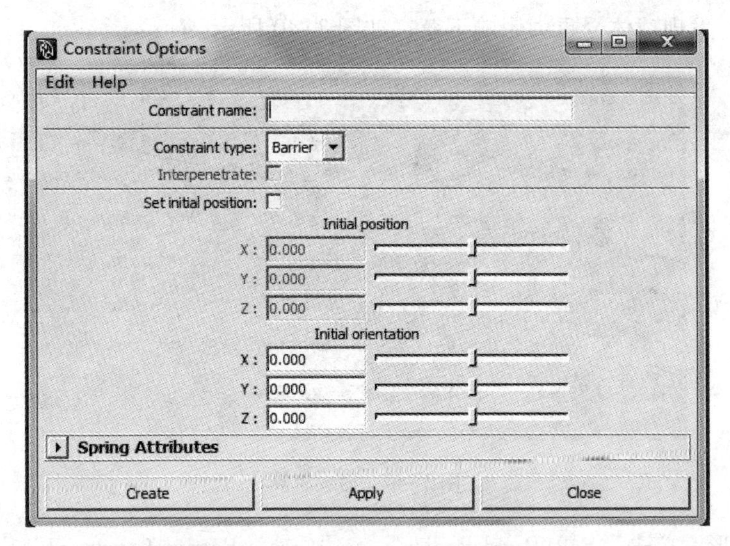

图 3-37　障碍约束属性面板

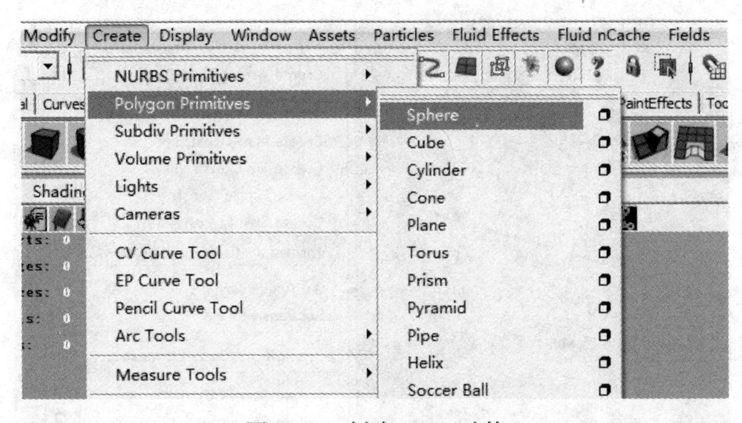

图 3-38　创建 POLY 球体

2）选择球体，单击“Fields”→“Gravity”使重力场作用于球体，如图 3-39 所示。

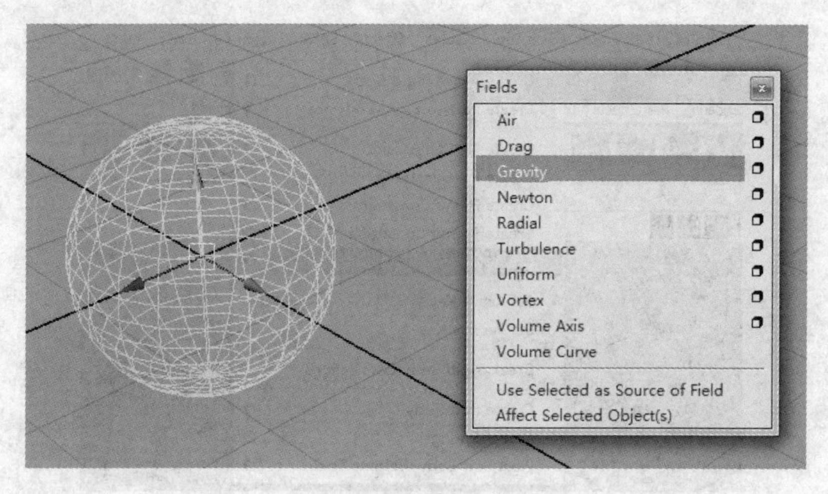

图 3-39　创建重力场

播放动画，发现球体受重力影响下落，如图 3-40 所示。

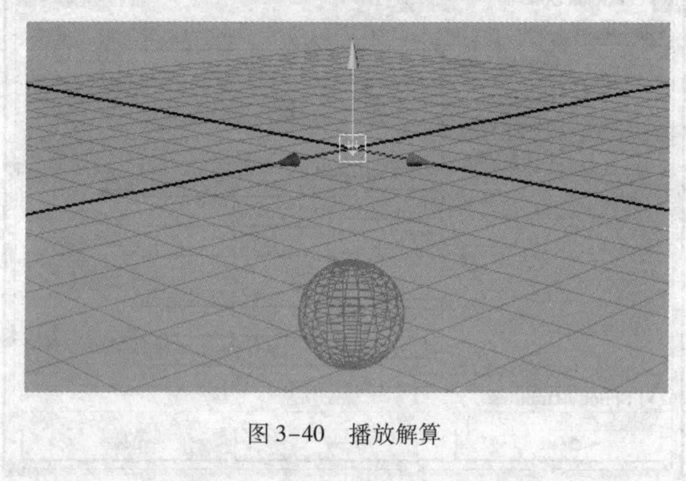

图 3-40　播放解算

3）选择球形，单击“Soft/Rigid Bodies”→“Create Barrier Constraint”，创建障碍约束，如图 3-41 所示。

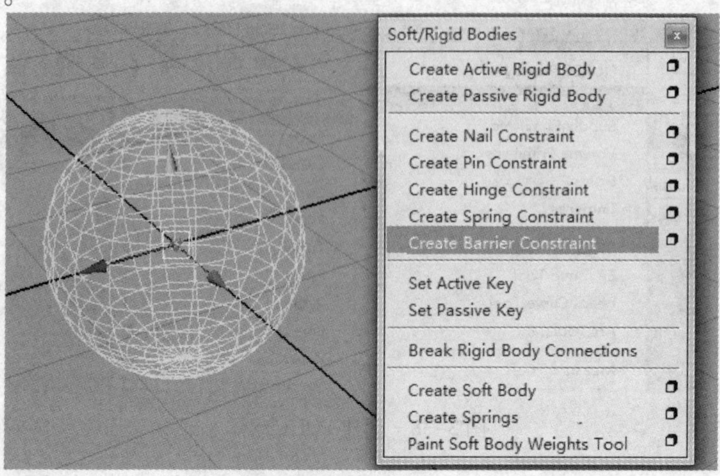

图 3-41　创建障碍约束

4）在视图中选择障碍约束物或在“Window”→“Outliner”大纲中选择“rigidBarrier-Constraint1”（刚体障碍约束1），将其移动到球体下方，如图3-42所示。

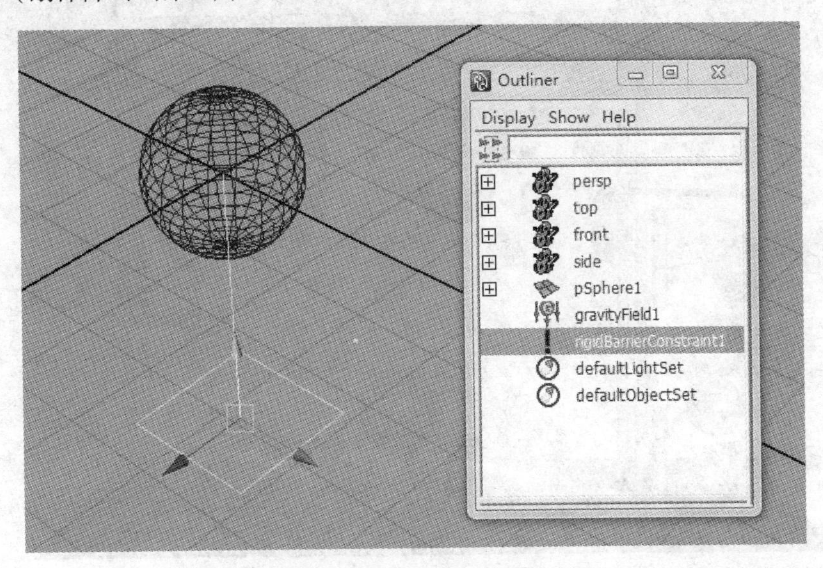

图3-42　修改障碍约束位置

播放动画，可以看到障碍约束阻止了球体因重力下落的过程，如图3-43所示。

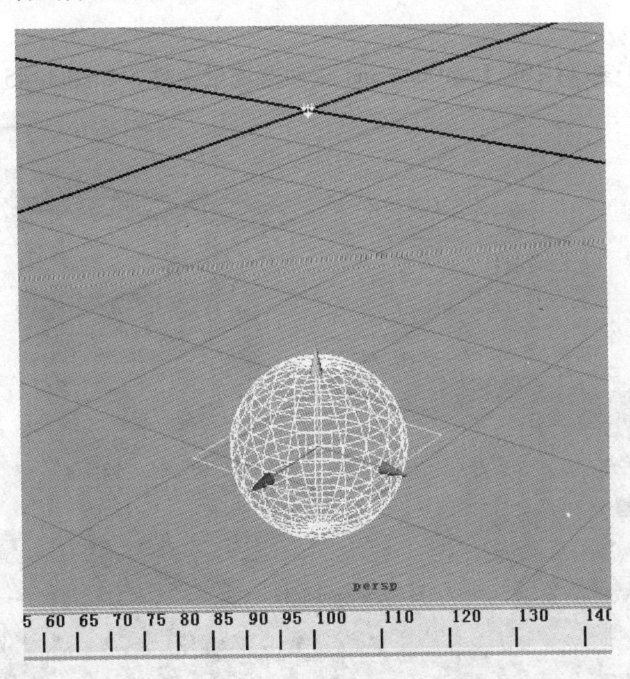

图3-43　播放解算

3.1.8　［案例］联动器效果制作

【案例目的】通过对刚体、柔体和场的了解，在实战中结合实际效果，学会综合运用这些功能制作联动器效果。

【**案例效果**】如图 3-44 所示。

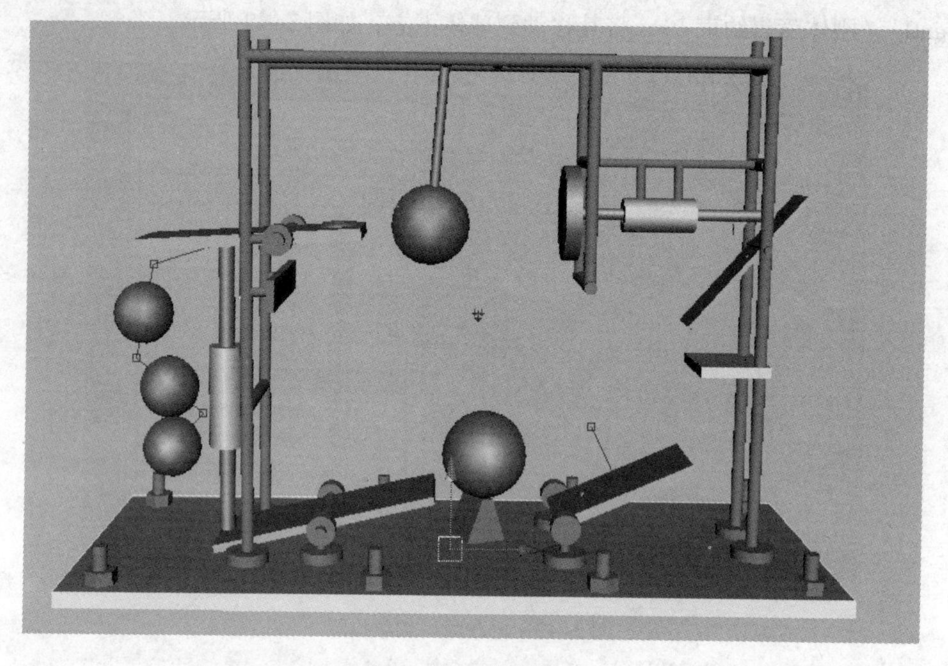

图 3-44　播放解算

【**案例步骤**】

打开 Chapter_03 素材中的 LianDong. ma 联动器场景文件，如图 3-45 所示。

图 3-45　联动器场景

1）通过这个场景，需要制作出下落物体带动整个设备产生联动效果。为此，需要在场景中设置主动刚体和被动刚体，并使用各种刚体约束设置机关的联动效果。选择坠落物体，单击“Soft/Rigid Bodies”→“Create Active Rigid Body”创建主动刚体，将坠落物体设置为主动刚体，如图 3-46 所示。

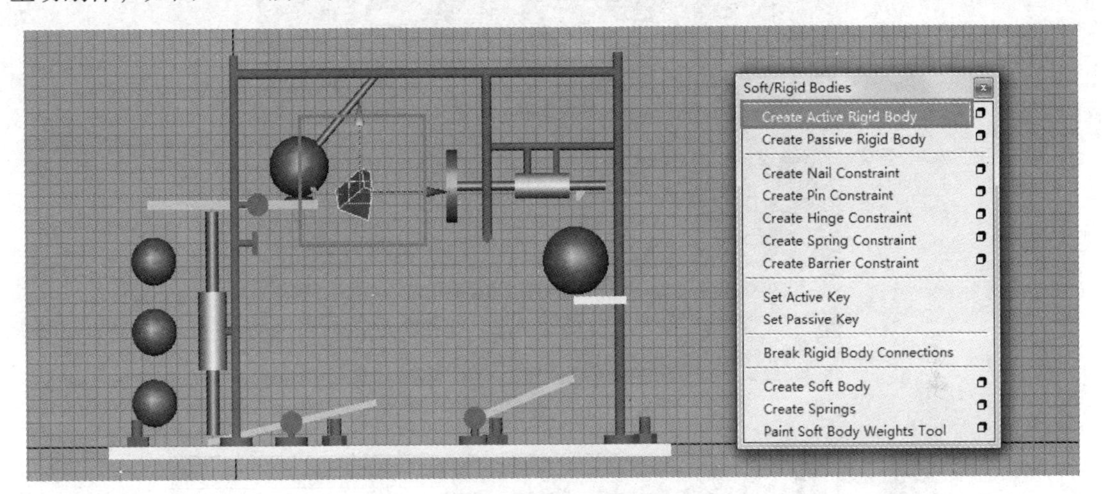

图 3-46　创建主动刚体

选择坠落物体，单击“Fields”→“Gravity”（重力），为物体添加重力，将重力场放置到如图 3-47 所示的位置，方便之后为其他物体联接重力。

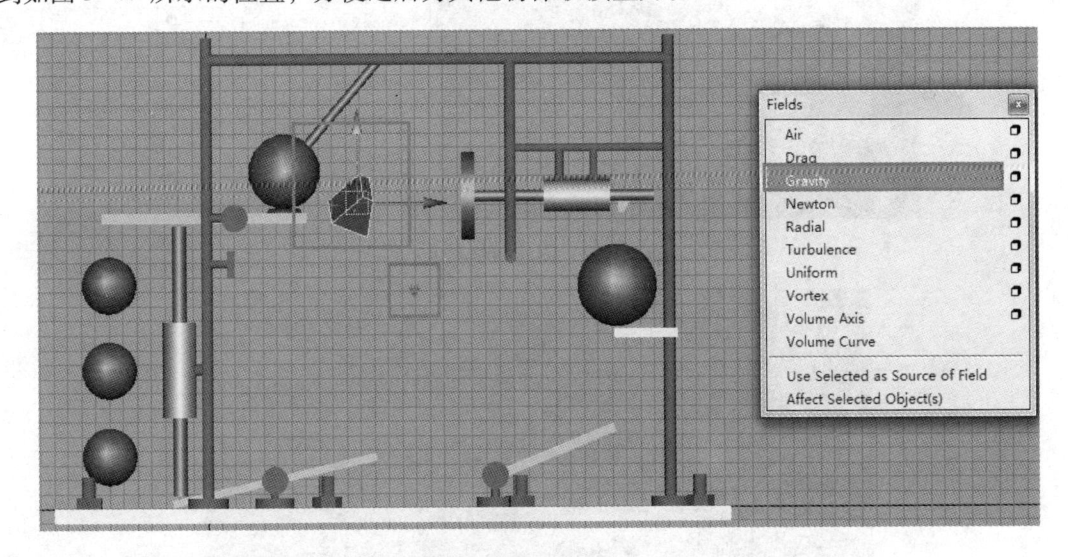

图 3-47　创建重力场

播放发现，坠落物体穿过了挡板掉落到下方，需要让坠落物体碰撞挡板，并且使挡板翘起，将左边圆柱体顶起，如图 3-48 所示。

2）选择下方挡板，单击“Soft/Rigid Bodies”→“Create Hinge Constraint”创建铰链约束，如图 3-49 所示。

3）将铰链约束的位置放置在中间的轴上，如图 3-50 所示。

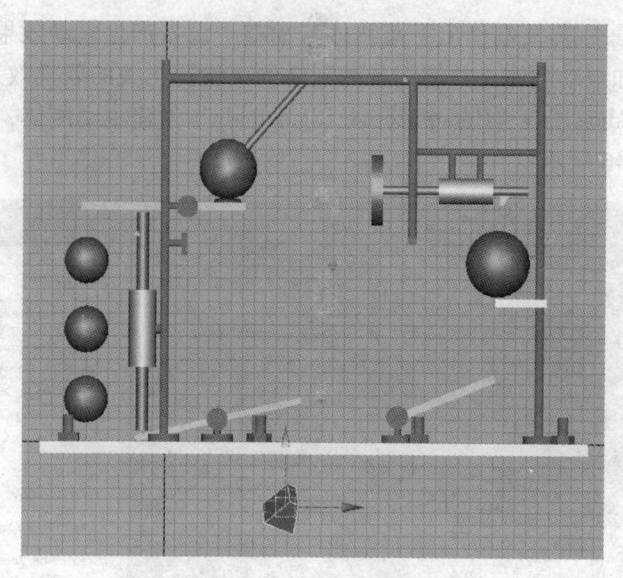

图 3-48　播放解算

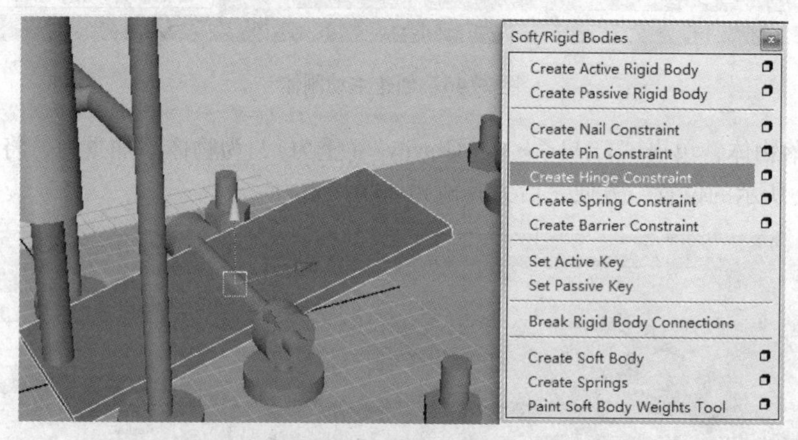

图 3-49　创建铰链约束

图 3-50　设置铰链约束位置

解算发现，挡板被坠落物碰撞后，穿过了底部模型，没有产生碰撞。如图 3-51 所示。

4）选择底部模型，单击“Soft/Rigid Bodies”→“Create Passive Rigid Body”创建被动刚体。如图 3-52 所示。

图 3-51　播放解算

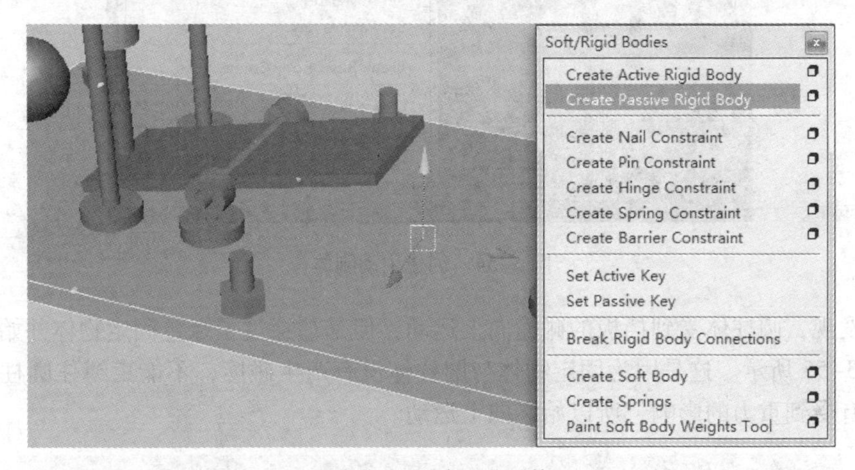

图 3-52　创建被动刚体

解算发现，挡板与左边圆柱体产生了穿插，没有将圆柱体顶起。这是因为还没有将圆柱体设置为刚体，如图 3-53 所示。

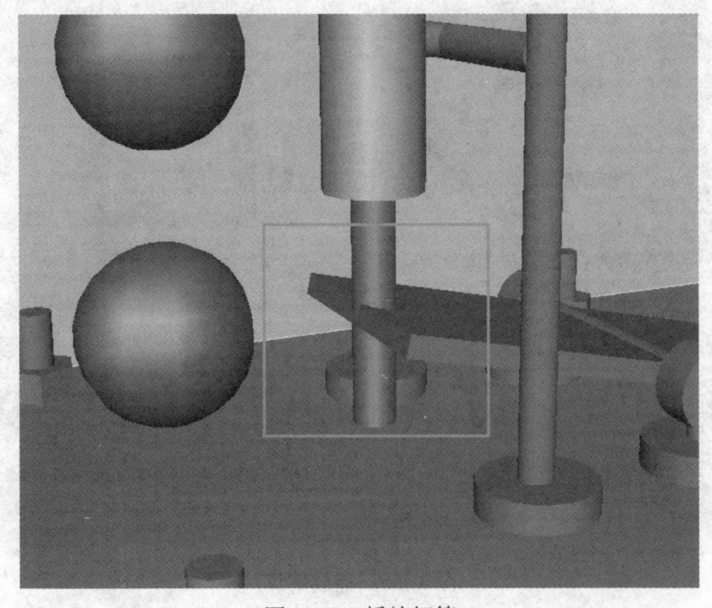

图 3-53　播放解算

5）选择左边圆柱体，单击“Soft/Rigid Bodies”→“Create Active Rigid Body”为圆柱体创建主动刚体，如图 3-54 所示。

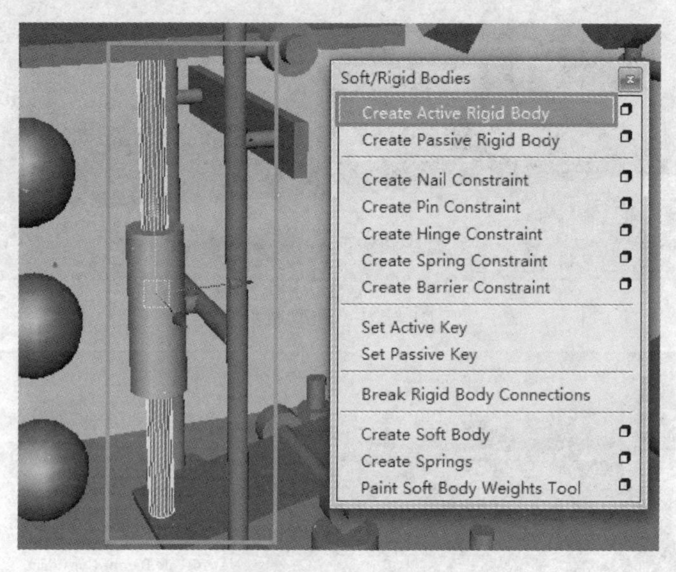

图 3-54　创建主动刚体

解算发现，圆柱体受到挡板的碰撞向上运动，但是却穿过了绿色固定物体并始终向上运动，如图 3-55 所示。这是因为固定物体与圆柱体没有产生碰撞，不能束缚住圆柱体，并且圆柱体没有受到重力的影响，所以始终向上运动。

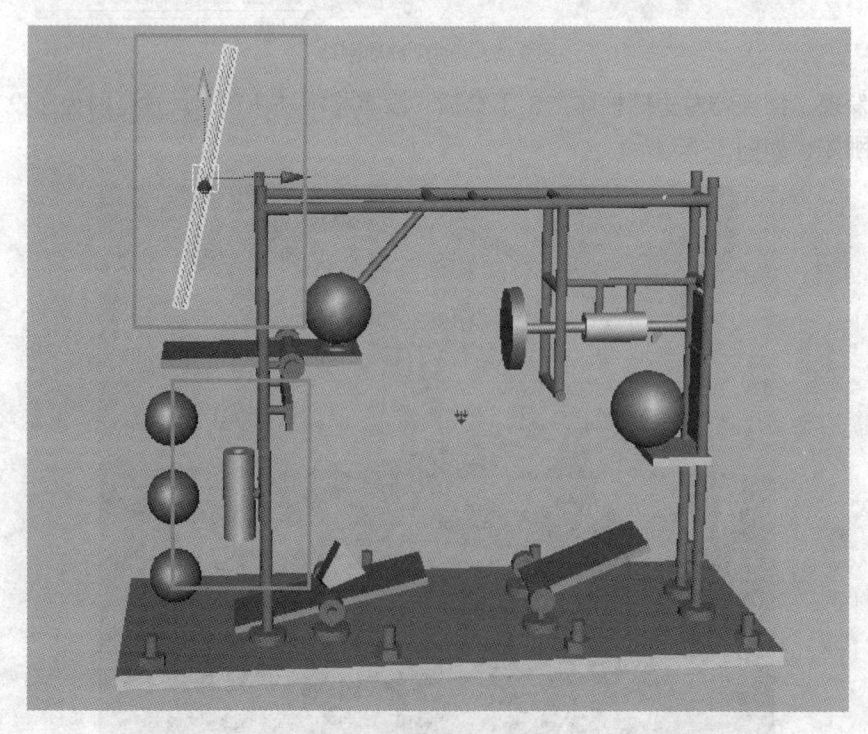

图 3-55　播放解算

6）选择固定物体，单击“Soft/Rigid Bodies”→“Create Passive Rigid Body”创建被动刚体，如图3-56所示。

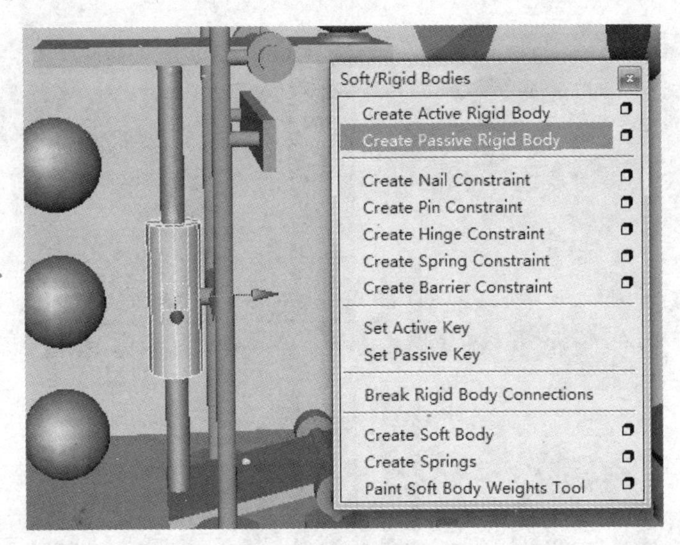

图3-56　创建被动刚体

7）选择圆柱体，在重力场上单击鼠标右键，选择“Connect Field”（连接到场），使圆柱体受到重力的影响，如图3-57所示。

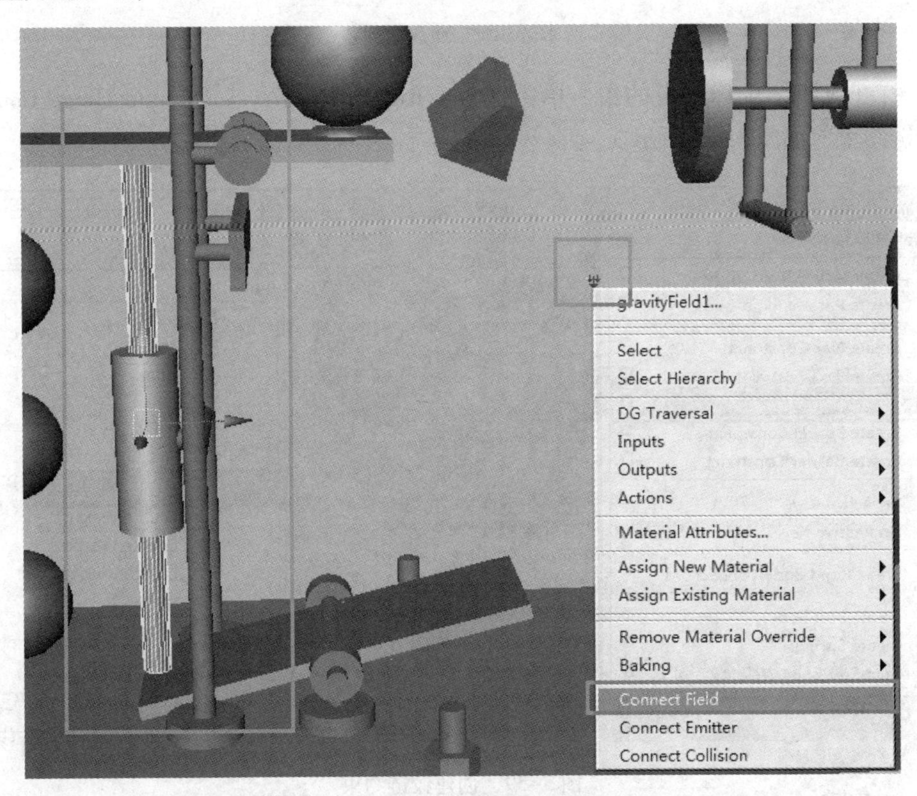

图3-57　连接到场

解算观察，发现圆柱体与上方挡板产生了穿插。需要的效果是让圆柱体碰撞上方挡板，使上方挡板沿轴产生旋转，从而使球体被释放并摆动，如图 3-58 所示。

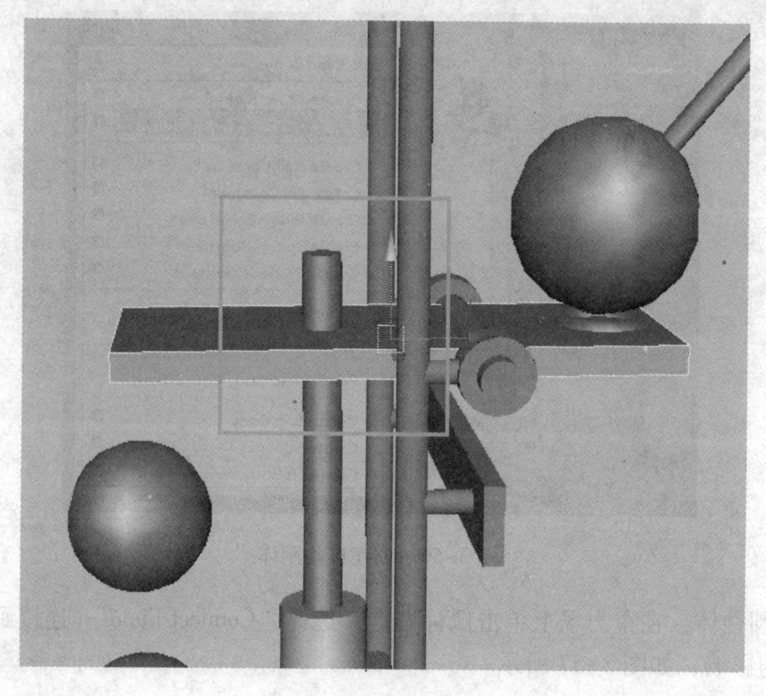

图 3-58　播放解算

8）打开大纲，选择挡板的组，单击“Soft/Rigid Bodies”→“Create Hinge Constraint”创建铰链约束，如图 3-59 所示。

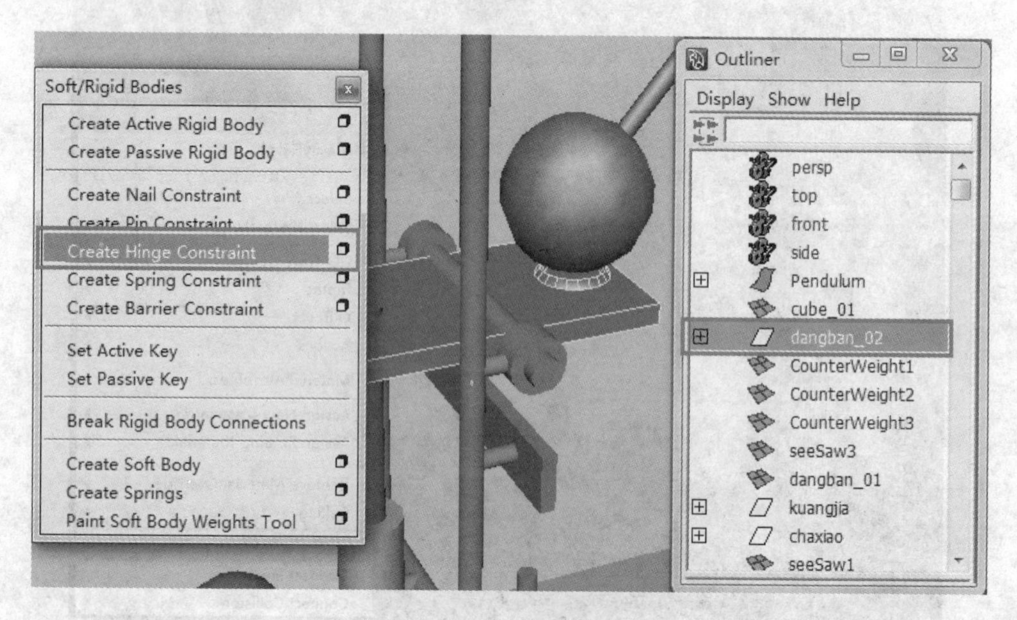

图 3-59　创建铰链约束

将铰链约束的位置设置到轴心处，如图 3-60 所示。

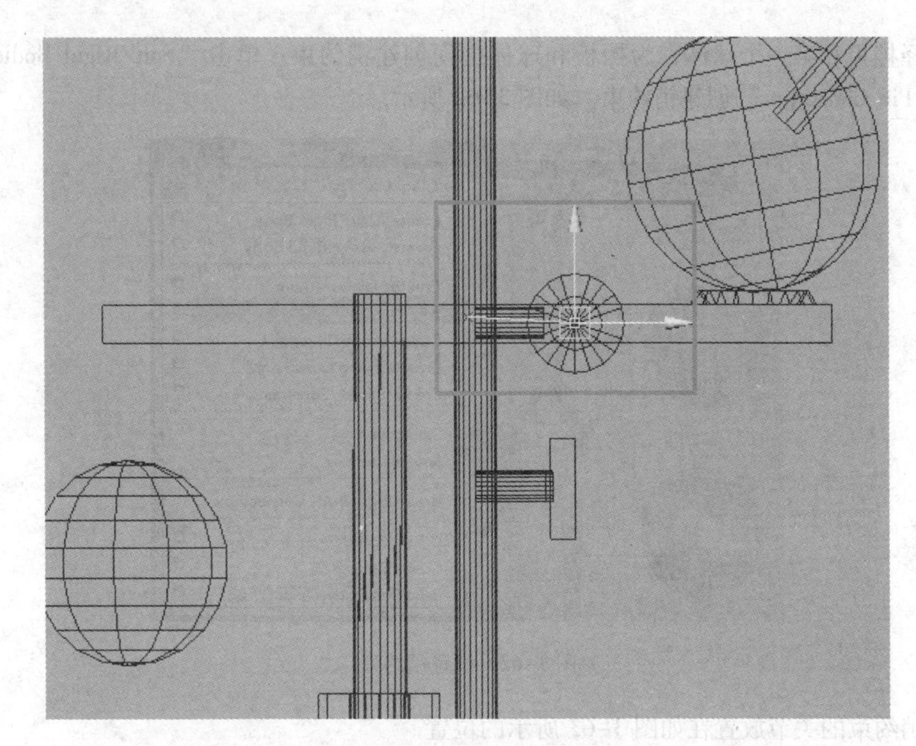

图 3-60　设置铰链约束位置

9）需要将球体连接到上方挡板，作为挡板的配重物体。如图 3-61 所示。

图 3-61　为球体设置约束

选择挡板和第一个球体，为挡板和球体之间创建销约束。单击“Soft/Rigid Bodies”→“Create Pin Constraint”创建销约束。如图 3-62 所示。

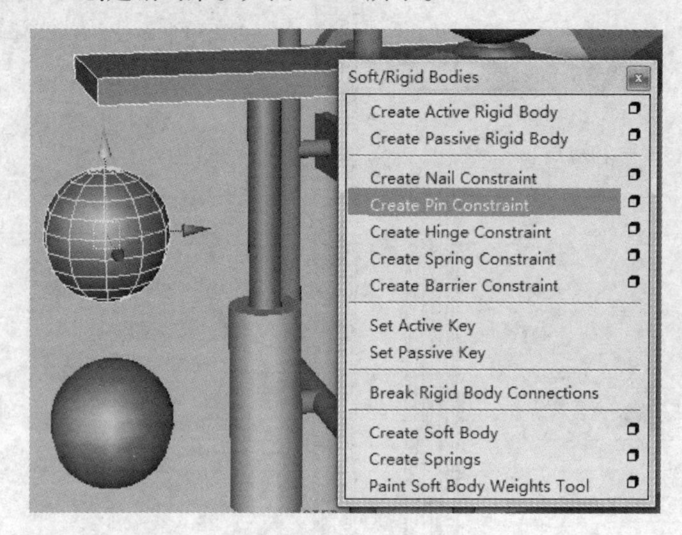

图 3-62　设置销约束

将销约束的关节放置在如图 3-63 所示的位置。

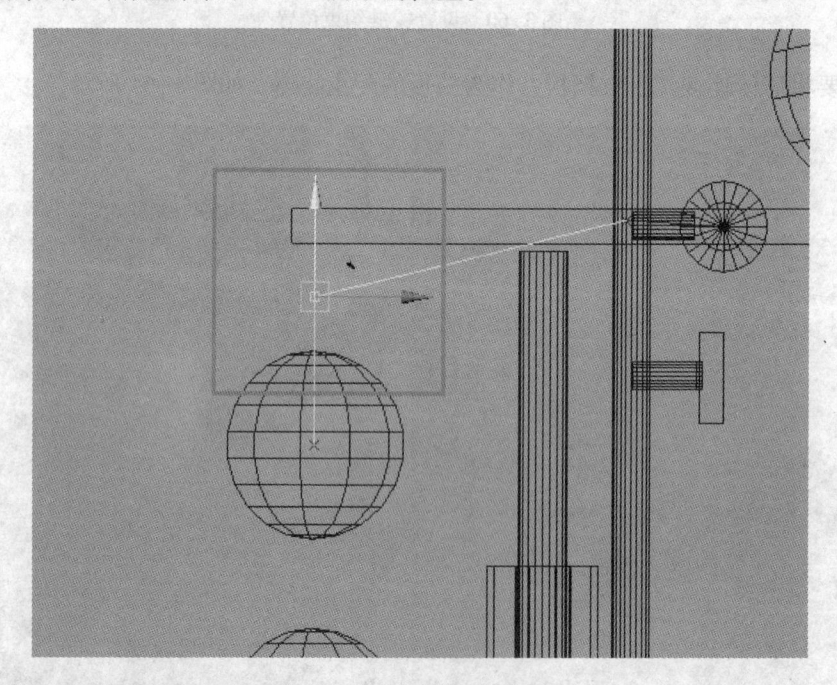

图 3-63　修改销约束位置

选择第一个小球和第二个小球，单击“Soft/Rigid Bodies”→“Create Pin Constraint”创建销约束，如图 3-64 所示。

选择第二个小球和第三个小球，单击“Soft/Rigid Bodies”→“Create Pin Constraint”创建销约束，如图 3-65 所示。

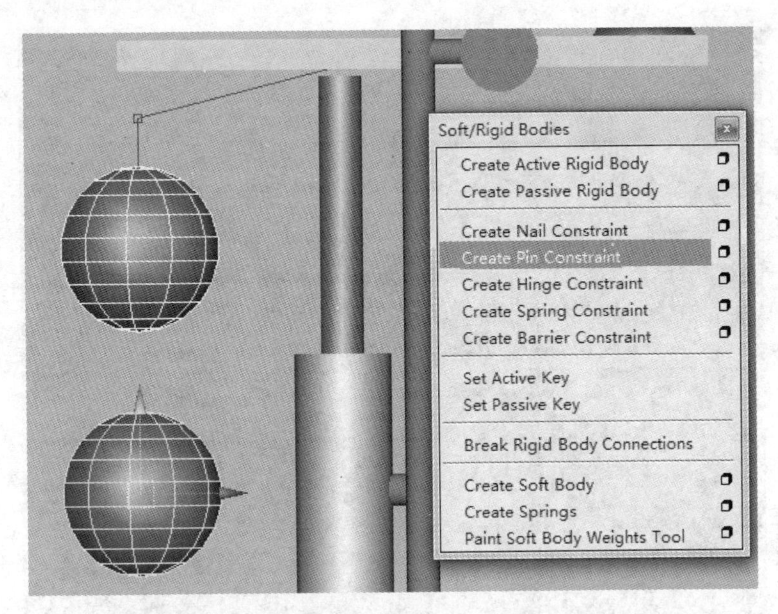

图 3-64　创建销约束（第一个小球和第二个小球）

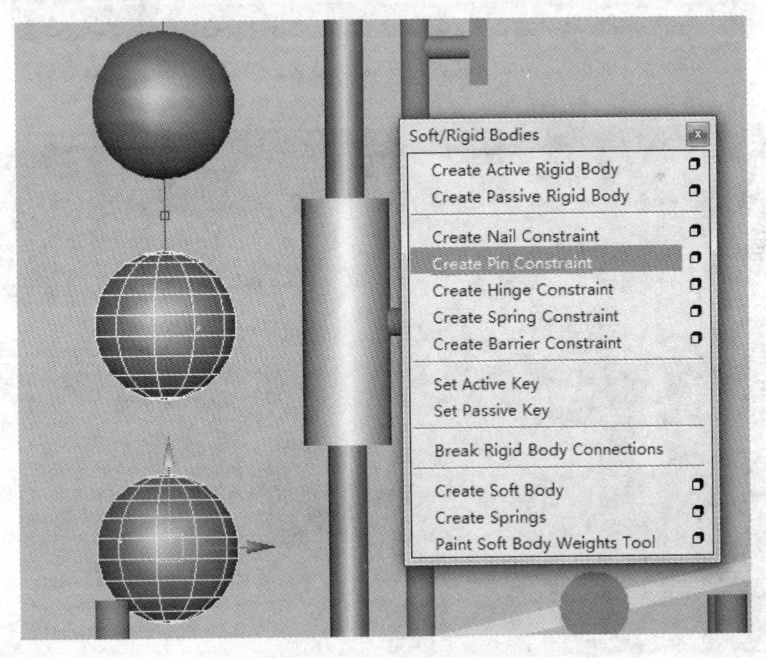

图 3-65　创建销约束（第二个小球和第三个小球）

解算发现受到联动影响，球体飘到了上方。这是因为球体没有收到重力影响，如图 3-66所示。

10）选择三个球体，在重力场上单击鼠标右键，选择“Connect Field”（连接到场），如图 3-67 所示。

解算发现，坠落物体由于质量太低，无法对添加了配重的挡板产生影响，如图 3-68 所示。

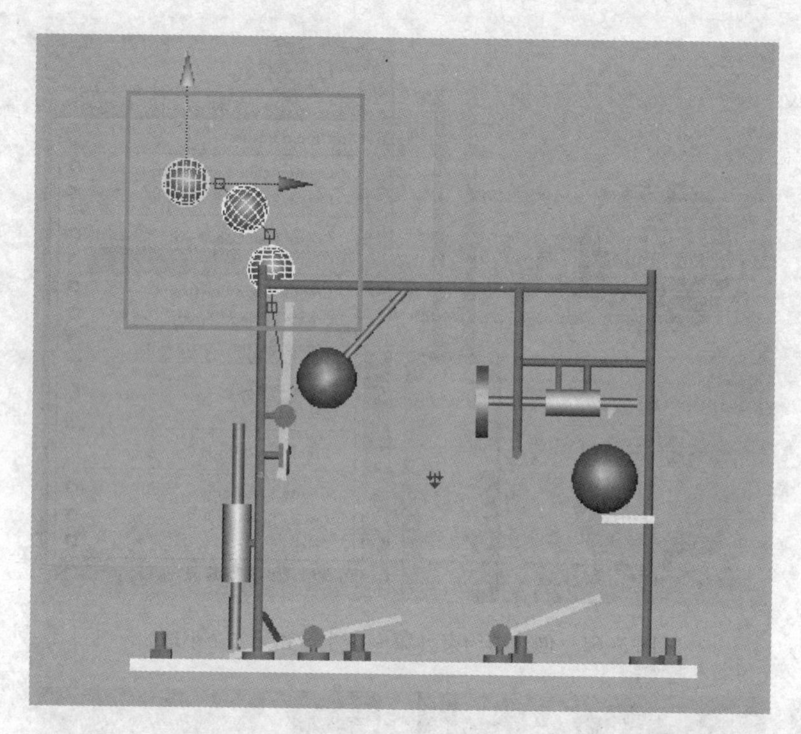

图 3-66　播放解算

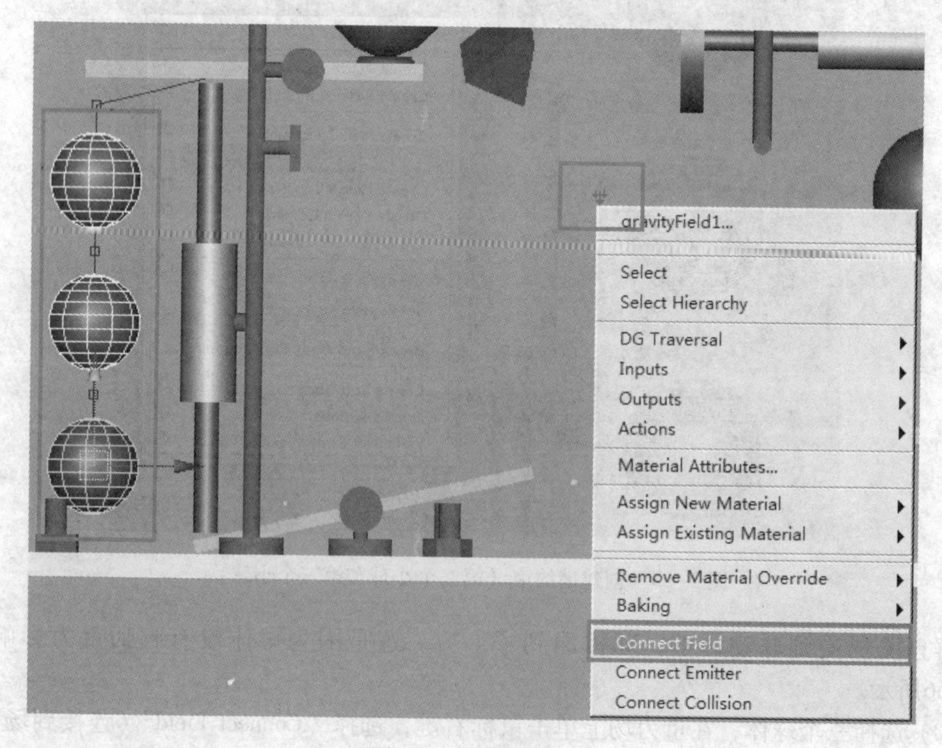

图 3-67　连接到场

11）选择坠落物，按〈Ctrl + A〉组合键，打开刚体坠落物的通道栏，找到“SHAPES”（节点）选项栏下的“rigidBody 1”（刚体节点 1），将“Mass”（质量）修改为 10。播放解算，看到动画效果基本达到要求，可以使上部挡板放开被挡住的球体撞锤，如图3-69所示。

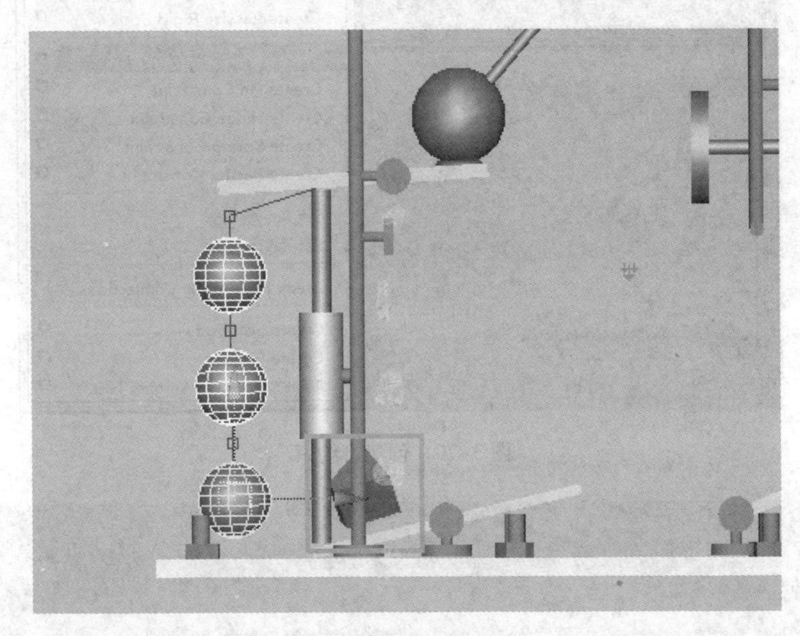

图3-68 播放解算

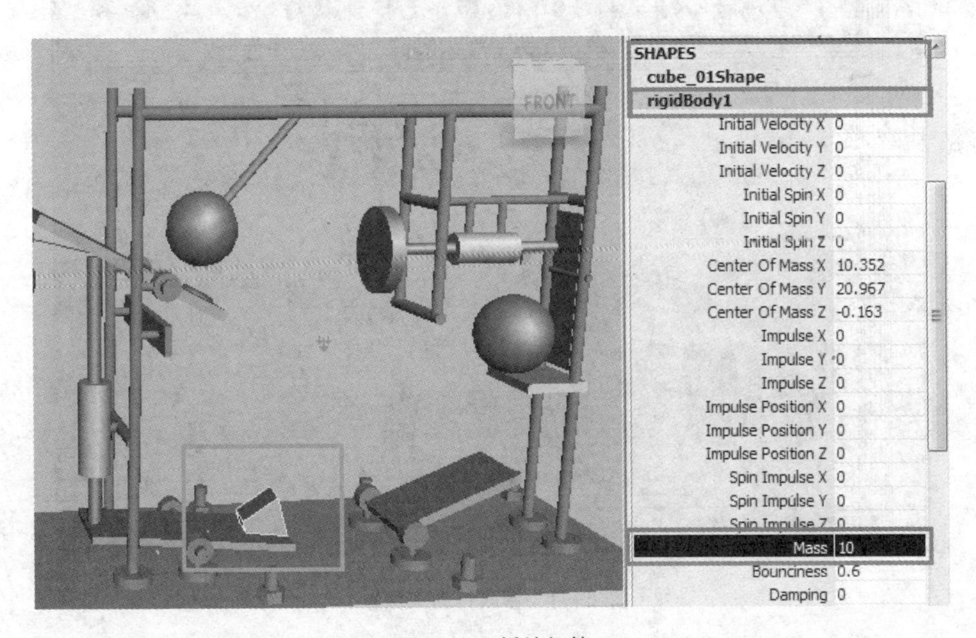

图3-69 播放解算

12）选择上方的撞锤，单击“Soft/Rigid Bodies”→“Create Nail Constraint”创建钉约束，如图3-70所示。

将钉约束的位置放置在旋转轴的轴心处，如图3-71所示。

选择球体撞锤，按〈Ctrl+A〉组合键，打开刚体属性节点，找到“Center Of Mass X/Y/Z”质量中心属性，将质量中心调整至下部，如图3-72所示。这样可以在为撞锤添加重力

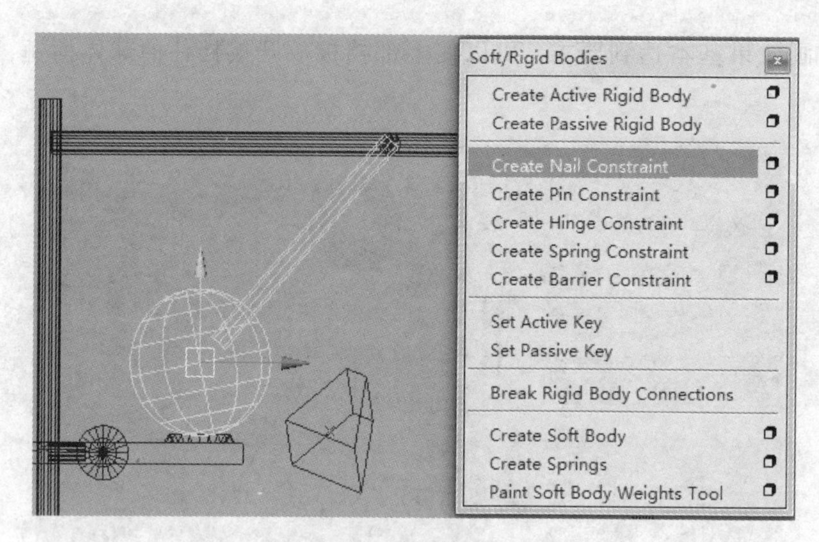

图 3-70　创建钉约束

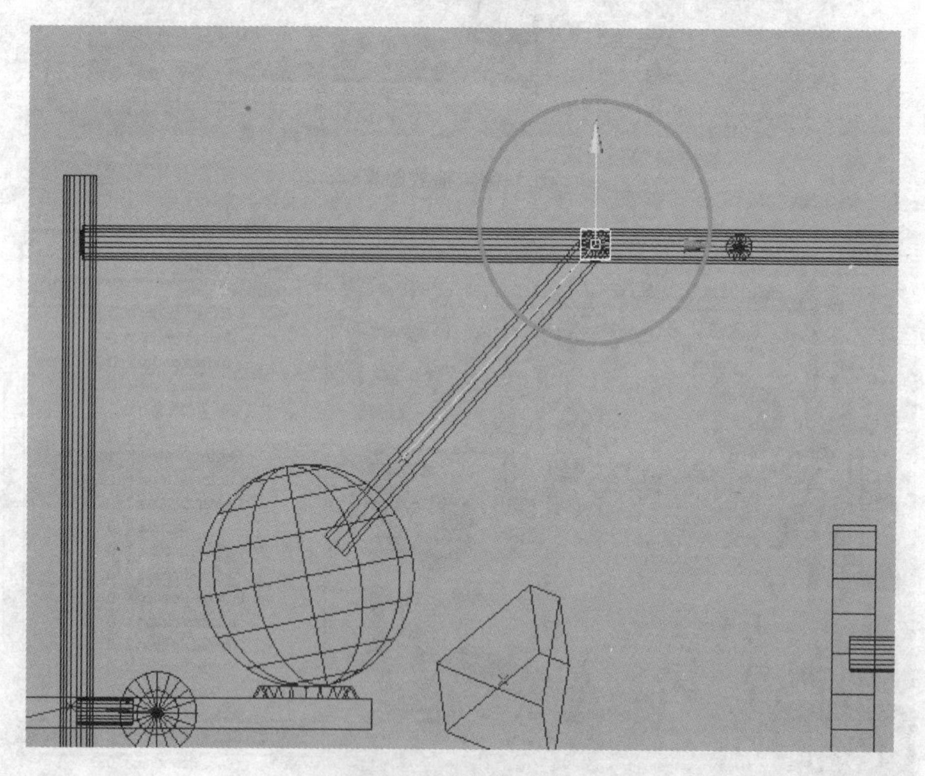

图 3-71　修改钉约束位置

之后更好地模拟真实的撞锤物体，增加撞击力度。

选择球体撞锤，在重力场上单击鼠标右键，选择“Connect Field”（连接到场），如图 3-73 所示。

解算发现，撞锤与插销产生了穿插，无法撞击插销。这是因为插销没有被设置为刚体，无法与撞锤产生碰撞，如图 3-74 所示。

13）打开大纲，选择插销的组，为插销组设置主动刚体，如图 3-75 所示。

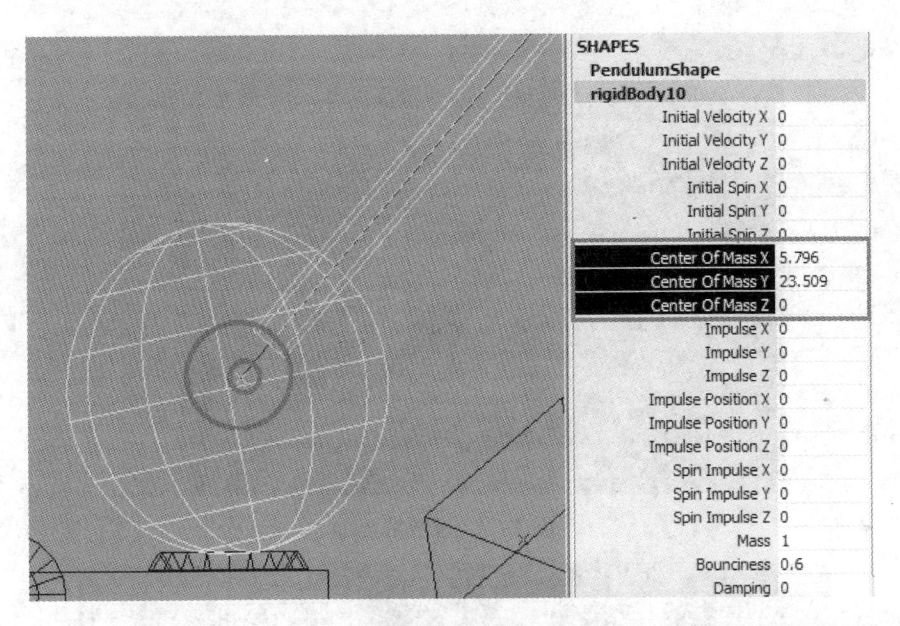

图 3-72　修改刚体质量中心位置

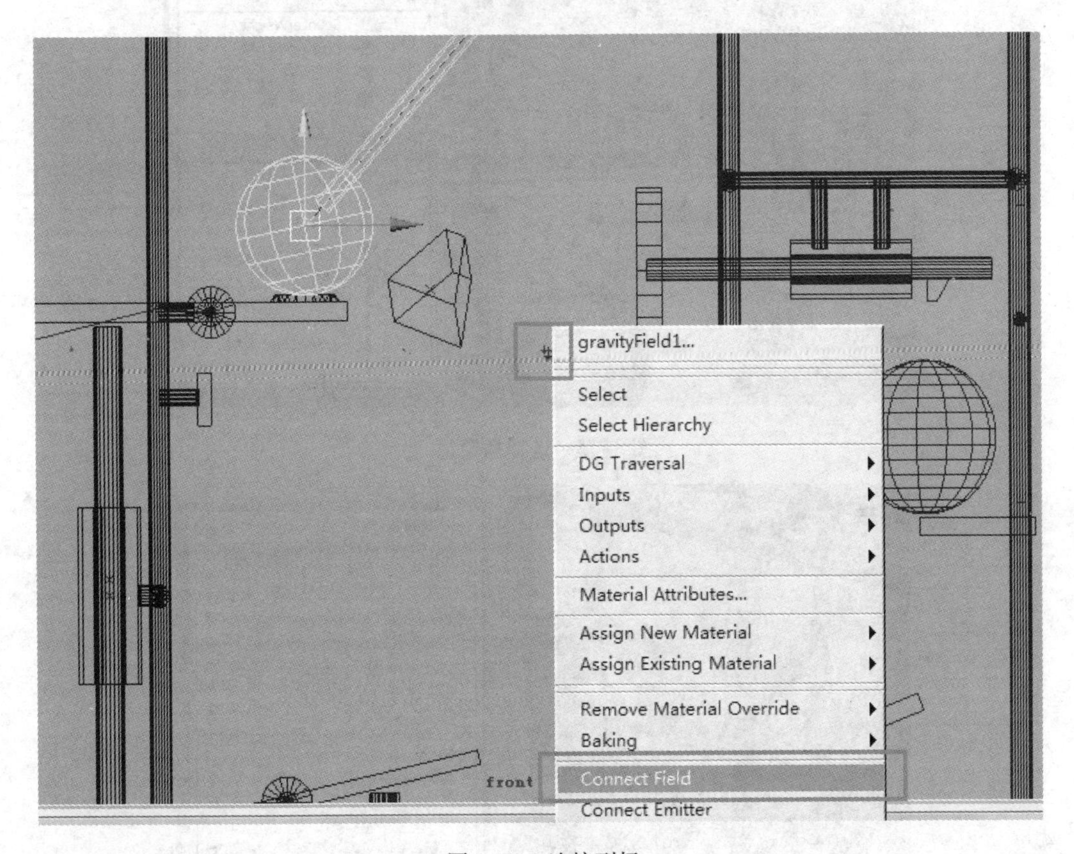

图 3-73　连接到场

选择插销，单击“Soft/Rigid Bodies”（柔体/刚体），选择“Create Active Rigid Body”（创建主动刚体），如图 3-76 所示。

图 3-74　播放解算

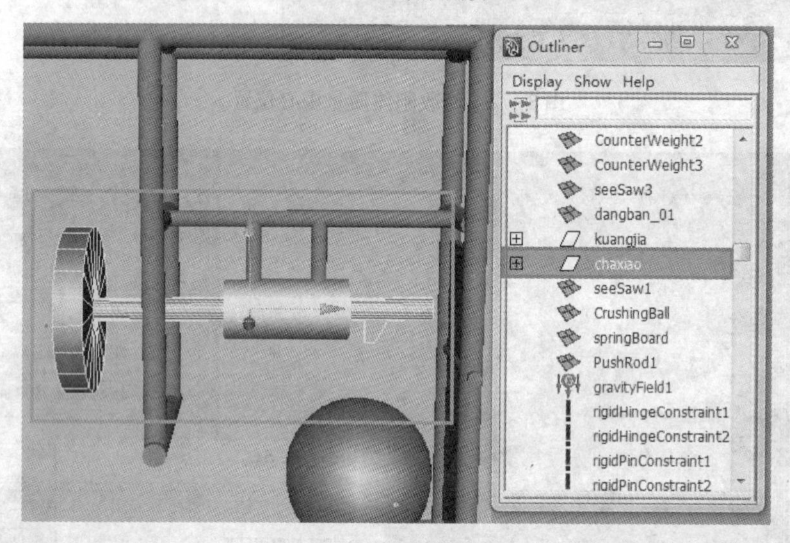

图 3-75　选择插销组

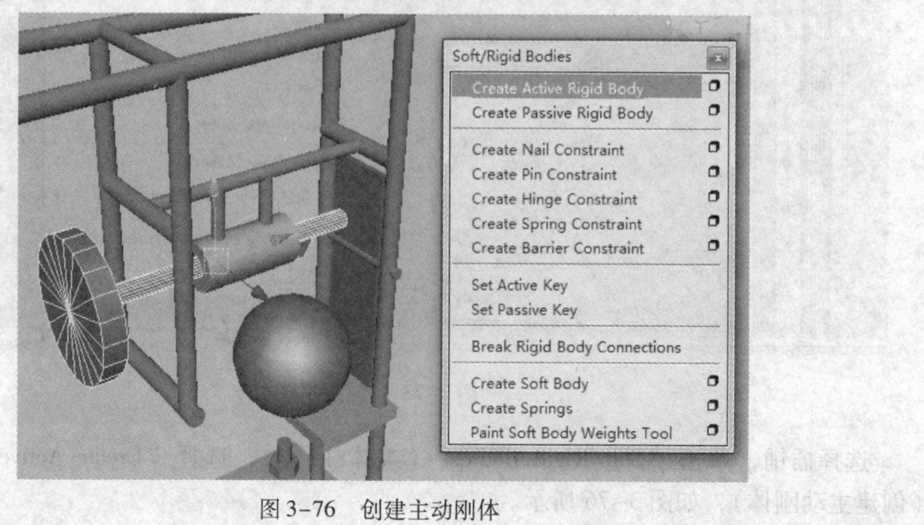

图 3-76　创建主动刚体

解算发现，插销飞出了框架。这是因为插销没有被束缚在绿色的固定物上，如图 3-77 所示。

图 3-77 播放解算

14）选择固定插销用的绿色圆筒模型，单击“Soft/Rigid Bodies”（柔体/刚体）命令。为模型创建被动刚体属性。此时插销可以被固定在当前位置，被碰撞时将不会拖出框架，如图 3-78 所示。

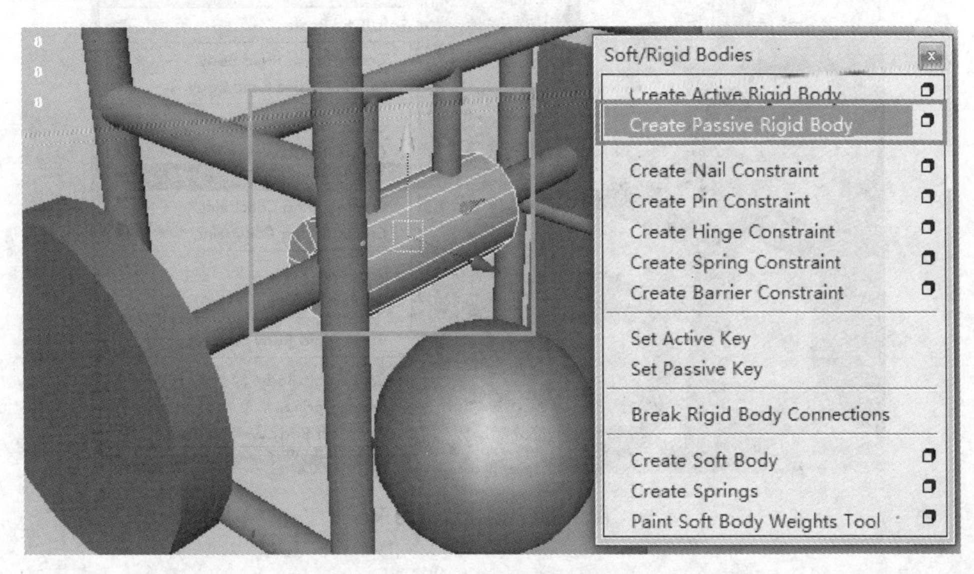

图 3-78 创建被动刚体

播放解算，发现插销穿出了右边的挡板，在该案例中，插销应该撞击右方挡板，使挡板产生旋转，撞击球体。出现穿插是因为挡板没有被设置为刚体，并且没有添加约束，导致挡板不能被碰撞，也不能产生旋转，如图 3-79 所示。

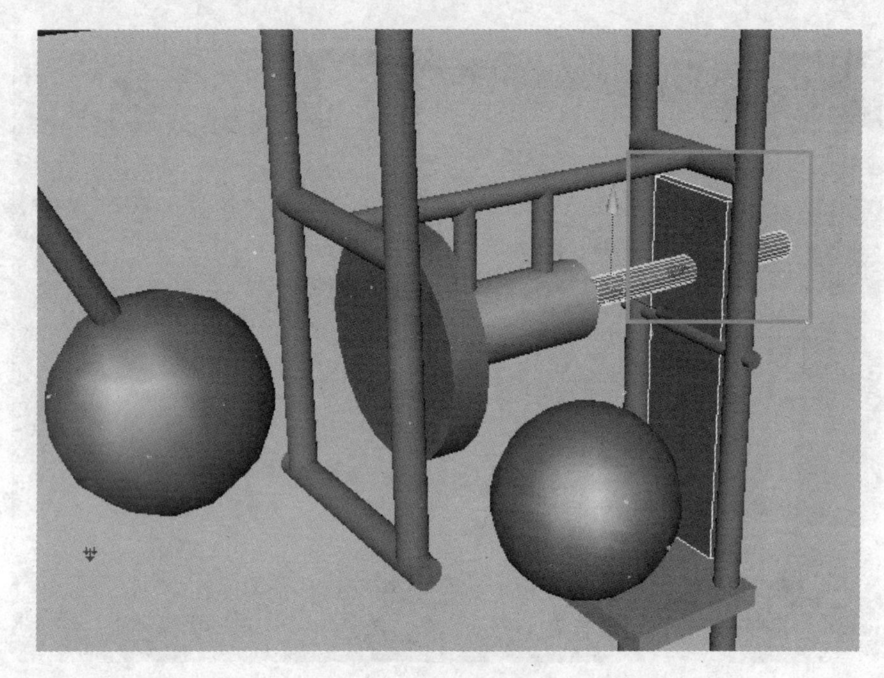

图 3-79 播放解算

15）选择右方挡板，单击“Soft/Rigid Bodies”→“Create Hinge Constraint”创建铰链约束，如图 3-80 所示。

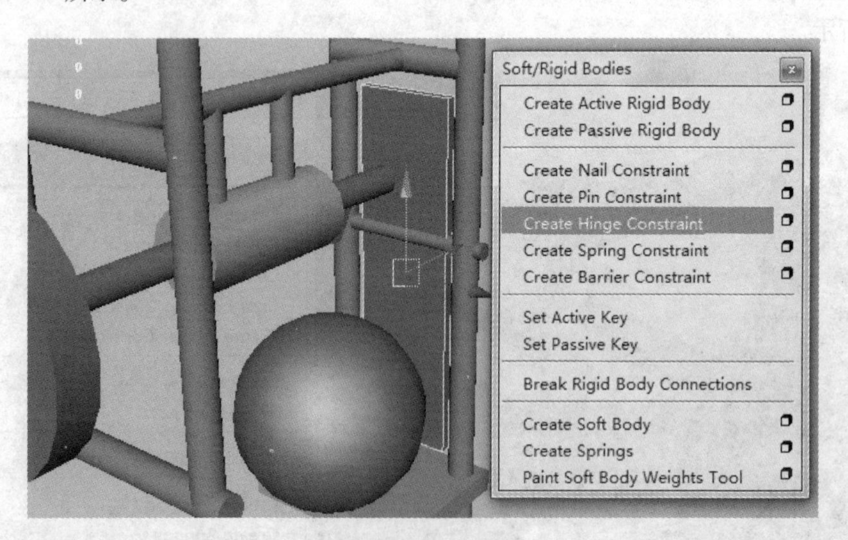

图 3-80 创建铰链约束

将铰链约束的位置设置在旋转轴的中心，如图 3-81 所示。

播放解算，发现挡板被插销撞击产生了旋转，并且与下方球体产生了穿插。这是因为球体没有被设置为刚体，不能与挡板产生碰撞，如图 3-82 所示。

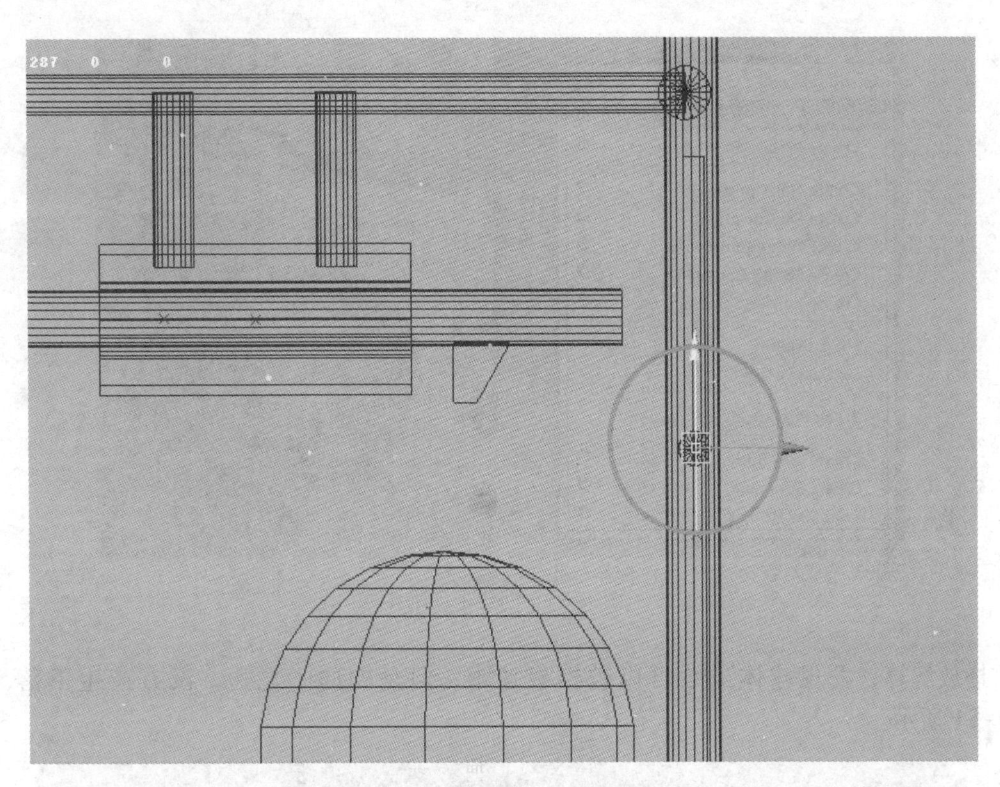

图 3-81 修改铰链约束的位置

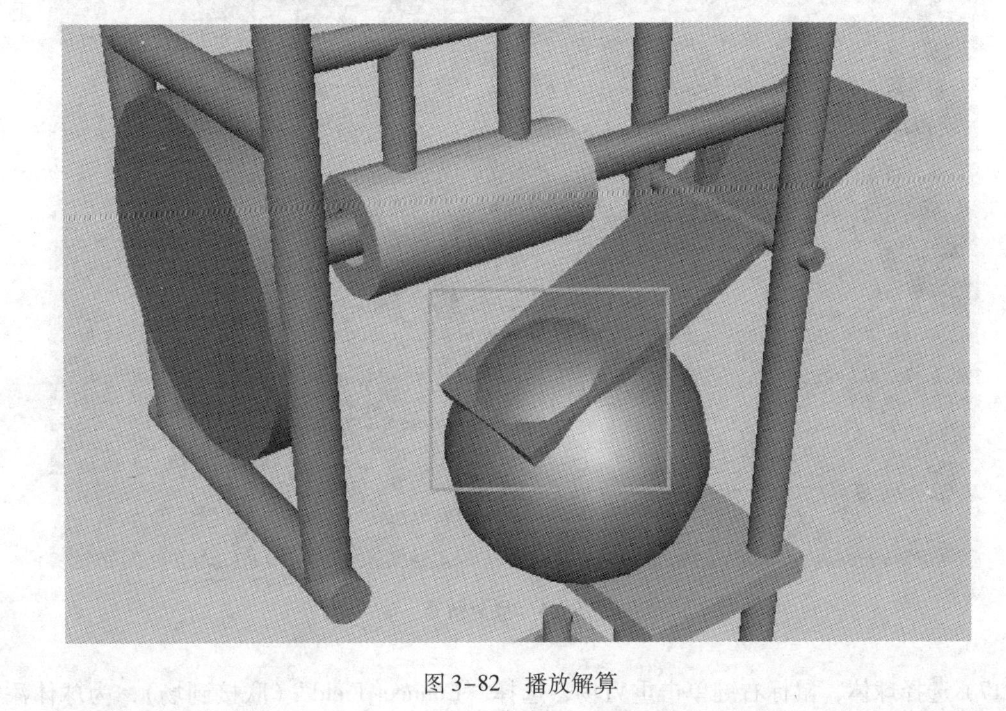

图 3-82 播放解算

16）选择球体，单击“Soft/Rigid Bodies”→“Create Active Rigid Body”创建主动刚体，如图 3-83 所示。

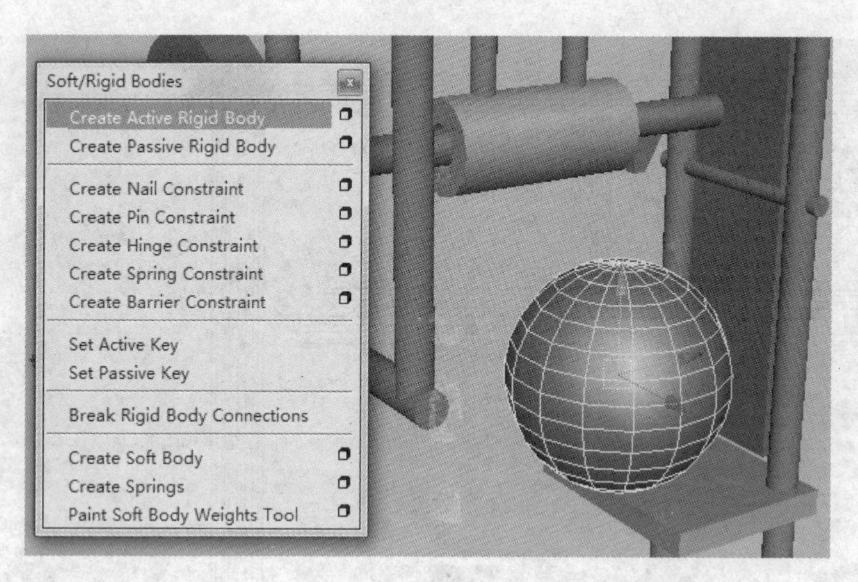

图 3-83　创建主动刚体

播放解算，发现球体虽然可以被挡板撞击，但是飘向了左边，没有产生下落，如图 3-84 所示。

图 3-84　播放解算

17）选择球体，鼠标右键单击重力场，选择“Connect Field”（联接到场），为球体添加重力，如图 3-85 所示。

播放解算，发现球体受重力影响下落，并与挡板产生了穿插，此时需要将挡板设置为被动刚体，如图 3-86 所示。

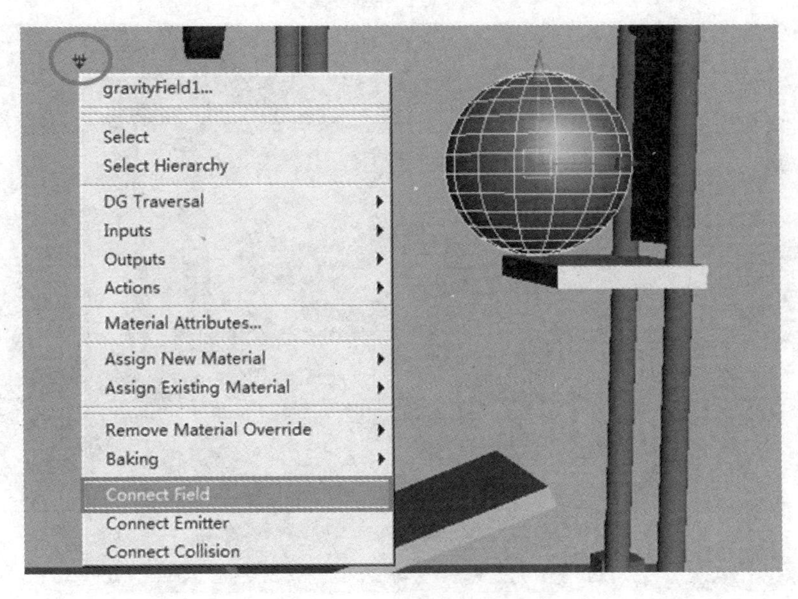

图 3-85　联接到场

图 3-86　为挡板设置被动刚体

解算播放，发现球体被挡板推落，在下方与弹簧板产生了穿插，如图 3-87 所示。实际上，需要让球体被下方弹簧板接住，并将球体弹出。

18）选择弹簧板，单击“Soft/Rigid Bodies”→“Create Spring Constraint”创建弹簧约束，如图 3-88 所示。

需要把下方弹簧板固定在转轴上，选择弹簧板，单击“Soft/Rigid Bodies”→“Create Hinge Constraint”创建铰链约束，如图 3-89 所示。

将铰链的位置放置在旋转轴的轴心处，如图 3-90 所示。

选择弹簧板，继续创建弹簧约束。单击“Soft/Rigid Bodies”→“Create Spring Constraint”创建弹簧约束，如图 3-91 所示。

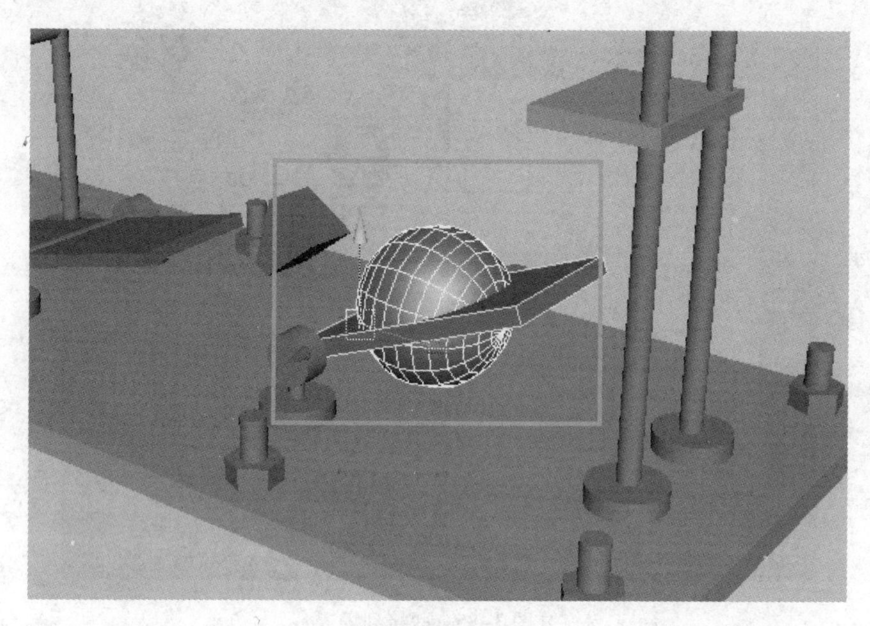

图 3-87　播放解算

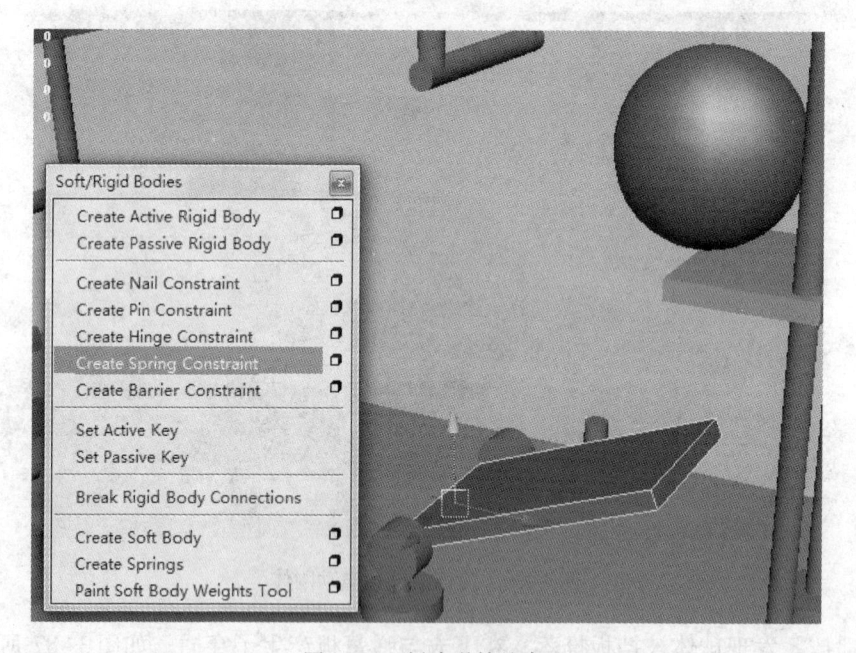

图 3-88　创建弹簧约束

将弹簧约束的位置放置在如图 3-92 所示的位置。

播放解算，发现弹簧来回弹动的幅度较大，无法完成接住球体并使之弹出的效果。这是因为在设置弹簧约束时，需要设置弹簧的静止长度，此时弹簧的静止长度为 0，故会一直将弹簧板来回拉动，试图将弹簧长度缩短为 0，如图 3-93 所示。

19）选择弹簧约束，按〈Ctrl + A〉组合键，打开属性通道栏，将“Spring Stiffness”（弹簧硬度）、“Spring Damping”（弹簧阻尼）、“Spring Rest Length”（弹簧静止长度）修改为如图 3-94 所示的数值。

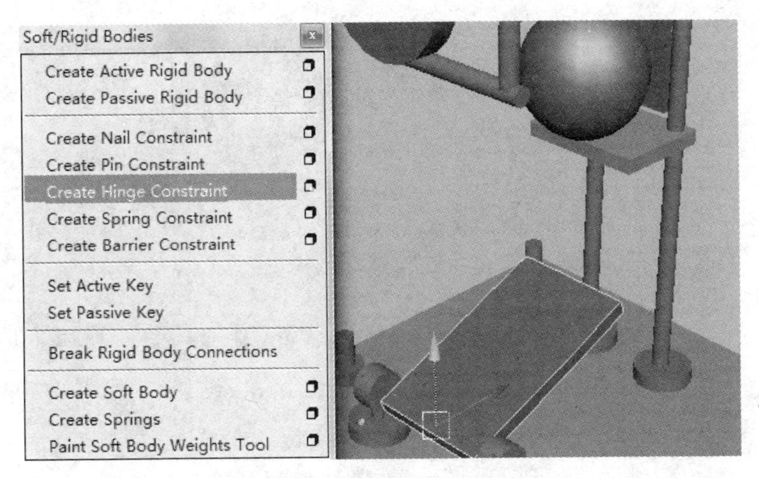

图 3-89　创建铰链约束

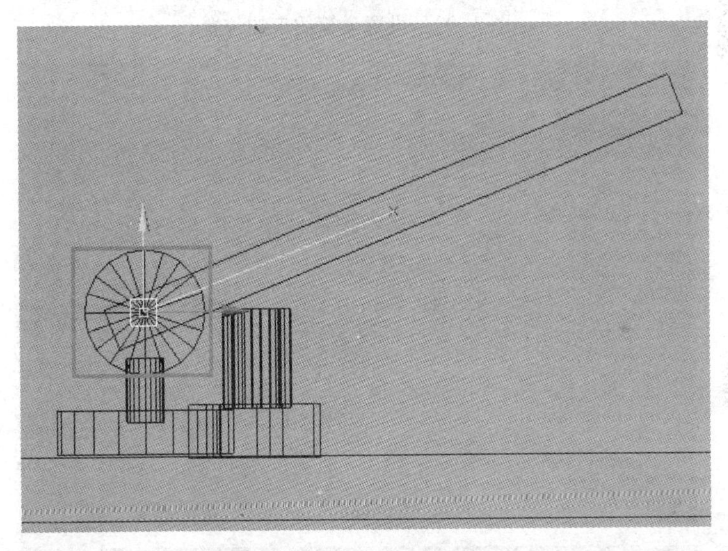

图 3-90　设置铰链约束的位置

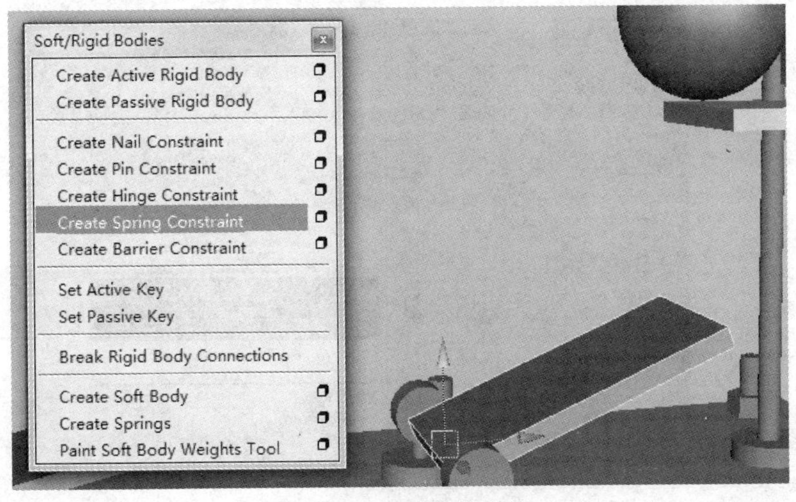

图 3-91　创建弹簧约束

图 3-92　设置弹簧约束的位置

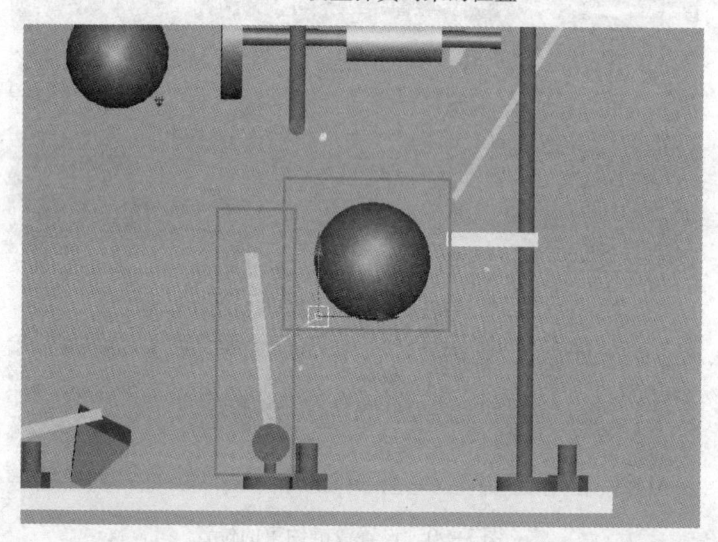

图 3-93　播放解算

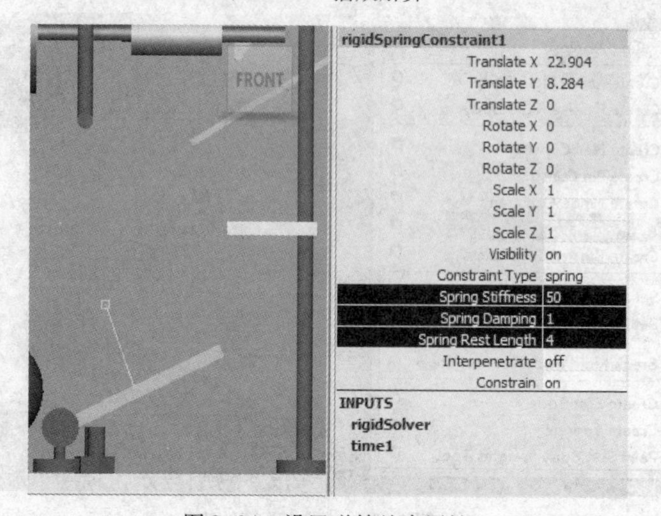

图 3-94　设置弹簧约束属性

播放解算，发现球体质量太小，无法对弹簧施加压力，如图 3-95 所示。

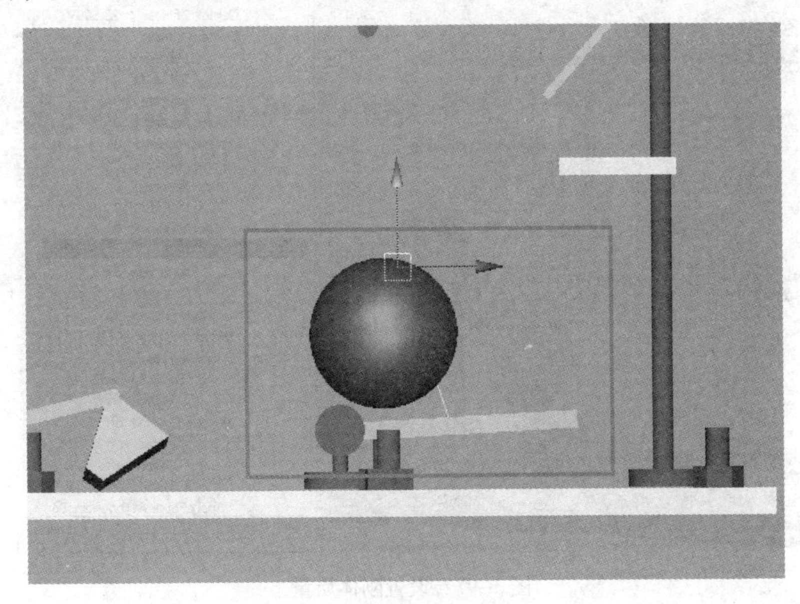

图 3-95　播放解算

20）选择球体，按〈Ctrl + A〉组合键打开通道栏，找到“rigidBody”（刚体），将“Mass”（质量）修改为 10。播放解算，发现由于球体质量较重，挡板无法推动球体，如图 3-96 所示。

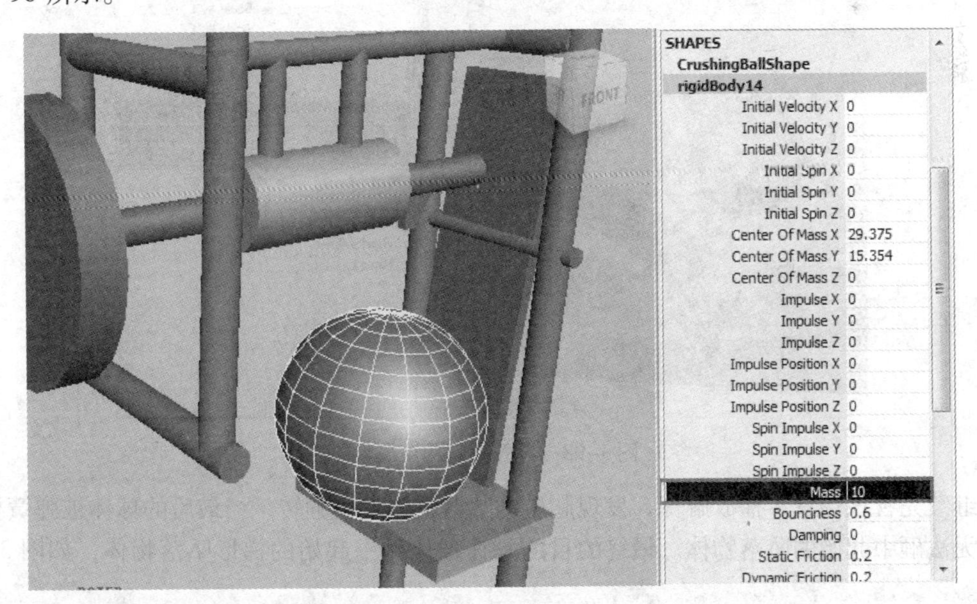

图 3-96　设置刚体质量

21）选择撞锤，参照球体，将撞锤的质量修改为 15，如图 3-97 所示。

22）播放解算，再次修改测绘弹簧约束的参数。将弹簧约束的参数修改为如图 3-98 所示。

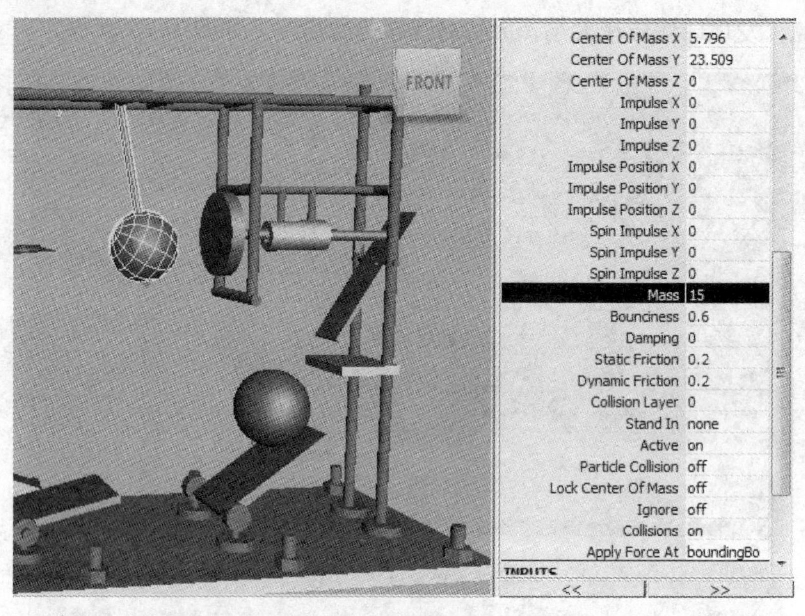

图 3-97　设置刚体质量

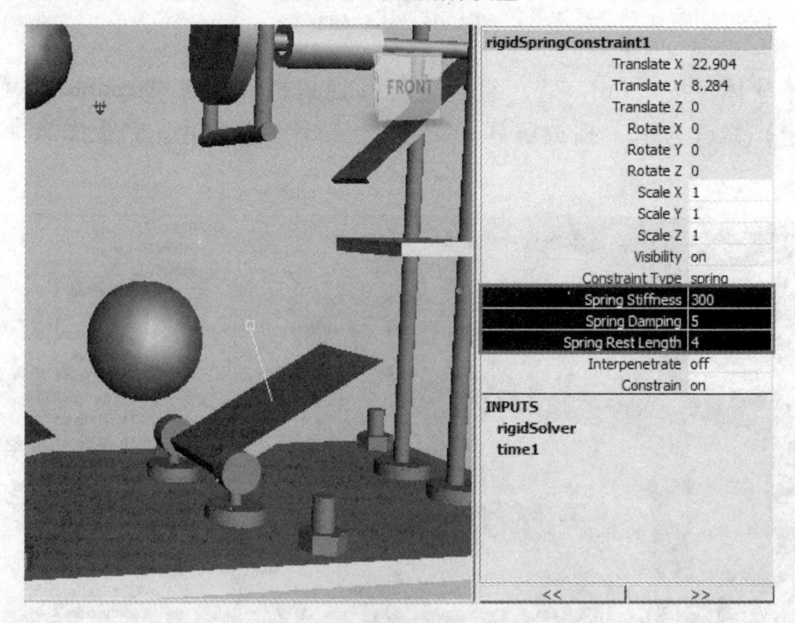

图 3-98　设置弹簧约束属性

继续完善该场景，播放解算，发现起始的坠落物体发生翻转，当最后的球体被弹簧板弹出后无法砸中起始的坠落物体。最终的目的是让球体砸中起始的梯形坠落物体，如图 3-99 所示。

23）修改坠落物体的刚体属性，将参数修改为图 3-100 所示的数值。很多时候，配重的球体物体、摆锤等刚体的质量都会对效果产生影响。根据解算效果，反复修改相关数值进行测试，需要注意的是动力学属性参数需要反复进行调整，直到达到效果。针对不同的场景，甚至每一次的解算结果，动力学解算都会有些许随机和偏差，请根据自己的情况设置和修改相关数值进行测试。

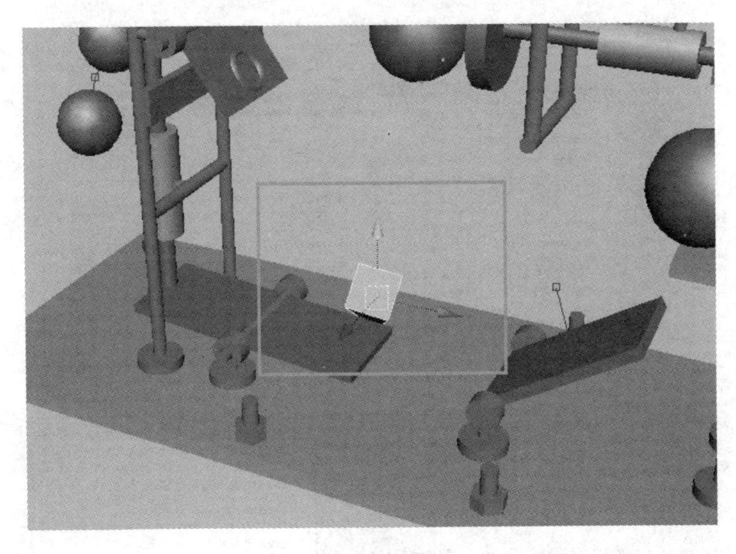

图 3-99　播放解算

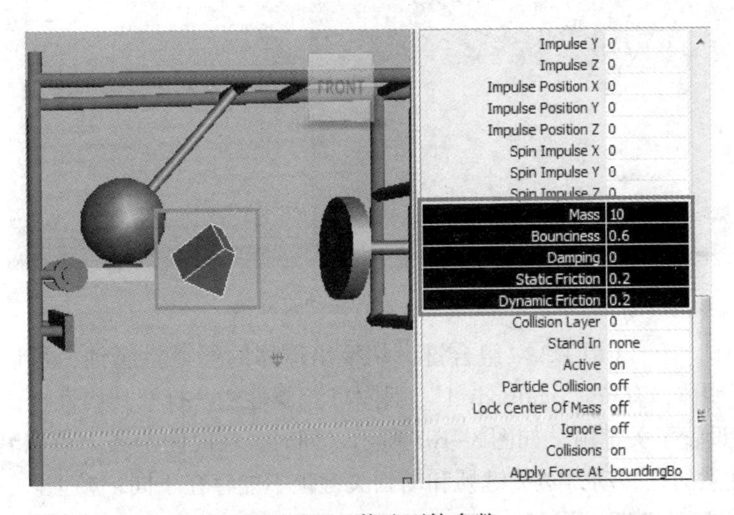

图 3-100　修改刚体参数

播放解算，得到了球体砸到坠落物的效果，最终效果如图 3-44 所示。

3.2　设置刚体关键帧

3.2.1　设置主动关键帧

“Set Active Key”（设置主动关键帧）是将物体创建为主动刚体，并在通道栏中的“Active”（激活）属性开关上设置关键帧。与“Set Passive Key”（设置被动关键帧）配合使用，切换刚体为主动、被动。

1）单击“Create”→“Polygon Primitives”创建默认的 POLY 球体，如图 3-101 所示。

2）选择球体，单击“Soft/Rigid Bodies”→“Set Active Key”，设置主动关键帧，如图 3-102 所示。

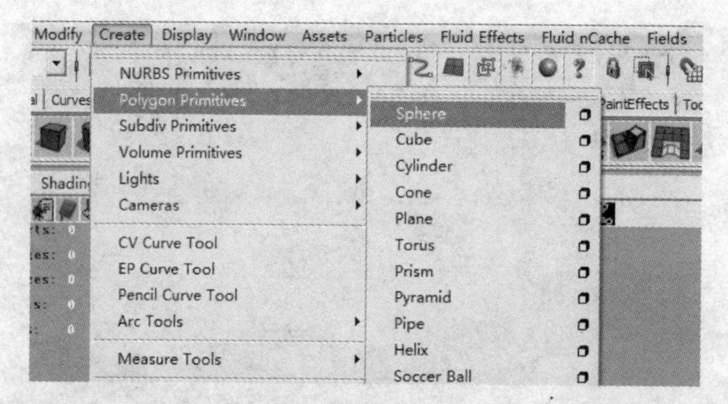

图 3-101　创建 POLY 球体

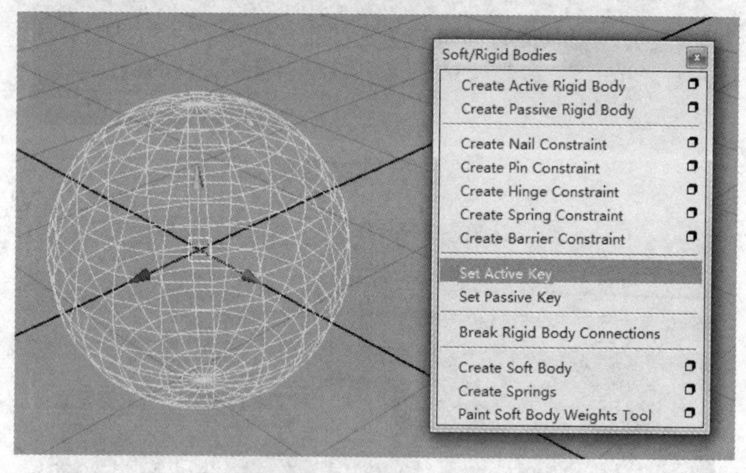

图 3-102　设置主动关键帧

3）单击球体，按〈Ctrl + A〉组合键，切换出球体的通道栏属性，可以看到，此时球体已经转换成了刚体，有了“rigidBody 1”（刚体 1）属性栏。打开其属性栏，发现“Active”（激活）属性被设置了关键帧，如图 3-103 所示。同时，在时间滑条上可以看到关键帧的红色竖线。需要注意的是，动力学关键帧和动画关键帧不能存在于同一帧上。

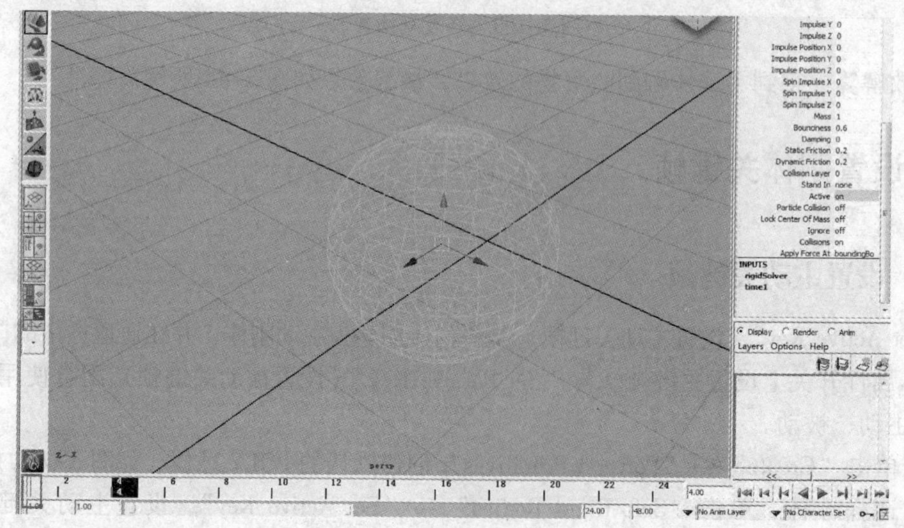

图 3-103　设置主动关键帧

3.2.2 设置被动关键帧

“Set Passive Key”（设置被动关键帧）是将物体创建为被动刚体，并在通道栏中的“Active”（激活）属性开关上设置关键帧。与“Set Active Key”（设置主动关键帧）配合使用，切换刚体为主动、被动。

1）单击“Create”→“Polygon Primitives”创建默认的POLY球体，如图3-104所示。

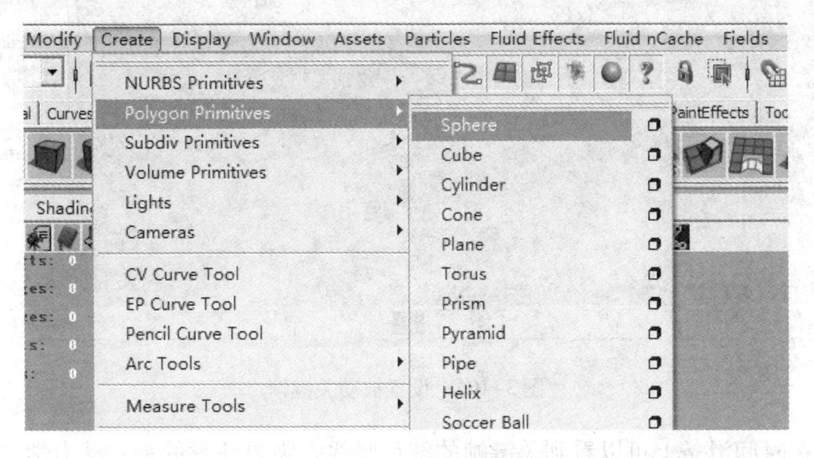

图3-104 创建POLY球体

2）选择球体，单击“Soft/Rigid Bodies”→“Set Passive Key”，设置被动关键帧，如图3-105所示。

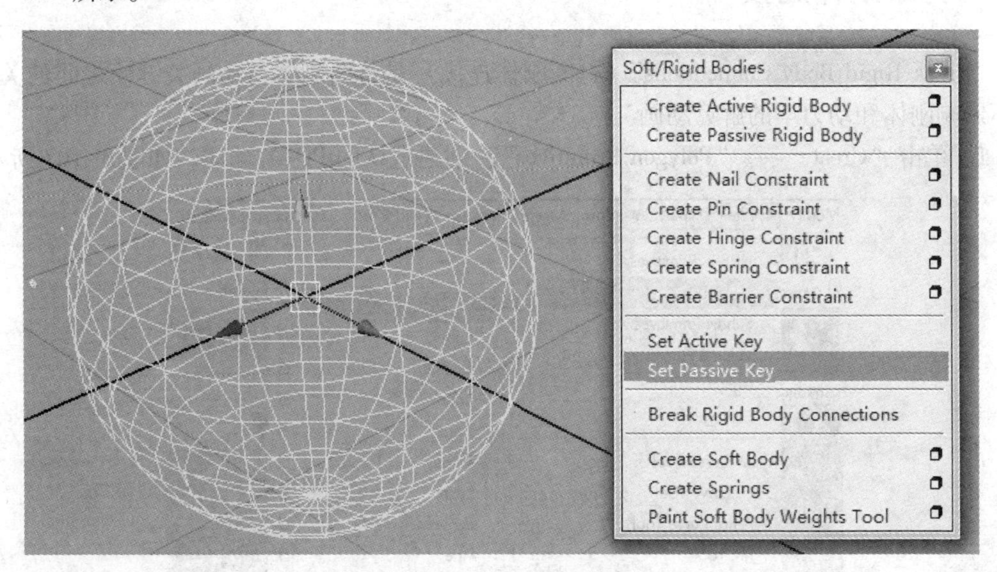

图3-105 设置被动关键帧

3）单击球体，按〈Ctrl+A〉组合键，切换出球体的通道栏属性，可以看到，此时，球体已经转换成了刚体，有了“rigidBody 1”（刚体1）属性栏。打开其属性栏，发现“Active”（激活）属性被设置了关键帧，如图3-106所示。

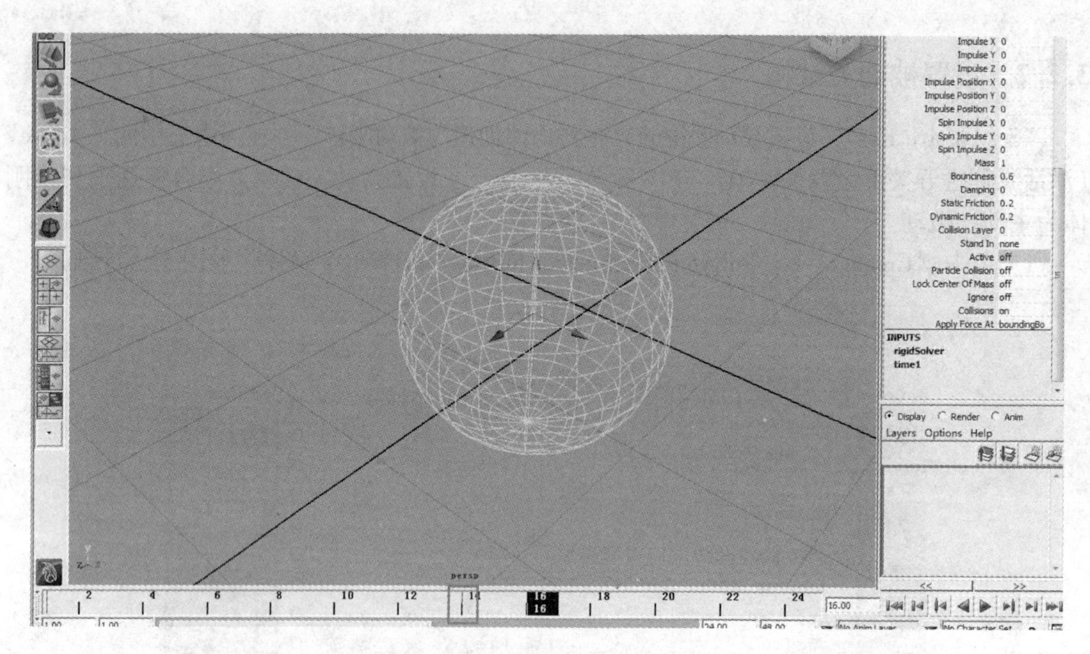

图 3-106　设置被动关键帧

同时，在时间滑条上可以看到关键帧的红色竖线。需要注意的是，动力学关键帧和动画关键帧不能存在于同一帧上。

3.3　打断刚体连接

“Break Rigid Body Connections”（打断刚体连接）是打断刚体与动画关键帧之间的关系，但不影响刚体和动力学的解算动画。

1）单击“Create”→“Polygon Primitives”，创建默认的 POLY 球体，如图 3-107 所示。

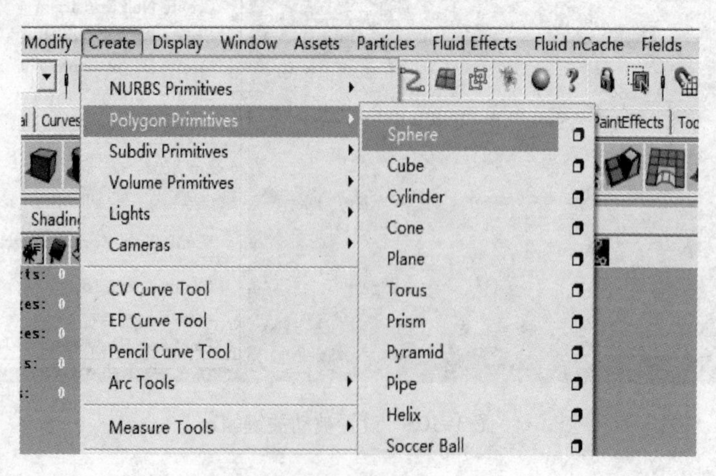

图 3-107　创建 POLY 球体

2）选择球体，单击“Soft/Rigid Bodies”→“Set Active Key”设置主动关键帧，如图 3-108 所示。

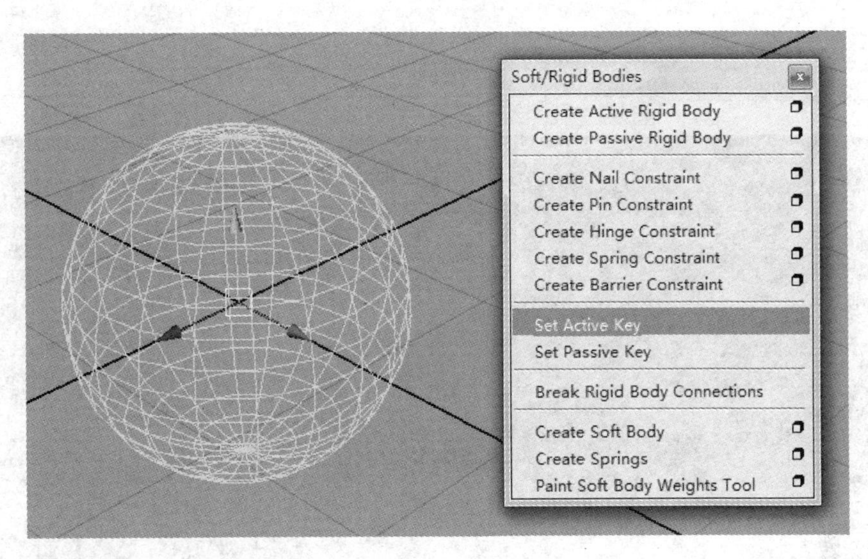

图 3-108　设置主动关键帧

3）选择球体，单击“Window”→“Hypergraph：Connection”，打开超图链接，看到如图 3-109 所示。

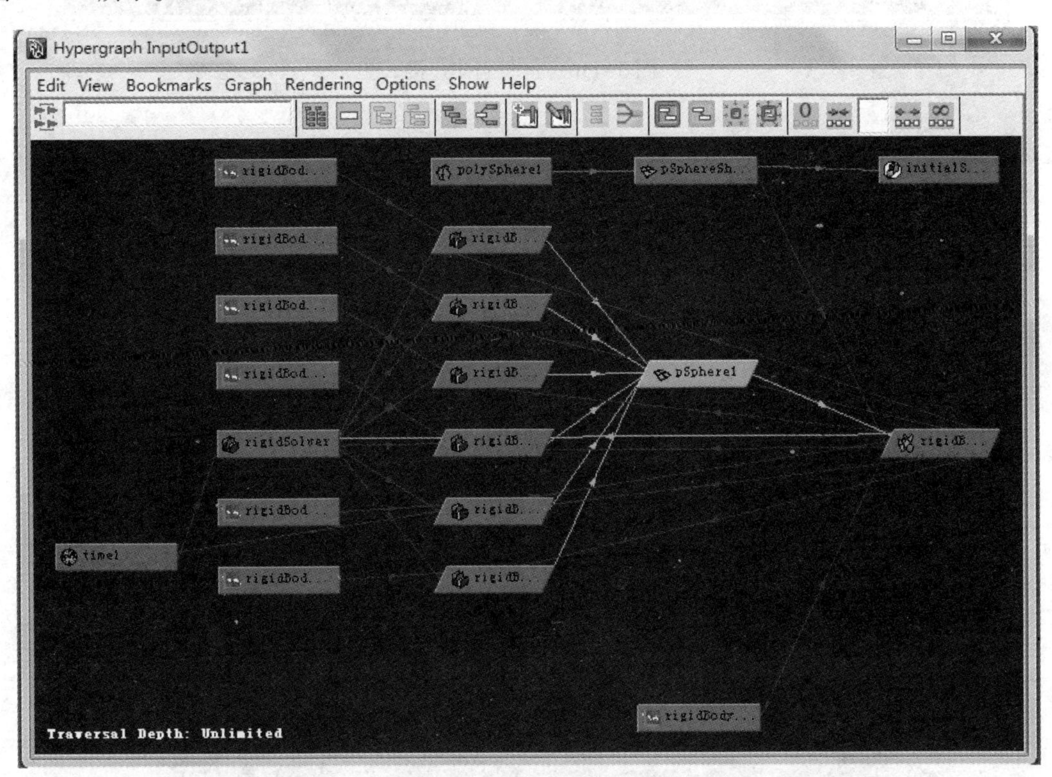

图 3-109　超图链接

4）选择球体，单击“Soft/Rigid Bodies”→“Break Rigid Body Connections”打断刚体连接，此时可以看到超图中的链接被打断了，如图 3-110 所示。

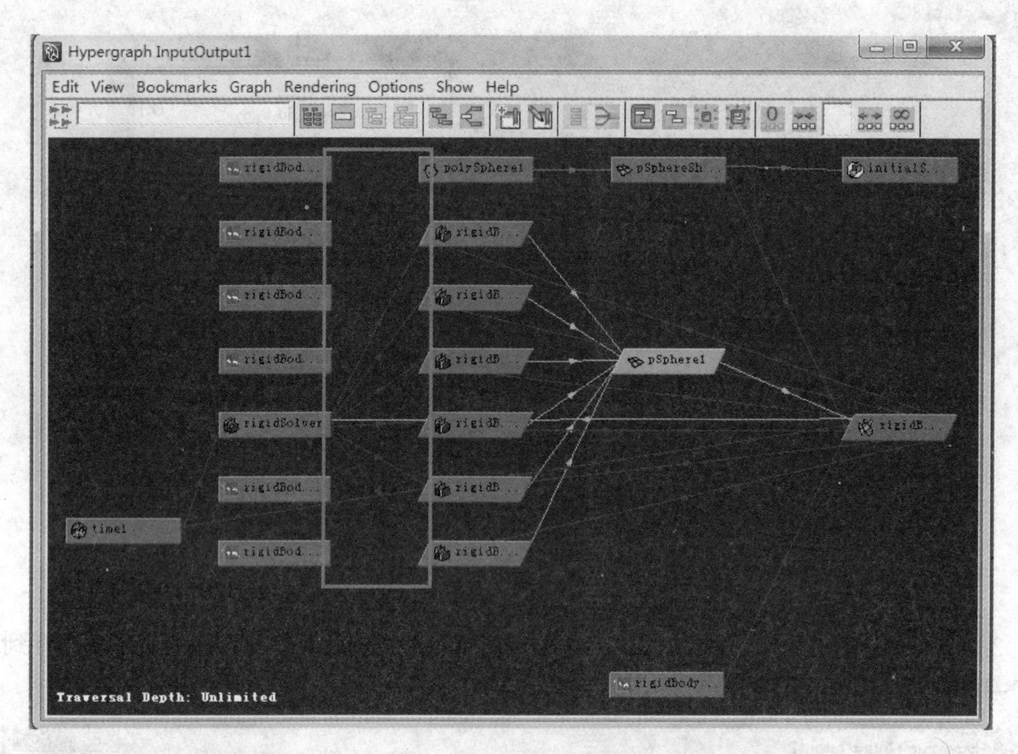

图 3-110　打断刚体连接

3.4　柔体与弹簧

3.4.1　创建柔体

“Create Soft Body”（创建柔体）命令位置如图 3-111 所示。

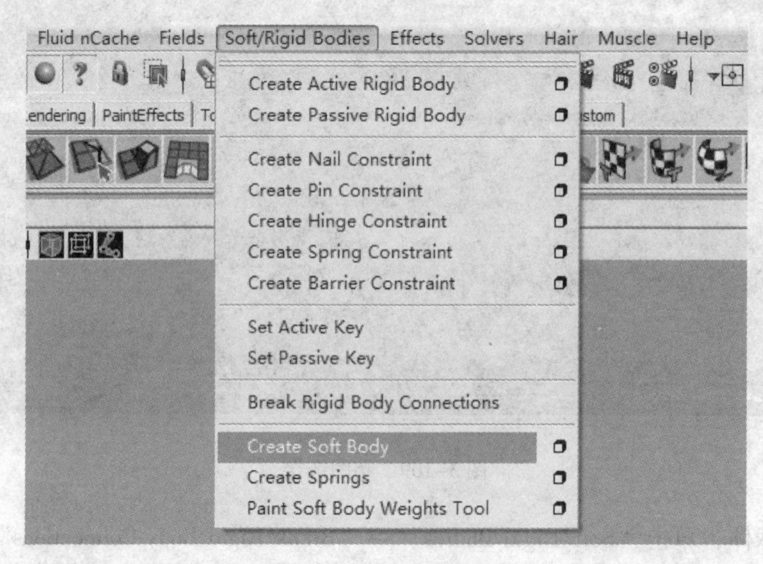

图 3-111　创建柔体

打开“Create Soft Body”（创建柔体）参数盒，可以看到相关参数如图 3-112 所示。

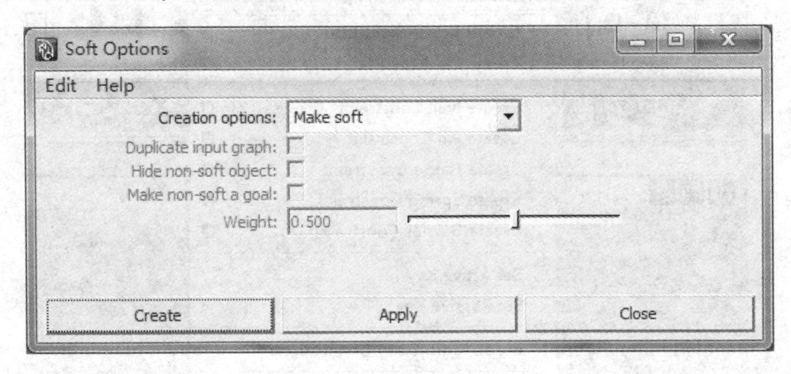

图 3-112　柔体属性面板

- “Creation options”（创建选项），其中的选项如下。
  - “Make soft”（创建柔体）：将所选物体转化为柔体。
  - “Duplicate，make copy soft”（复制，使复制出的物体成为柔体）：使复制物体成为柔体，而原始物体不改变。选择此选项，则可以继续设置后续属性。
  - “Duplicate，make original soft”（复制，使原始物体成为柔体）：与 Duplicate，make copy soft 类似，该选项将原始物体转化为柔体，复制物体不改变。
- “Duplicate input graph”（复制输入图表）：勾选此选项，可以使复制物体连带复制原始物体输入图表。
- “Hide non - soft object”（隐藏非柔体物体）：当选择“Duplicate”“make copy soft”或“Duplicate，make original soft”时，勾选“Hide non - soft object”（隐藏非柔体物体）选项，将未被转化成柔体的物体隐藏。
- “Make non - soft a goal”（使非柔体物体成为目标）：将没有转化的物体设置为柔体的目标，此时，给非柔体制作动画，则柔体物体会产生运动跟随。
- “Weight”（权重）：定义了柔体物体保持原始造型的程度。权重越大，柔体保持原始造型的程度越高，也就越硬，越不容易变形。权重越小，柔体保持原始造型的程度越低，也就越软，越容易变形。

3.4.2　创建弹簧

“Create Spring”（创建弹簧）是为柔体创建弹簧，可以使柔体具有弹性和硬度，可以更好地模拟软体，命令位置如图 3-113 所示。

打开“Create Spring”（创建弹簧）参数盒，可以看到其参数如图 3-114 所示。

- “Spring name”（弹簧名称）：创建弹簧的名字，不输入则使用默认名称创建。
- “Spring Methods”（弹簧方式栏），其中的选项如下。
  - “Add to existing spring”（加入到现存弹簧）：将已有的弹簧节点使用到指定的弹簧位置上勾选该选项，会使用已存在的弹簧节点创建弹簧。否则，在创建弹簧时会产生新的弹簧节点。
  - “Don’t duplicate springs”（不复制弹簧）：如果两点之间存在弹簧，则不会再重复创建新的弹簧。

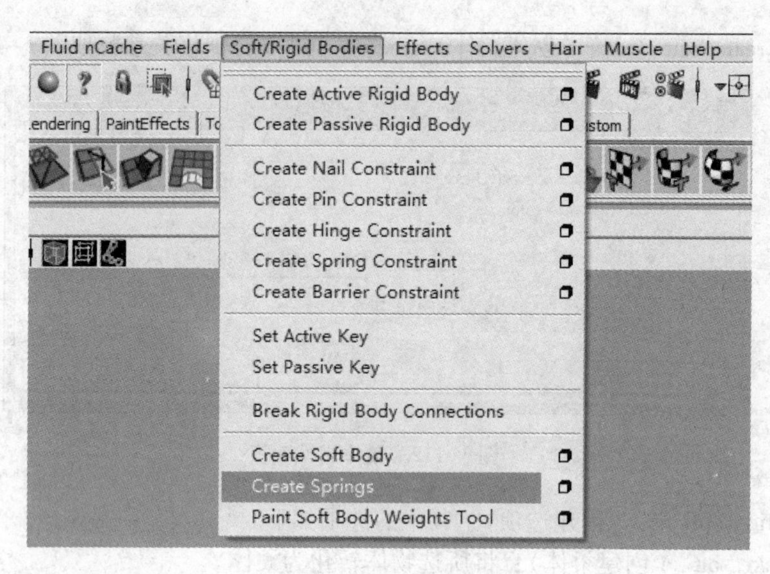

图 3-113　创建柔体弹簧

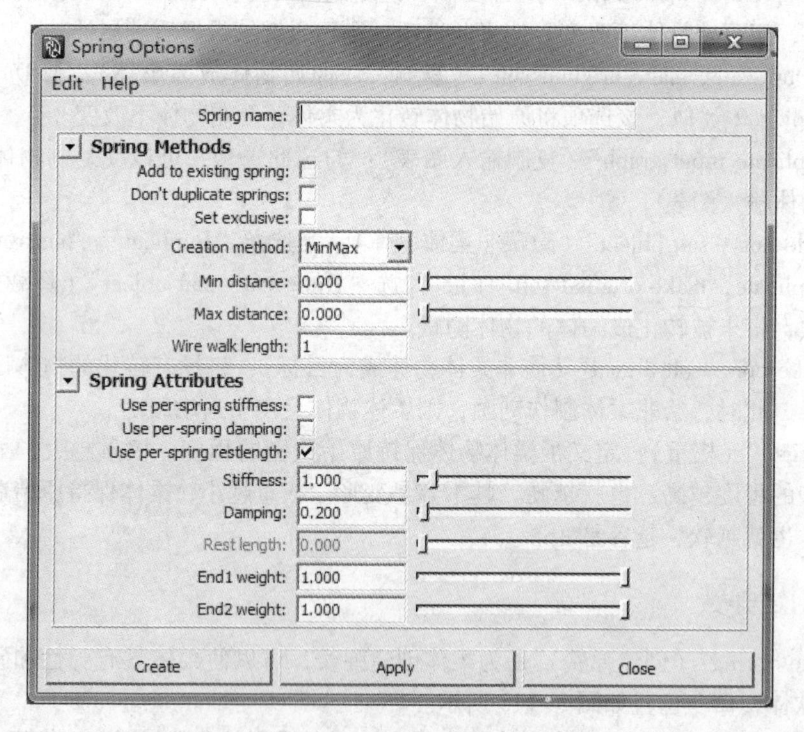

图 3-114　柔体弹簧属性面板

◆"Set exclusive"（设定排除）：勾选该选项，可以使多个物体之间进行弹簧连接时，避免物体本身被创建弹簧。在创建弹簧时，设置排除命令对粒子和柔体有效。

● "Creation method"（创建方式），其中的选项如下。

◆"MinMax"（最小最大）：可以指定只在"Min distance"（最小距离）和"Max distance"（最大距离）之间创建弹簧。

◆"All"（所有）：可以使被选物体的所有点之间都创建弹簧。

- ◆“Wireframe”（线框）：可以在柔体粒子之间创建弹簧，同时可以通过定义“Wire walk length”（线框步长）更改“Wireframe”（线框）的组成结构。
- ●“Min distance”（最小距离）：设定允许创建弹簧的最小距离值。
- ●“Max distance”（最大距离）：设定允许创建弹簧的最大距离值。
- ●“Wire walk length”（线框步长）：当创建方式为“Wireframe”（线框）式时，可以设置该数值，步长决定了可以跨越几个粒子创建弹簧，步长值越大，可以跨越相邻的粒子数目越多，弹簧密度越大。步长为1时，只可以在相邻的粒子之间创建弹簧。
- ●“Spring Attributes”（弹簧属性栏），其中的选项如下。
  - ◆“Use per - spring stiffness”（使用单弹簧硬度）：勾选该选项，可以设定单个弹簧的硬度。此时“Stiffness”（硬度）属性将失效。
  - ◆“Use per - spring damping”（使用单弹簧阻尼）：勾选该选项，可以设定单个弹簧的阻尼。此时“Damping”（阻尼）属性将失效。
  - ◆“Use per - spring rest length”（使用但弹簧静止长度）：勾选该选项，可以设定单个弹簧的静止长度。此时“Rest length”（静止长度）属性将失效。
  - ◆“Stiffness”（硬度）：可以统一设置同一弹簧节点下的所有弹簧硬度。
  - ◆“Damping”（阻尼）：可以统一设置同一弹簧节点下的所有弹簧阻尼。
  - ◆“Rest length”（静止长度）：可以统一设置同一弹簧节点下的所有弹簧静止长度。
  - ◆“End1 weight”（起点权重）：设置弹簧弹力在弹簧起点的权重。
  - ◆“End2 weight”（末点权重）：设置弹簧弹力在弹簧末点的权重。

1）单击“Create”→“Polygon Primitives”创建默认的POLY球体，如图3-115所示。

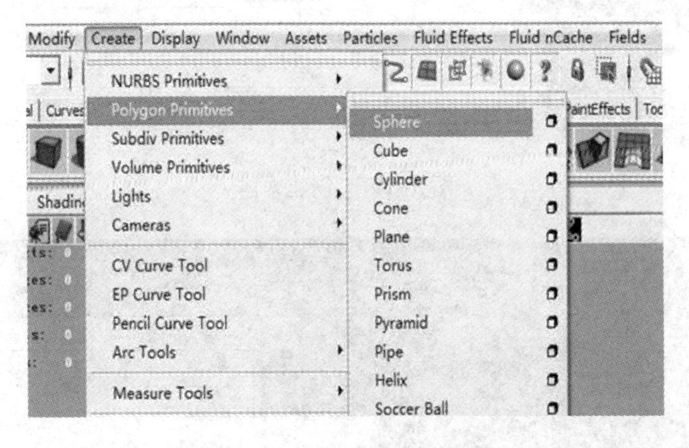

图3-115　创建POLY球体

将球体缩放到合适的大小，如图3-116所示。

2）选择球体，单击“Soft/Rigid Bodies”→“Create Soft Body”，打开属性盒，将参数设置为如图3-117所示。

3）选择球体，单击“Fields”→“Turbulence”创建扰乱场，如图3-118所示。

播放动画后可以看到，此时柔体受到了扰乱场的影响，产生了变化，然而这种现象并不是需要的效果，如图3-119所示。

4）将时间帧回到初始帧的位置，单击球体，单击“Soft/Rigid Bodies”→“Create Spring”，打开创建弹簧的属性盒，将参数设置为如图3-120所示。

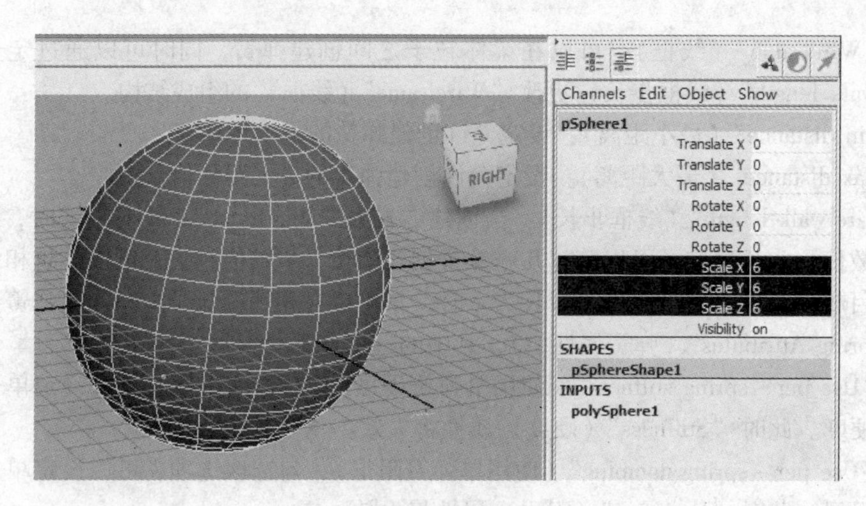

图 3-116　设置球体大小

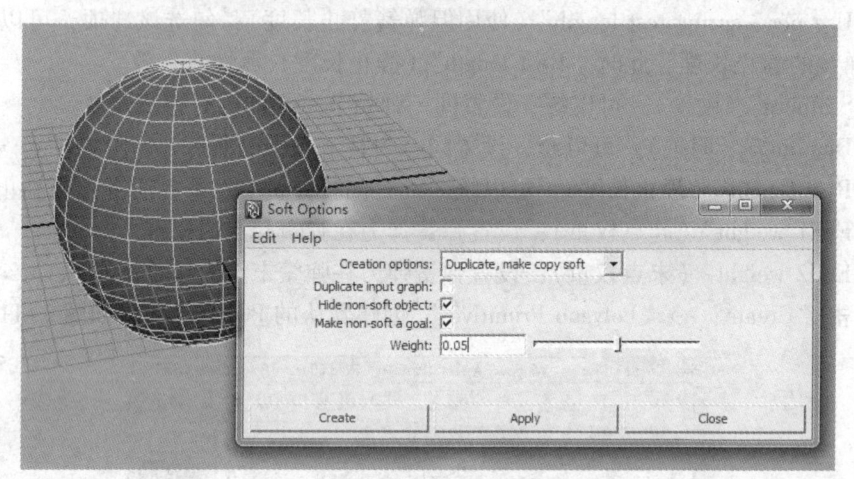

图 3-117　创建柔体

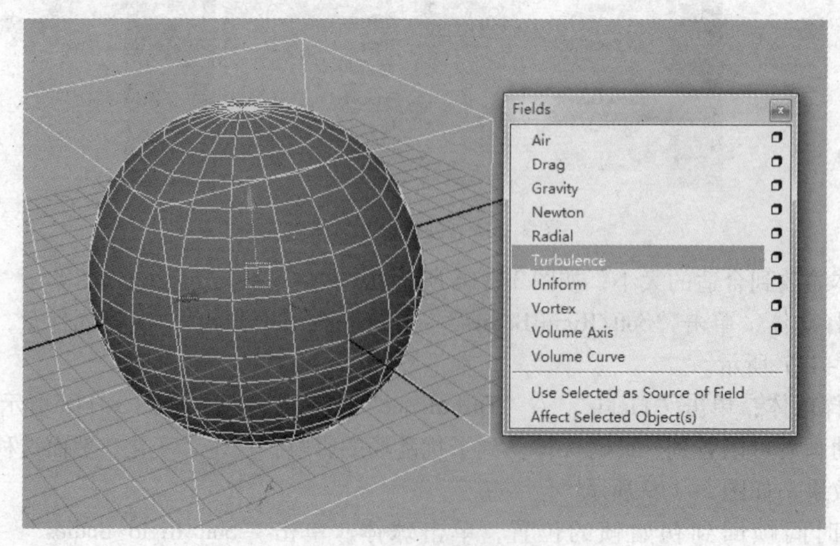

图 3-118　设置扰乱场

图 3-119　播放解算

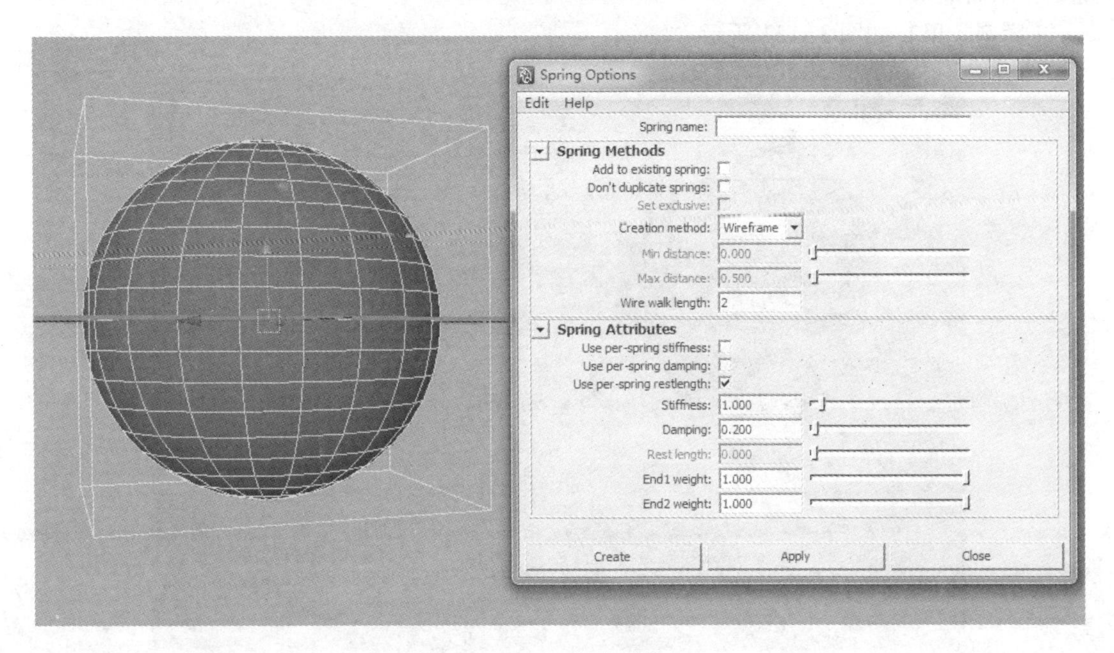

图 3-120　创建弹簧

5）单击“Window”→“Outliner”，选择“Spring 1”节点，按〈Ctrl + H〉组合键，隐藏弹簧，播放动画后可以看到如图 3-121 所示。

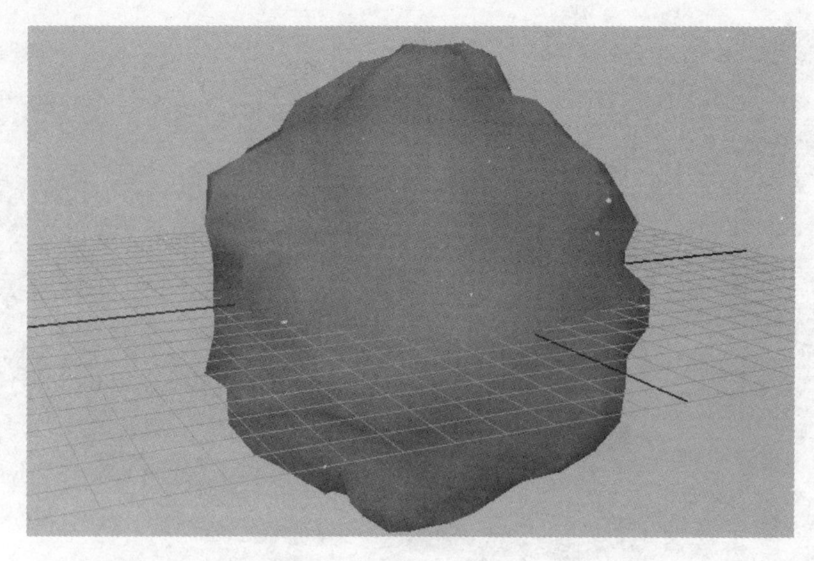

图 3-121　隐藏弹簧后的效果

3.4.3　[案例] 水面和雪地效果制作

1. 水面效果制作

【案例目的】 通过对柔体和弹簧的了解，在实战中结合实际效果，学会综合运用这些功能制作水面效果。

【案例效果】 如图 3-122 所示。

图 3-122　水面涟漪效果

【案例步骤】 打开 Chapter_03 素材中的 snow_ball. ma 场景文件，如图 3-123 所示。

1）首先来制作球体掉落水面的效果。选择平面，单击“Soft/Rigid Bodies”→“Create Soft Body”创建柔体的属性盒，打开属性面板，将“Creation options”（创建选项）修改为

图 3-123　水面场景

“Duplicate，make copy soft”（复制，使复制物体成为柔体），同时勾选“Hide non - soft object”（隐藏非柔体物体）和“Make non - soft a goal”（使非柔体物体成为目标）选项，如图 3-124 所示。

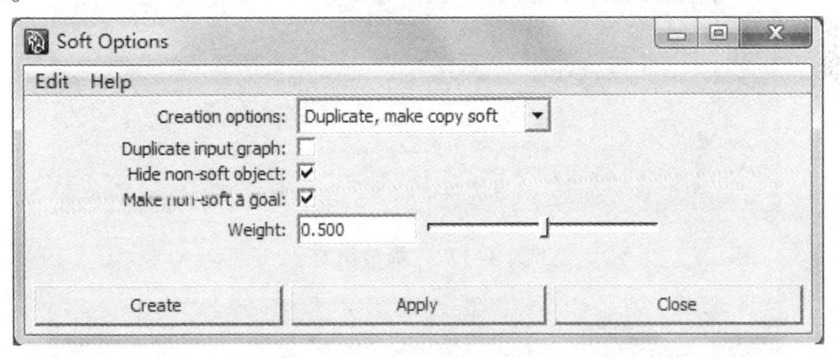

图 3-124　设置柔体属性

将时间范围设置为 300 帧，如图 3 - 125 所示。

2）选择球体，单击“Fields”→“Gravity”（重力），为球体添加重力项，如图 3-126 所示。

播放发现，球体穿透了下方的模型，向下掉落。这是因为下方的斜面模型没有创建刚体，无法与球体产生碰撞，如图 3-127 所示。

3）选择斜面模型，单击“Soft/Rigid Bodies”→“Create Passive Rigid Body”创建被动刚体，如图 3-128 所示。

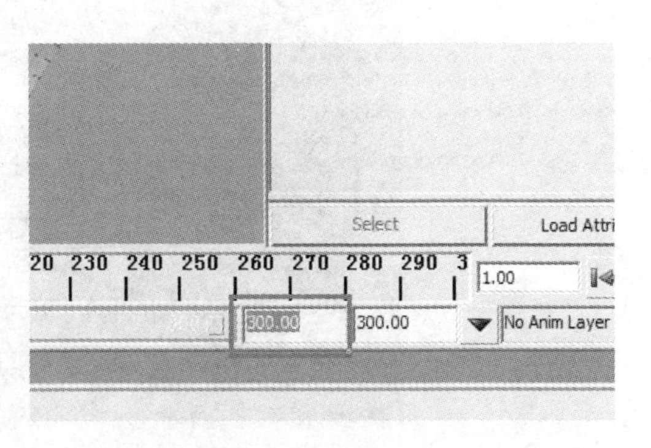

图 3-125　设置时间范围

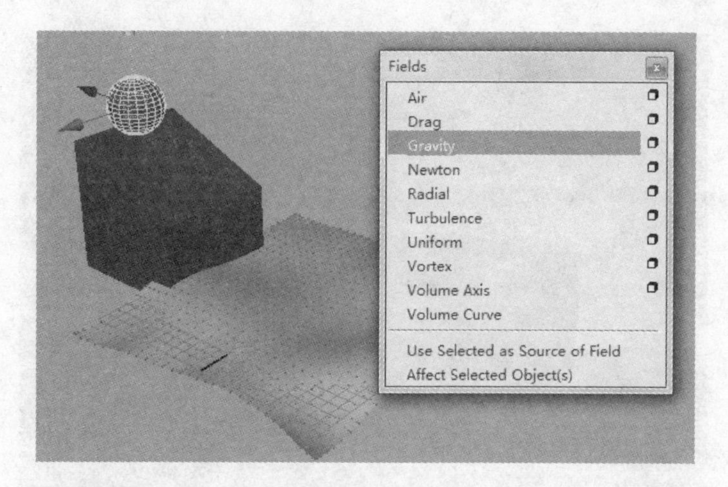

图 3-126　创建重力场

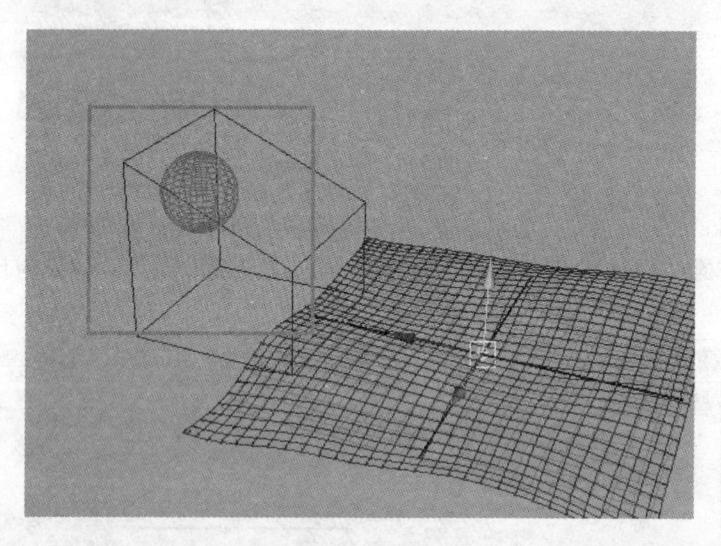

图 3-127　播放解算

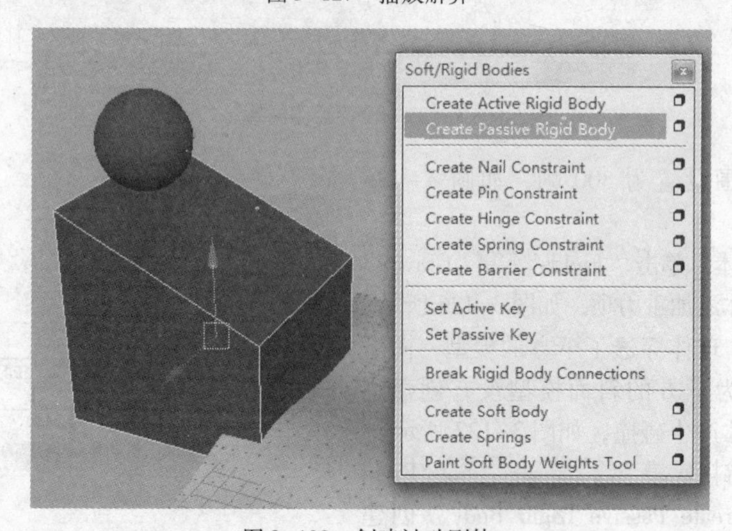

图 3-128　创建被动刚体

播放解算，发现球体掉落到柔体平面上没有任何效果。这是因为平面上的粒子没有与球体产生碰撞，如图 3-129 所示。

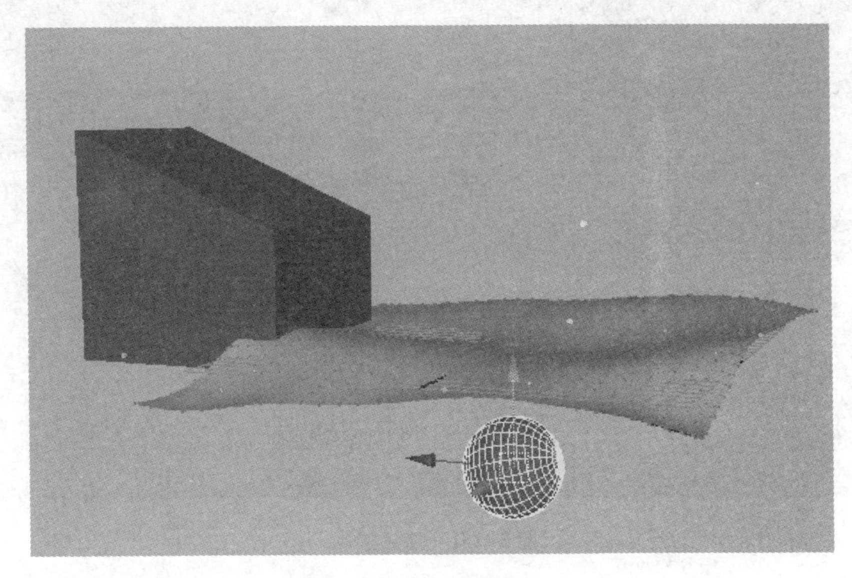

图 3-129　播放解算

4）打开大纲，选择平面下的柔体粒子，按〈Ctrl〉键加选球体，单击“Particles”→“Make Collide”使碰撞，为柔体粒子和球体创建碰撞，如图 3-130 所示。

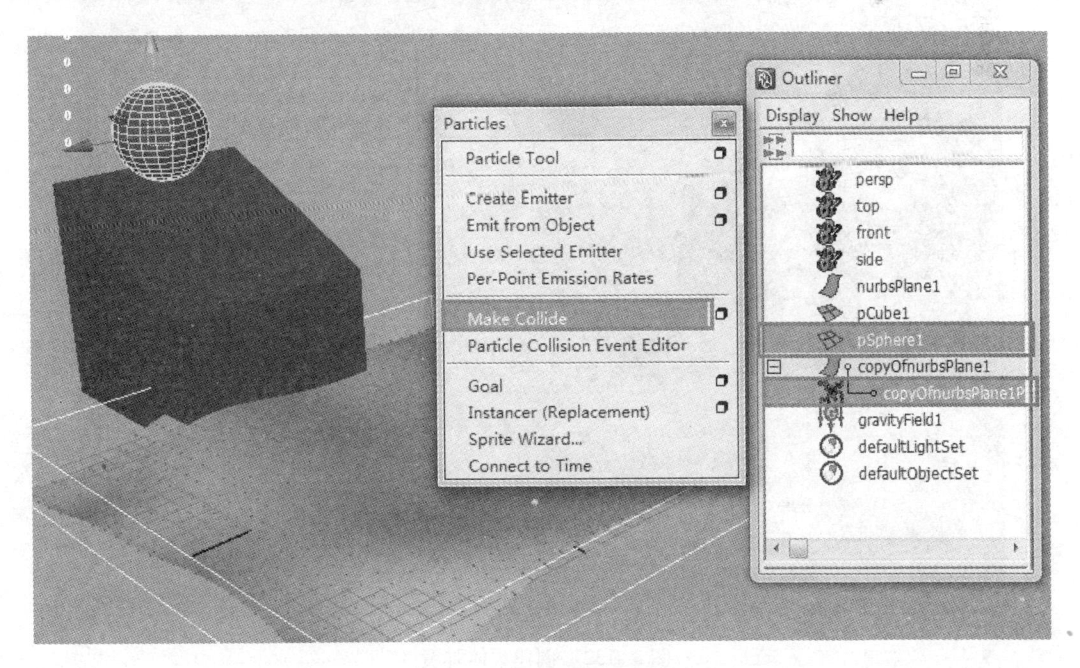

图 3-130　创建粒子碰撞

播放解算，发现球体在穿过柔体平面时使柔体产生形变。但是看起来涟漪范围较小，如图 3-131 所示。

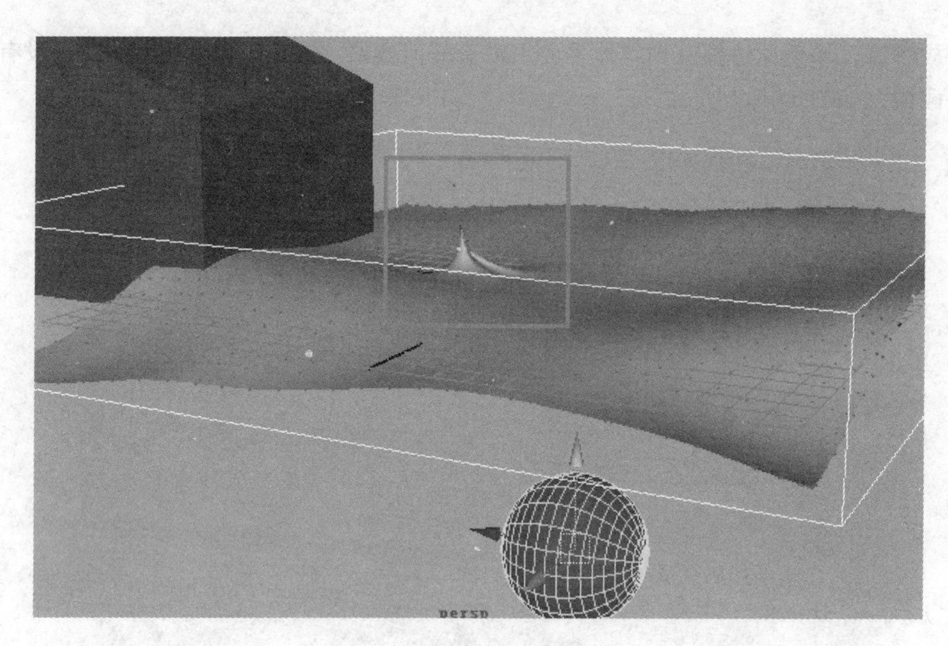

图 3-131　播放解算

5）选择柔体物体，单击“Soft/Rigid Bodies”→“Create Springs”创建弹簧属性盒，为柔体添加弹簧，如图 3-132 所示。

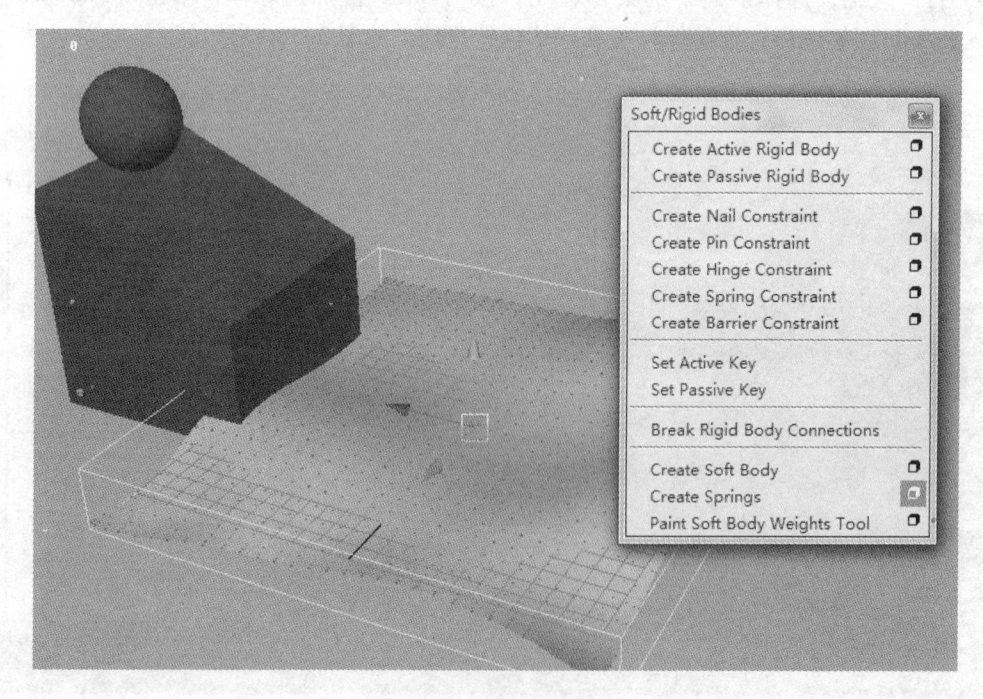

图 3-132　创建柔体弹簧

在弹簧属性面板中，将“Creation method”（创建方式）设置为“Wireframe”（线框）。将“Wire walk length”（线的步长）设置为 2 步，如图 3-133 所示。

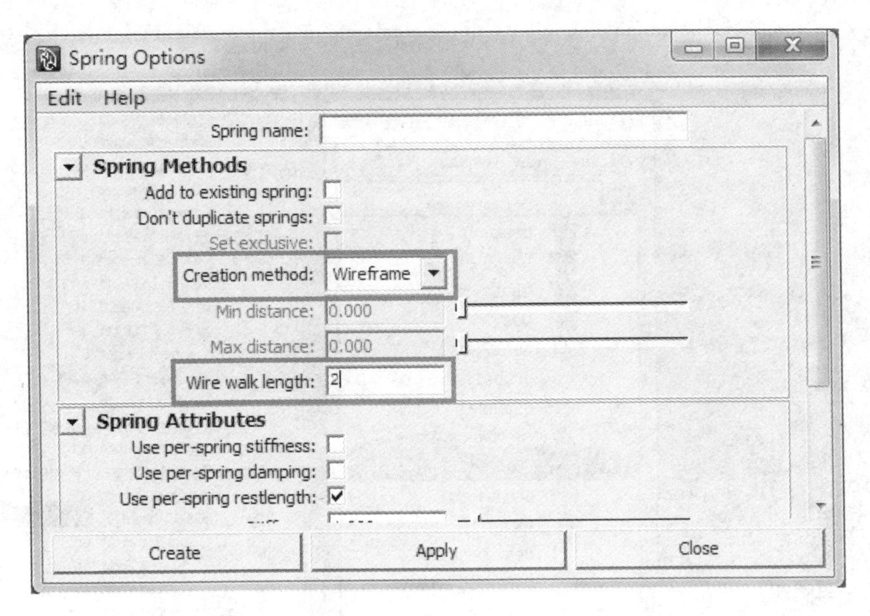

图 3-133 设置弹簧属性

播放解算，发现添加弹簧的柔体涟漪范围仍然较小，如图 3-134 所示。

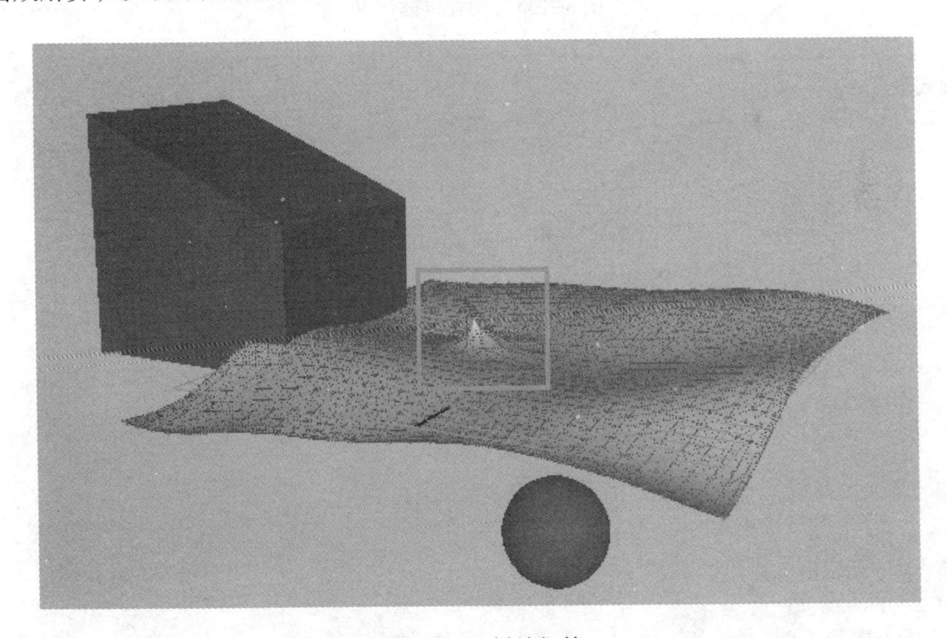

图 3-134 播放解算

6）打开大纲，找到平面下的柔体粒子，按〈Ctrl + A〉组合键，打开通道栏，找到“Goal Weight”（目标权重）选项，将目标权重修改为 0.2，使得柔体遵循原始平面的位置权重变小，能够更容易的产生涟漪效果，如图 3-135 所示。

播放解算，发现弹簧过软，柔体被弹簧带动的力量较小，范围不够，如图 3-136 所示。

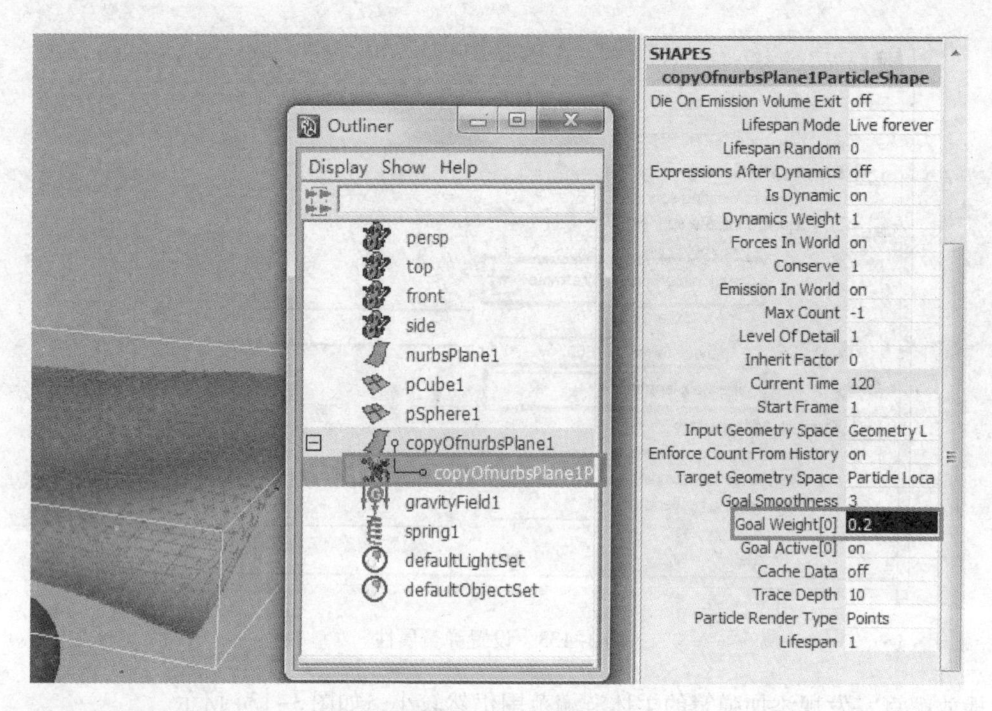

图 3-135　设置目标权重

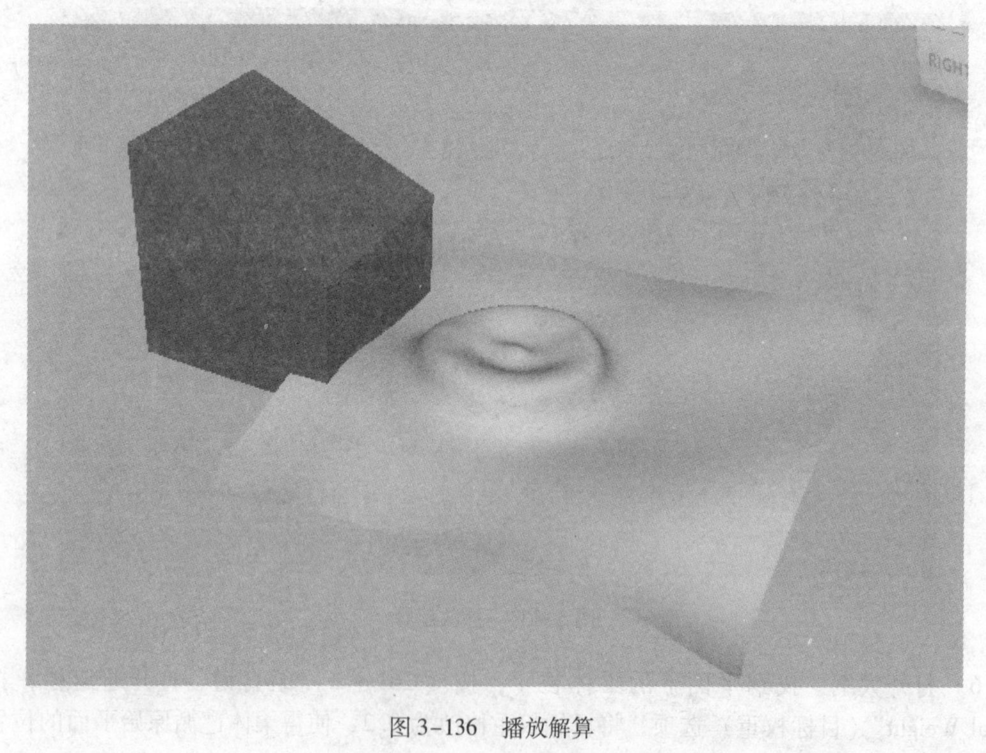

图 3-136　播放解算

7）打开大纲，选择弹簧，按〈Ctrl + A〉组合键，打开弹簧的通道栏，将“Stiffness”（硬度），“Damping”（阻尼）修改为如图 3-137 所示的数值。

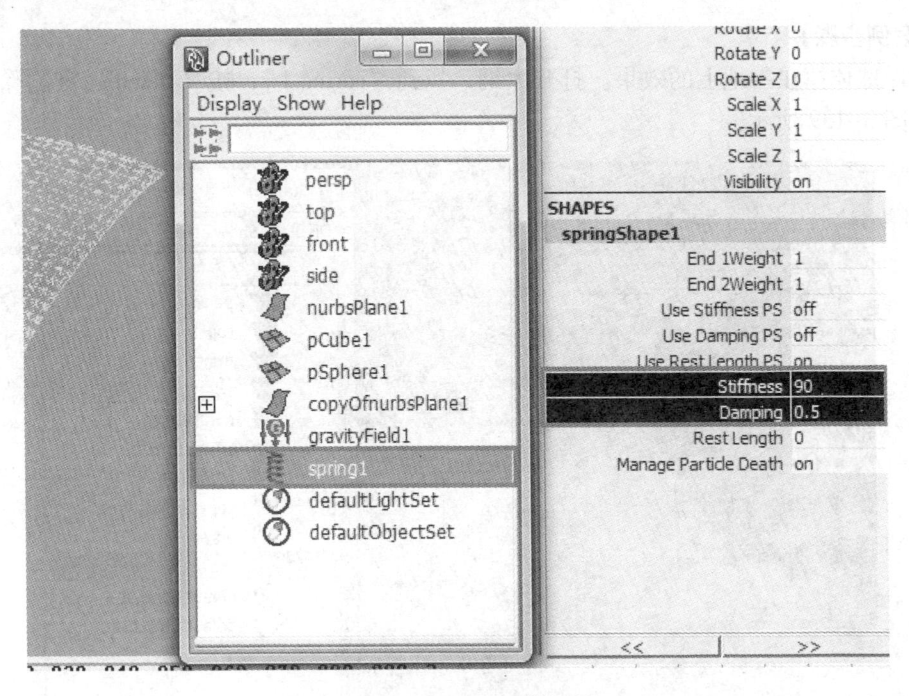

图 3-137　设置柔体弹簧属性

播放解算，发现产生了球体掉落水面产生涟漪效果，最终效果如图 3-122 所示。

2. 雪地效果制作

【案例目的】通过对刚体、柔体和场的了解，在实战中结合实际效果，学会综合运用这些功能制作雪地效果。

【案例效果】如图 3-138 所示。

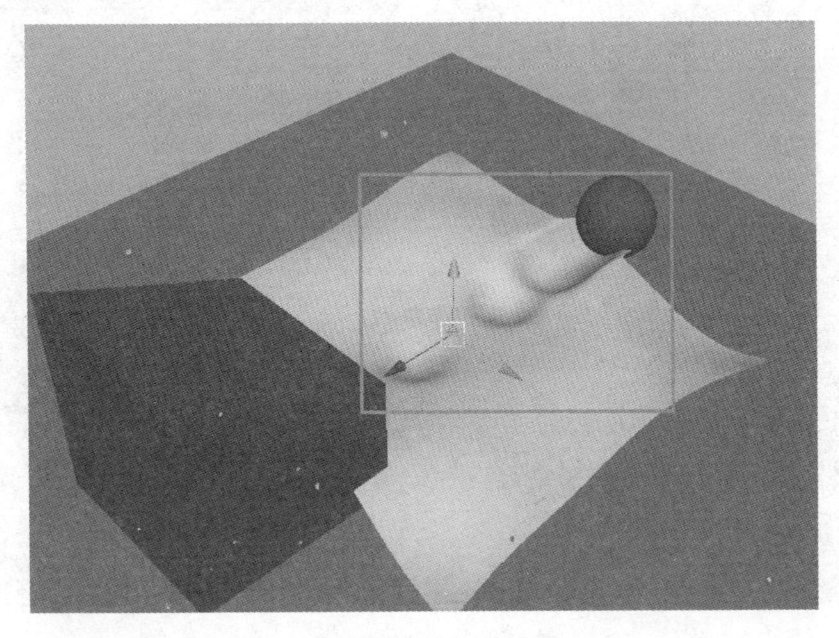

图 3-138　雪地效果

【案例步骤】

制作球体掉在雪地上的效果。打开大纲，找到“spring 1”，按〈Delete〉键删除弹簧节点，如图 3-139 所示。

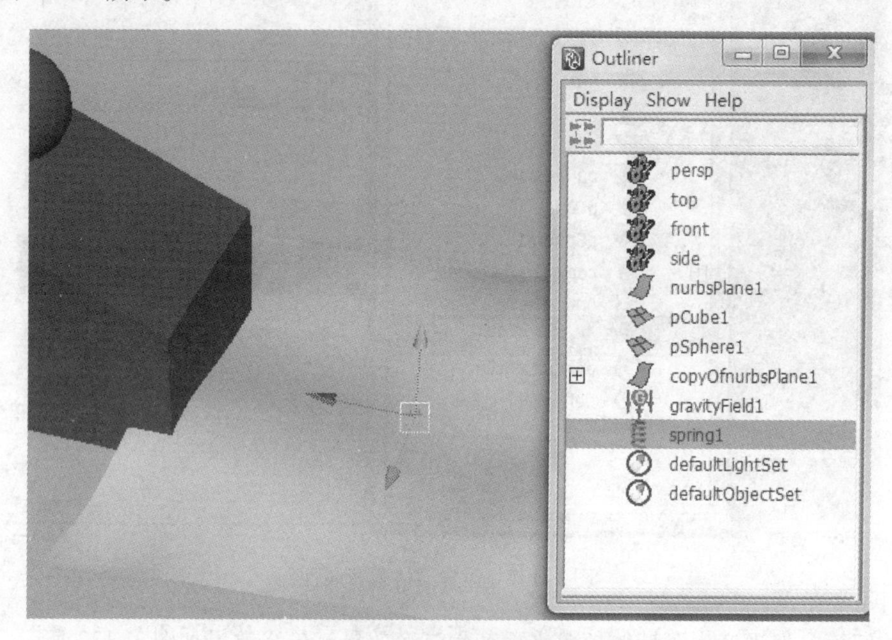

图 3-139　删除柔体弹簧

1）创建 POLY 平面，模拟地面，放置在雪地平面下，如图 3-140 所示。

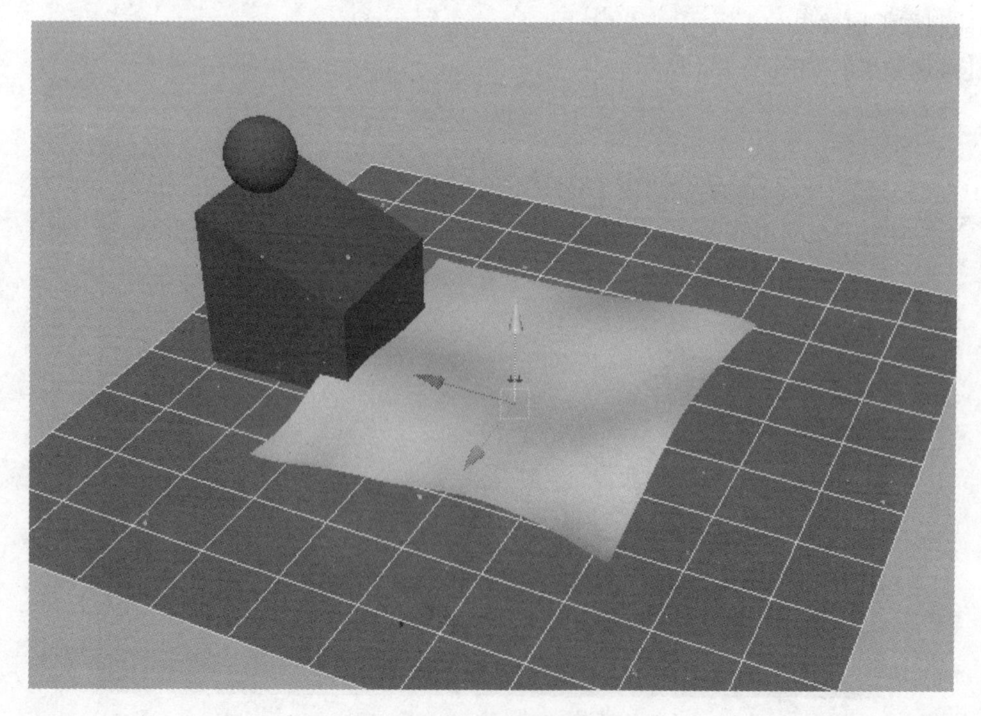

图 3-140　创建 POLY 平面

播放解算，发现球体穿过了模拟地面的平面。这是因为没有为平面设置刚体属性，所以球体和平面没有产生碰撞效果，如图 3-141 所示。

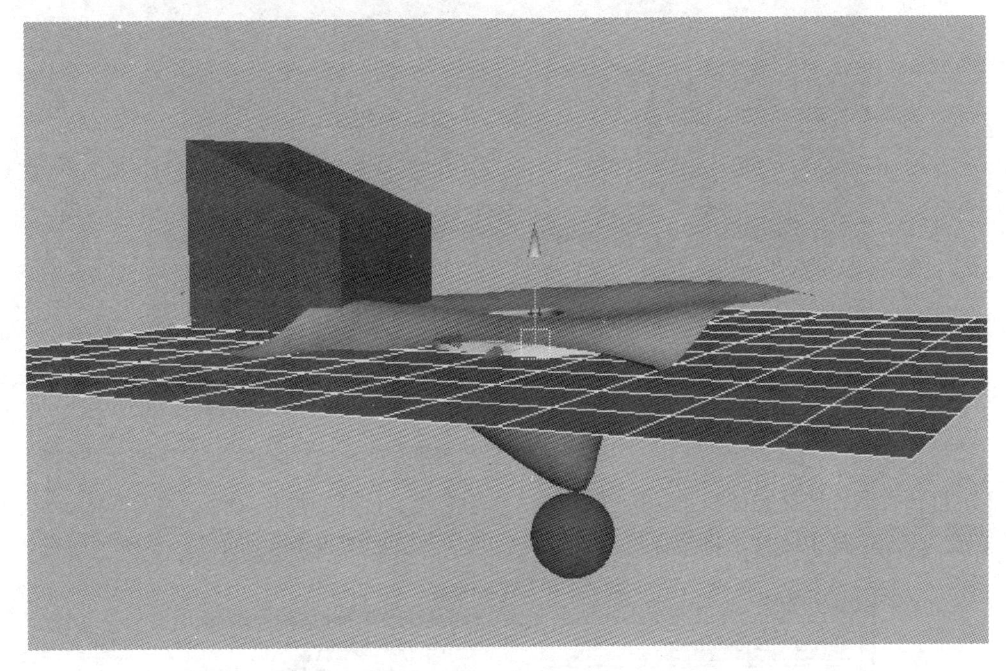

图 3-141　播放解算

2）选择平面，单击“Soft/Rigid Bodies”→“Create Passive Rigid Body”为平面创建被动刚体，如图 3-142 所示。

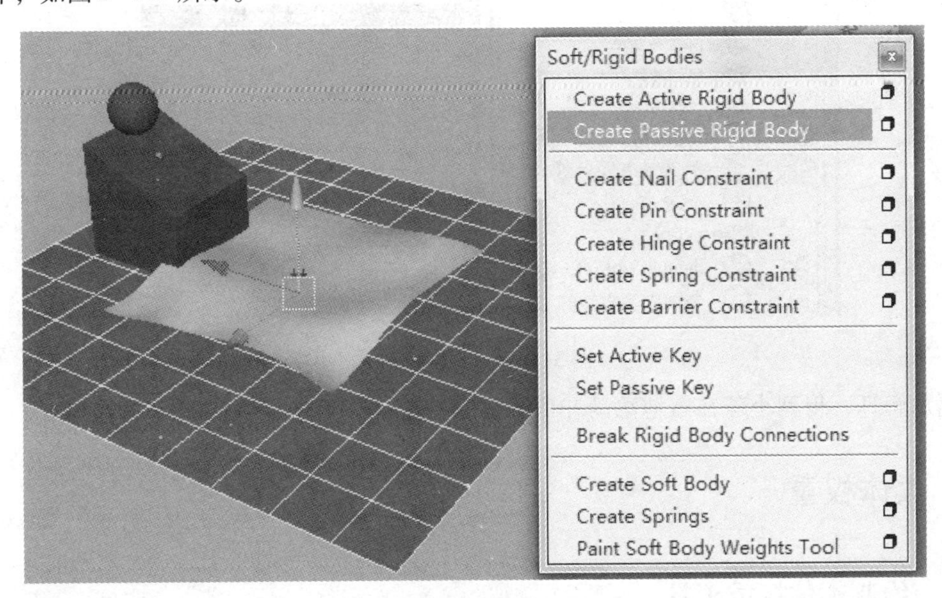

图 3-142　创建被动刚体

播放解算，发现柔体面片变形太严重，而且随着球体运动，被撞击变形的部分还会逐渐恢复，这不符合雪地的特性，如图 3-143 所示。

图 3-143　播放解算

3）打开大纲，选择柔体粒子，按〈Ctrl + A〉组合键，打开通道栏属性，将“Conserve”（保存）修改为 0。这样柔体粒子将会保持在受影响后的状态，如图 3-144 所示。

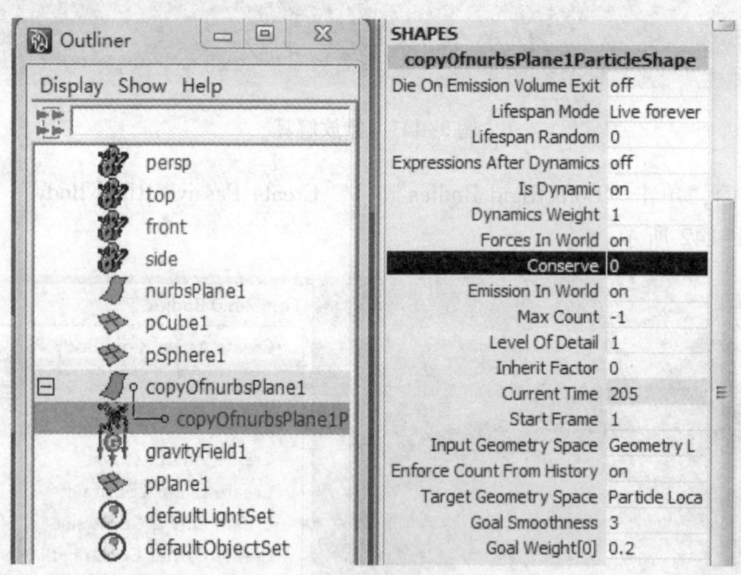

图 3-144　设置保存值

播放解算，得到小球在雪地滚动并留下痕迹的效果，最终效果如图 3-138 所示。

3.5　柔体权重

3.5.1　绘制柔体权重工具

“Paint Soft Body Weights Tool”（绘制柔体权重工具）可以绘制柔体粒子的目标权重，命令位置如图 3-145 所示。

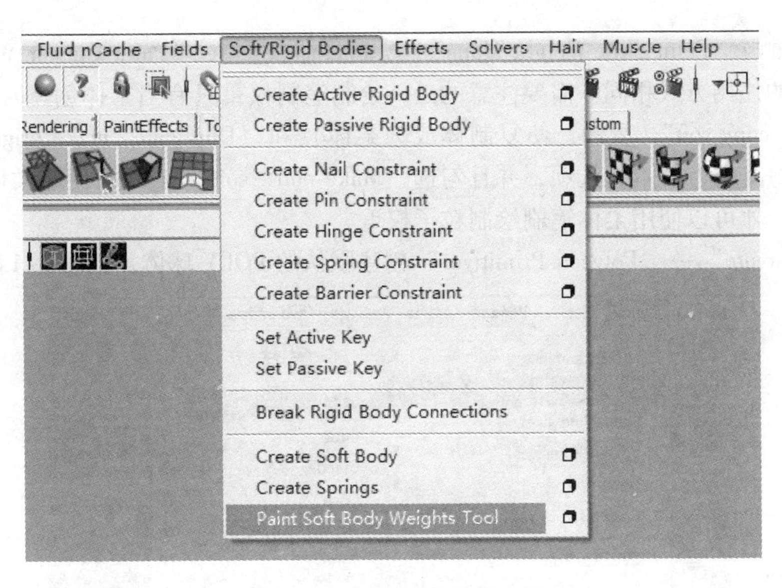

图 3-145　绘制柔体权重工具

打开“Paint Soft Body Weights Tool”（绘制柔体权重工具）参数盒，可以看到相关参数如图 3-146 所示。

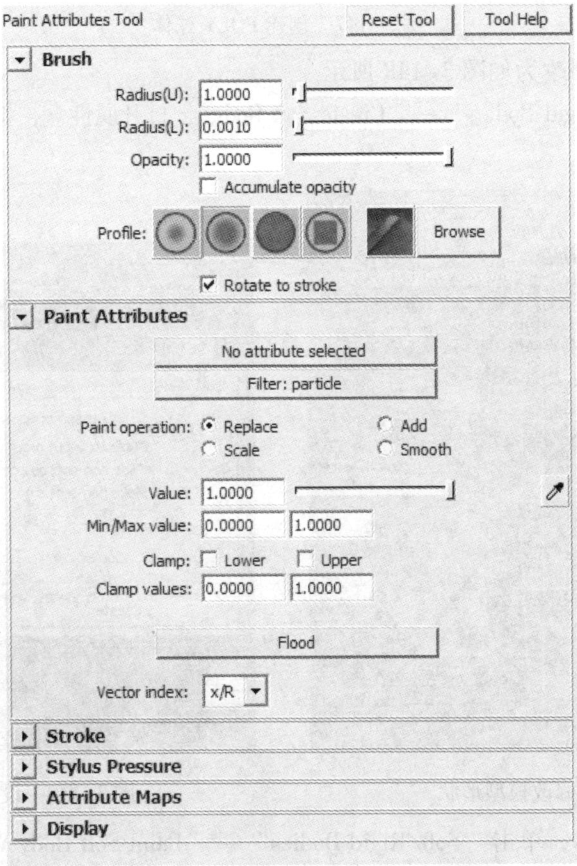

图 3-146　绘制柔体权重工具属性面板

柔体权重与“Paint Skin Weight Maps”（绘制骨骼权重），“Paint Cluster Weight”（簇权重）等笔刷的使用方式相同。需要注意的是，绘制笔刷权重只有当柔体创建时选择了“Duplicate, make copy soft”（复制，使复制体成为柔体）和“Duplicate, make original soft”（复制，使原始物体成为柔体）选项，并且勾选“Make non-soft a goal”（使非柔体物体成为目标）选项时，才可以使用柔体笔刷绘制粒子权重。

单击“Create”→“Polygon Primitives”创建默认的POLY球体，如图3-147所示。

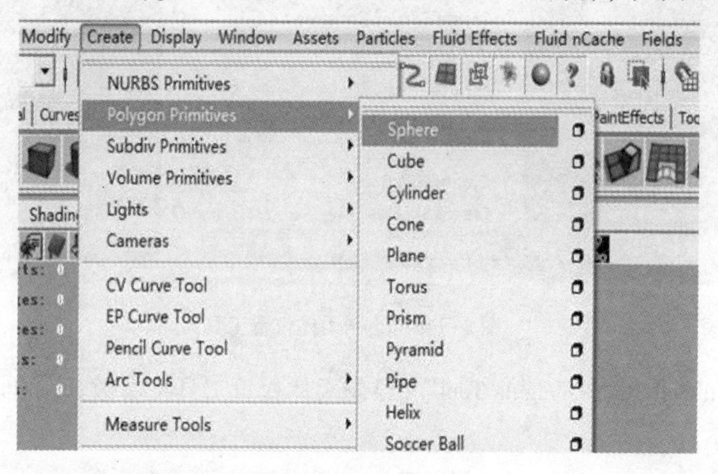

图3-147　创建POLY球体

1）将球体形状修改为如图3-148所示。

2）单击“Soft/Rigid Bodies”→“Create Soft Body”，打开属性盒，将参数设置为如图3-149所示。

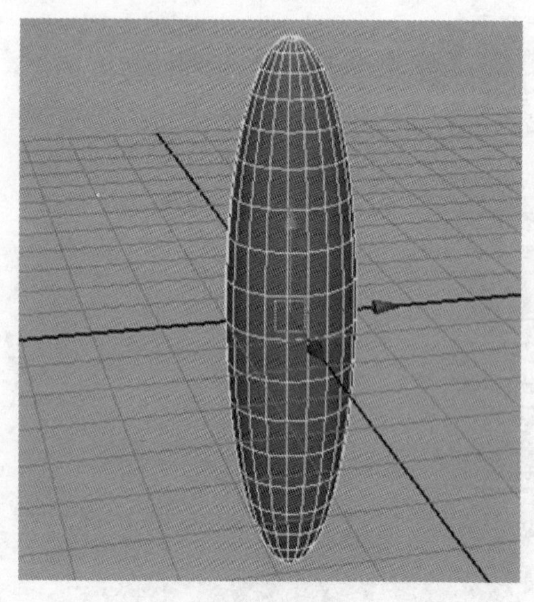

图3-148　修改模型形状

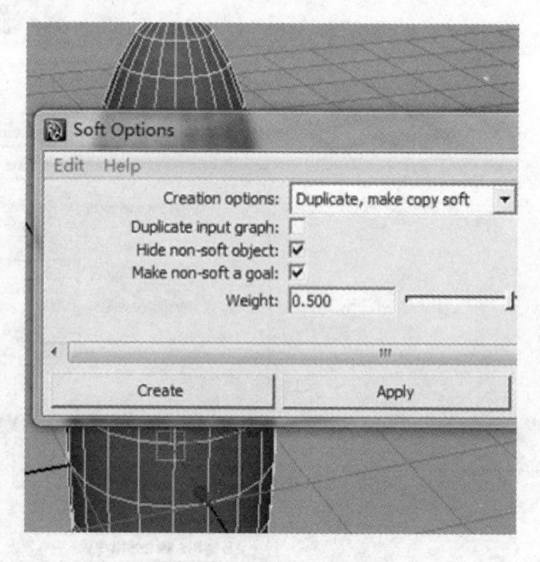

图3-149　设置柔体属性

3）选择柔体物体，单击“Soft/Rigid Bodies”→“Paint Soft Body Weights Tool”，打开属性盒，选择绘制柔体权重工具，如图3-150所示。

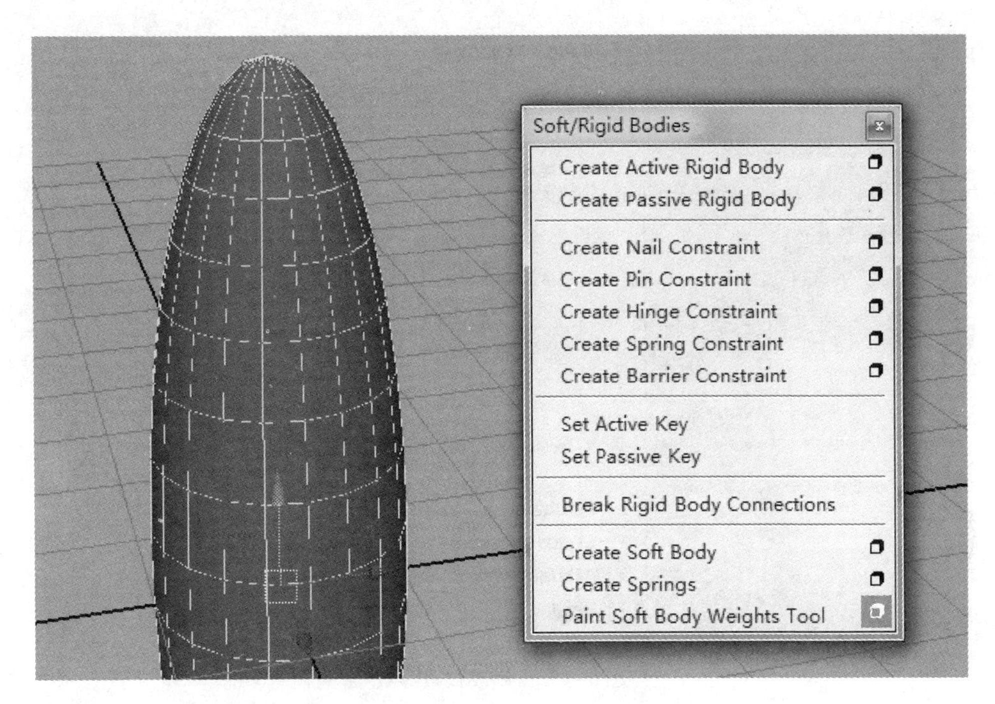

图 3-150　绘制柔体权重工具

4）将绘制柔体权重工具属性参数设置为如图 3-151 所示，单击“Flood”（填充）按钮。

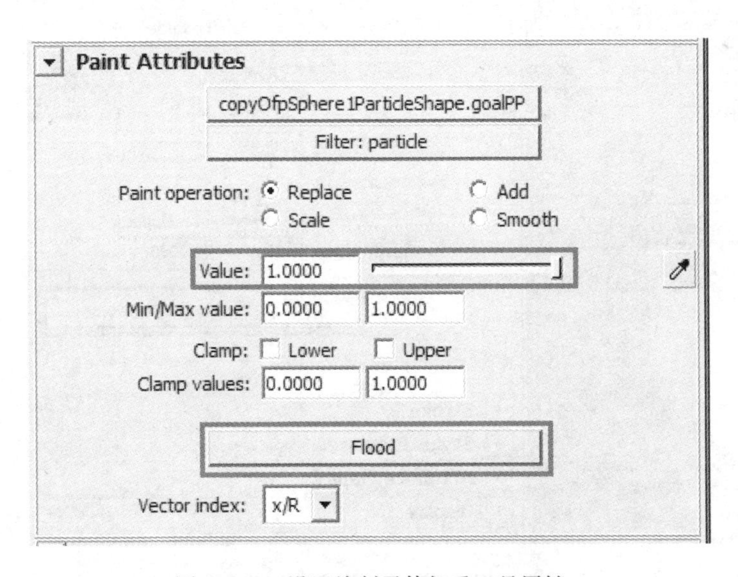

图 3-151　设置绘制柔体权重工具属性

5）修改参数，使用笔刷将柔体物体上半部分绘制为如图 3-152 所示。

6）将“Paint Attributes”（绘制属性）选项中的“Paint operation”（绘制方式）修改为“Smooth”（平滑），多次单击“Flood”（填充）按钮，直到物体权重变为如图 3-153 所示的效果。

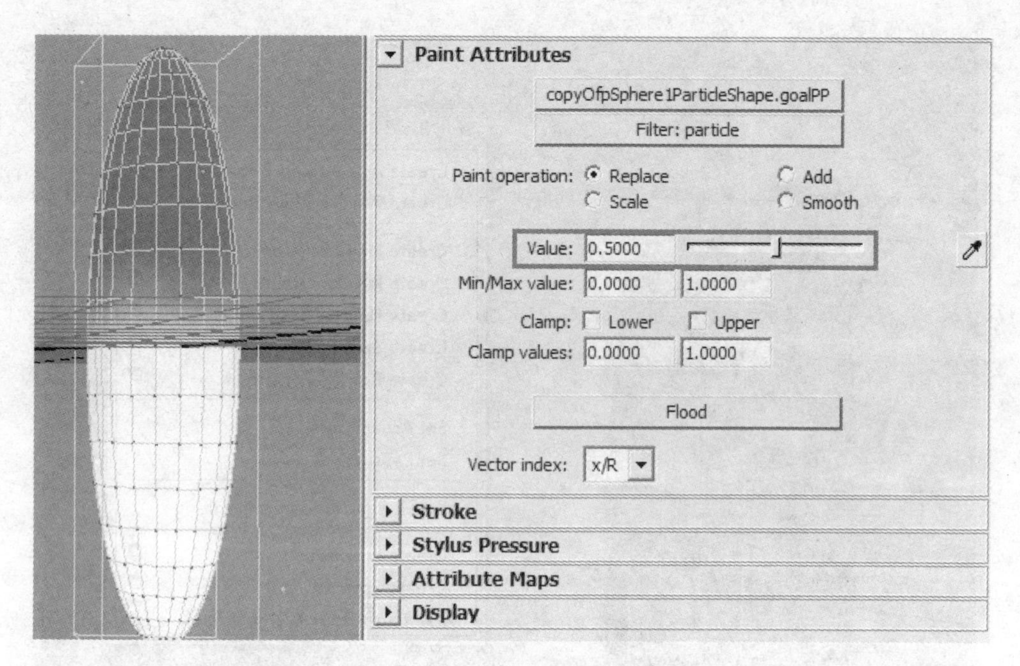

图 3-152　修改权重参数

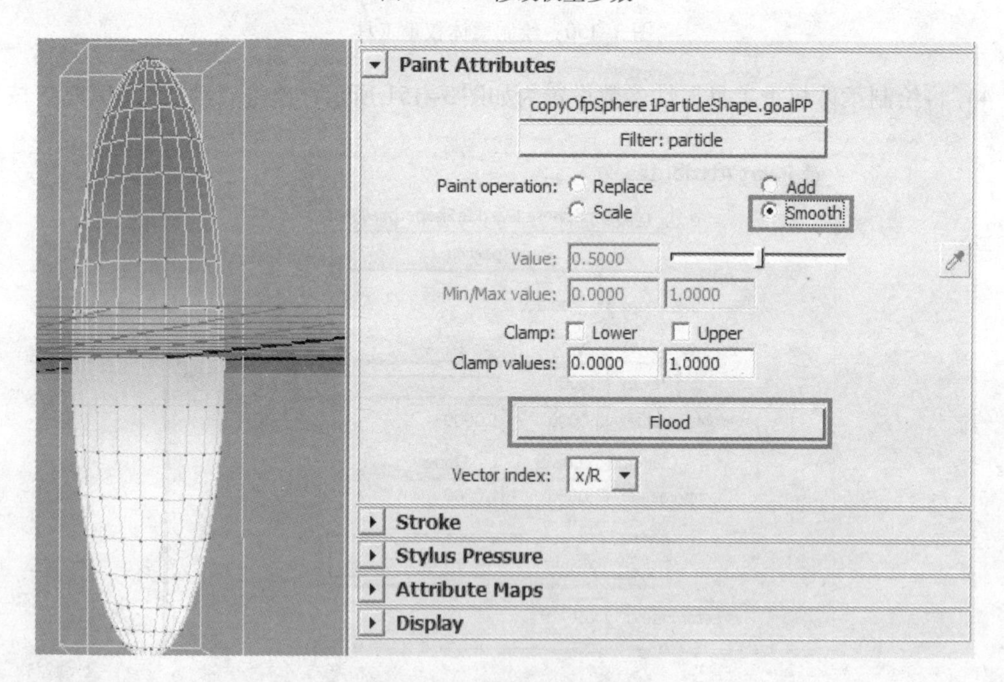

图 3-153　平滑柔体权重

7）单击“Window”→“Outliner”打开大纲，由于在创建时选择了“Duplicate，make copy soft”（复制，使复制体成为柔体），并且隐藏了原始物体。因此看到其中有两个物体，原物体“pShere1”和复制物体“copyOfpShere1”，如图 3-154 所示。

8）选择“pSphere1”（原始球体），按〈S〉键 Key 帧，拖动时间滑条到 80 帧，将原始物体移动一段距离。播放时间滑条，可以看到复制物体“柔体”上部与下部在移动过程中，权重低的部分柔软性高，而权重高的部分则较硬，如图 3–155 所示。

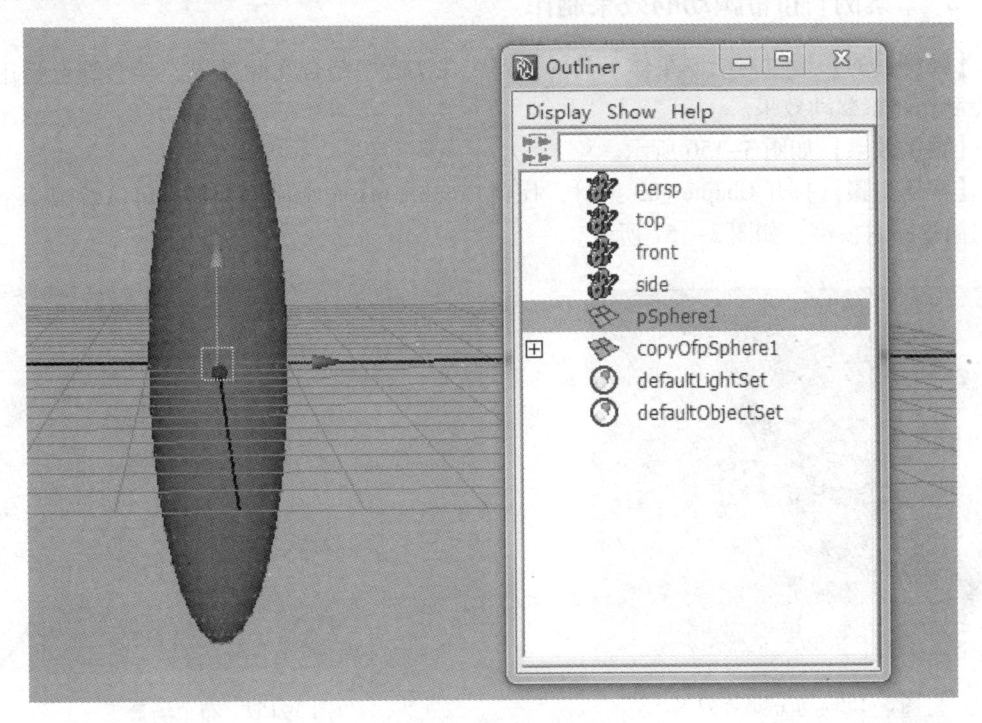

图 3–154　设置动画

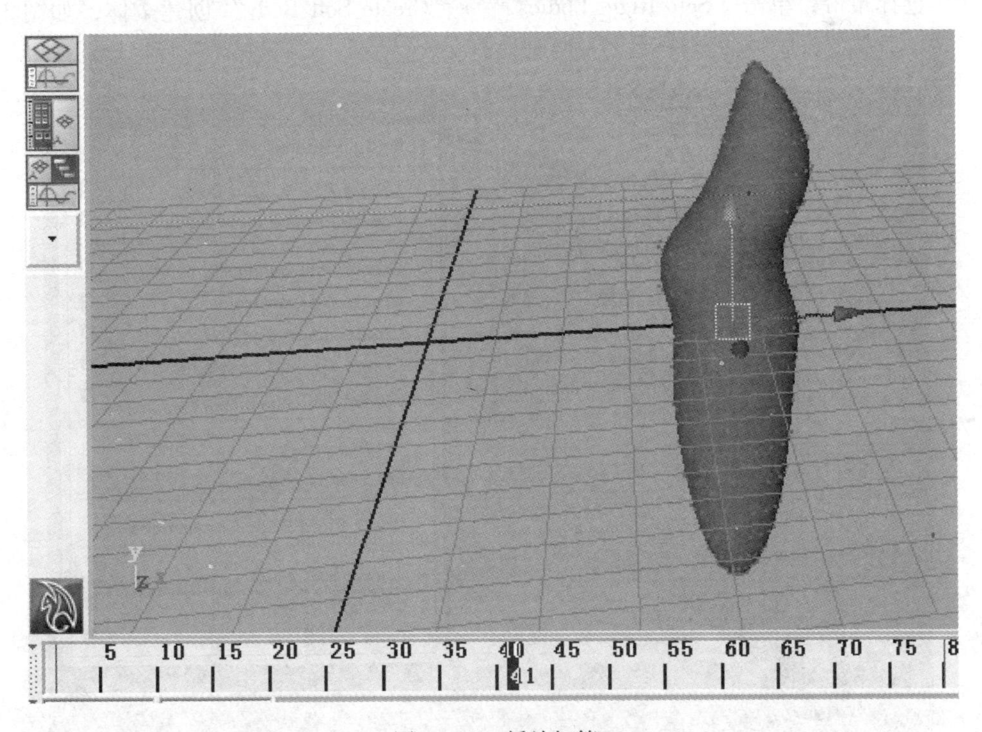

图 3–155　播放解算

3.5.2 ［案例］布帘飘动的效果制作

【案例目的】 通过对绘制柔体工具的了解，在实战中结合实际效果，学会综合运用这些功能制作布帘飘动效果。

【案例效果】 如图 3-156 所示。

【案例步骤】 打开 Chapter_03 素材，找到 Curtain. ma 布帘模型文件。可以看到一个被挂起的简单布料模型，如图 3-157 所示。

图 3-156　布帘最终效果

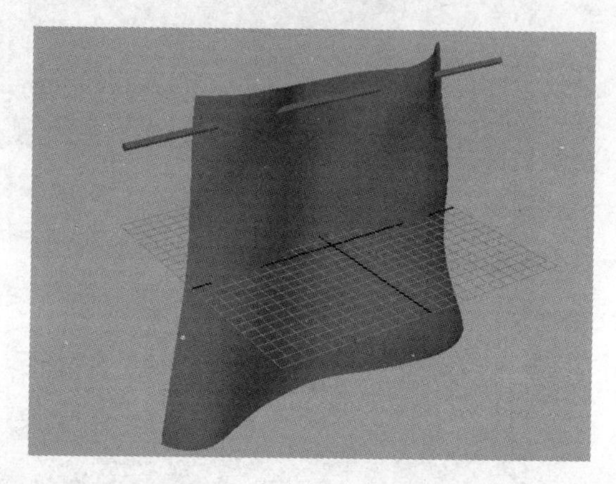

图 3-157　布帘场景

1）选择布帘，单击“Soft/Rigid Bodies”→“Create Soft Body”创建柔体，如图 3-158 所示。

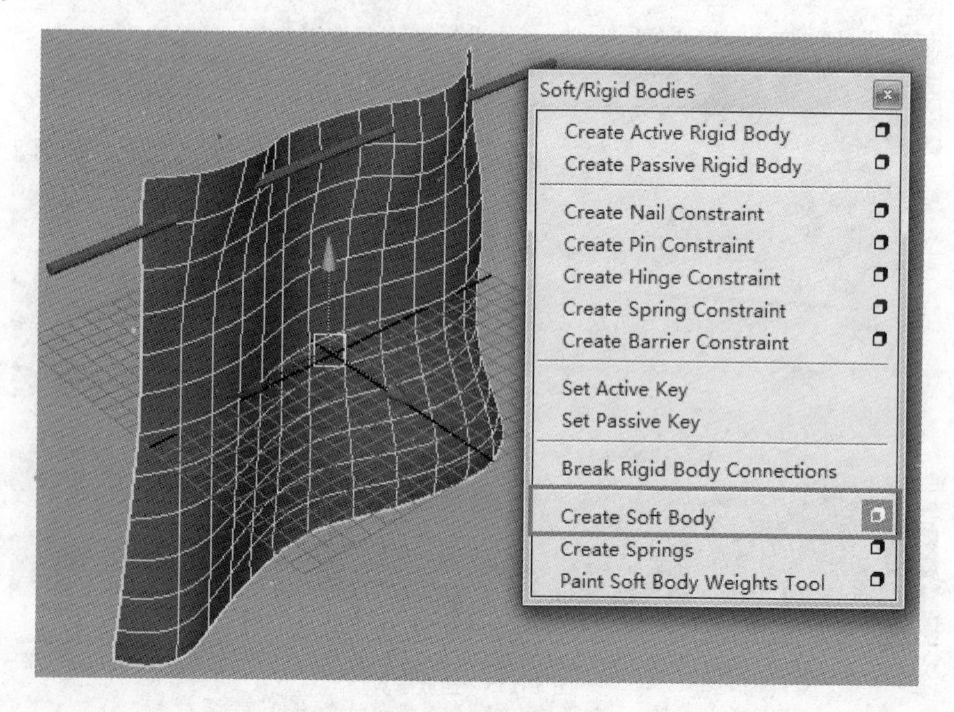

图 3-158　创建柔体

在柔体属性参数面板中将“Creation options”（创建选项）选择为“Duplicate，make copy soft”（复制，使复制体成为柔体）。勾选“Hide non - soft object”（隐藏非柔体物体）和“Make non - soft a goal”（使非柔体成为一个目标）选项，如图3-159所示。

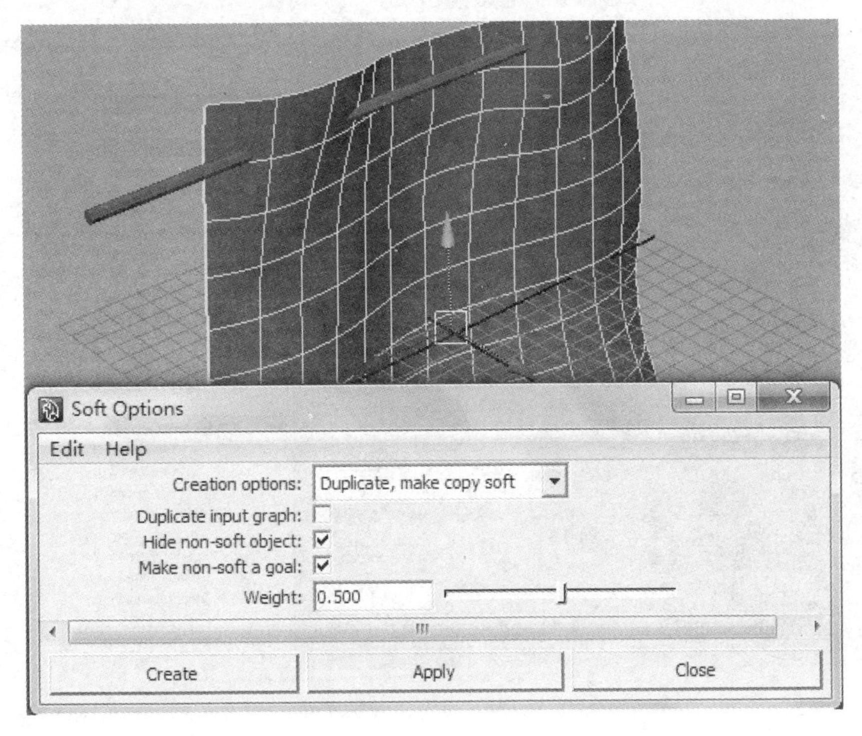

图3-159　设置柔体属性

2）选择柔体物体，单击“Fields”→“Air”（空气），创建默认的空气场，如图3-160所示。

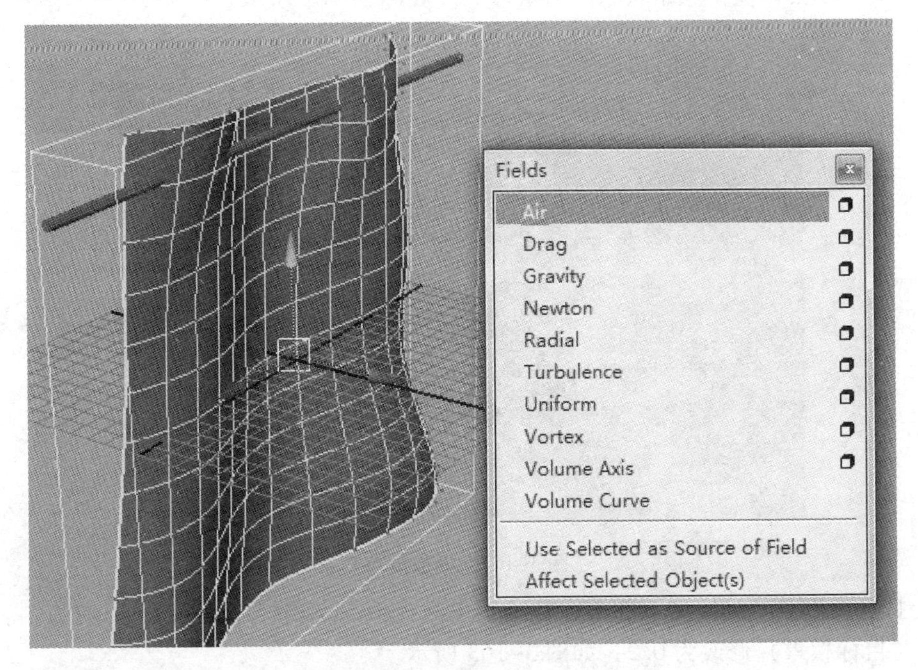

图3-160　创建空气场

选择空气场，按〈Ctrl + A〉组合键，打开通道栏，将“Magnitude”（力）修改为10，增大风场的影响力。将“Max Distance”（最大影响距离）修改为50，增大风场的影响范围。将“Direction X”（方向 X）修改为 -1，使风场沿着窗帘的方向吹动，如图3-161所示。

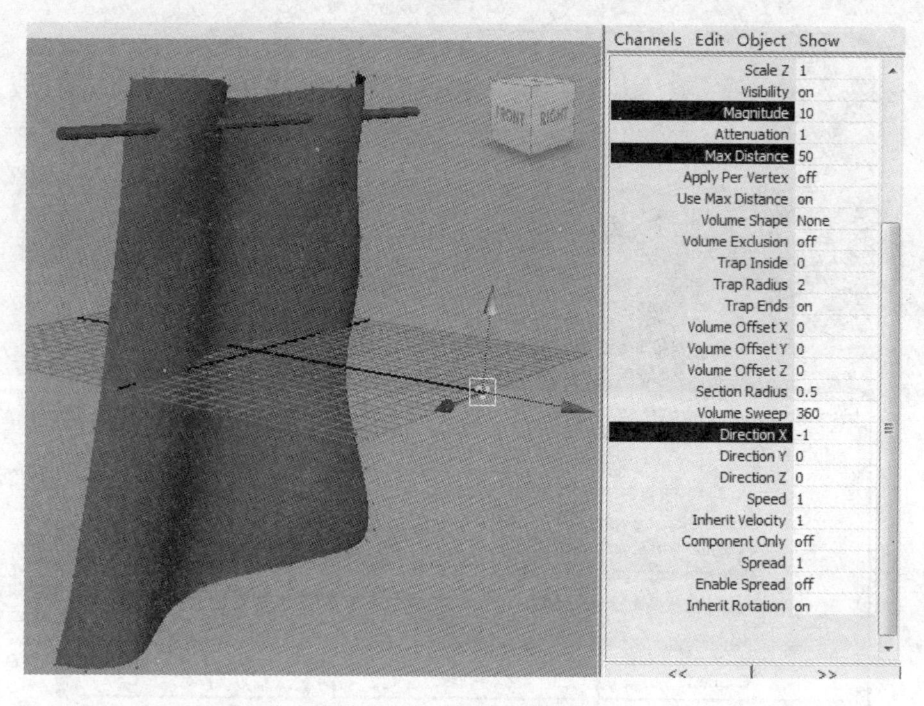

图3-161 设置空气场属性

播放解算，发现布帘被风场影响的较小，无法达到飘动效果。这是因为柔体粒子的目标权重比较大，使柔体保持原始状态的力量较大。如图3-162所示。

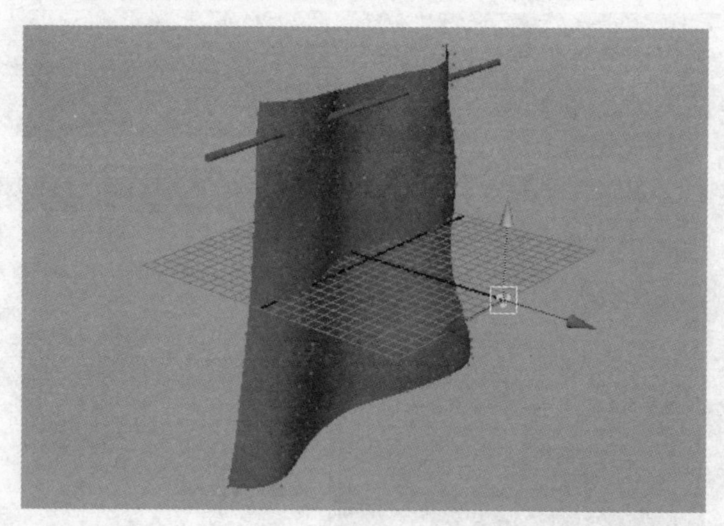

图3-162 播放解算

3）打开大纲，找到模型下的柔体粒子，按〈Ctrl + A〉组合键，打开通道栏，将“Goal Weight”（目标权重）修改为0.2，如图3-163所示。

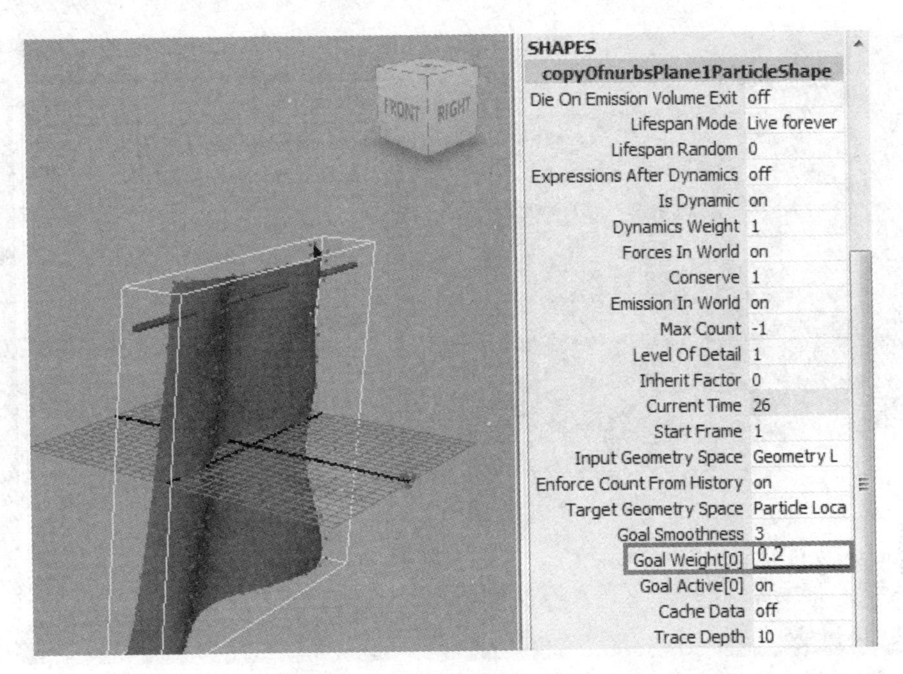

图 3-163　修改柔体目标权重

播放解算，发现窗帘被整体吹到固定物体的后方，这不符合实际情况，如图 3-164 所示。因此需要制作窗帘被固定，并且下方被吹动的效果。

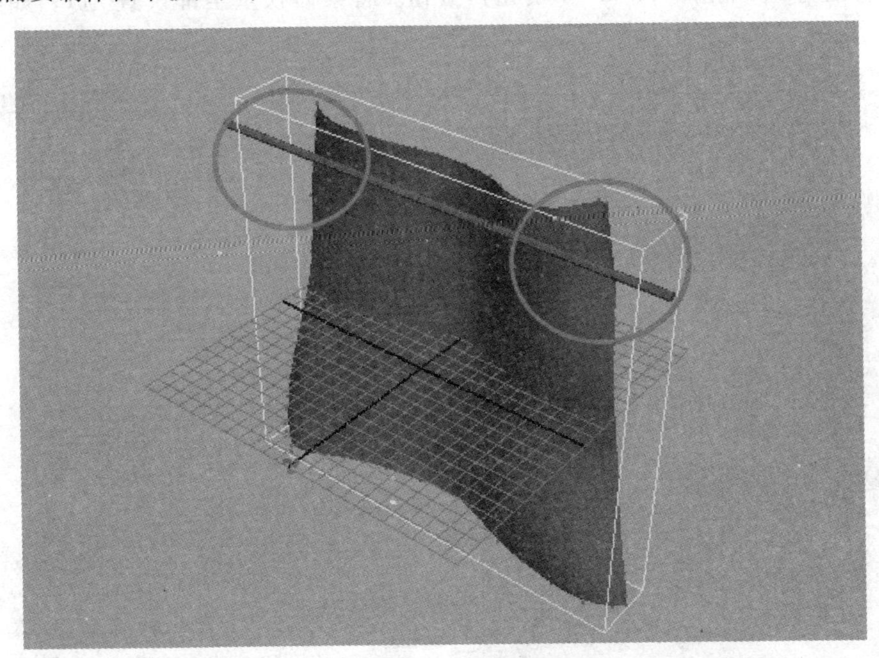

图 3-164　播放解算

4）选择柔体布帘，单击“Soft/Rigid Bodies”→“Paint Soft Body Weights Tool”，打开绘制柔体权重工具，如图 3-165 所示。

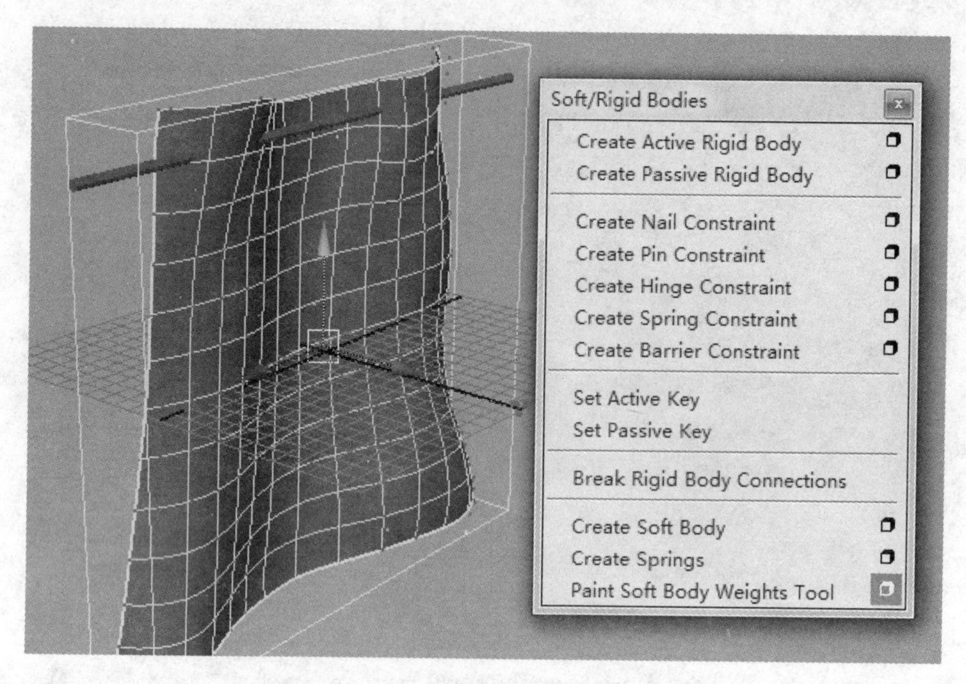

图 3-165　打开绘制柔体权重笔刷工具面板

将面板中的“Paint operations”（笔刷操作）选择为“Replace”（替换），将“Value”（数值）修改为 1，单击“Flood”（填充）按钮。将柔体权重全部设置为 1，如图 3-166 所示。

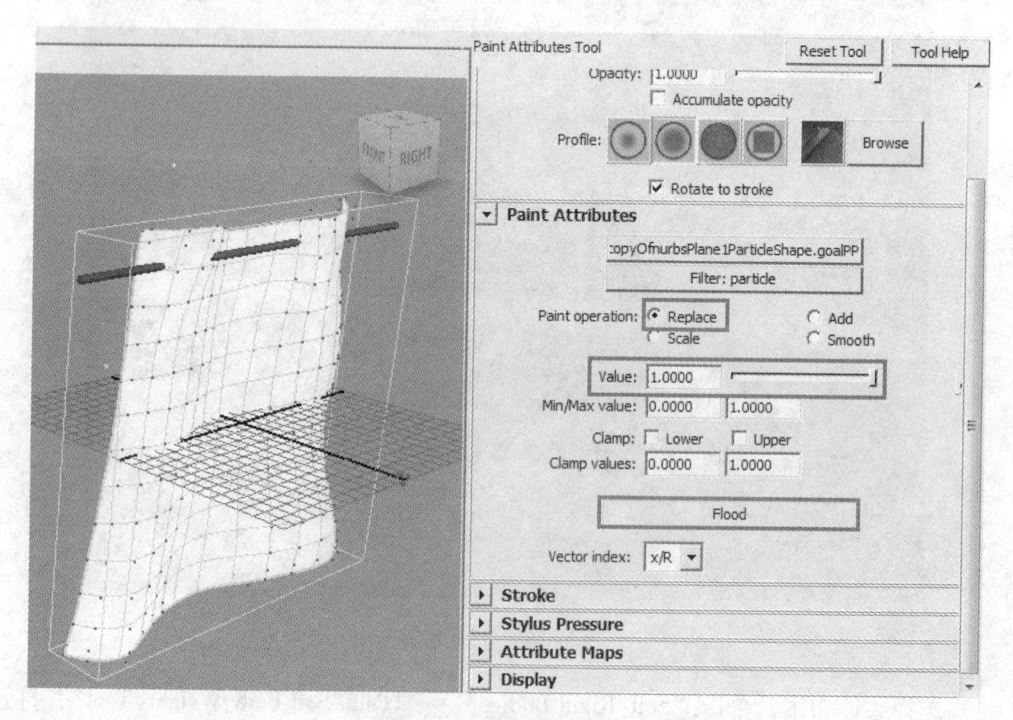

图 3-166　修改笔刷属性

将面板中的“Paint operations”（笔刷操作）选择为“Replace”（替换），将“Value”（权重）修改为0，如图3－167所示。

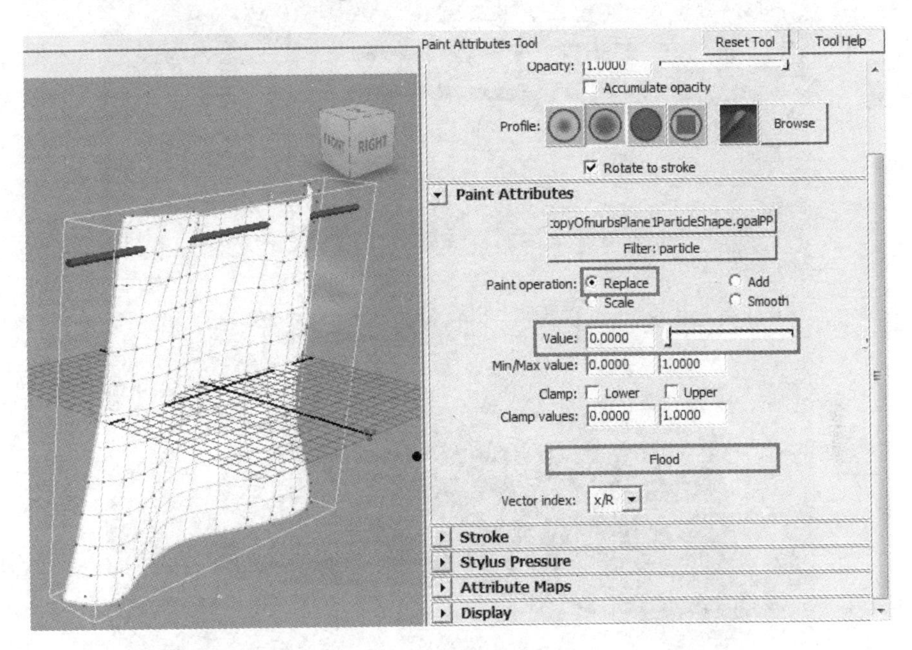

图3－167　修改笔刷属性

按〈B〉键，单击鼠标中键将笔刷半径调整到合适的大小。单击鼠标左键将布帘下方的目标权重绘制为0，如图3-168所示。

在笔刷属性面板中，选择“Smooth”（平滑）模式，单击“Flood”（填充）按钮，如图3-169所示。

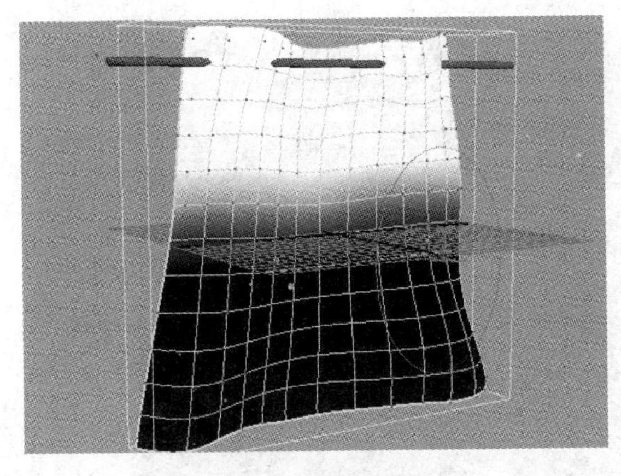

图3－168　绘制柔体权重

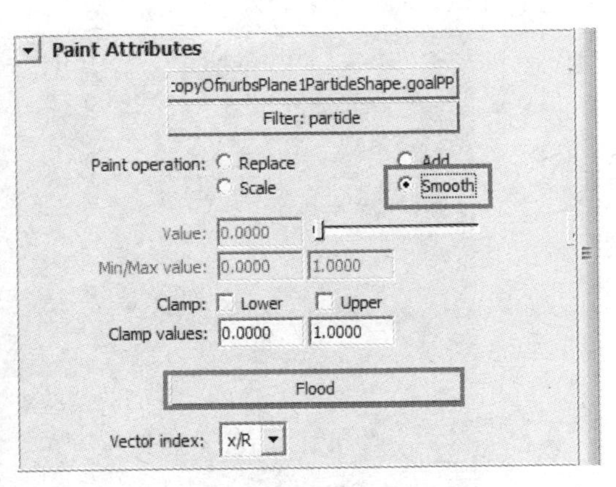

图3-169　平滑柔体权重

反复单击“Flood”（填充），直到权重被均匀的过渡，如图3-170所示。

播放解算，发现布帘被风吹动，上部与下部的吹动力度由于权重的不同，被吹动的力度也不同，但是布帘被拉伸的过长，这是因为柔体粒子间没有互相拉伸的力，需要创建柔体弹簧，将柔体粒子连接在一起。

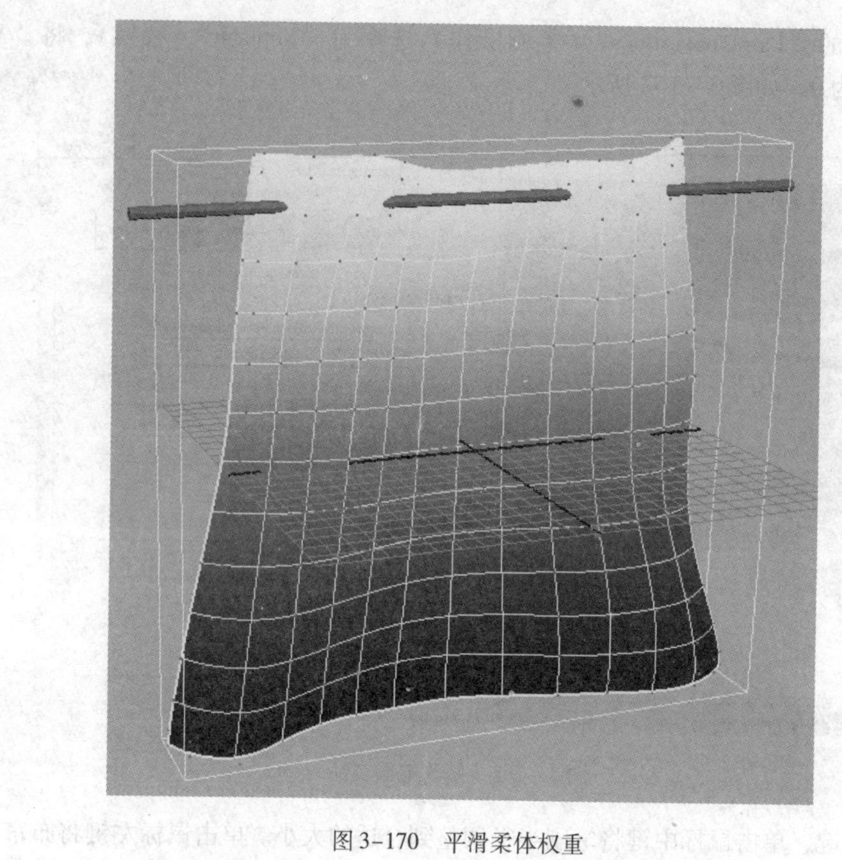

图 3-170　平滑柔体权重

同时布帘再一次从固定物体上穿出，这是因为上部的柔体目标权重小于 1，而柔体粒子本身的权重为 0.2，导致笔刷最亮处的权重也只是为 0.2，因此需要修改粒子本身的目标权重，并且继续使用笔刷调整权重分布，如图 3-171 所示。

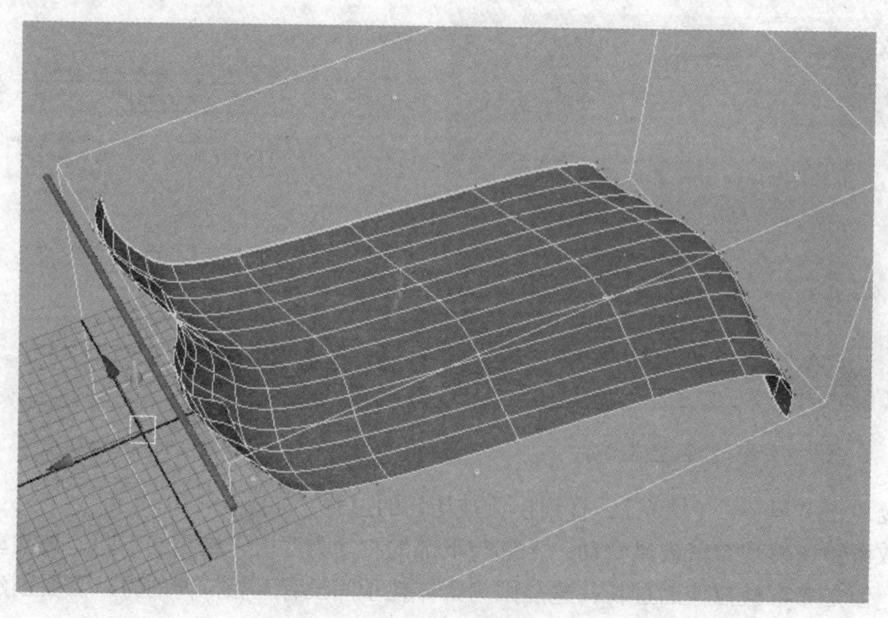

图 3-171　播放解算

5）打开大纲，选择柔体粒子，将通道栏中的“Goal Weight”（目标权重）修改为1，如图3-172所示。

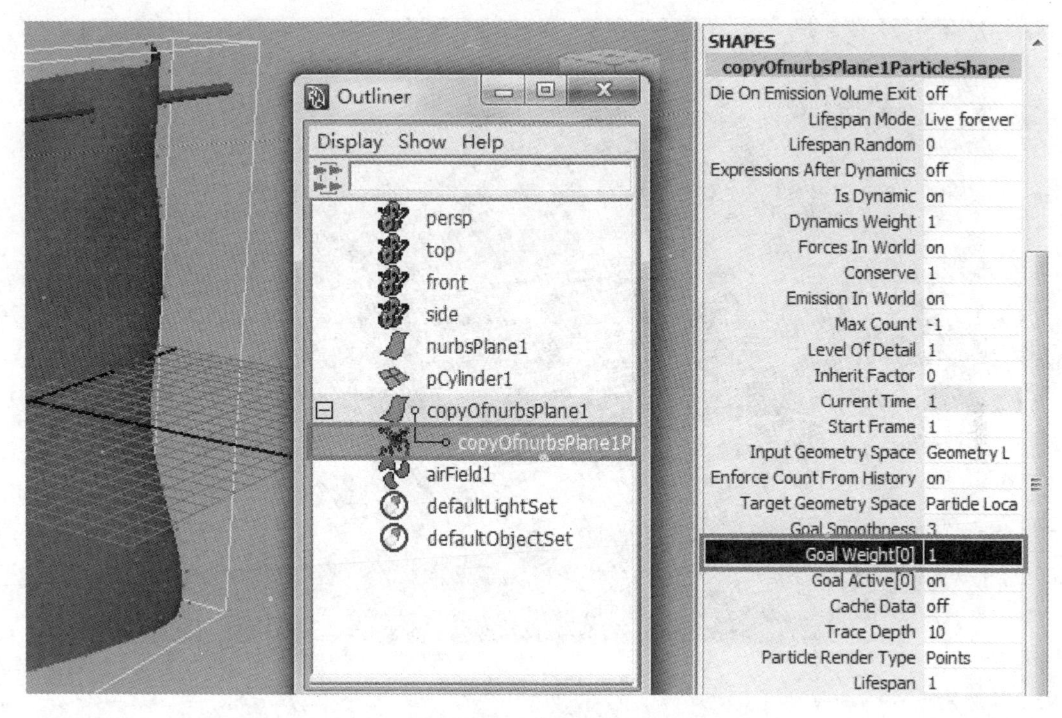

图3-172　修改目标权重

继续使用柔体笔刷，将柔体权重绘制为如图3-173所示的效果。

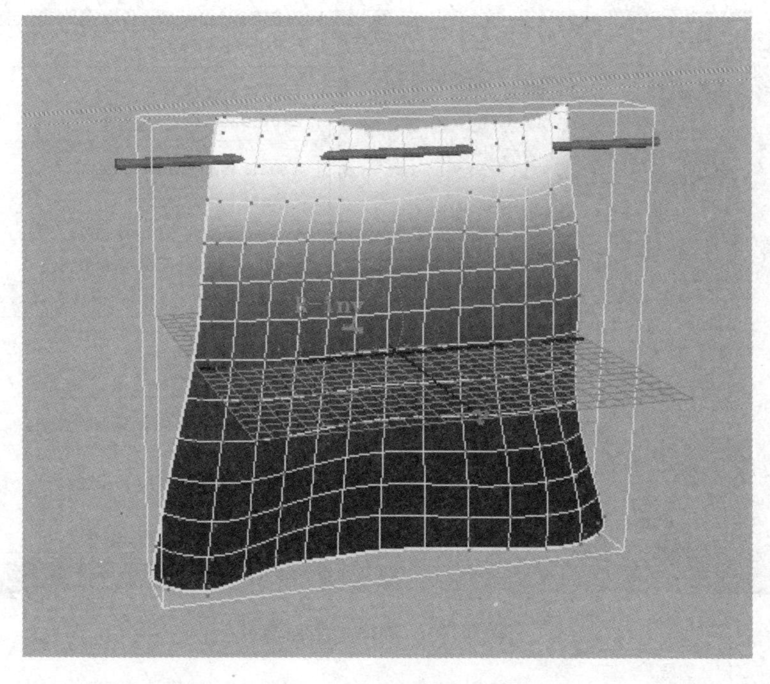

图3-173　绘制柔体权重

播放解算，发现布帘的上部可以被固定在杆子上，而下部由于受空气场影响，产生了比较严重的拉伸，如图 3-174 所示。

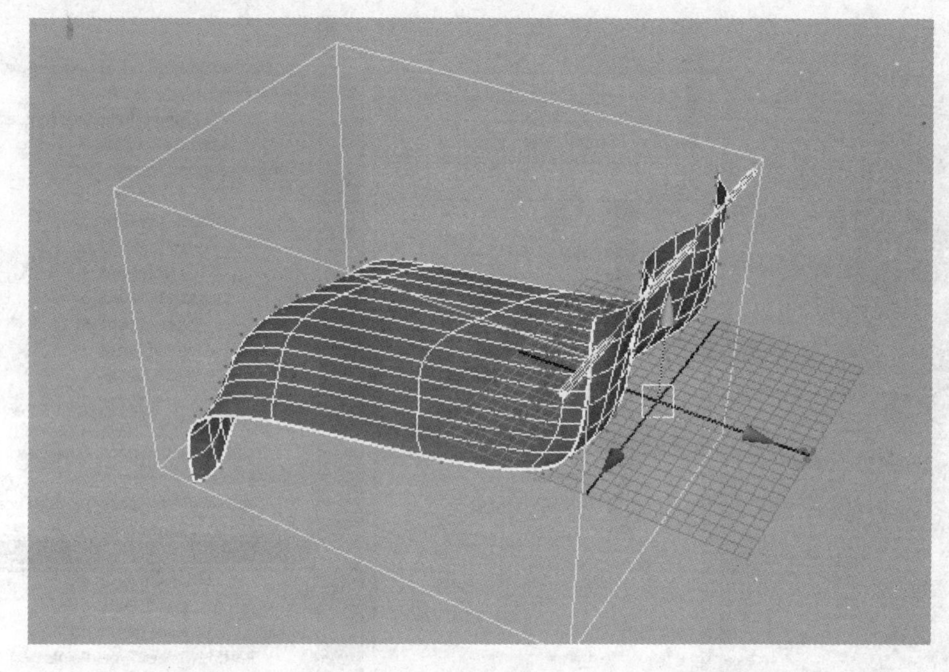

图 3-174　播放解算

6）选择柔体布帘，单击“Soft/Rigid Bodies”→“Create Springs”，为柔体创建弹簧，使柔体粒子之间产生互相拉扯的力，如图 3-175 所示。

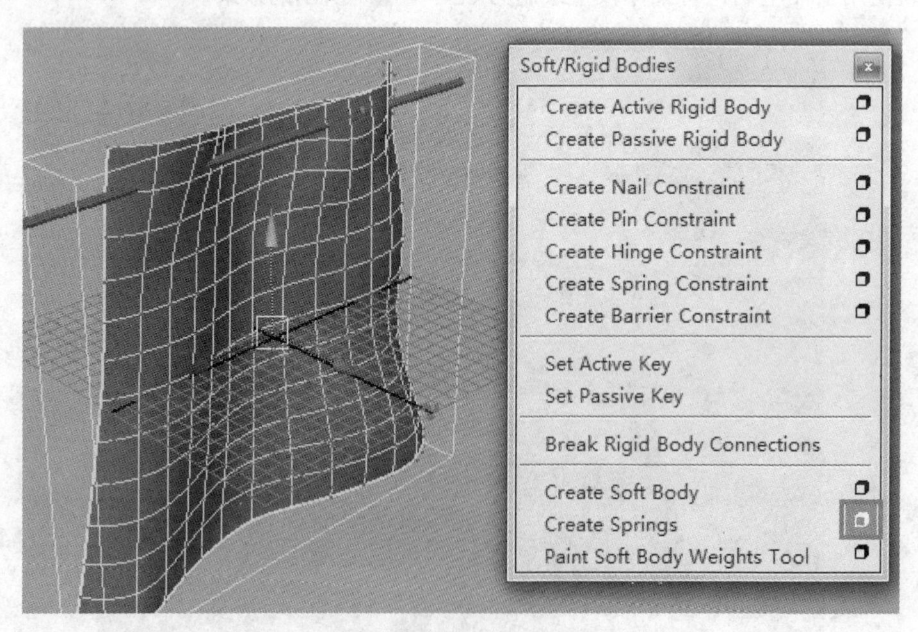

图 3-175　创建柔体弹簧

在弹簧属性面板中，将“Creation method”（创建方式）修改为“Wireframe”（线框），将“Wire walk length”（线的步长）修改为2，如图3-176所示。

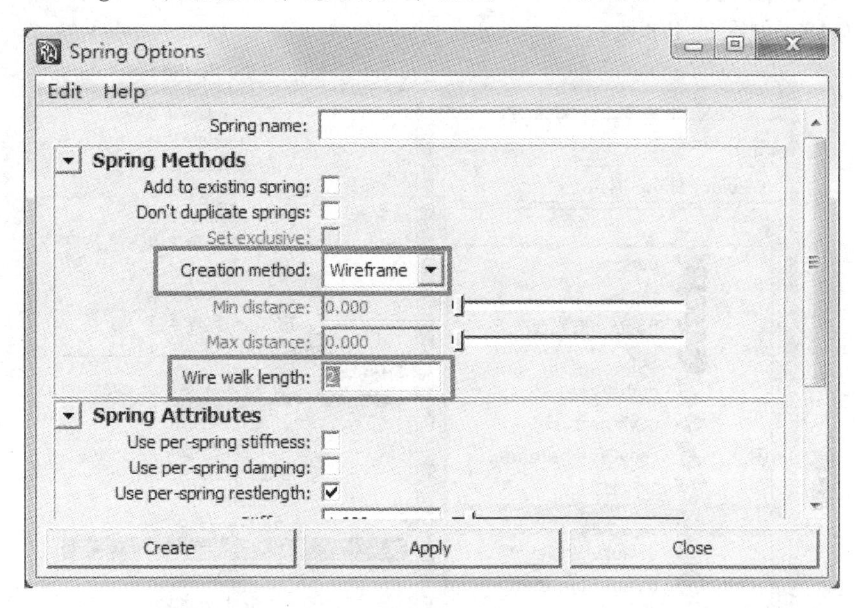

图3-176 设置柔体弹簧属性

播放动画后发现布帘还是产生了较大的拉伸，这是因为弹簧的硬度不够，如图3-177所示。

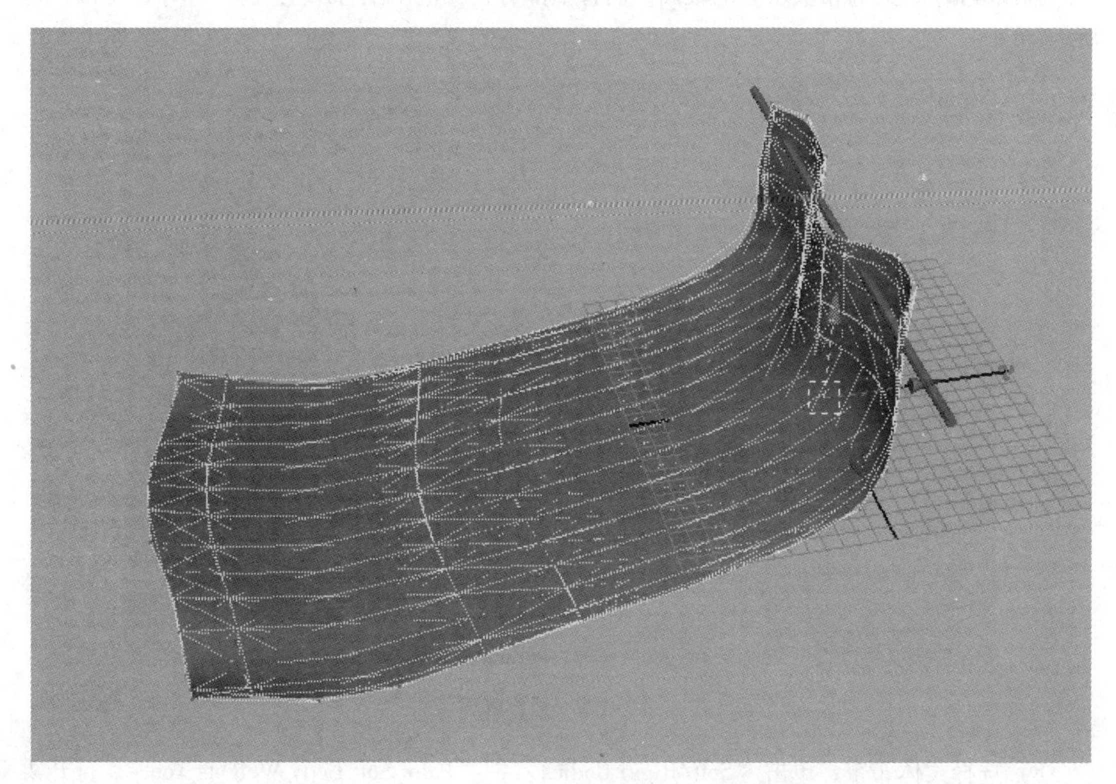

图3-177 播放解算

7）打开大纲，选择弹簧，按〈Ctrl + A〉组合键，打开通道栏属性，将“Stiffness”（硬度）修改为15，如图3-178所示。

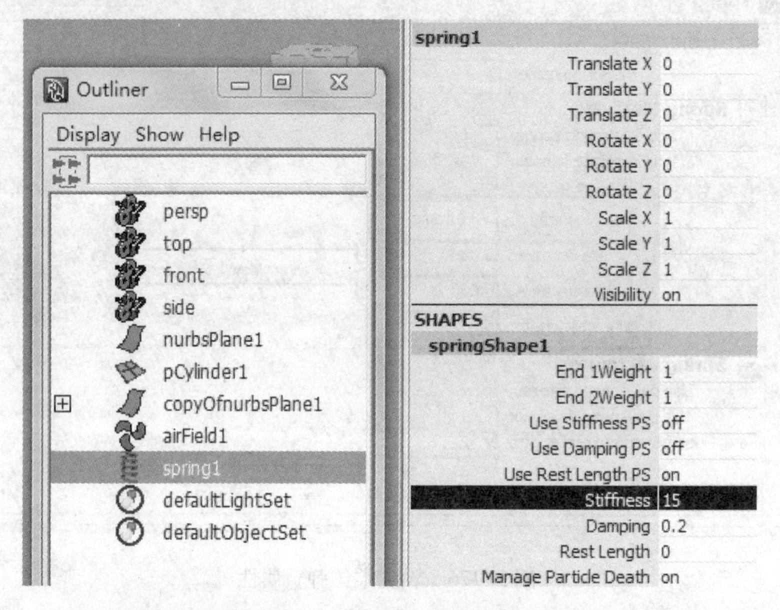

图3-178　修改柔体弹簧硬度

播放解算，发现布帘被吹起的较高，而且上部有较大范围没有产生吹动效果，如图3-179所示。

图3-179　播放解算

8）选择柔体布帘，单击“Soft/Rigid Bodies”→“Paint Soft Body Weights Tool”，打开柔体权重笔刷工具，如图3-180所示。

打开柔体笔刷属性面板，勾选“Replace”（替换），将“Value”（数值）修改为0，将布帘的下部权重全部修改为0，如图3-181所示。

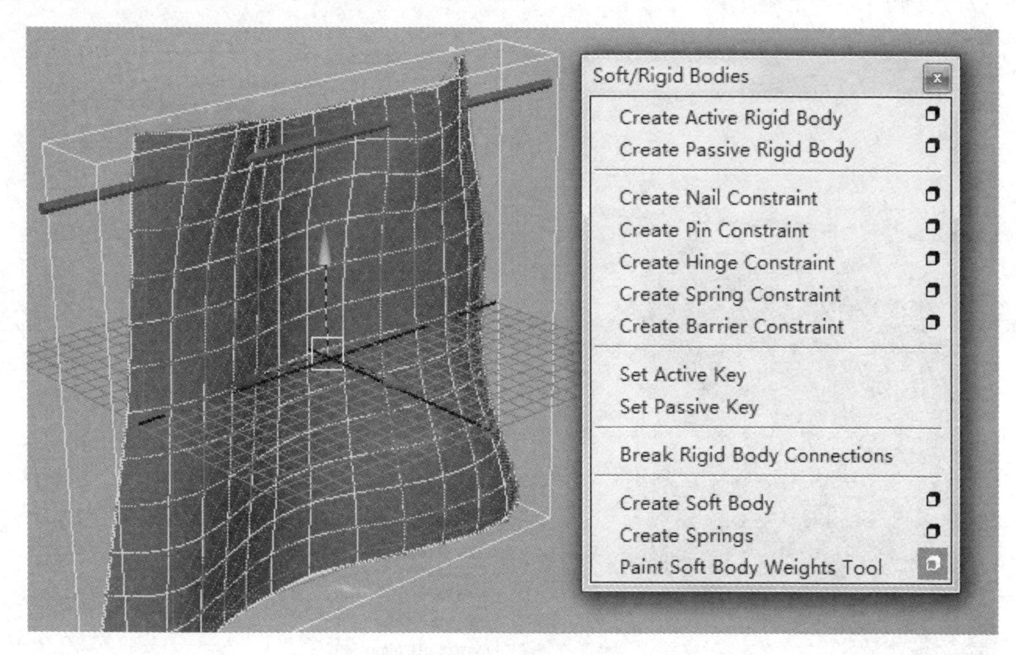

图3-180　打开柔体权重笔刷工具

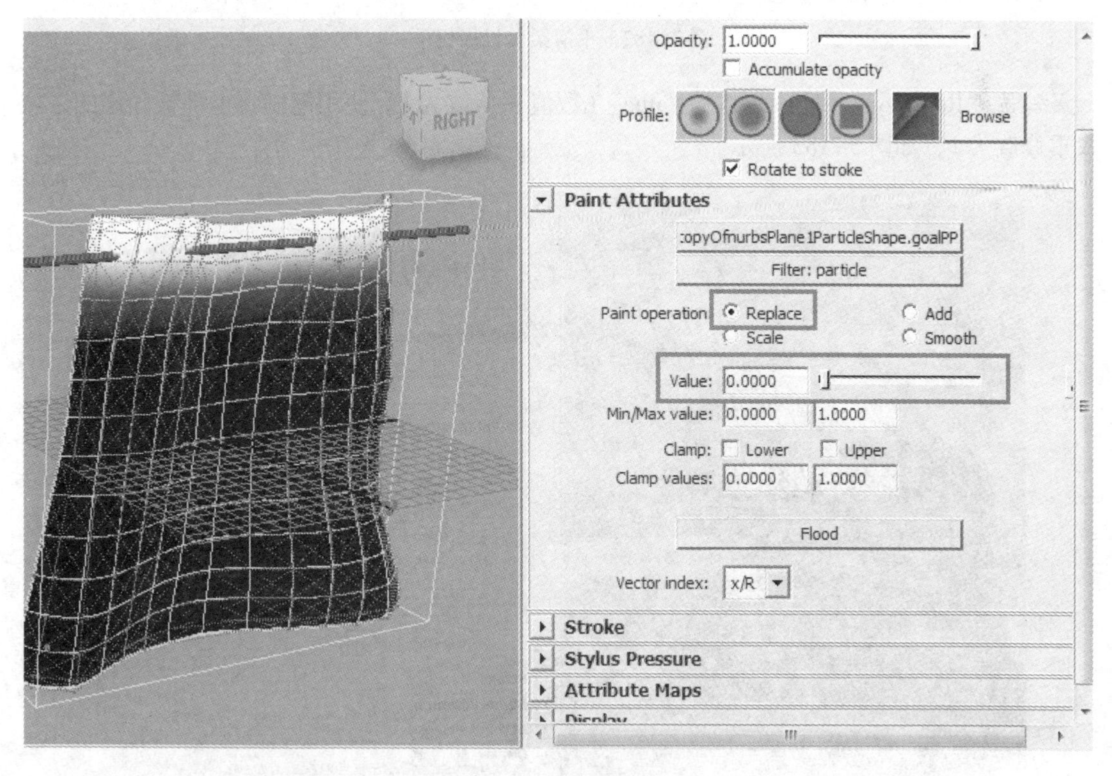

图3-181　修改柔体笔刷属性

勾选“Smooth”（平滑），多次单击“Flood”（填充）按钮，将白色部分和黑色部分的边界变平滑，如图 3-182 所示。

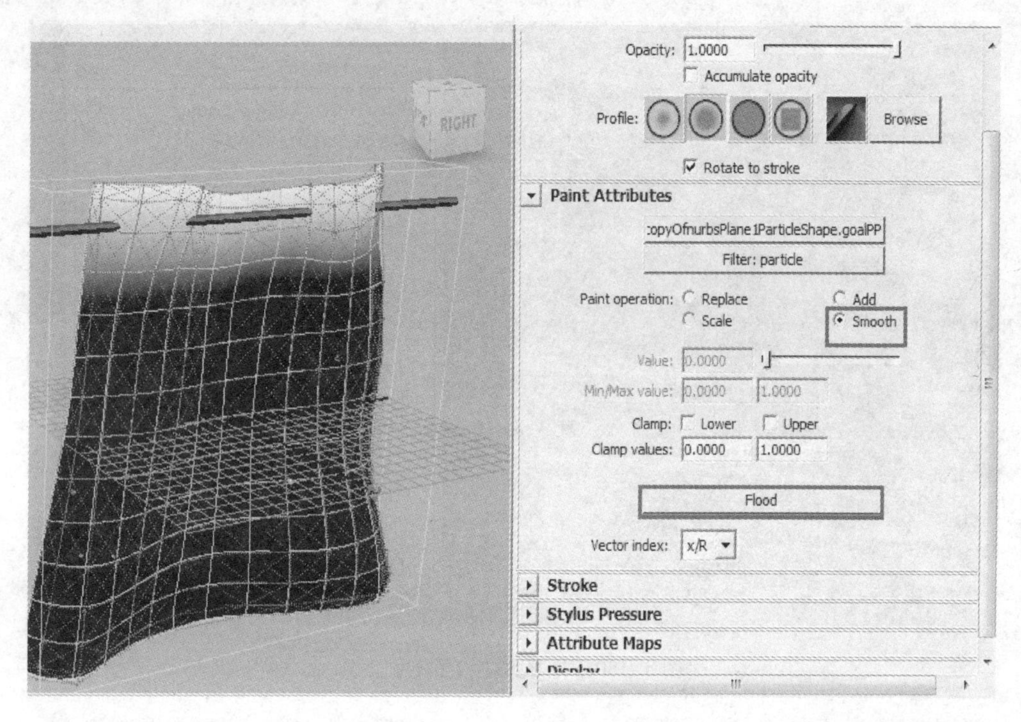

图 3-182　平滑柔体目标权重

勾选“Replace”（替换），将“Value”（数值）修改为 1。使用笔刷将上部被固定的区域权重修改为 1，如图 3-183 所示。

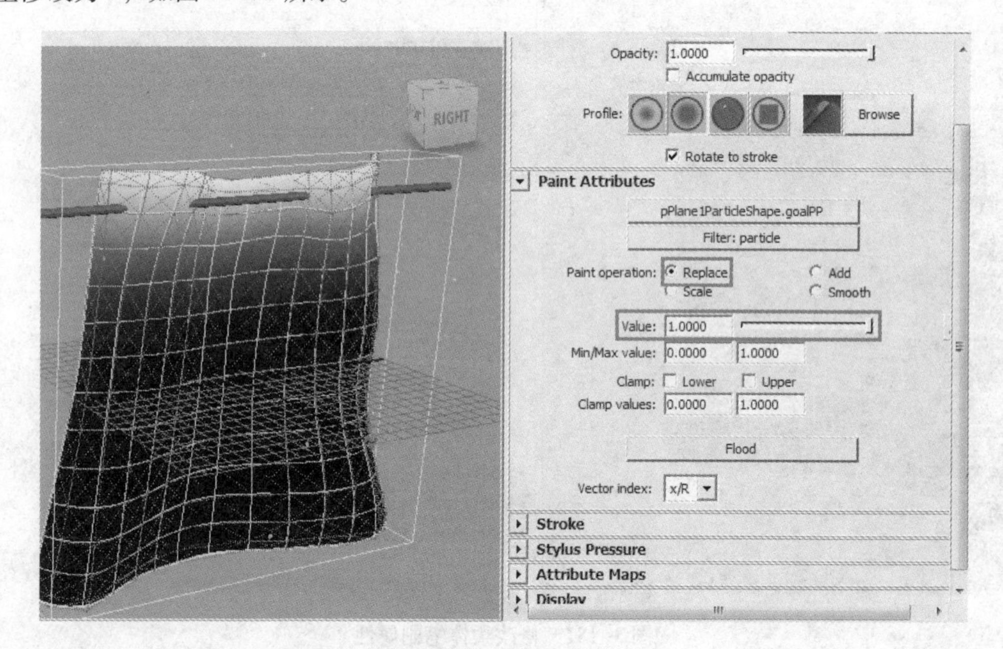

图 3-183　绘制柔体目标权重

播放解算，发现布帘被吹起的过高，需要修改风场的力量大小，如图 3-184 所示。

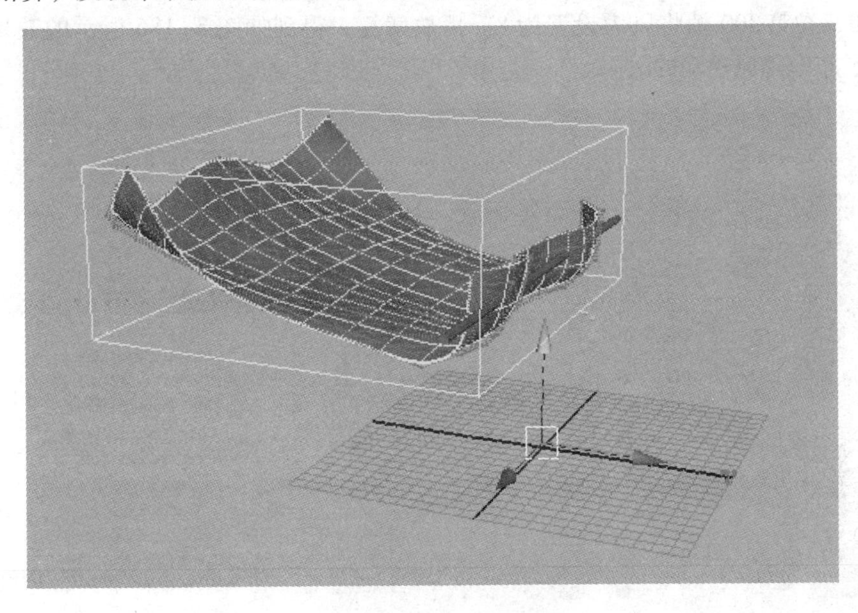

图 3-184　播放解算（1）

9）选择空气场，按〈Ctrl + A〉组合键，将空气场的“Magnitude”（力度）修改为 1。播放解算，发现风力的力度比较合适，但是风力过于均匀，与现实情况有些差距，如图 3-185 所示。

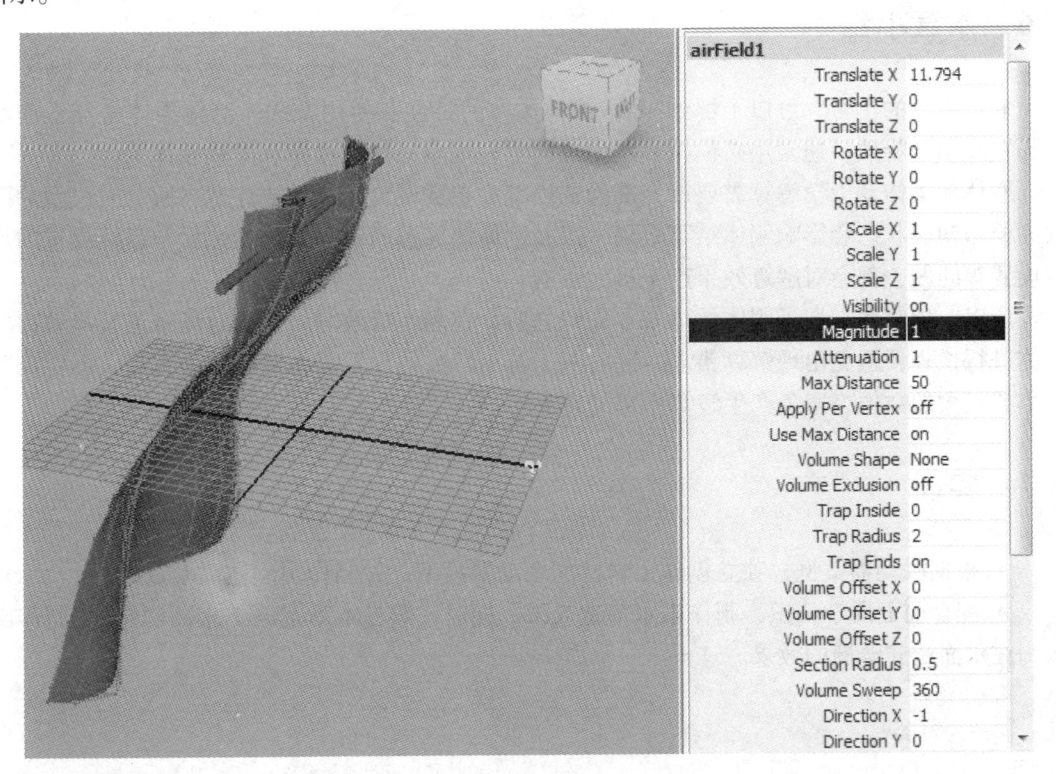

图 3-185　播放解算（2）

为空气场设置简单动画，使风力变化，比如在第一帧将风力设置为 8，在第 150 帧将风力设置为 0，在第 300 帧将风力设置为 8。播放解算，得到如图 3-186 所示的效果，至此，制作完成了布帘随风摆动的效果。

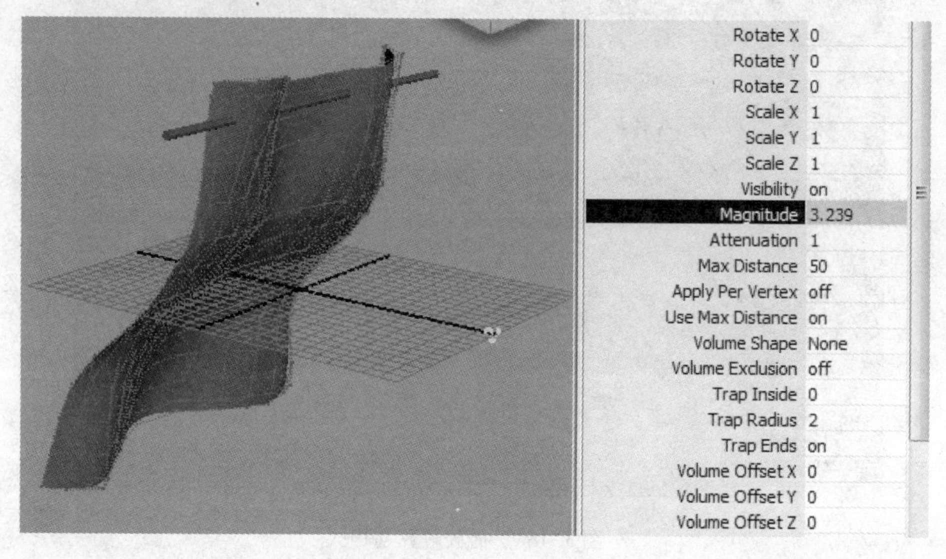

图 3-186　设置空气场动画

播放演算，最终效果如图 3-156 所示。

3.6　本章小结

通过本章的学习，可以了解到 Maya 刚体柔体的特性和使用方式。刚体柔体是经常使用的影视和动画特效，通常用来模拟真实世界的物理现象，比如碰撞和柔软物体等。

刚体和柔体动力学解算需要较为准确的模型和参数设置，比如要注意在解算时模型的面数和模型初始状态会影响刚体结算效果，以及刚体的穿插问题和柔体的弹簧与目标权重的数值设置等问题，都会对解算效果产生重大影响。

所以，理解和掌握了刚体柔体基本知识之后，在制作特效时，需要对场景道具等动力学物体进行检查，避免出现解算错误。同时对于各个参数的设置需要做到心中有数，不要设置过小或过大的数值，避免产生解算出错的现象。

3.7　实训

* 根据联动器案例，独立创作出自己的联动器模型，并制作出刚体联动效果。

* 配合前面所学知识，制作雨水落地效果。同时，参考本章案例“水面制作”，制作出水滴在水面泛起涟漪的效果。

第4章 特　　效

Maya 的“Effects”（特效）菜单中，包含了很多预设好的特效工具，可以进行火焰、烟、烟花、闪电、破碎、粒子流等特效的制作。在创建之后，进行一些简单的设置就可以达到需要的效果，当然，也可以通过手动创建制作出类似效果，如图 4-1 所示。而该项功能能够节省大量的制作时间，提高制作效率。

图 4-1　特效

本章要点

* 制作出基本的火焰、烟、烟花、闪电、破碎、粒子流等特效
* 理解各个预设特效的使用方法和参数属性含义
* 利用预设特效制作和修改出特定的特效效果

4.1　创建火焰

“Create Fire”（创建火焰），可以使物体产生火焰燃烧的效果。操作比较简单，可以直接创建出较为真实的火焰效果，同时通过修改一些参数就可以制作出符合自身要求的火焰，命令位置如图 4-2 所示。

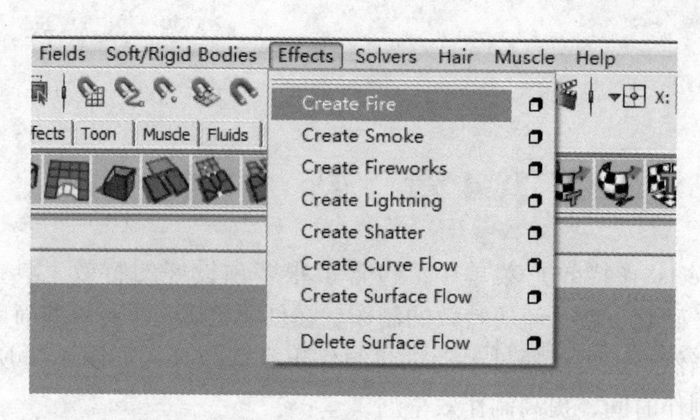

图 4–2　创建火焰

打开“Create Fire”（创建火焰）参数盒，可以看到相关参数，如图 4–3 所示。

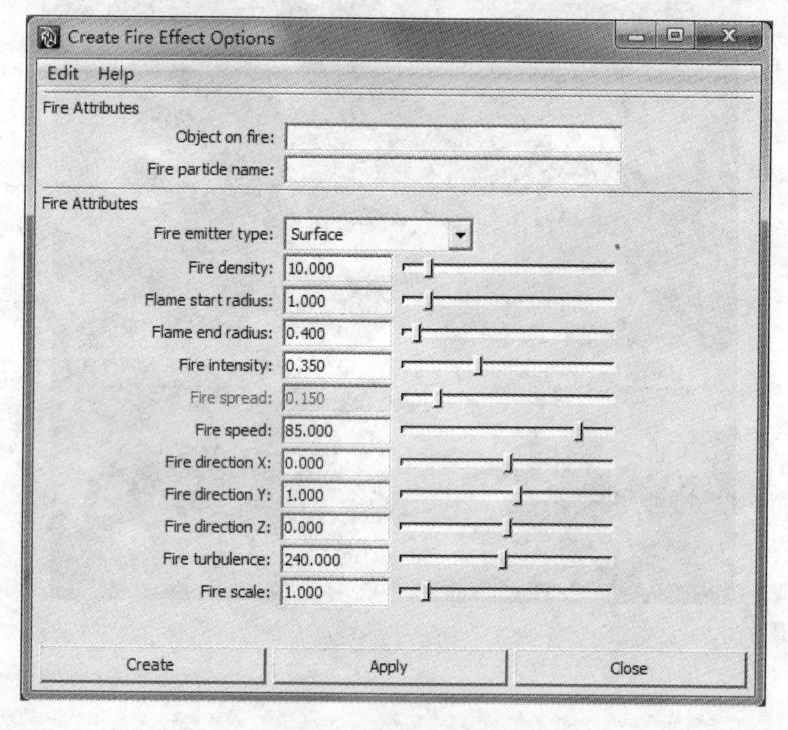

图 4–3　火焰特效属性面板

- “Object on fire”（火焰物体）：可以指定场景中的特定物体产生火焰，当在场景中选择了物体时，可以不输入指定物体的名称，当未选中物体时，可以在该项目中输入物体名称来指定物体。
- “Fire particle name”（火焰粒子名称）：为产生的火焰粒子命名，若不输入名称则使用默认的名称。
- “Fire emitter type”（火焰发射类型）：可以定义火焰发射的类型，包括“Surface”（表面发射）、“Omni – directional point”（全方位发射）、“Directional Point”（定向点发射）、“Curve Emission”（曲线发射）四种类型。通常使用表面发射和曲线发射类型，创建之后不可修改。
- “Fire density”（火焰密度）：控制火焰的发射密度，密度越大，火焰越密集。

- “Flame start”（火焰起始）：火焰粒子发生时的半径。
- “Flame end”（火焰结束）：火焰粒子死亡时的半径。
- “Fire intensity”（火焰强度）：控制火焰的整体亮度，数值越大亮度越大。
- “Fire spread”（火焰扩展角度）：控制粒子的发射扩展角度，数值范围为0~1，代表角度为0~180°。该参数适用于“Directional Point”（定向点发射）、“Curve Emission”（曲线发射）类型的火焰。
- “Fire speed”（火焰速度）：可以设置火焰粒子的发射速度。
- “Fire directional X/Y/Z”（火焰发射方向X/Y/Z）：可以设置火焰粒子的发射方向。
- “Fire turbulence”（火焰扰乱）：可以扰乱火焰在发射过程中的速度和方向，使火焰看起来更为真实。
- “Fire scale”（火焰比例）：火焰的整体缩放，比如速度、密度、强度、扰乱等。

1）单击“Create”→“Polygon Primitives”创建默认的POLY球体，如图4-4所示。

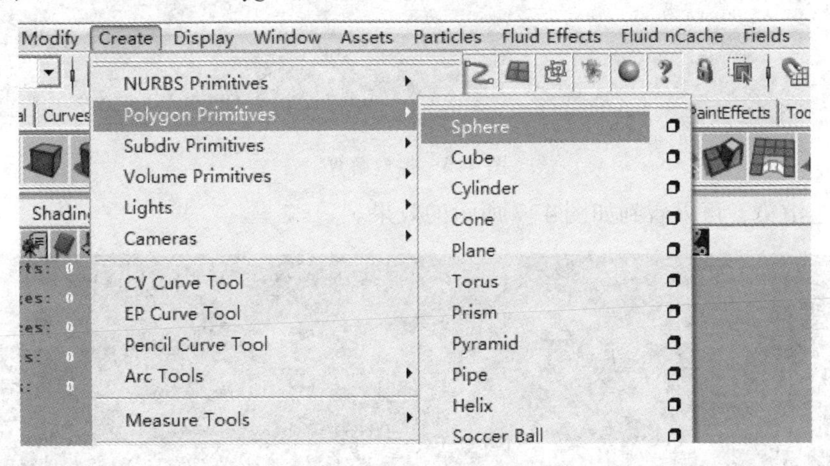

图4-4　创建POLY球体

选择球体，单击“Effects”→“Create Fire”创建火焰，如图4-5所示。

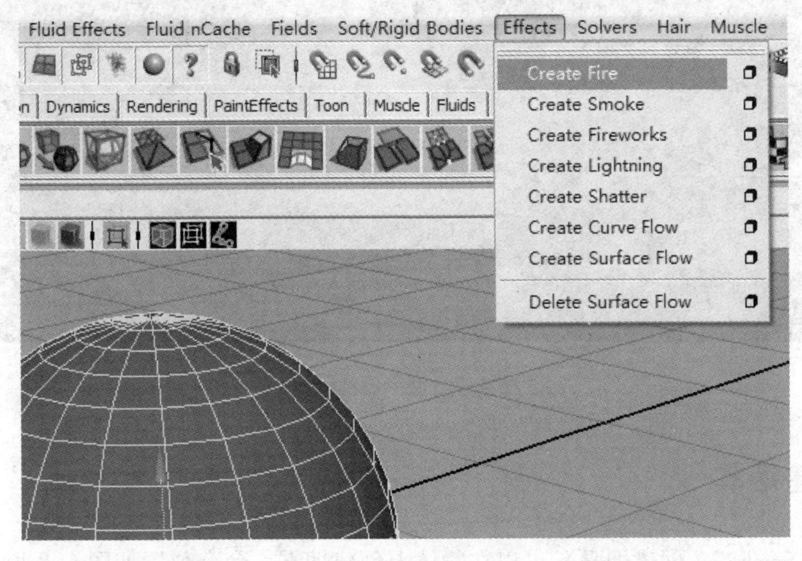

图4-5　创建火焰特效

播放动画，可以看到球体有粒子被发射出来，如图 4-6 所示。

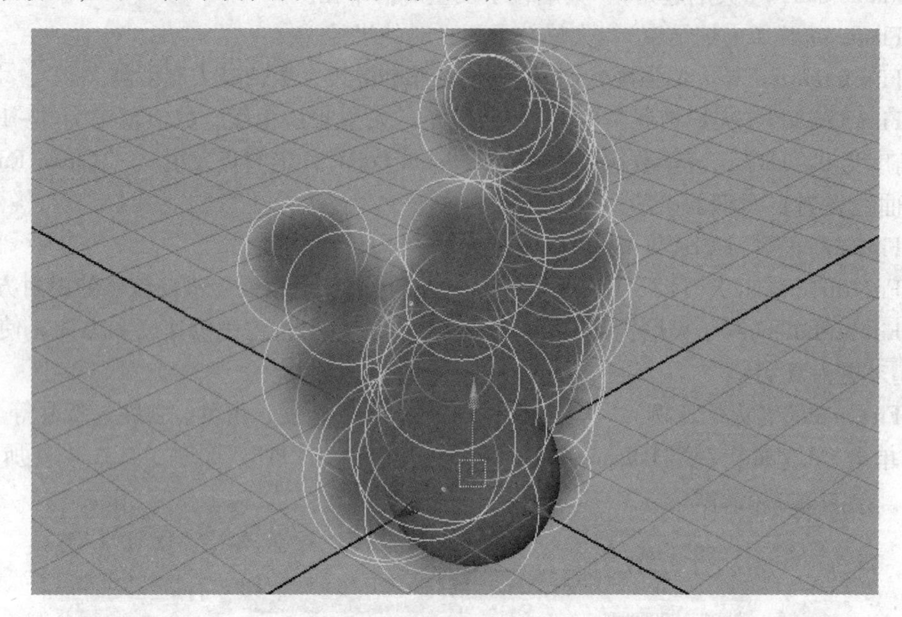

图 4-6　播放解算

2）单击渲染，可以看到如图 4-7 所示的效果。

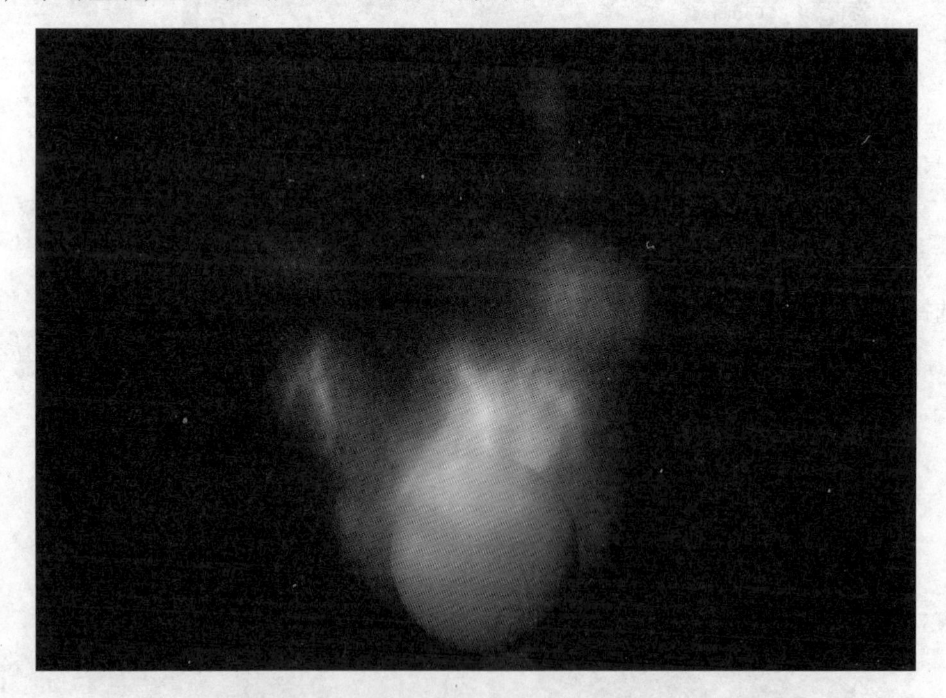

图 4-7　渲染后的效果

4.2　创建烟雾

“Create Smoke”（创建烟雾）可以在物体上创建烟雾，命令位置如图 4-8 所示。

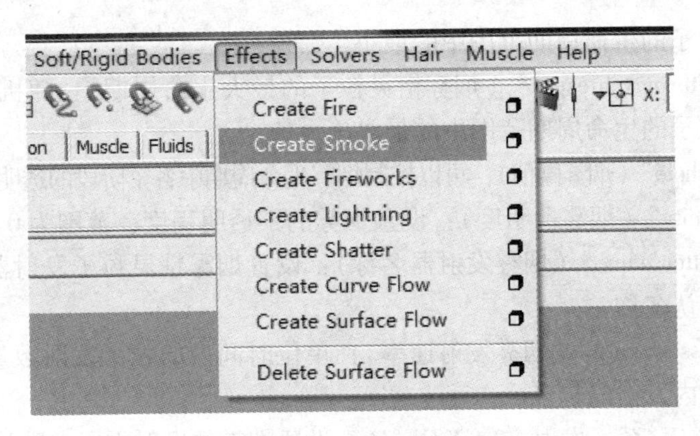

图 4-8　创建烟雾

打开“Create Smoke”（创建烟雾）参数盒，可以看到相关参数，如图 4-9 所示。

Create Smoke Effect Options

Edit　Help

Sprite image name:

Smoke Effect Attributes

Smoke particle name:

Cycle images:

Start image: 0

End image: 50

Smoke sprite min lifespan: 3.000

Smoke sprite max lifespan: 7.000

Smoke threshold: 0.250

Smoke opacity: 0.400

Smoke Emission Attributes

Smoke emitter name:

Smoke emission rate: 112.400

DirectionX: 0.000

DirectionY: 1.000

DirectionZ: 0.000

Smoke emission spread: 0.110

Smoke emission speed: 1.000

Smoke Motion Attributes

Motion forces: Turbulence

Turbulence Attributes

Smoke turbulence name:

Turbulence magnitude: 0.200

Turbulence frequency: 2.000

Turbulence attenuation: 2.800

Create　Apply　Close

图 4-9　烟雾属性面板

- “Sprite image name”（精灵贴图名称）：指定使用的精灵贴图名称，该贴图或序列贴图必须存在于 Maya 工程文件中的“source images”文件包当中。
- “Cycle images”（循环图片）：勾选此选项，可以使精灵贴图使用序列帧循环贴图。未勾选，则使用默认序列的第一帧为精灵粒子的贴图。
- “Start image”（起始图像）：指定序列图像播放范围的起始序号。
- “End image”（结束图像）：指定序列图像播放范围的结束序号。
- “Smoke sprite min lifespan”（烟雾精灵粒子的最小生命周期）：随机赋予粒子生命值，

设定精灵粒子的生命周期范围中的最小生命值。

- “Smoke sprite max lifespan”（烟雾精灵粒子的最大生命周期）：随机赋予粒子生命值，设定精灵粒子的生命周期范围中的最大生命值。
- “Smoke threshold”（烟雾阈值）：可以控制烟雾生命周期中各个阶段的透明和不透明的程度。
- “Smoke opacity”（烟雾透明度）：设置烟雾的不透明程度，范围为 0 ~ 1。
- “Smoke emitter name”（烟雾发射器名称）：设置烟雾精灵粒子发射器的名称，或不指定，使用默认名称。
- “Smoke emission rate”（烟雾发射速率）：单位时间内的粒子发射数量，速率越大，烟雾单位时间内发射的越多。
- “Direction X/Y/Z”（发射方向 X/Y/Z）：设置烟雾的发射方向，默认为 + Y 方向。
- “Smoke emission speed”（烟雾发射速度）：设置烟雾的发射速度，数值越大则发射速度越快，烟雾粒子运动速度越快。
- “Motion forces”（动态扰乱）：勾选“Turbulence”（扰乱），该选项可以为烟雾添加扰乱场，使烟雾效果更为真实。
- “Smoke turbulence name”（烟雾扰乱名称）：扰乱场名称。
- “Turbulence magnitude”（扰乱场强度）：设置扰乱强度，数值越大，扰乱效果越明显。
- “Turbulence frequency”（扰乱频率）：设置扰乱频率，数值越高，单位时间内的扰乱次数越多。数值越低，单位时间内的扰乱次数越少。
- “Turbulence attenuation”（扰乱衰减）：设置扰乱力的衰减，数值越大，扰乱力衰减越快，数值越小，扰乱力衰减越慢。

打开 Chapter_04 > sourceimages 文件包，找到 Smoke 文件包，将 Smoke 文件包复制到新创建的 Maya 工程文件的 sourceimages 文件包中，如图 4-10 所示。

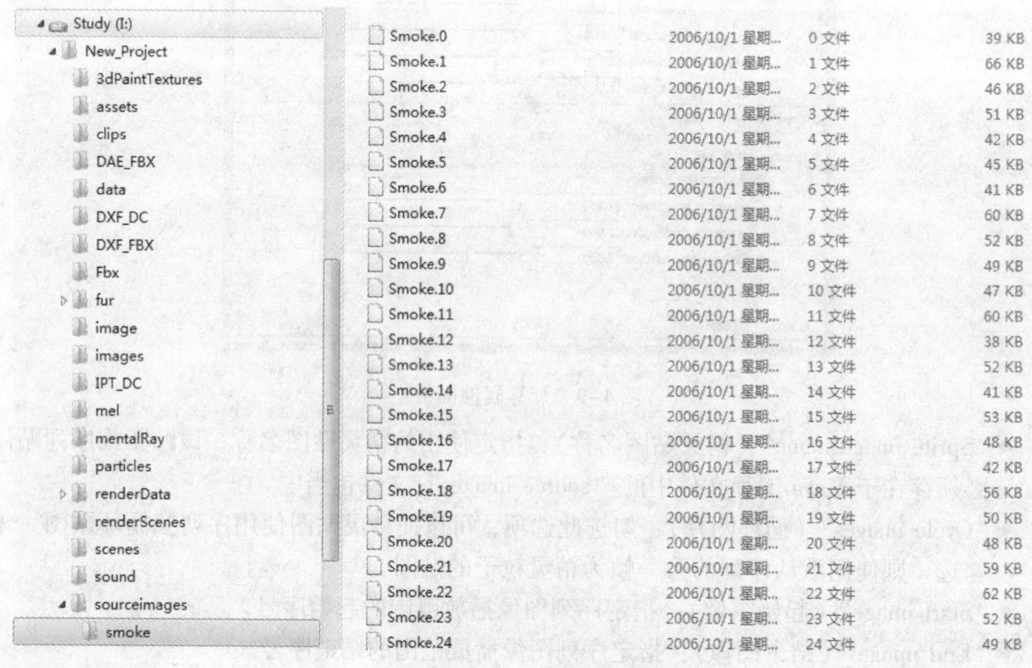

图 4-10　打开烟雾序列图

1）单击“File”→“Project > Set...”，指定 Maya 工程文件的路径为新创建的工程文件路径。单击“Create”→“Polygon Primitives”创建默认的 POLY 球体，如图 4-11 所示。

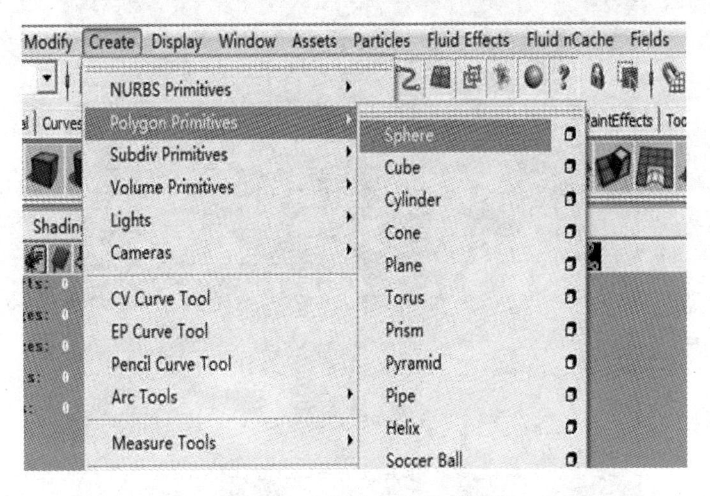

图 4-11 创建 POLY 球体

2）选择球体，单击“Effects”→“Create Smoke”，打开属性盒，修改参数，如图 4-12 所示。

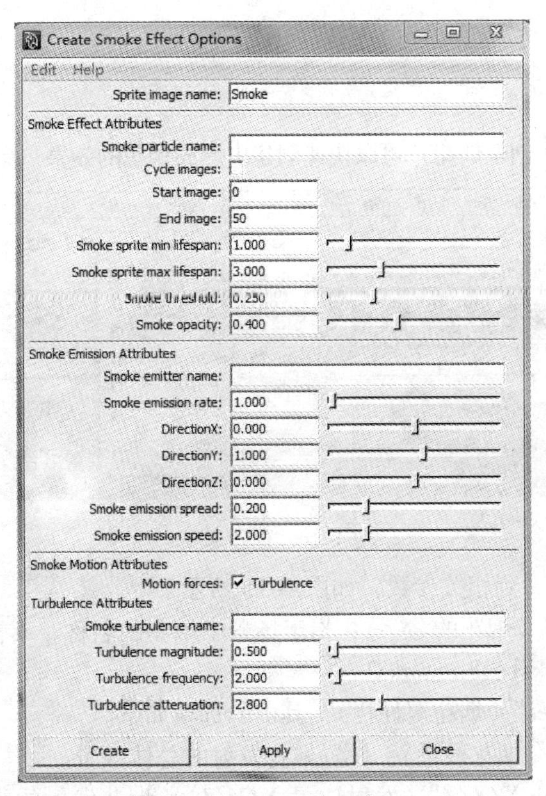

图 4-12 修改参数

单击“Create”（创建）或“Apply”（应用）按钮，可以得到如图 4-13 所示效果。

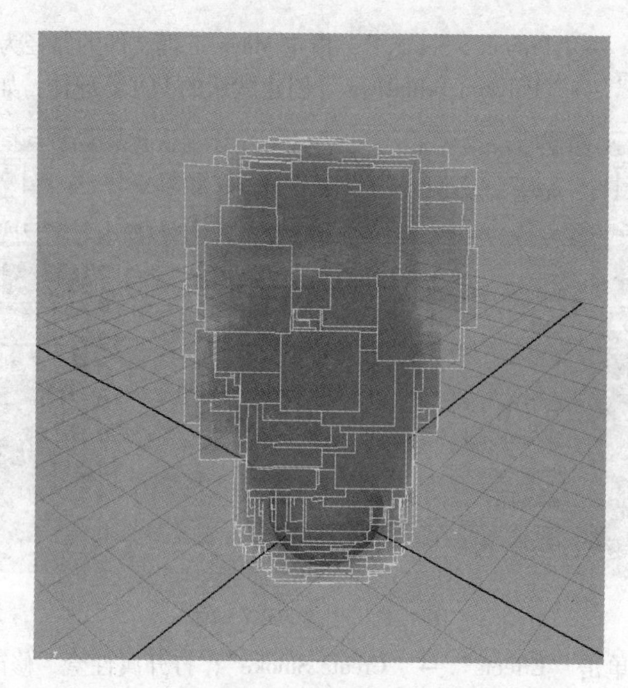

图 4-13　烟雾特效

4.3　创建烟花

“Create Fireworks”（创建烟花）可以快速创建出燃放烟花的效果，命令位置如图 4-14 所示。

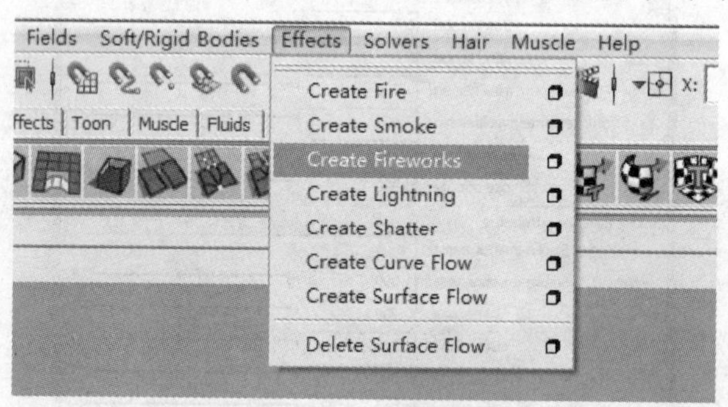

图 4-14　创建烟花

打开参数盒，可以看到相关参数，如图 4-15 所示。

- “Fireworks name”（烟花的名字）：指定场景中烟花的名称，不输入则创建默认的烟花名称，如 Fireworks1、Fireworks2…。
- “Rockets Attributes”（烟花属性栏），其中的选项如下。
  - “Num rockets”（烟花数量）：设置烟花发射的总体数量。
  - “Launch position X/Y/Z”（发射位置 X/Y/Z）：烟花发射的初始位置坐标。也可以在创建之后的场景当中再次移动发射位置。
  - “Burst position center X/Y/Z”（爆炸位置 X/Y/Z）：烟花爆炸的坐标位置。
  - “Burst position extents X/Y/Z”（爆炸范围 X/Y/Z）：根据烟花的爆炸位置，定义烟

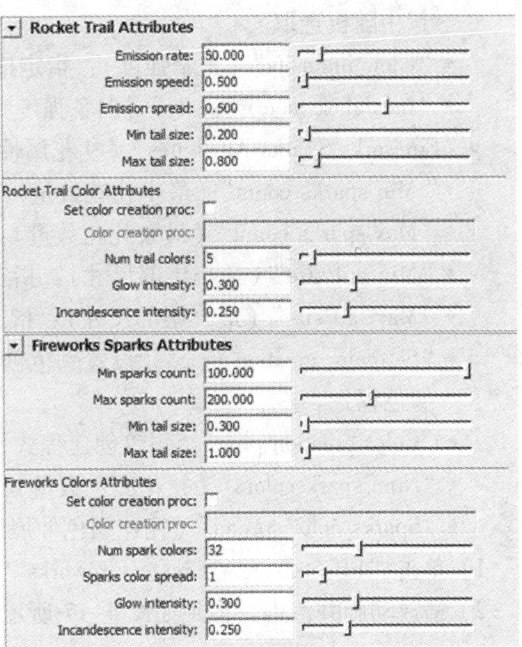

图 4-15　烟花属性面板

花的爆炸范围。爆炸范围越大，每朵烟花爆炸所处的位置越分散。

◆ “First launch frame”（首次发射帧）：指定烟花从某一特定时间开始发射。
◆ “Launch rate（per frame）”（发射速率）：设置每次烟花发射的速率，速率越小则发射时间间隔越长。计算公式为 1 除以间隔帧数，比如每隔 10 帧发射一次，则“Launch rate（per frame）”（发射速率）为 1/10 = 0.1。
◆ “Min flight time（frames）”（最小飞行时间）：指定从产生烟花到烟花爆炸这段时间中的最小值。发射烟花时将在该时间范围内随机选取。
◆ “Max flight time（frames）”（最大飞行时间）：指定从产生烟花到烟花爆炸这段时间中的最大值。发射烟花时将在该时间范围内随机选取。
◆ “Max burst speed”（最大爆炸速度）：设置每朵烟花爆炸的最大速度。

● “Rocket Trail Attributes”（烟花拖尾属性栏），其中的选项如下。

◆ “Emission rate”（发射速率）：指定烟花拖尾发射速率。
◆ “Emission speed”（发射速度）：指定烟花拖尾的发射速度。
◆ “Emission spread”（发射扩展角度）：指定烟花拖尾的扩展角度。
◆ “Min tail size”（最小拖尾尺寸）：烟花是由圆锥体组成的，该数值设定了拖尾圆锥体的最小长度。
◆ “Max tail size”（最大拖尾尺寸）：烟花是由圆锥体组成的，该数值设定了拖尾圆锥体的最大长度。
◆ “Set color creation proc”（设置颜色创建程式）：勾选该选项，可以打开客户自定义颜色程式。
◆ “Color creation proc”（颜色创建程式）：可以创建颜色变换的脚本程式。
◆ “Num trail colors”（拖尾颜色数量）：指定拖尾的颜色数量，拖尾颜色在固定颜色数量中随机选取。

- ◆“Glow intensity”（光晕强度）：指定拖尾的光晕强度。
- ◆“Incandescence intensity”（白炙强度）：设置拖尾的白炙程度。

● “Fireworks Sparks Attributes”（礼花属性栏），其中的选项如下。

- ◆“Min sparks count”（最小礼花数量）：指定礼花数量的最小值。
- ◆“Max sparks count”（最大礼花数量）：指定礼花数量的最大值。
- ◆“Min tail size”（最小尾部尺寸）：指定礼花部分的圆锥体尺寸的最小长度值。
- ◆“Max tail size”（最大尾部尺寸）：指定礼花部分的圆锥体尺寸的最大长度值。
- ◆“Set color creation proc”（设置颜色创建程式）：勾选该选项，可以打开客户自定义颜色程式。
- ◆“Color creation proc”（颜色创建程式）：可以创建颜色变换的脚本程式。
- ◆“Num spark colors”（礼花颜色数量）：设置礼花部分的颜色最大数量范围。
- ◆“Sparks color spread”（礼花颜色伸展）：指定每个礼花爆炸之后的火花颜色数量。

1）单击“Effects”→“Create Fireworks”创建烟花，如图 4-16 所示。

2）播放动画并渲染，得到如图 4-17 所示的效果。

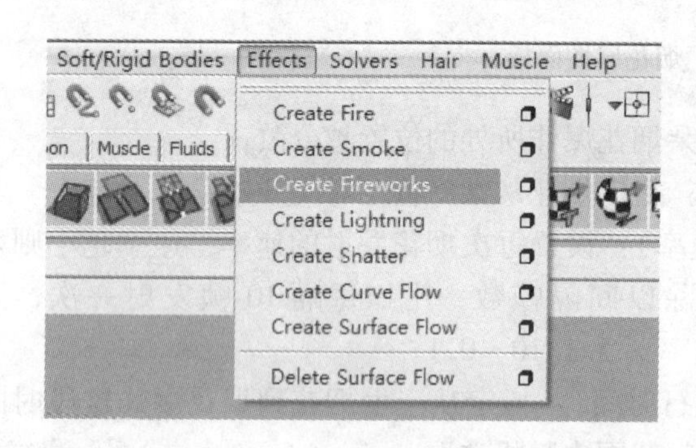

图 4-16　创建烟花特效

图 4-17　渲染后的效果

4.4 创建闪电

“Create Lighting”（创建闪电）可以在场景中创建闪电，需要注意的是，闪电需要借助物体创建，命令位置如图 4-18 所示。

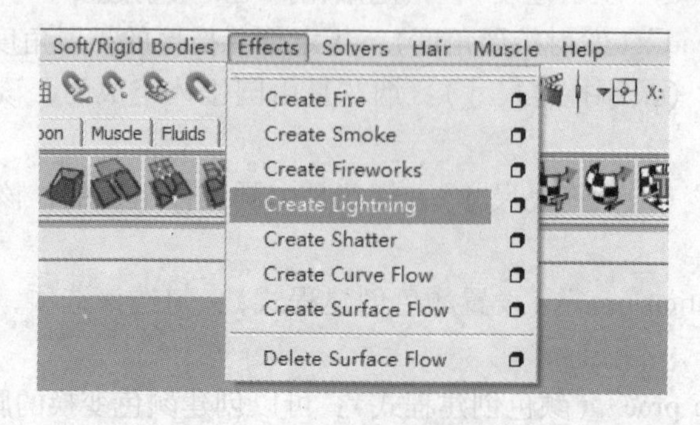

图 4-18　创建闪电特效

打开参数盒，可以看到相关参数，如图 4-19 所示。

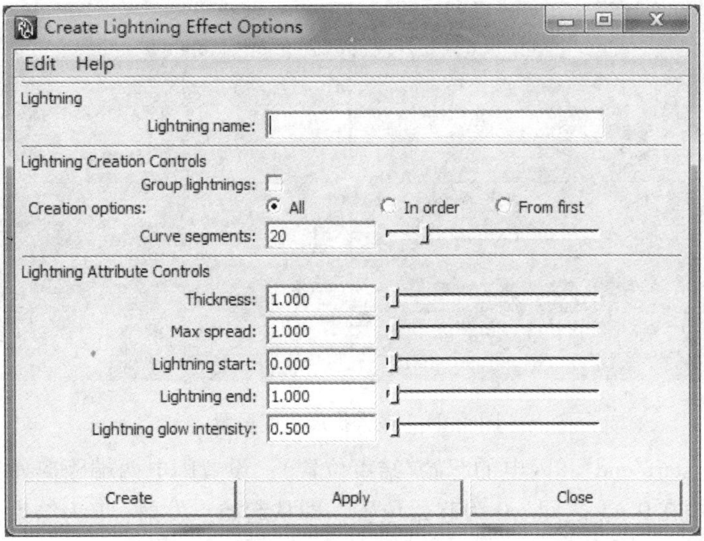

图 4-19 闪电特效属性面板

- “Lightning name”（闪电名称）：定义闪电的名称，若不输入则使用默认的名称，如 Lightning1 、Lightning2…。
- “Group lightning”（闪电组）：可以将所创建的闪电节点打组。
- “Creation options”（创建设置）：定义了闪电创建的顺序，如图 4-20 所示。

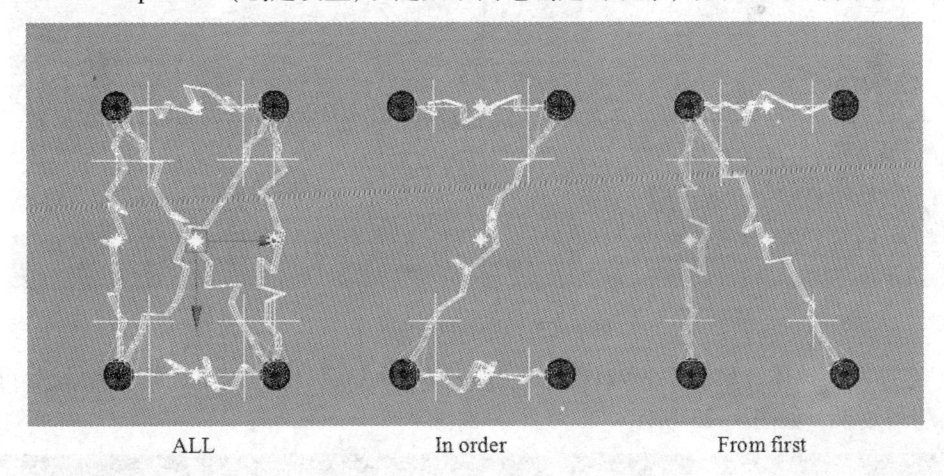

ALL　　In order　　From first

图 4-20 闪电创建顺序

- “All”（所有）：为所有所选择的物体创建闪电。
- “In order”（按顺序）：按照物体选择顺序创建闪电。
- “From first”（从第一个）：从第一个选择的物体向其他物体连接闪电。
- “Curve segments”（曲线片段）：设置闪电曲线的细节段数，片段越多，闪电细节转折越多，造型越复杂。片段越少，则闪电的细节转折越少，造型越简单。
- “Thickness”（厚度）：设置闪电的粗细程度。
- “Max spread”（最大扩展角度）：设置闪电的最大扩展角度，数值越大，则闪电的两端扩展角度越大，中间部分越粗。数值越小，则扩展角度越小，中部越细，如图 4-21 所示。

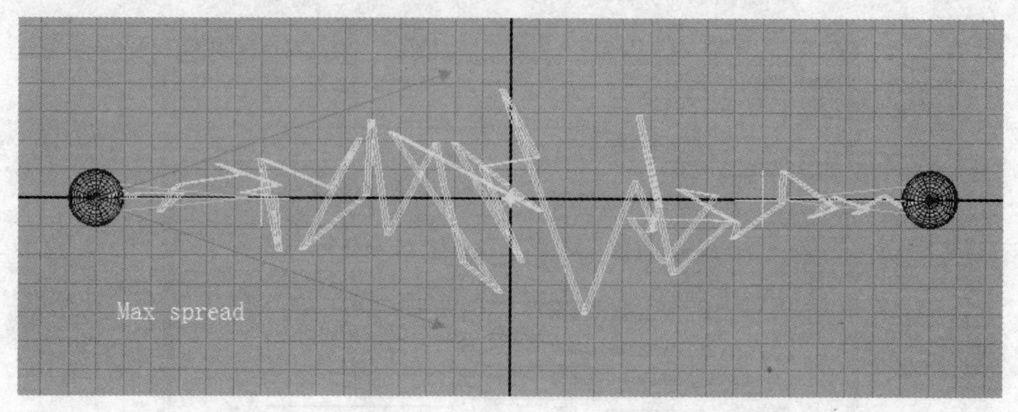

图 4-21 最大扩展角度设置

- “Lightning start/end”（闪电的起始/结束位置）：设置闪电两端距离发射点和结束点的距离，范围在 0 ~ 1 之间。0 为起始位置，即从起始点发射，1 为结束位置，即到达结束点。
- “Lightning glow intensity”（闪电光晕强度）：设置闪电的发光强度。

1）单击 “Create” → “Polygon Primitives > Sphere”，创建两个默认的 POLY 球体，并设置到如图 4-22 所示的位置。

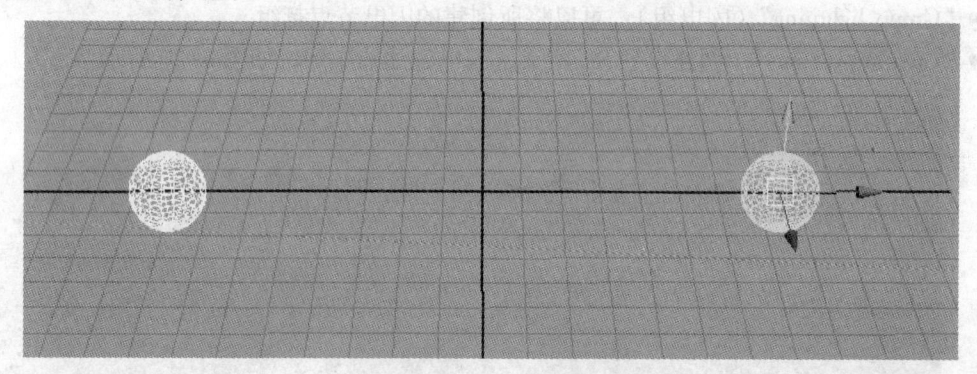

图 4-22 创建 POLY 球体

2）选择两个球体，单击 “Effects” → “Create lighting” 创建闪电，播放动画后可以看到闪电动画效果，如图 4-23 所示。

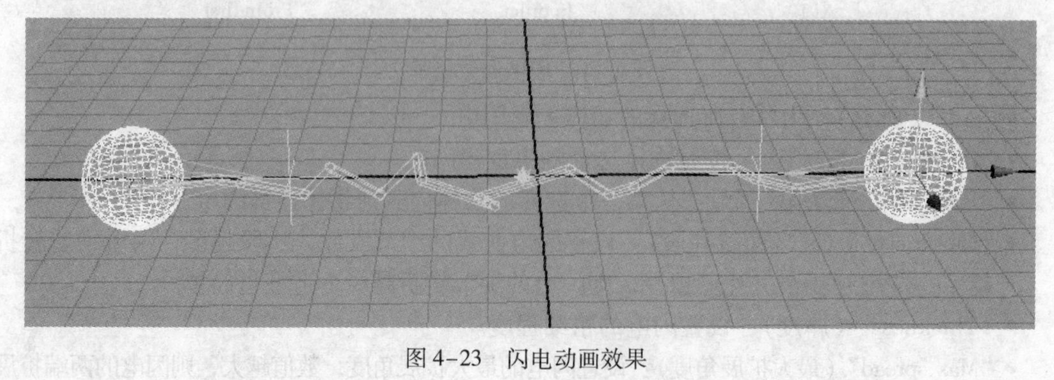

图 4-23 闪电动画效果

4.5 创建破碎

"Create Shatter"（创建破碎）通常用来创建爆炸、碎裂等效果，命令位置如图 4-24 所示。

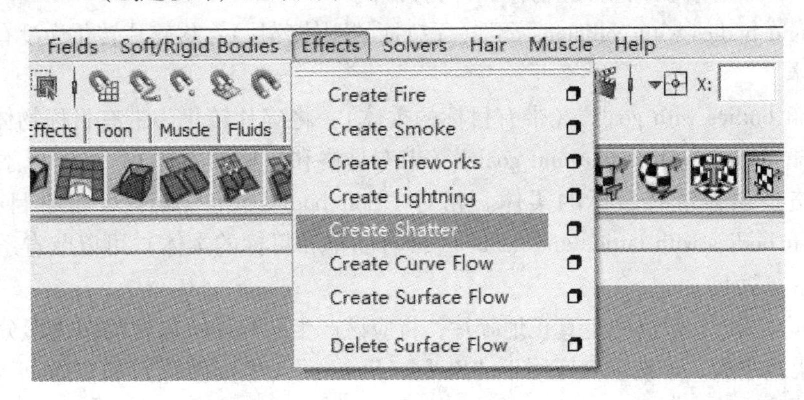

图 4-24　创建破碎

打开参数盒，可以看到参数列表包含三个选项卡。分别为"Surface Shatter"（表面破碎）、"Solid Shatter"（固体破碎）和"Crack Shatter"（破裂破碎）3 种。

选项卡"Surface Shatter"（表面破碎）如图 4-25 所示。

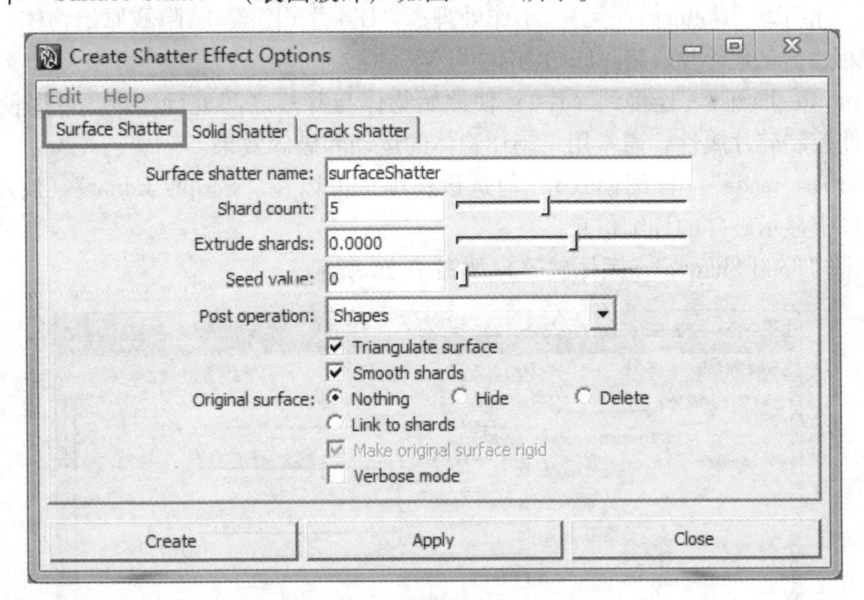

图 4-25　表面破碎属性面板

- "Surface Shatter"（表面破碎）：表面破碎主要是制作空心物体或单层物体的破碎。
- "Surface shatter name"（表面破碎名称）：指定表面破碎的名称，如不输入则使用默认名称命名。
- "Shard count"（碎片数量）：设定物体的破碎数量，数量越大，破碎片数越多。
- "Extrude shards"（挤压碎片）：为破碎物体添加厚度，破碎时，碎片产生厚度。数值为正时，碎片向外挤压出厚度。数值为负时，碎片向内挤压出厚度。

- “Seed value”（随机数值）：设定随机破碎效果。当数值为 0 时，每次破碎所生成的效果都是随机的。若数值大于 0 则每次破碎的效果相同。
- “Post operation”（后处理选项），其中的选项如下。
  - “Shapes”（形状）：所选物体破碎为碎片。
  - “Rigid bodies with collisions off”（无碰撞的刚体碎片）：将碎片转化为没有碰撞效果的刚体。
  - “Soft bodies with goals”（带有目标的柔体）：将碎片转化为带有目标物体的柔体。
  - “Soft bodies with lattice and goals”（带有晶格和目标的柔体）：将碎片添加晶格，将晶格添加为带有目标的柔体。相对“Soft bodies with goals”（带有目标的柔体），“Soft bodies with lattice and goals”（带有晶格和目标的柔体）可以节省系统资源，加快解算速度。
  - “Set”（集）：没有产生真正地碎片，将应该产生的碎片所包含的多边形分别放到不同的集当中去，该选项仅应用于“Surface Shatter”（表面破碎）和“Crack Shatter”（破裂破碎）。
- “Triangulate surface”（三角面）：勾选该选项，会将模型破碎的碎片转化为三角面。
- “Smooth shards”（平滑碎片）：在碎片边缘重新分布多边形，使碎片边缘更为平滑。
- “Original surface”（原始表面）：破碎会创造出碎片，而原始物体的处理方式包含 3 种方法。分别为“Nothing”（无），不作处理；“Hide”（隐藏），隐藏原始物体；“Delete”（删除），创建碎片后删除原始物体。
- “Link to shards”（连接到碎片）：使原始物体与碎片之间进行连接，可以使用原始的属性控制碎片属性，通常用来制作物体的运动和破碎效果。
- “Verbose mode”（详细模式）：勾选该选项，可以在“Scripts Editor”（脚本编辑器）窗口中显示破碎的详细信息。

选项卡“Solid Shatter”（固体破碎）如图 4-26 所示。

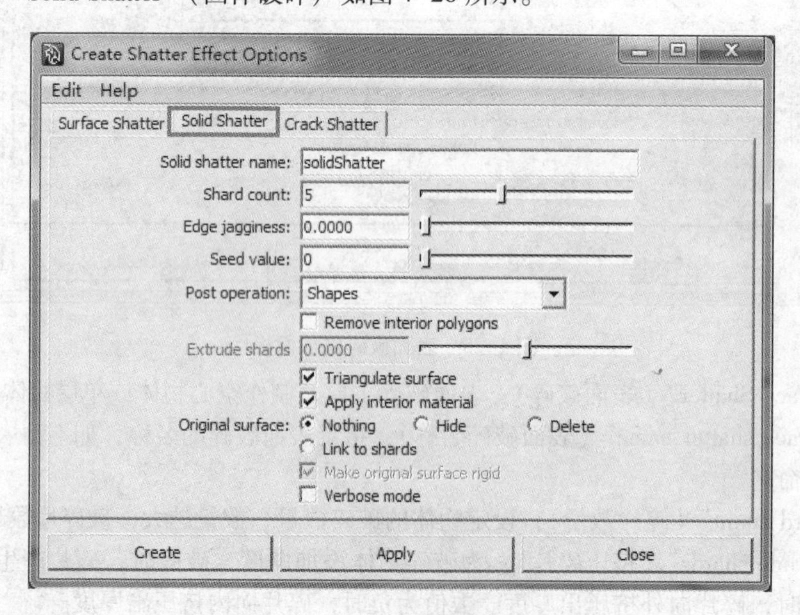

图 4-26　固体破碎属性面板

“Solid Shatter”（固体破碎）：主要是制作实心物体的破碎，与“Surface Shatter”（表面破碎）方式的属性类似，两者相同属性的功能基本一致，故而不再多做解释。不同属性如下。

- “Edge jagginses”（边缘锯齿）：设定碎片内表面的平滑程度，0 为平滑，1 为锯齿细节最大。
- “Remove interior polygons”（移除内部多边形）：勾选该选项，可删除碎块内部的结构。同时激活“Extrude shards”（碎片厚度）。
- “Apply interior material”（添加内部材质）：勾选该选项，可使碎块内部的多边形与表面的多边形具有不同的材质。

选项卡“Crack Shatter”（破裂破碎）如图 4-27 所示。

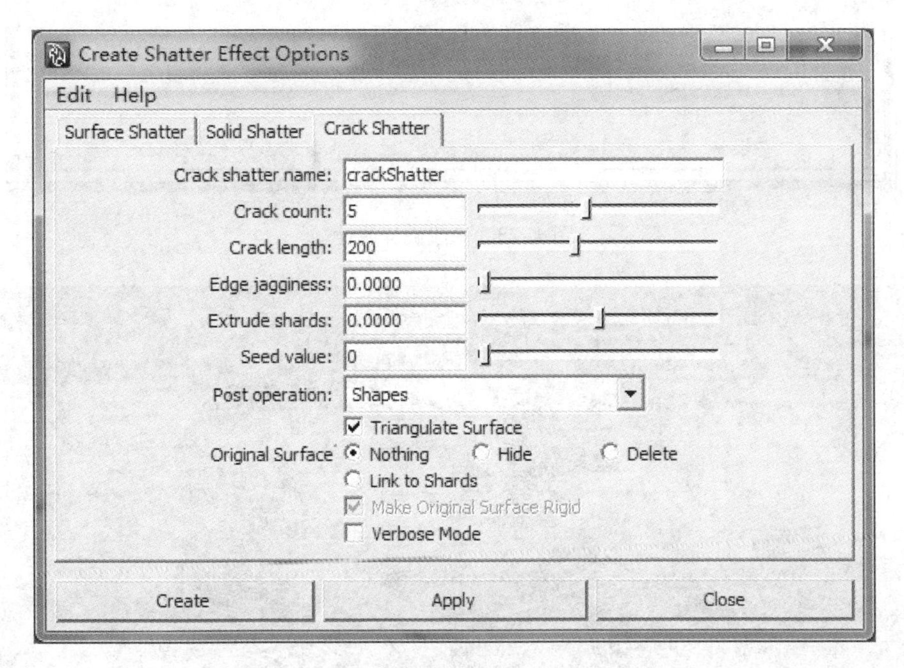

图 4-27　破裂破碎属性面板

“Crack Shatter”（破裂破碎）：主要是制作沿一点进行放射性破碎的情况，与前两种破碎方式的属性类似，它们相同属性的功能基本一致，故而不再多做解释。不同属性如下。

- “Crack count”（破碎数量）：设定物体破碎的碎片数量。
- “Crack length”（裂缝长度）：设定物体破碎的裂缝长度。

创建 POLY 球体，选择球体，单击“Edit”→“Delete by Type”→“History”，删除模型历史节点“否则无法应用破碎”。单击“Effects”→“Create Shatter”创建破碎属性盒，参数如图 4-28 所示。

破碎之后，可以发现原始物体被隐藏，并创建了碎片。移动碎片以方便观察，得到如图 4-29 所示效果。

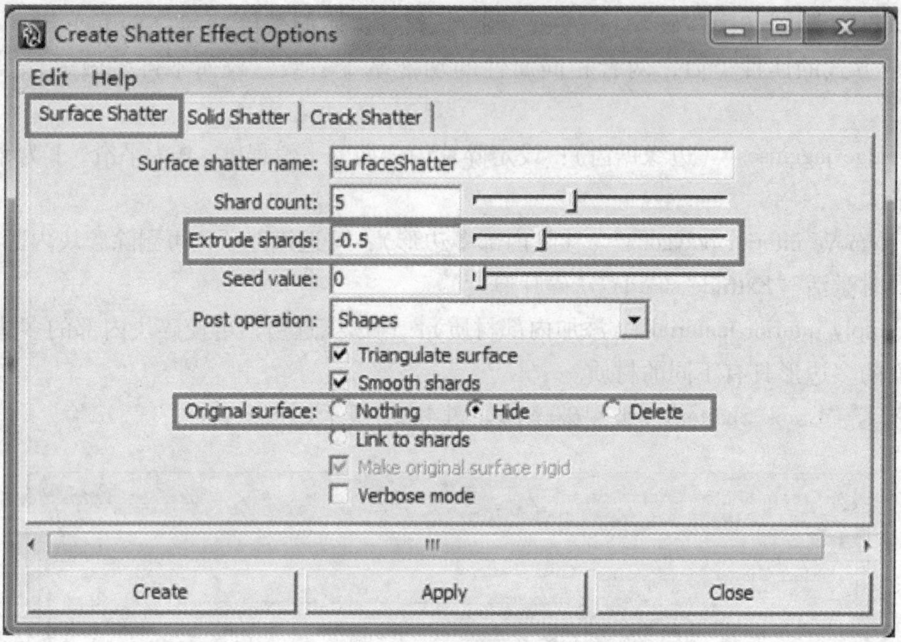

Create Shatter Effect Options

Edit Help

Surface Shatter | Solid Shatter | Crack Shatter

Surface shatter name: surfaceShatter

Shard count: 5

Extrude shards: -0.5

Seed value: 0

Post operation: Shapes

Triangulate surface

Smooth shards

Original surface: Nothing Hide Delete

Link to shards

Make original surface rigid

Verbose mode

Create Apply Close

图 4-28　修改破碎属性

图 4-29　破碎效果

4.6　创建曲线流

“Create Curve Flow”（创建曲线流）是使粒子沿特定的曲线进行运动，可以制作流动的粒子效果，命令位置如图 4-30 所示。

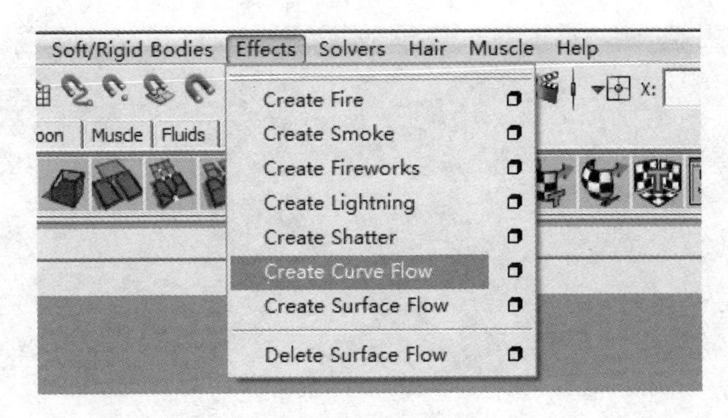

图 4-30　创建曲线流特效

打开其参数盒，可以看到相关参数，如图 4-31 所示。

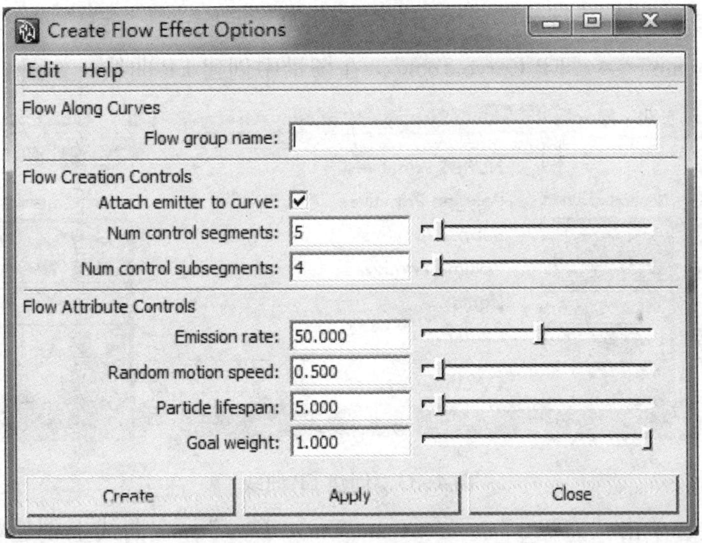

图 4-31　曲线流特效属性面板

- “Flow group name”（粒子曲线流名称）：设置曲线流组的名称。
- “Attach emitter to curve”（绑定发射器到曲线）：勾选该选项可以在创建曲线流时将发射器绑定到曲线的第一个 CV 点位置，不勾选则发射器可以随意移动。
- “Num control segments”（控制段数量）：设定曲线上的控制器数量，控制器数量越多，可控性越高，如图 4-32 所示。
- “Num control subsegments”（次控制段数量）：设置控制器之间的次控制段数，次控制段数不能编辑修改参数，但可以使粒子流更为精细圆润。
- “Emission rate”（发射速率）：设置单位时间内粒子的发射数量。
- “Random motion speed”（随机运动速度）：设置粒子流中粒子运动速度的随机程度。
- “Particle lifespan”（粒子寿命）：设定粒子在曲线上的存活时间，实际上该属性也影响了粒子速度。它定义了粒子从曲线起点运动到终点的时间。
- “Goal weight”（目标权重）：设定曲线对粒子运动的约束程度，权重为 1 时，粒子完

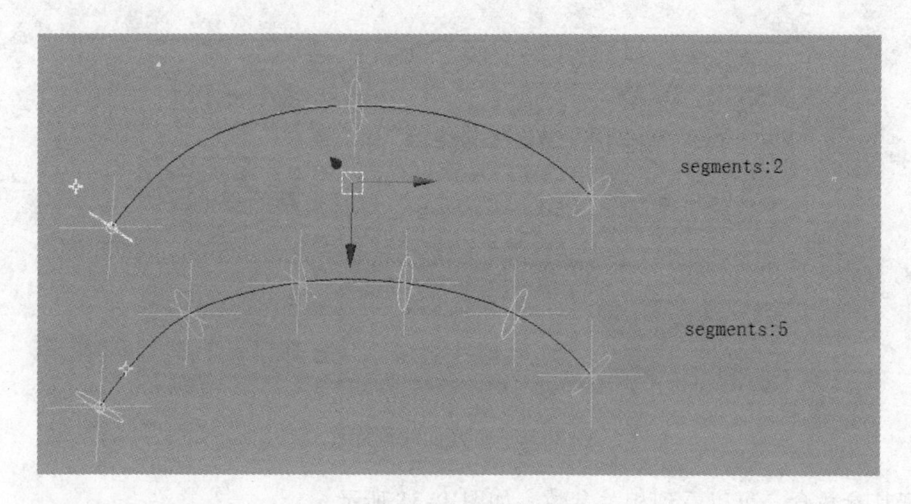

图 4-32　控制段数量

全跟随曲线轨迹进行运动，权重越低，粒子越不跟随曲线运动。

1）单击“Create”→“EP Curve Tool”，在场景中创建 EP 曲线，如图 4-33 所示。

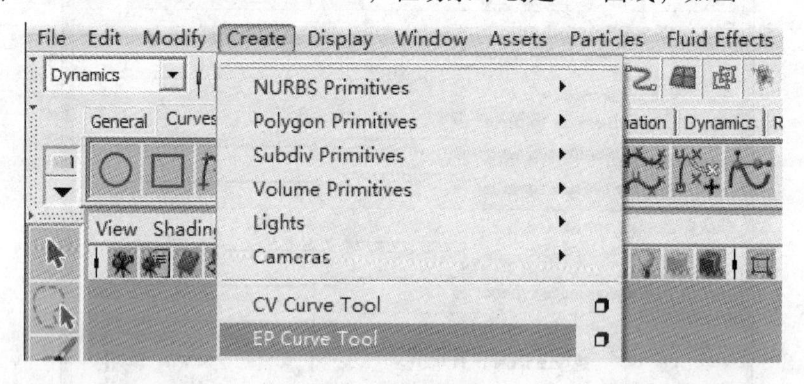

图 4-33　创建 EP 曲线

2）选择曲线，单击“Effects”→“Create Curve Flow”，在曲线上创建粒子曲线流，如图 4-34 所示。

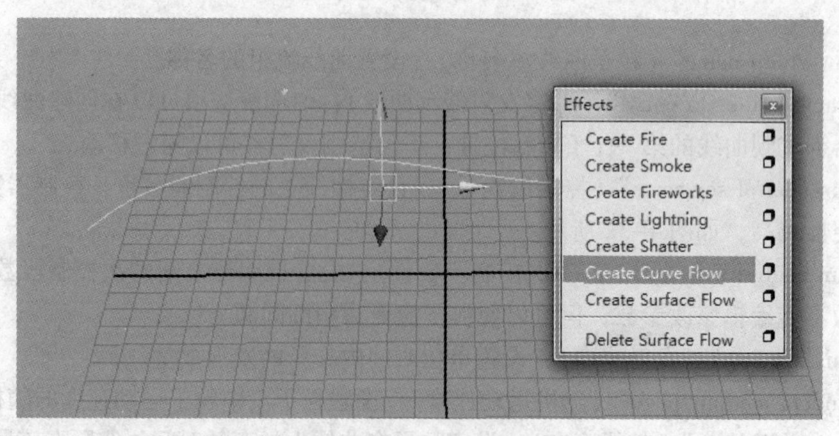

图 4-34　创建曲线流特效

播放动画后可以看到曲线具有了粒子曲线流，如图 4-35 所示。

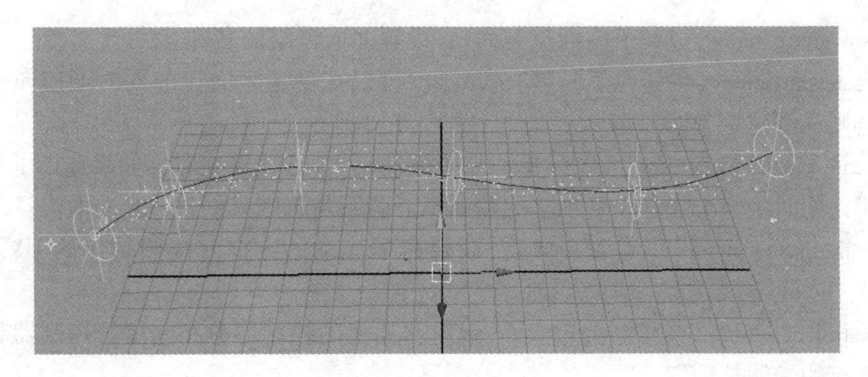

图 4-35　播放解算

4.7　创建曲面流

“Create Surface Flow”（创建曲面流）可以使粒子沿物体表面的 UV 方向流动，命令位置如图 4-36 所示。

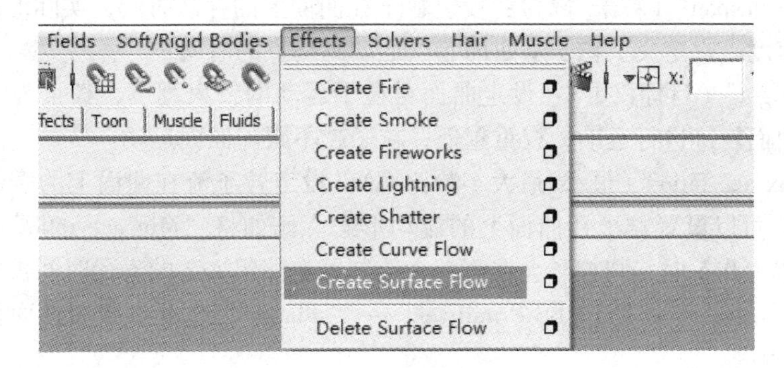

图 4-36　创建曲面流

打开其参数盒，可以看到相关参数，如图 4-37 所示。

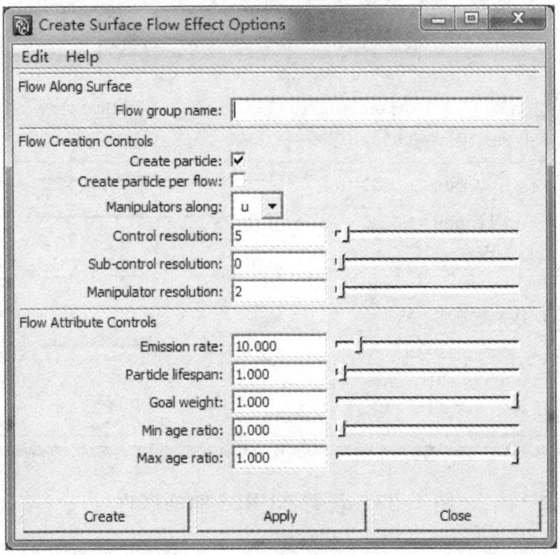

图 4-37　曲面流属性面板

- “Flow group name”（粒子曲面流名称）：设置曲面流组的名称。
- “Create particle”（创建粒子）：勾选该选项可以在创建表面流的同时创建粒子，若不勾选则只创建控制器。
- “Create particle per flow”（创建单独粒子流动）：勾选该选项时，如果选择了多个表面则可以同时为每个表面设置独立的曲面流。若不勾选则只创建一套曲面流。
- “Manipulators along”（流动方向）：设定粒子流动的方向，按照物体的 UV 包括 U、-U、V、-V。
- “Control resolution”（控制分辨率）：设定曲面上的控制器分布密度。控制器越多，对曲面流的控制越精细。
- “Sub - control resolution”（次级控制器分辨率）：设置控制器之间的次控制段数，次控制段数不能编辑修改参数，但可以使粒子流更为精细圆润。
- “Manipulator resolution”（控制器分辨率）：设置每个操控器本身的分辨率，当曲面凹凸不平时，高分辨率的控制器能更好地贴合表面进行粒子的流动。
- “Emission rate”（发射速率）：设置单位时间内粒子的发射数量。
- “Particle lifespan”（粒子寿命）：设定粒子在曲面上的存活时间，实际上该属性也影响了粒子速度。它定义了粒子从曲面起点运动到终点的时间。
- “Goal weight”（目标权重）：设定曲面对粒子运动的约束程度，权重为 1 时，粒子完全跟随曲面轨迹进行运动，权重越低，粒子越不跟随曲面运动。
- “Min/Max age ratio”（最小/最大年龄比率）：设定粒子流在曲面上的寿命分布，范围为 0 ~ 1。可以设置粒子在曲面上的流动形态。比如将“Min age ratio”（最小年龄比率）设置为 0.5 时，则粒子会在第一个控制器上停留 1/2 的寿命时间再发射。

1）单击“Create”→“NURBS Primitives”→“Plane”，打开参数属性面板，将参数设置为如图 4-38所示。

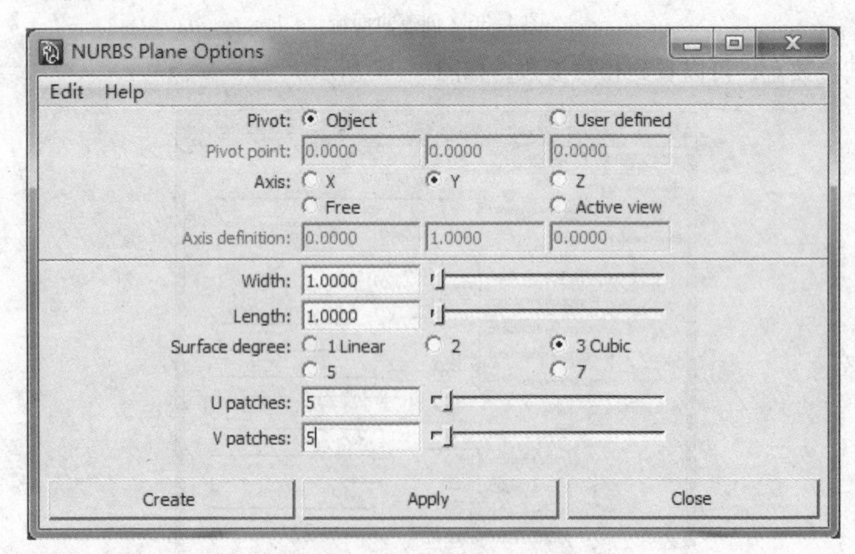

图 4-38　设置 NURBS 曲面属性

将 NURBS 面片放大到合适的大小，如图 4-39 所示。

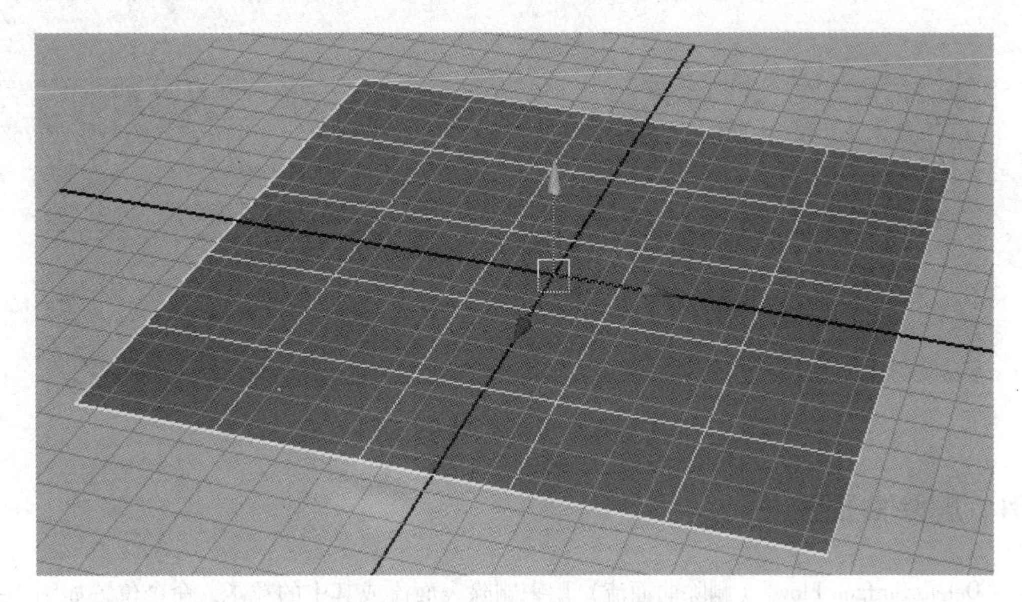

图 4-39　创建曲面

2）选择面片，单击“Effects”→“Create Surface Flow”属性盒。单击“Edit”→“Reset Settings”恢复默认设置。单击“Create”（创建）按钮，如图 4-40 所示。

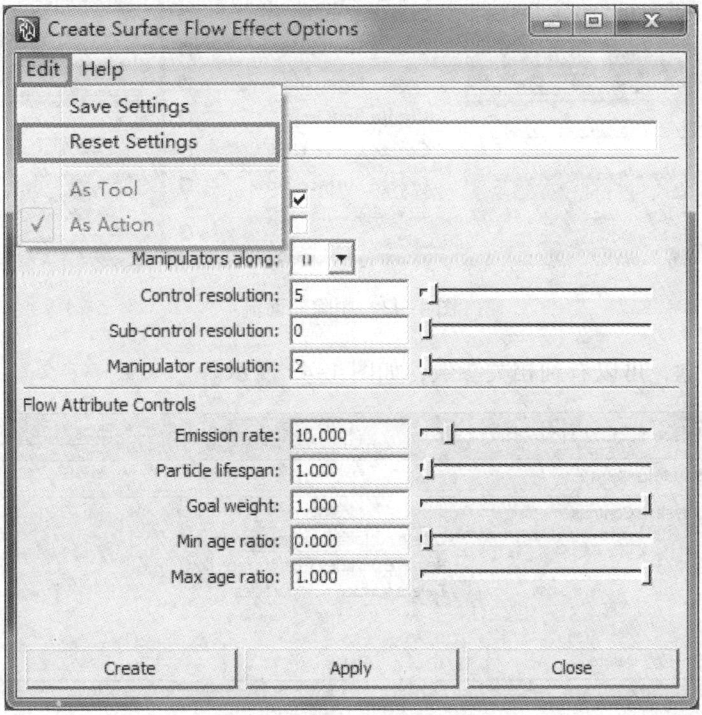

Create Surface Flow Effect Options
Edit　Help
Save Settings
Reset Settings
As Tool
As Action
Manipulators along: u
Control resolution: 5
Sub-control resolution: 0
Manipulator resolution: 2
Flow Attribute Controls
Emission rate: 10.000
Particle lifespan: 1.000
Goal weight: 1.000
Min age ratio: 0.000
Max age ratio: 1.000
Create　Apply　Close

图 4-40　曲面流特效属性面板

播放动画后可以看到如图 4-41 的效果。

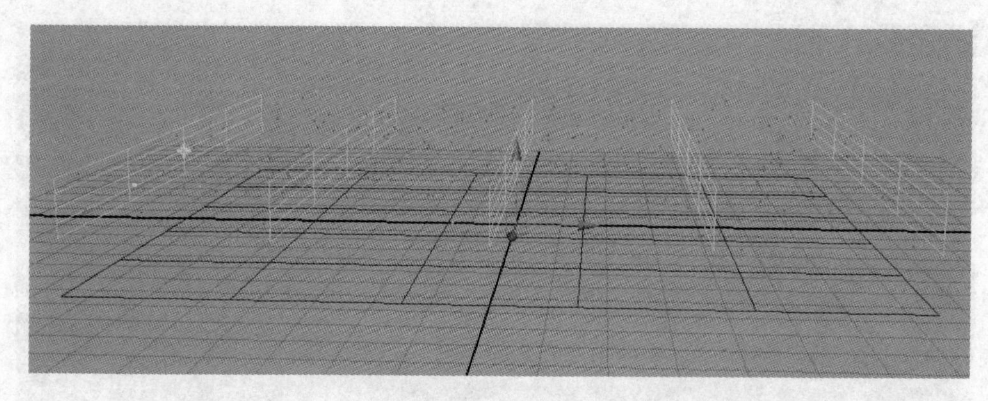

图 4-41　播放解算

4.8　删除曲面流

"Delete Surface Flow"（删除曲面流）用来删除表面流或其中的粒子，命令位置如图 4-42 所示。

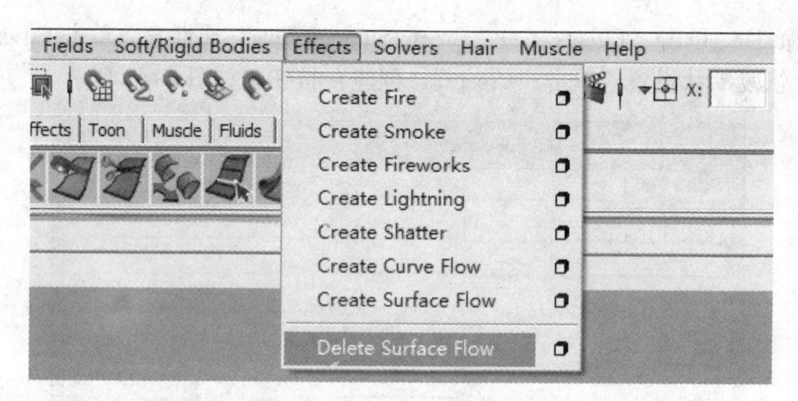

图 4-42　删除曲面流

打开其参数盒，可以看到相关参数，如图 4-43 所示。

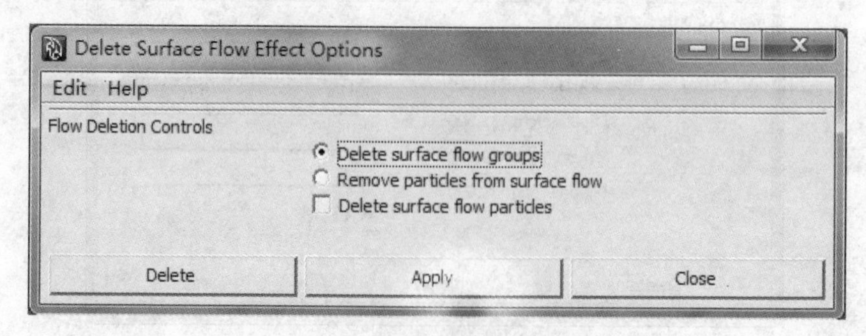

图 4-43　删除曲面流属性面板

- "Delete surface flow groups"（删除曲面流系统）：可以删除曲面流。
- "Remove particles from surface flow"（移除曲面流粒子）：可以移除曲面流中的粒子。
- "Delete surface flow particles"（删除表面流动粒子）：当勾选了 "Delete surface flow

groups”（删除曲面流系统）选项时，可以同时删除曲面流粒子。

创建基本的曲面流，效果如图 4-44 所示。

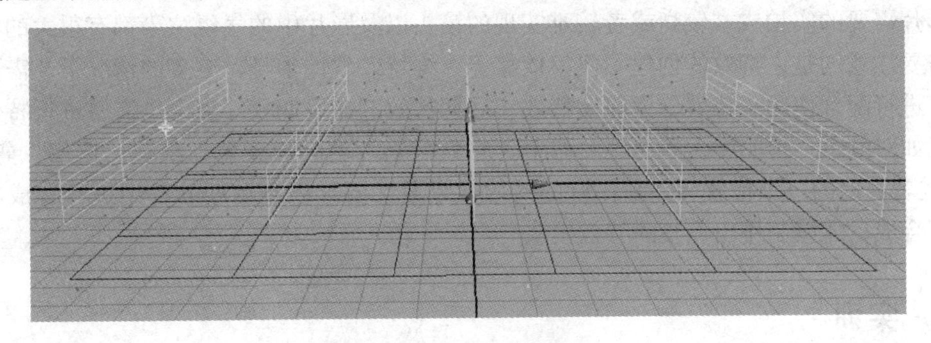

图 4-44　创建曲面流

在大纲当中选择“SurfaceFlow1”，如图 4-45 所示。

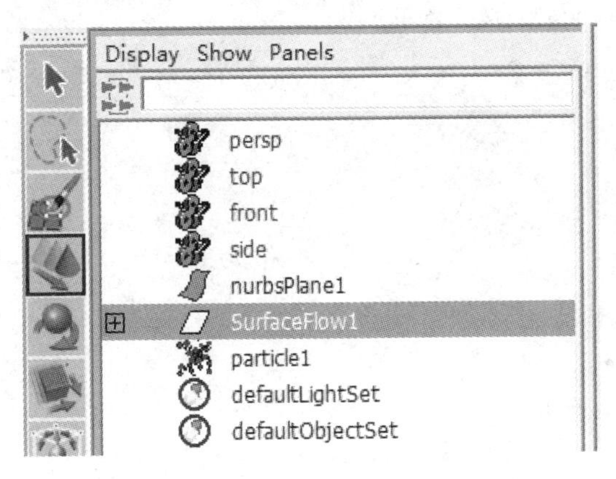

图 4-45　选择曲面流特效的组

单击“Effects”→“Delete Surface Flow”，勾选“Delete surface flow particles”（删除曲面流粒子）选项，单击“Delete”（删除）按钮，删除曲面流和粒子，如图 4-46 所示。

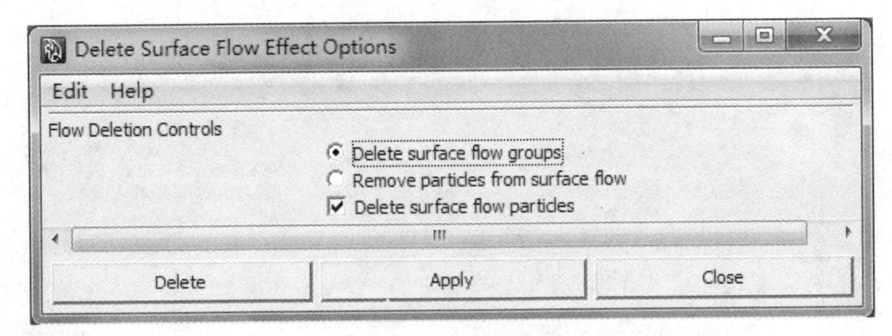

图 4-46　设置删除曲面流属性面板

4.9　本章小结

通过本章的学习，可以了解到 Maya 常见特效的创建方法，通过特效选项，可以快速创建出常见的动力学特效效果。在学习了本章和之前章节的知识后，应该对特效部分有了较为清晰的认识。使用三维特效软件可以模拟出很多现实类效果或者非现实的特殊效果，这对于制作影片需要的实拍成本较高或者较难实现的镜头以及影片中的气氛渲染都有很大的帮助。

需要注意的是，特效的创建不仅仅依靠于三维特效软件本身，更多的情况下，需要与后期软件进行配合使用。特效分为前期特效和后期特效。在后期软件当中也需要进行特效的制作，比如对颜色，透明度，辉光等的调节、特效与影片的合成校色、跟踪、抠像、剪辑等。Maya 或者其他的三维特效软件制作好的特效效果是需要导入到后期软件中进行合成的，通过后期合成，才能制作出完整的特效镜头。

4.10 实训

* 制作简单场景和道具，创建出物体破碎的特效效果。
* 制作出海底小鱼的鱼群游动效果。

第5章 解 算 器

Maya的动力学解算器是为了更方便和有效地进行动力学解算。

在进行Maya动力学解算时，由于计算量较大，解算速度相对较慢，因此可以通过动力学解算器创建动力学缓存，将解算好的结果存储为缓存文件，在播放时调出缓存文件，从而省去了重新进行动力学解算所需要的时间。

在进行动力学解算时，需要的初始动力学物体的形态与在Maya中创建时的动力学物体状态是不同的，需要解算一段时间才可以达到要求，这样会降低制作效率，所以需要使用动力学解算器对动力学物体进行初始状态的设置，使其在解算初始就保存住了需要的动力学形态。

动力学解算器还具有一些其他的较为实用的功能（见图5-1），随着对本章的学习来一一进行了解。

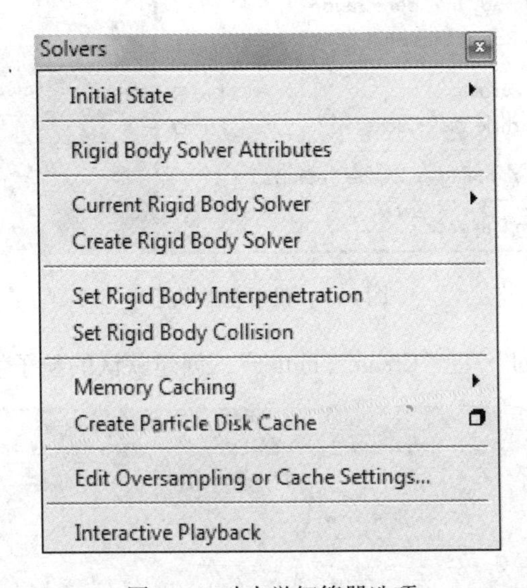

图5-1 动力学解算器选项

由此可见，Maya的动力学解算器在制作动力学特效时，对提高制作效率具有重要的作用。

本章要点

* 理解Maya动力学解算器的含义
* 使用动力学解算器设置动力学初始状态
* 使用动力学解算器创建缓存文件
* 编辑过采样数值
* 使用交互回放测试动力学效果

5.1 初始状态

“Initial State”（初始状态）是动力学物体，在某些情况下，将动力学的动画解算效果初始化为初始帧时的状态。

5.1.1 为所选择的动力学对象设置初始状态

“Set for Selected”（为所选择对象设置）是指为所选择的动力学对象设置初始状态，命令位置如图 5-2 所示。

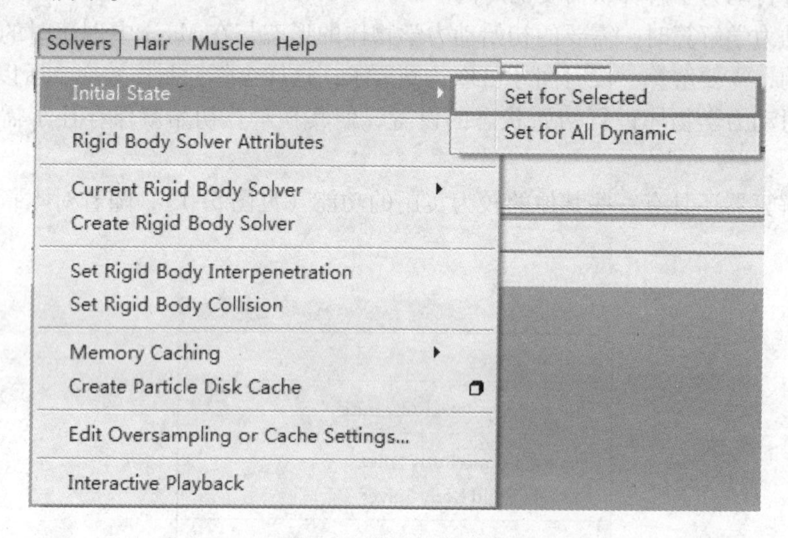

图 5-2 设置初始状态

1）单击“Particle Tool”→“Create Emitter”，创建默认的粒子发射器，如图 5-3 所示。

图 5-3 创建发射器

播放动画后可以看到粒子被发射出来，如图 5-4 所示。

图 5-4　播放解算

2）选择粒子，单击“Solvers”→“Initial State”→“Set for Selected”，将所选粒子的当前状态设置为初始状态。单击“Go to start of playback range”（回到播放范围的起始帧）按钮，回到第一帧，发现在第一帧时，粒子的状态保持了图 5-4 所示的状态，播放动画后发现粒子发射器继续发射粒子，如图 5-5 所示。

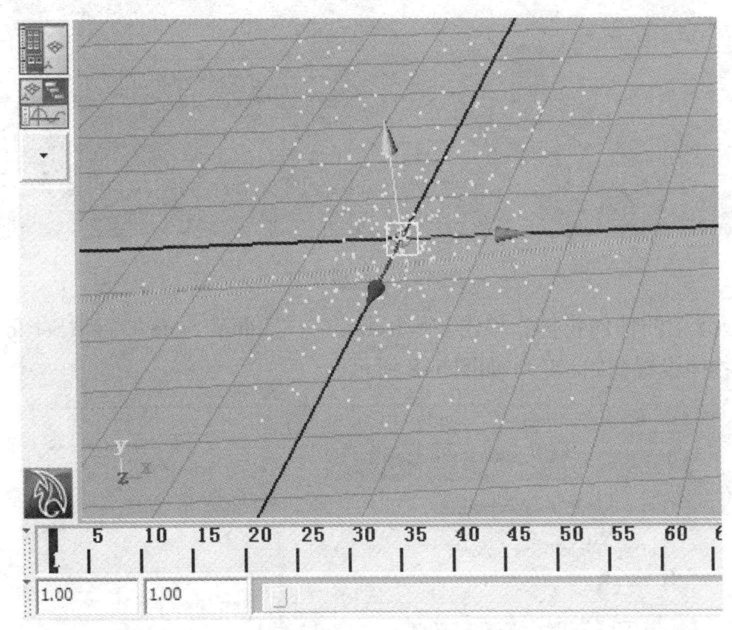

图 5-5　设置初始状态后的播放解算

5.1.2　为所有动力学对象设置初始状态

与“Set for Selected”（设置所选）类似，“Set for ALL Dynamic”（设置所有动力学）也是为动力学物体设置初始状态，只不过该命令会使场景中所有的动力学物体都被设置初始状态，不用选择场景中的动力学物体，命令位置如图 5-6 所示。

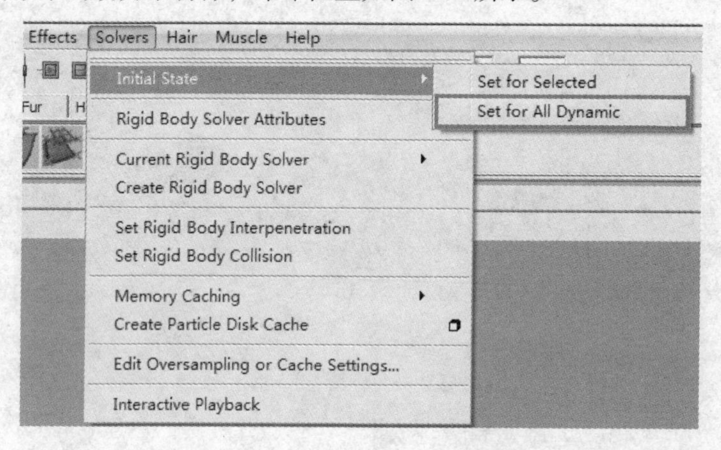

图 5-6　为所有动力学设置初始状态

1）单击两次“Particle Tool”→“Create Emitter”，创建默认的粒子发射器，并放置在合适的位置上，播放动画后得到如图 5-7 所示。

图 5-7　播放解算

2）不选择场景中的任何物体，单击“Solvers”→“Initial State”→“Set for All Dynamic”，为场景中的所有物体设置初始状态，如图 5-8 所示。

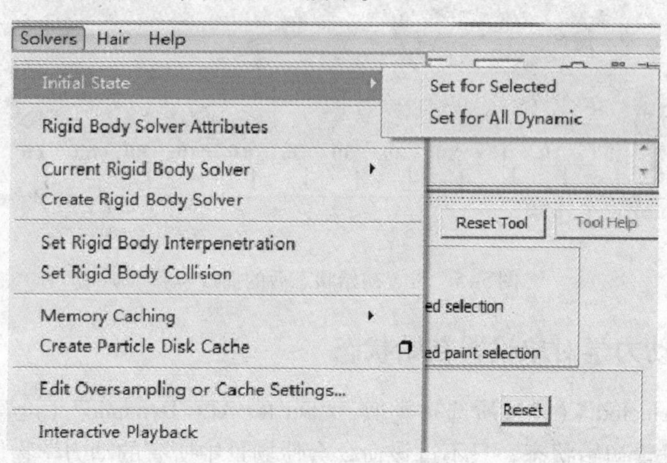

图 5-8　为所有动力学设置初始状态

3）单击“Go to start of playback range”（回到播放范围的起始帧）按钮，回到第一帧，发现在第一帧时，两套粒子的状态都保持了图 5-8 所示的状态，播放动画后发现粒子发射器继续发射粒子，如图 5-9 所示。

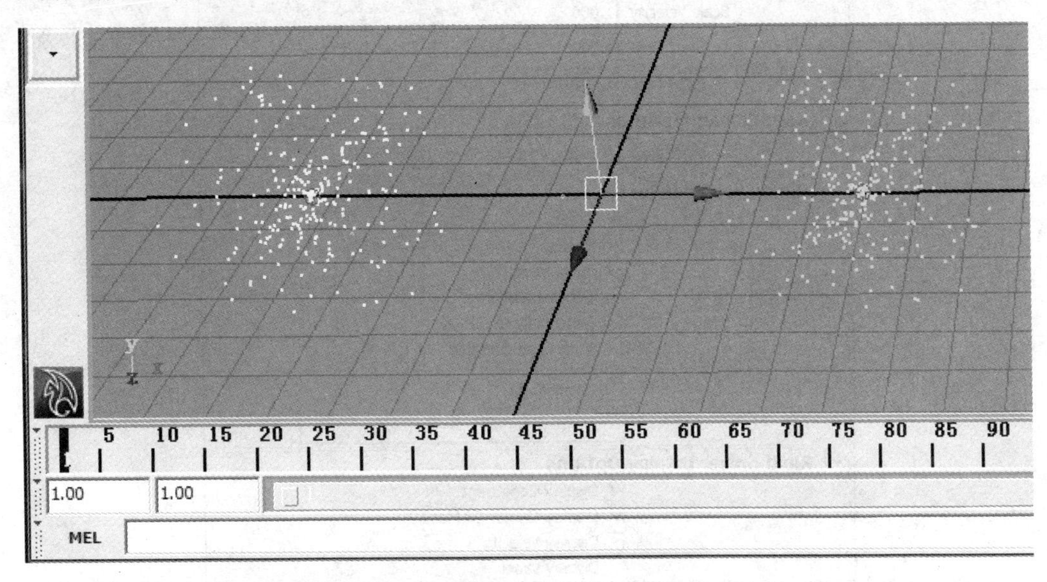

图 5-9　设置初始状态后的播放解算

5.2　刚体解算器属性

刚体解算器属性可以编辑所选刚体的属性，需要注意的是打开刚体解算器属性时要首先选择场景中的刚体，命令位置如图 5-10 所示。

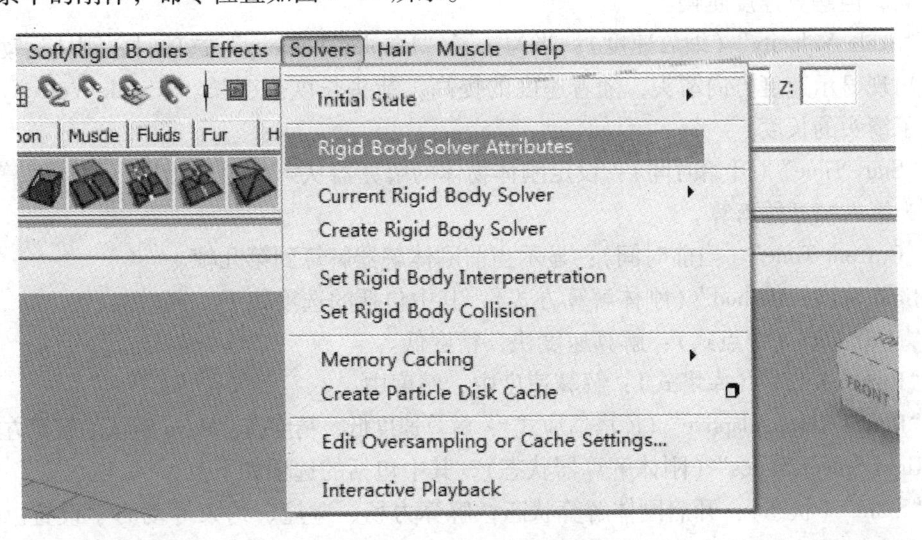

图 5-10　刚体解算器属性

打开其参数属性，看到相关参数如图 5-11 所示。

“Rigid Solver Attributes”（刚体解算器属性），其中包括的选项如下。

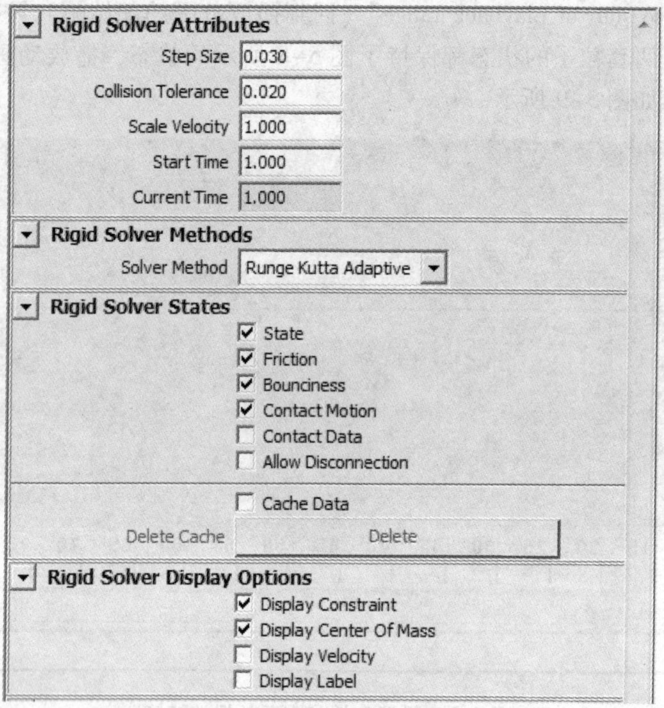

图 5-11　刚体解算器属性面板

- “Step Size”（步长）：影响当前刚体解算器对刚体进行解算的次数，步长越小，解算次数越多。也可以提高刚体解算动画的精确度，但步长过小会影响解算速度。
- “Collision Tolerance”（碰撞容差）：设置刚体碰撞的精确程度，数值越小检测精度越高，但解算速度越慢。
- “Scale Velocity”（缩放速度）：当勾选了“Display Velocity”选项时，刚体运动速度会出现显示速度方向箭头，随着速度的提高，箭头长度会变长。“Scale Velocity”定义了箭头的长度。
- “Start Time”（开始时间）：设定刚体物体的解算器从第几帧开始进行刚体解算，默认为第一帧开始解算。
- “Current Time”（当前时间）：显示当前刚体解器解算到第几帧。

“Rigid Solver Method”（刚体解算方式），其中包括的选项如下。

- “MidPoint”（中点式）：解算速度快，精度低。
- “Runge Kutta”（库塔式）：解算速度中，精度中。
- “Runge Kutta Adaptive”（库塔适应式）：解算速度低，精度高，Maya 默认的解算方式。

“Rigid Solver States”（刚体解算器状态），其中包括的选项如下。

- “State”（状态）：开启刚体解算状态，解算力场、碰撞、约束等动力学设置。通常在观察场景动画时可以取消勾选，在需要解算动力学时再勾选，以提高场景动画播放的流畅度。
- “Friction”（摩擦）：设定刚体具有摩擦属性。
- “Bounciness”（弹跳）：设定刚体具有弹跳属性。

- “Contact Motion”（关联运动）：设置刚体的连续运动，是否具有惯性。未勾选则物体不具有惯性。
- “Contact Data”（关联数据）：储存刚体碰撞的数据。
- “Allow Disconnection”（允许断开连接）：断开刚体解算器与对应刚体的连接关系。
- “Cache Data”（缓存数据）：勾选该选项，单击“Delete”按钮，可以删除刚体缓存数据。

“Rigid Solver Display Option”（刚体解算器显示选项），其中包括的选项如下。

- “Display Constraint”（显示约束）：显示刚体的约束种类。
- “Display Center Of Mass”（显示质量中心）：显示刚体的质量中心。
- “Display Velocity”（显示速度）：显示刚体速度。
- “Display Label”（显示标签）：显示刚体标签。

创建 POLY 球体，单击“Soft/Rigid Bodies”→“Create Active Rigid Body”创建默认主动刚体，如图 5－12 所示。

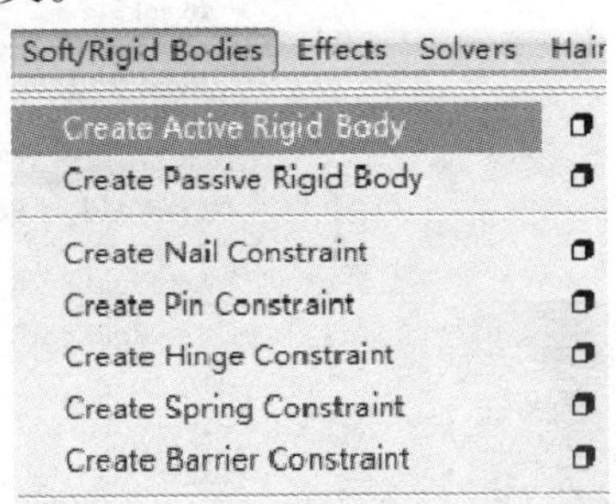

图 5-12　创建主动刚体

单击刚体球，单击“Solvers”→“Rigid Body Solver Attributes”打开刚体属性，可以修改该球体的刚体属性，如图 5-13 所示。

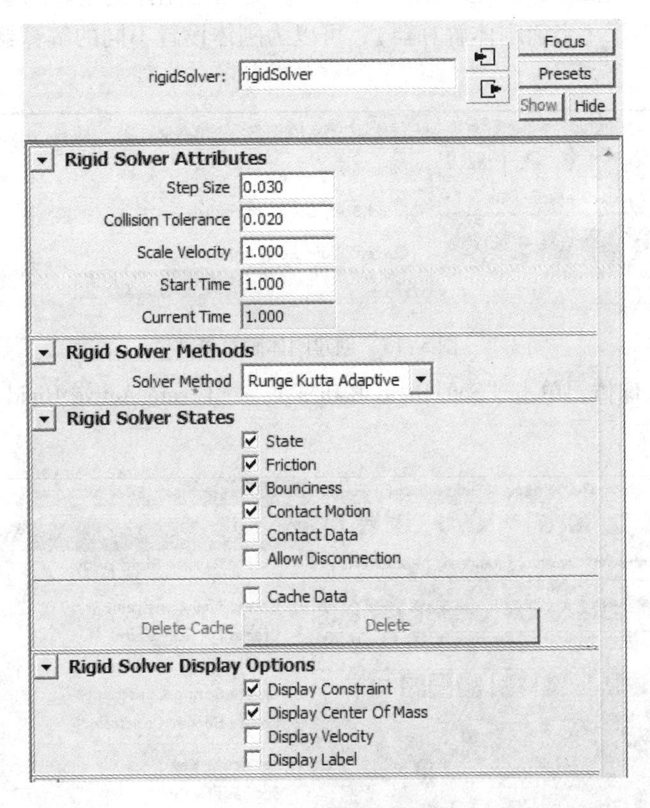

图 5-13　刚体解算器属性

5.3 当前刚体解算器

"Current Rigid Body Solver"（当前刚体解算器）是指查看和选择当前刚体的刚体解算器。配合"Create Rigid Body Solver"（创建刚体解算器），可以为刚体设置不同的解算器，命令位置如图5-14所示。

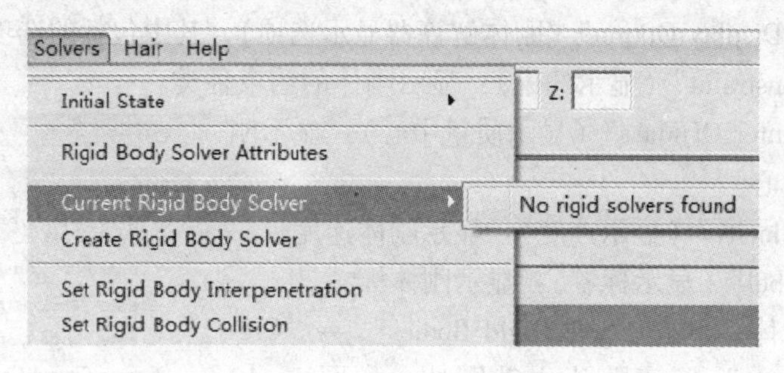

图5-14 当前刚体解算器

5.4 创建刚体解算器

"Create Rigid Body Solver"（创建刚体解算器）是指为刚体创建新的解算器。配合"Current Rigid Body Solver"（当前刚体解算器），可以为刚体设置不同的解算器，命令位置如图5-15所示。

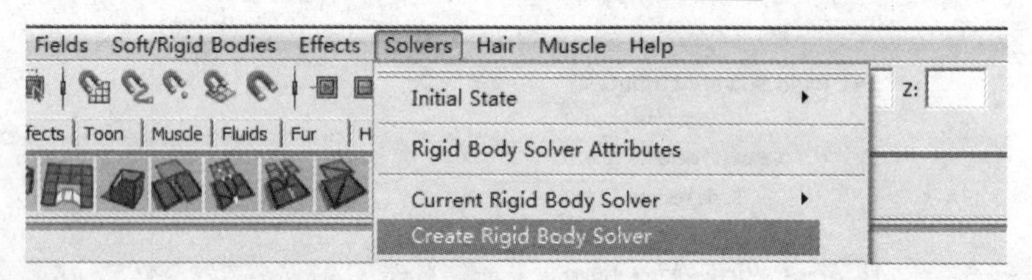

图5-15 创建刚体解算器

1）创建POLY球体，单击"Soft/Rigid Bodies"→"Create Active Rigid Body"创建主动刚体，如图5-16所示。

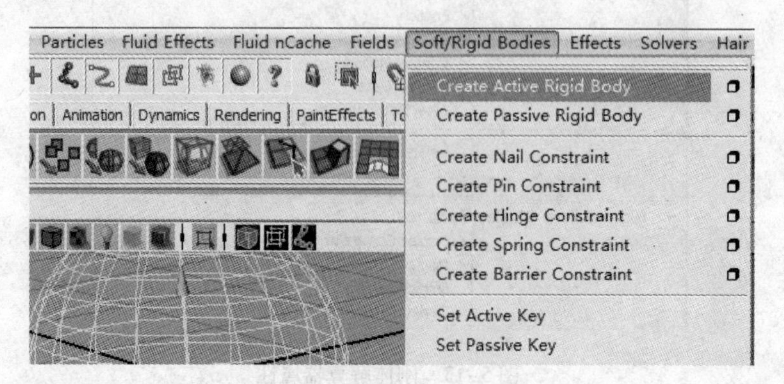

图5-16 创建主动刚体

2）单击“Solvers”→“Current Rigid Body Solver”，看到当前解算器为“rigidSolver”，如图5-17所示。

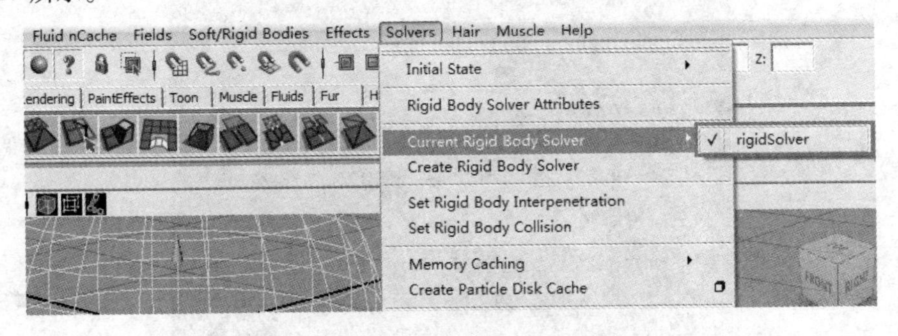

图5-17　当前刚体解算器

3）单击“Solvers”→“Create Rigid Body Solver”，创建新的刚体解算器。单击“Solvers”→“Current Rigid Body Solver”，看到当前解算器包含了“rigidSolver”和“rigidSolver1”。此时可以选择任意一个作为刚体球的解算器，如图5-18所示。

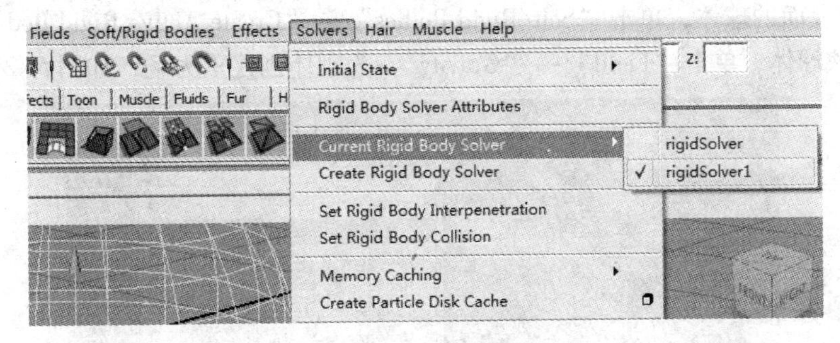

图5-18　当前刚体解算器

5.5　设置刚体穿透

“Set Rigid Body Interpenetration”（设置刚体穿透）可以使刚体之间可以互相穿透，命令位置如图5-19所示。

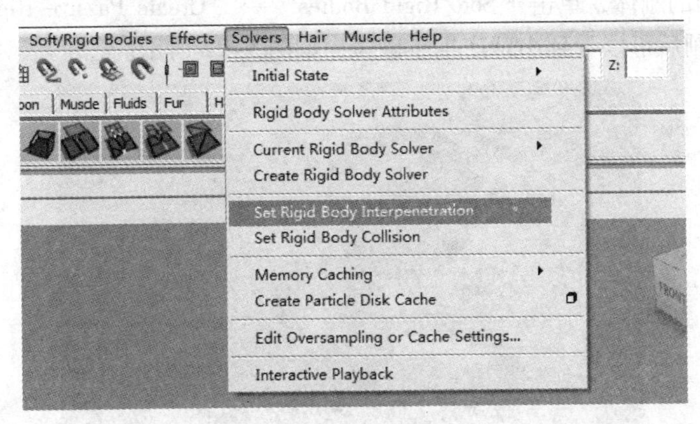

图5-19　设置刚体穿透

创建两个 POLY 球体，并放到合适的位置，如图 5-20 所示。

图 5-20　创建 POLY 球体

1）选择上面的球体，单击“Soft/Rigid Bodies”→“Create Active Rigid Body”创建主动刚体。选择该球体，单击“Field”→“Gravity”，为刚体创建重力场，如图 5-21 所示。

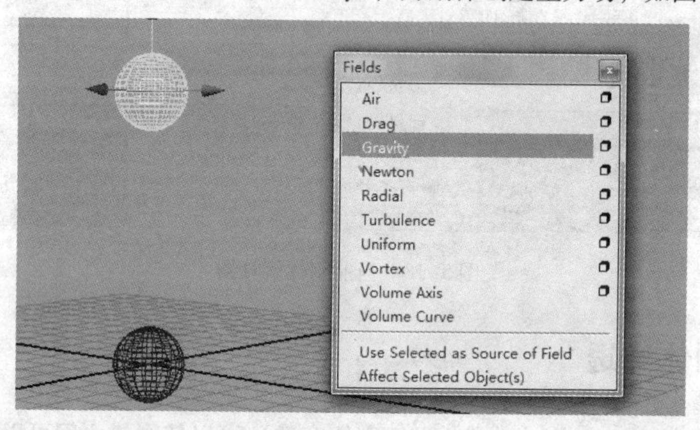

图 5-21　创建重力场

2）选择下面的刚体，单击“Soft/Rigid Bodies”→“Create Passive Rigid Body”创建被动刚体。播放动画后可以看到小球产生了碰撞，如图 5-22 所示。

图 5-22　播放解算

此时，选择两个刚体小球，单击“Set Rigid Body Interpenetration”（设置刚体穿透）。播放动画后得到如图 5-23 所示效果。

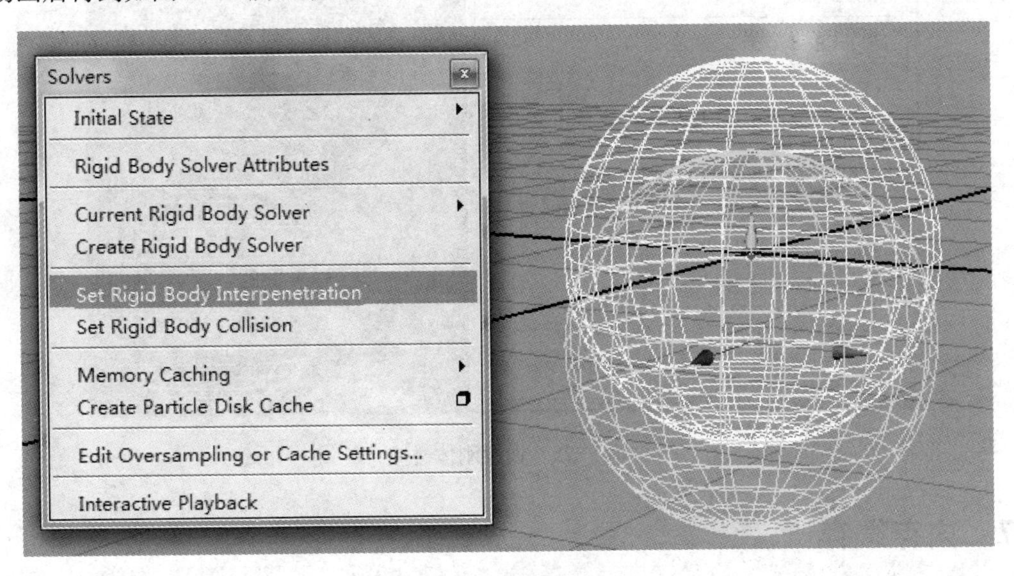

图 5-23　设置刚体穿透

5.6　设置刚体碰撞

“Set Rigid Body Collision”（设置刚体碰撞）与“Set Rigid Body Interpenetration”（设置刚体穿透）相反，可以让刚体之间产生碰撞，命令位置如图 5-24 所示。

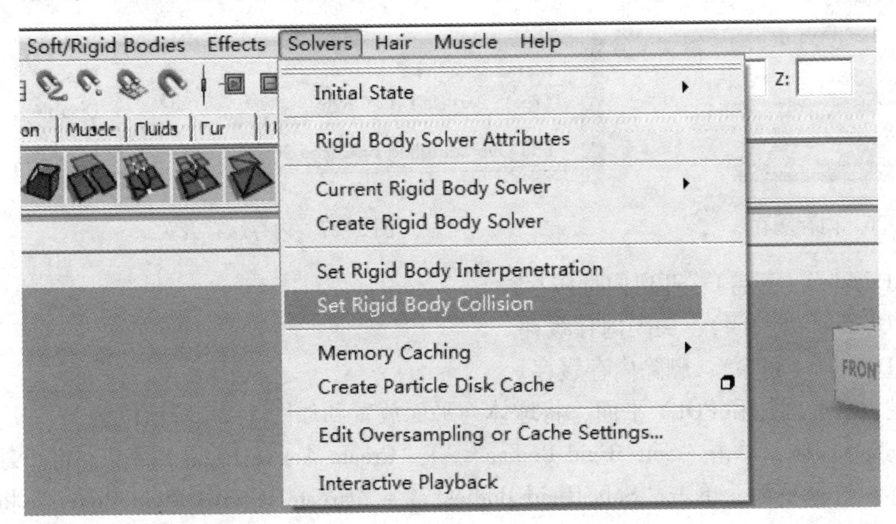

图 5-24　设置刚体碰撞

使用上一节的刚体穿透案例，制作出图 5-23 所示效果。选择两个小球，单击“Solvers”→“Set Rigid Body Collision”设置刚体碰撞，播放动画得到如图 5-25 所示效果。

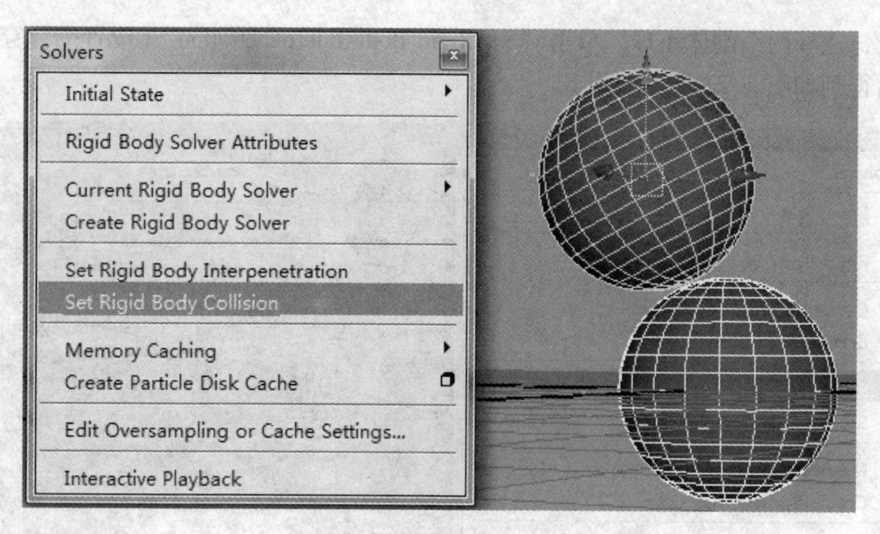

图 5-25　设置刚体碰撞

5.7　内存缓存

将动力学数据暂时存储在“Solvers/Memory Caching”内存缓存当中，如图 5-26 所示。单击“Solvers/Memory Caching”内存缓存，打开内存缓存开关，如图 5-27 所示：

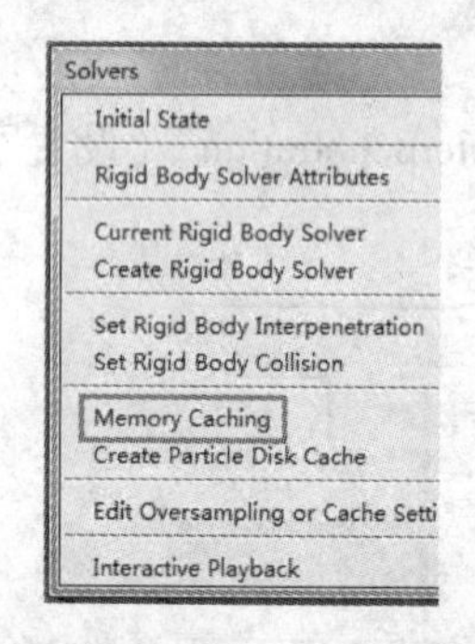

图 5-26　内存缓存

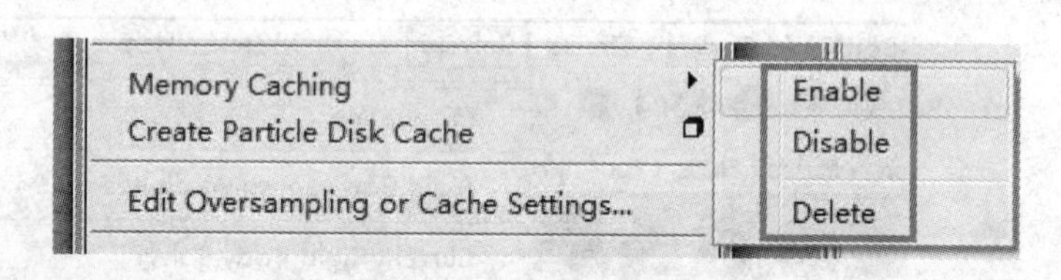

图 5-27　内存缓存开关

- “Enable”（开启）：开启内存缓存。
- “Disable”（关闭）：关闭内存缓存。
- “Delete”（删除）：删除内存缓存。

创建 POLY 球体和 POLY 平面，将球体与平面放置到如图 5-28 所示位置。

1）选择球体，单击“Soft/Rigid Bodies”→“Create Active Rigid Body”，将小球设置为主动刚体。选择平面，单击“Soft/Rigid Bodies”→“Create Passive Rigid Body”，将平面设置为被动刚体。选择小球，单击“Field”→“Gravity”给小球添加重力场。播放动画后可以看到小球与平面产生了碰撞，如图 5-29 所示。

2）选择场景中的刚体物体，单击“Solvers/Memory Caching”→“Enable”打开刚体内存缓存。单击“Solvers”→“Rigid Body Solver Attributes”打开刚体解算属性，可以看到“Cache Data”（缓存数据）选项被激活，如图 5-30 所示。

图 5-28　创建 POLY 模型

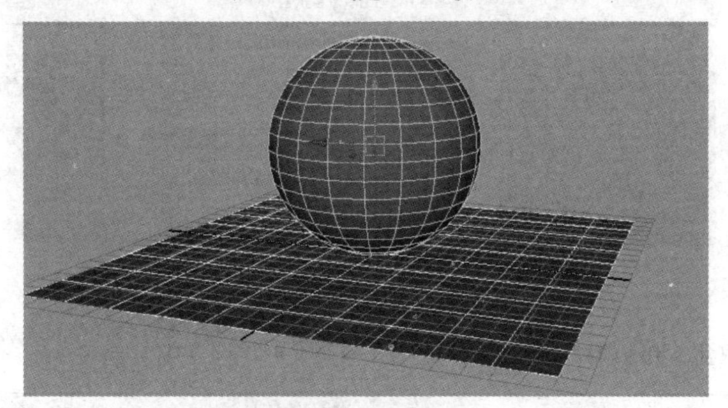

图 5-29　播放解算

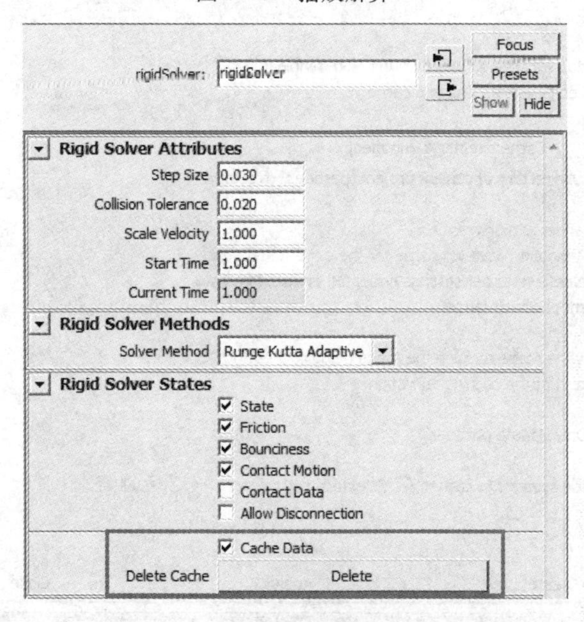

图 5-30　打开刚体内存缓存

同样，当选择“Solvers/Memory Caching”→“Disable”时，单击“Solvers”→“Rigid Body Solver Attributes”打开刚体解算属性，可以看到“Cache Data”（缓存数据）选项被关闭。选择“Solvers/Memory Caching”→“Delete”时，将删除创建的内存缓存。

5.8 创建粒子磁盘缓存

“Create Particle Disk Cache”（创建粒子磁盘缓存）是指将动力学解算数据存储在磁盘上，可以随时调用观看动力学解算动画，命令位置如图5-31所示。

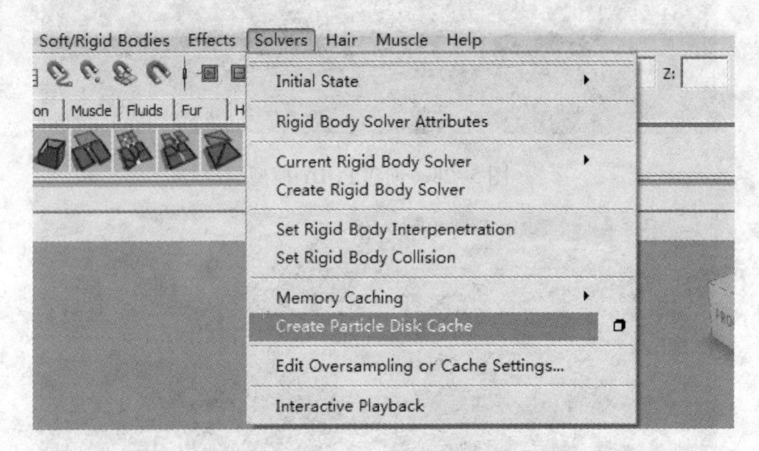

图5-31 创建磁盘缓存

打开其参数盒，可以看到相关参数如图5-32所示。

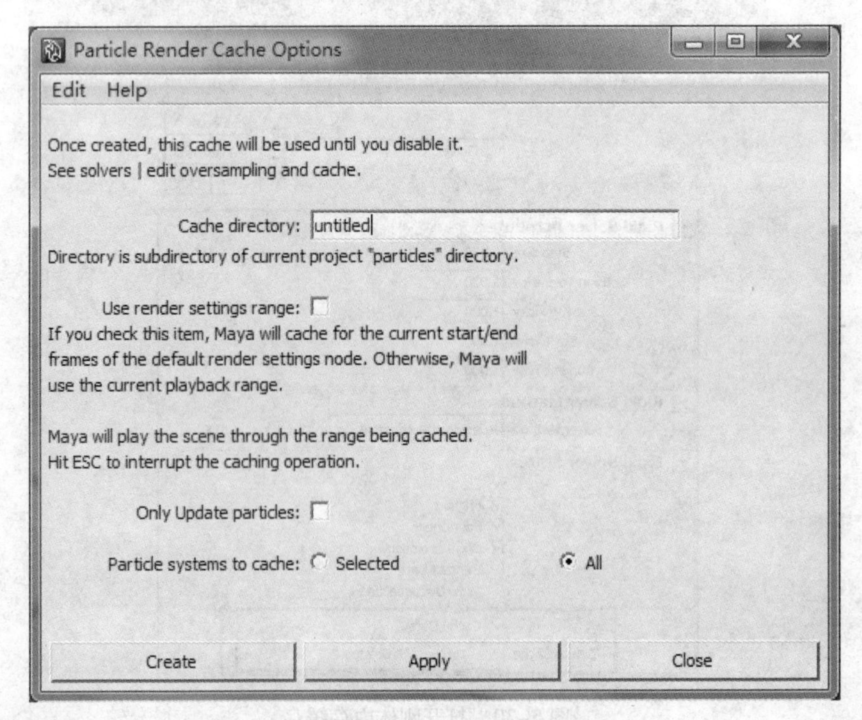

图5-32 粒子磁盘缓存属性面板

- “Cache directory”（缓存路径）：设置磁盘缓存的存储位置。
- “Use render settings range”（使用渲染设置范围）：缓存创建的时间范围为渲染设置中的起始结束时间，若不勾选该选项则使用时间滑条中的时间范围作为缓存创建的时间长度。
- “Only Update particles”（仅更新粒子）：不勾选该选项，则粒子磁盘缓存数据与交互播放时具有相同效果。若勾选此选项，Maya 将通过触发仅针对粒子的求值来优化求值。如果一个粒子系统依赖于另一个粒子系统，则此优化可产生差异。通常不勾选该选项。
- “Particle systems to cache”（缓存的粒子系统），其中包括的选项如下。
  - “Selected”（所选择的）：为所选择的粒子创建磁盘缓存。
  - “All”（所有）：为所有粒子创建磁盘缓存。

需要注意的是，磁盘缓存相对于内存缓存可以保留的更为长久，可以反复播放使用。

1）单击“File”→“Project > New…”创建工程目录。在弹出的窗口当中单击“Use Defaults”（使用默认）文件结构。指定 Maya 工程文件目录，例如 I:\New_Project. 单击“Accept”（接受）按钮，如图 5-33 所示。

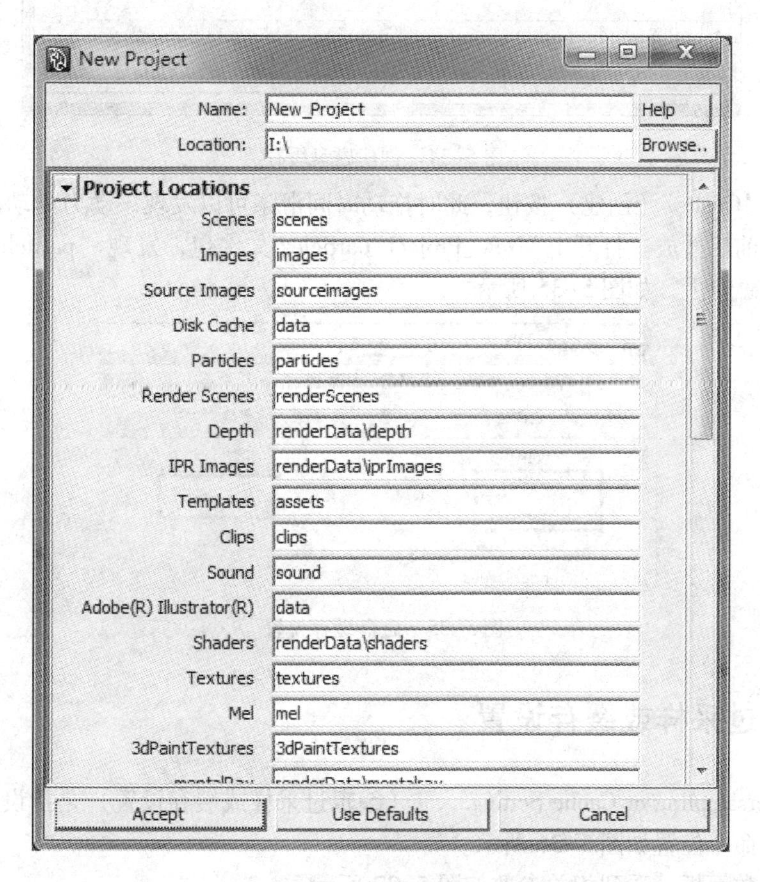

图 5-33　创建工程目录

2）单击“Particles”→“Create Emitter”创建默认的粒子发射器，单击“Solvers”→

"Create Particle Disk Cache" 打开属性盒，将参数设置为如图 5-34 所示。

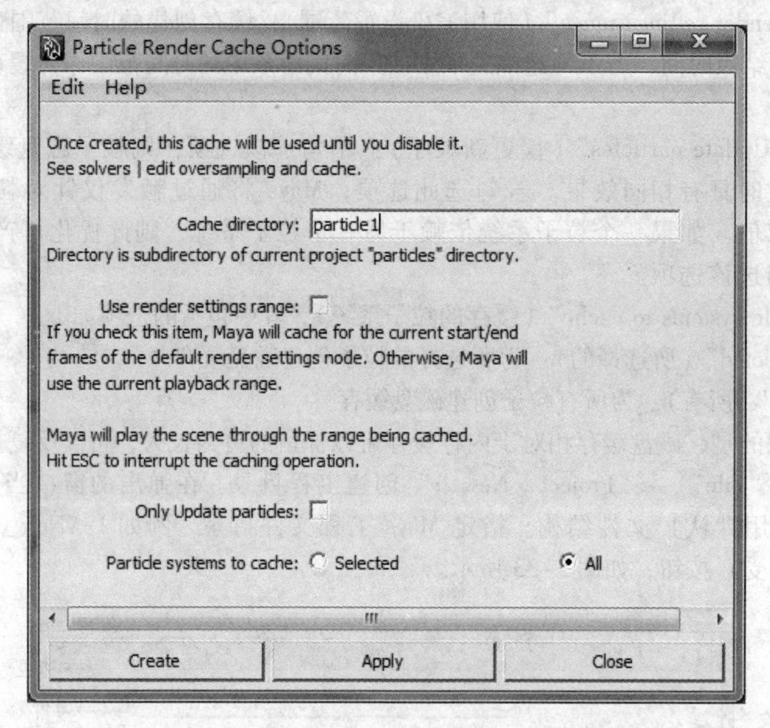

图 5-34 创建磁盘缓存

3）单击"Create"（创建）按钮，此时拖动时间滑条可以发现该动力学动画可以手动拖拽进行随意的前后播放。打开 I:\New_Project\particles 文件包，发现"particle1"的粒子缓存被创建在了磁盘上，如图 5-35 所示。

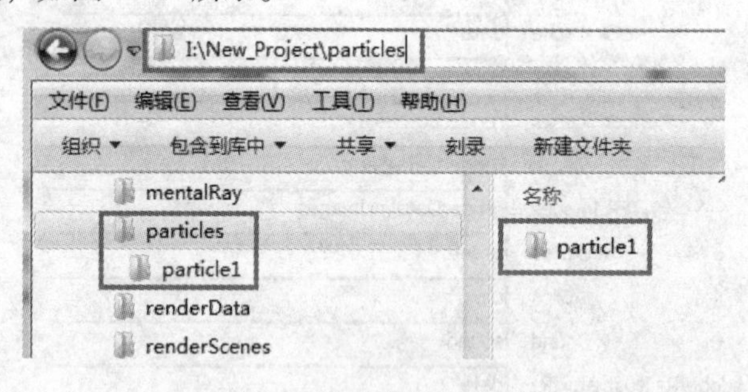

图 5-35 磁盘缓存位置

5.9 编辑过采样或缓存设置

"Edit Oversampling or Cache Setting..."（编辑过采样或缓存设置）是指设定过采样等级或缓存设置，命令位置如图 5-36 所示。

打开其参数面板，看到相关参数如图 5-37 所示。

- "Oversampling"（过采样）：设定动力学解算的采样级别，数值越大解算越精确。当场景的动力学动画出现解算错误时可以尝试提高过采样数值来解决此现象。

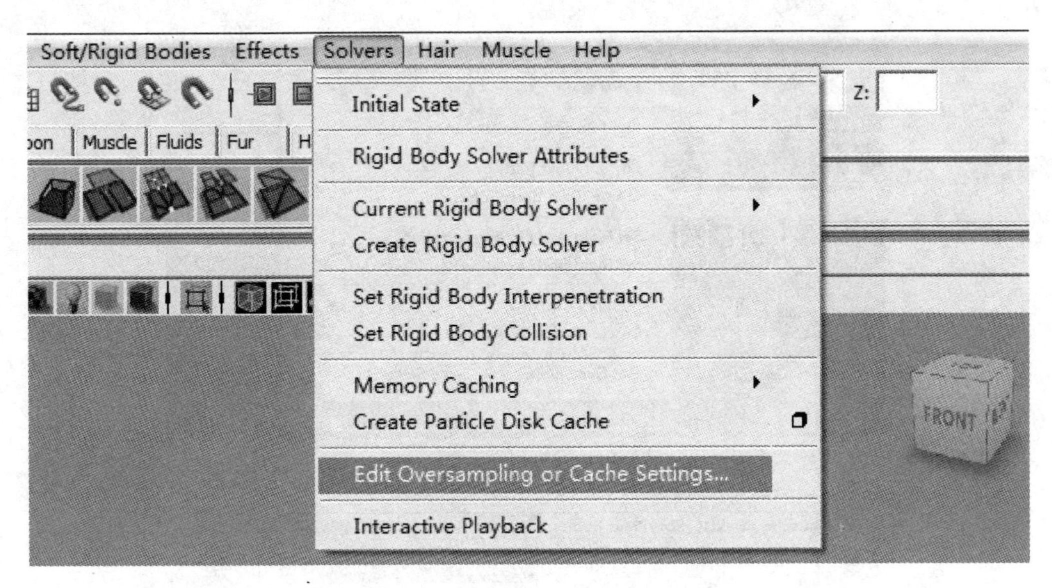

图 5-36　编辑过采样或缓存设置

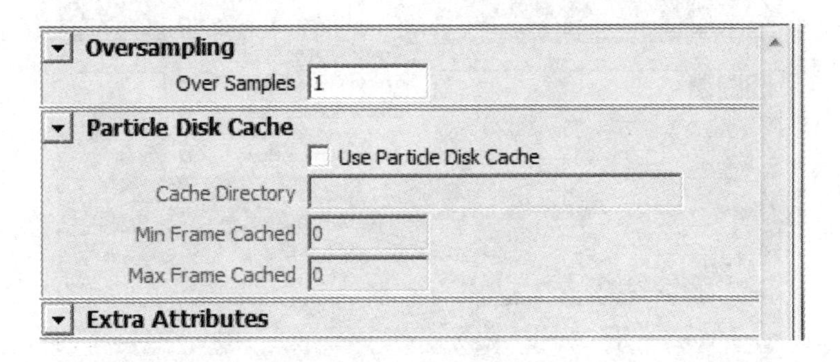

图 5-37　参数面板

- “Use Particle Disk Cache”（使用粒子磁盘缓存）：勾选使用粒子磁盘缓存选项，取消勾选则不使用。需要注意的是，当修改了粒子的某些属性之后，需要重新解算粒子动力学效果时，要取消勾选该选项。
- “Cache Directory”（缓存路径）：设置缓存存储路径。通过修改该名称，可以创建多套缓存文件。
- “Min/Max Frame Cache”（缓存的最小/最大帧）：设定了磁盘缓存存储的时间范围。

5.10　交互回放

“Interactive Playback”（交互回放）支持用户在播放动画时修改场景的动力学物体，从而产生对场景中其他动力学物体的影响，命令位置如图 5-38 所示。

创建 POLY 球体，选择球体，单击“Effects”→“Create Fire”，创建火焰，如图 5-39 所示。

将时间滑条的时间范围设置为 1000，单击“Solvers”→“Interactive Playback”交互回放。此时，选择球体并拖动，发现火焰将受到实时拖动的影响，如图 5-40 所示。

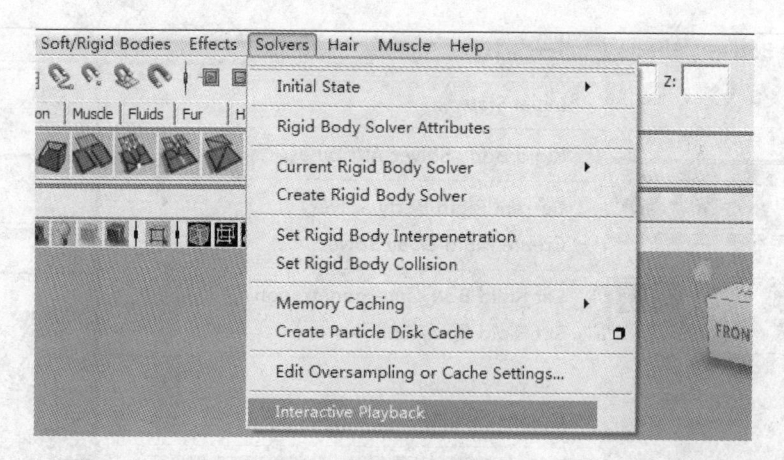

图 5-38　交互回放

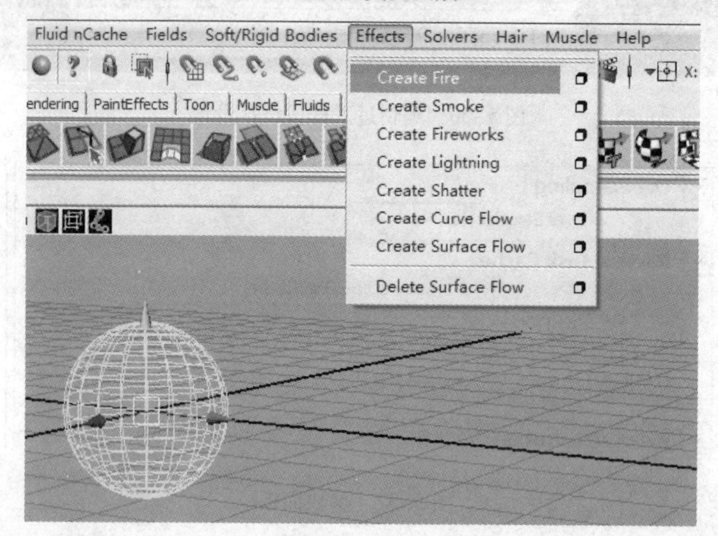

图 5-39　创建火焰特效

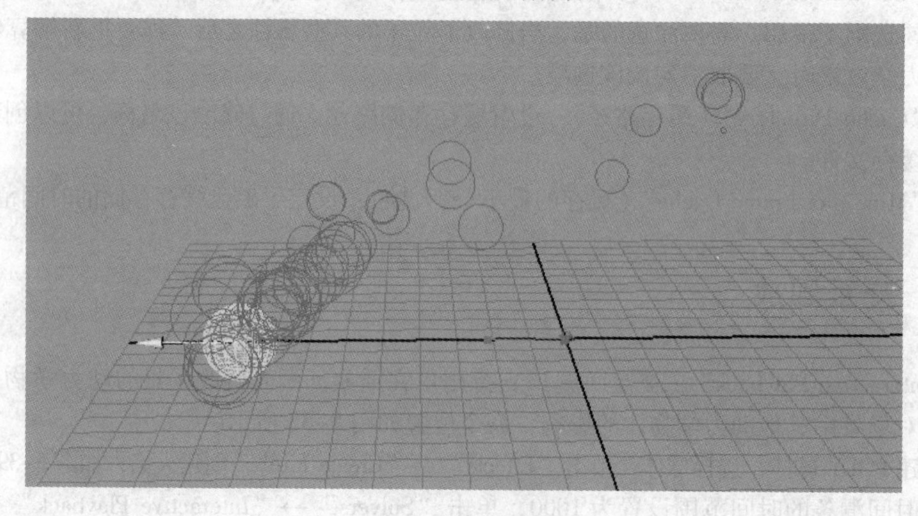

图 5-40　播放解算

5.11 本章小结

通过对本章的学习，可以了解到 Maya 解算器的相关功能。实际上，Maya 动力学解算器是能够保证动力学解算的正确和提高效率的重要工具。在进行动力学解算过程中需要注意到解算器的灵活使用，比如对过采样的数值设置、初始状态的设置、缓存设置以及交互回放的使用等。

5.12 实训

* 粒子过采样参数对运行速度的影响，如何有效设置过采样参数。
* 设置动力学初始状态的好处和不足。

优秀畅销书　精品推荐

多媒体技术及应用（第 4 版）

书号：ISBN　978-7-111-48213-0
作者：鲁家皓　定价：35.00 元（含 1CD）
获奖情况："十二五"职业教育国家规划教材
普通高等教育精品教材
推荐简言：本书前 3 版共计印刷 20 余次，印数 8 万余册。本次为最新改版，采用企业真实项目编写，以案例群覆盖知识面，以项目体系构建教学布局。为了配合项目的深入学习，更是采用知识点来支撑项目，突出了"学中教，做中学"的职业教育特色。本书配有光盘，内含丰富的素材和电子课件。

Flash CS5 动画制作案例教程

书号：ISBN　978-7-111-36824-3
作者：刘万辉 等　定价：35.00 元（含 1DVD）
推荐简言：本书以培养职业能力为核心，以工作实践为主线，以项目为导向，采用案例式教学，基于现代职业教育课程的结构构建模块化教学内容，面向平面设计师岗位细化课程内容。在教学内容上采用模块化的编写思路，以商业案例应用项目贯穿各个知识模块。本书提供光盘，内含精美的多媒体教学系统，包括整套教学解决方案、教学视频、习题库、素材。

数字影视后期合成项目教程（第 2 版）

书号：ISBN　978-7-111-47042-7
作者：尹敬齐　定价：43.00 元（含 1CD）
获奖情况："十二五"职业教育国家规划教材
推荐简言：本书采用 After Effect CS4 版本，在每一个项目的实施中都基于工作过程构建教学过程，以真实的项目为载体，以软件为工具，根据项目的需求学习软件应用，即将软件的学习和制作流程与规范的学习融到项目实现中。本书多媒体教学光盘包含案例素材及效果。

CorelDraw X4 平面设计教程

书号：ISBN　978-7-111-43577-8
作者：邹利华　定价：42.00 元
获奖情况："十二五"职业教育国家规划教材
推荐简言：本书将实际教学中的"项目教学法"融入到编写中，共由 14 个项目构成，内容分为两部分，第 1 部分以 6 个项目案例的形式介绍了 CorelDRAW 的基本操作，第 2 部分以 8 个综合项目的形式介绍了 CorelDRAW 在各个领域中的应用。本书免费提供素材和电子课件。

Premiere Pro CS5 影视制作项目教程（第 2 版）

书号：ISBN 978-7-111- 39310-8
作者：尹敬齐　定价：42.00 元（含 1CD）
推荐简言：本书在每一个项目的实施中都基于工作过程构建教学过程，以真实的项目为载体，以软件为工具，根据项目的需求学习软件应用，即将软件的学习和制作流程与规范的学习融到项目实现中。本书多媒体教学光盘包含案例素材及效果。

3ds max 三维动画制作实例教程

书号：ISBN　978-7-111-33484-2
作者：许朝侠　定价：28.00 元
推荐简言：本书是一本以实例为引导介绍 3ds max 三维动画制作应用的教程，采用实例教学，实例由作者精心挑选，并提供具有针对性的拓展训练上机实训项目。本书免费提供电子教案。